21世纪电力系统及其自动化规划教材

电力系统微机保护

赵建文 付周兴 编著

机械工业出版社

全书共分8章，主要内容包括微机继电保护概述、微机继电保护的硬件原理、数字信号处理及数字滤波器、微机继电保护的算法及其仿真、微机继电保护的软件设计、微机继电保护装置的抗干扰、微机继电保护实例、MATLAB在微机保护仿真实验中的应用等。

本书系统性强，内容新颖，注重工程应用，可作为普通高等学校电气工程及其自动化专业以及相关专业本科生、研究生的教材，也可作为从事继电保护工作的工程技术人员的参考用书。

图书在版编目（CIP）数据

电力系统微机保护/赵建文，付周兴编著．—北京：机械工业出版社，2016.7（2024.6重印）

21世纪电力系统及其自动化规划教材

ISBN 978-7-111-53993-3

Ⅰ.①电… Ⅱ.①赵…②付… Ⅲ.①计算机应用-电力系统-继电保护装置-高等学校-教材 Ⅳ.①TM774-39

中国版本图书馆CIP数据核字（2016）第128118号

机械工业出版社（北京市百万庄大街22号　邮政编码100037）
策划编辑：王雅新　责任编辑：王雅新　韩　静
责任校对：刘秀芝　封面设计：张　静
责任印制：郜　敏
北京富资园科技发展有限公司印刷
2024年6月第1版第5次印刷
184mm×260mm · 16印张 · 393千字
标准书号：ISBN 978-7-111-53993-3
定价：45.00元

电话服务	网络服务
客服电话：010-88361066	机　工　官　网：www.cmpbook.com
010-88379833	机　工　官　博：weibo.com/cmp1952
010-68326294	金　　书　　网：www.golden-book.com
封底无防伪标均为盗版	机工教育服务网：www.cmpedu.com

前　　言

计算机技术、电子技术与信息技术的应用使得电力系统继电保护出现了新发展，即微机继电保护技术。近年来，微机保护技术发展很快，并趋于成熟，全面取代了传统的模拟式继电保护装置，成为主流保护技术。许多高校开设了微机继电保护的专业课程。作者结合多年从事微机继电保护教学和科研的工作，编写了本书。

本书作为教材，体现了教育的新理念，不仅培养探索科学问题的研究学者，也培养解决实际问题的工程专家。为此，本书编写时做到“四个结合”，即硬件部分的原理、设计与实验相结合；软件部分的设计、编程与测试相结合；算法部分的研究、分析与仿真相结合；章节内容的理论、实践与拓展相结合。

本书采用由一般到具体、由总体到局部的叙述方式，循序渐进、由浅入深，做到加强基础，不断拓宽知识；注重应用技能，增强解决工程实际问题的能力；符合学生认识事物和获取知识的规律。本书中的 MATLAB 在微机保护仿真实验中的应用内容，展示了微机继电保护装置对故障的处理过程，即系统的运行与故障模拟、故障信号的检测预处理、保护算法与故障判断、跳闸逻辑及信号发出等，便于读者理解微机保护的工作原理。

本书力求系统性，体系合理。书中既有对微机继电保护的硬件系统、软件系统、设计方法等基本原理的讲述；又有成熟的微机继电保护的实施方案实例；既有微机继电保护的基本构成原理，又有实现技术；采用符合教学规律和实际应用的体系。

本书独具特色的是包含仿真、实验及设计等综合实践内容，以体现微机继电保护工程性强、实用性强的特点。本书配有习题，内容不仅涵盖微机保护的基本概念、基本理论、基本方法，还配有设计应用等，以便于教师组织教学，增强学生的技术专业训练，培养学生的工程实践能力、科学研究能力和创新能力。

本书主要内容包括微机继电保护的概况、硬件原理，数字信号处理及数字滤波器，微机保护的算法、软件，提高微机保护可靠性的措施，典型微机保护装置的实例、仿真研究等。本书理论体系完整，材料选取新颖得当，适合作为高等学校电气工程及其自动化专业以及相关专业本科生、研究生的教材，也可供从事继电保护工作的工程技术人员参考。

本书为西安科技大学立项教材。全书共分 8 章，第 1 章由西安科技大学付周兴编写，第 2 章至第 8 章由西安科技大学赵建文编写。陕西电力科学研究院总工程师刘健教授审阅了全书，并提出了许多宝贵意见，在此表示衷心的感谢。同时也感谢研究生刘永佳、梁静、刘鹏、赵斌给予的帮助。

由于作者水平有限，书中尚有不足或错误之处，恳请读者批评指正。

编　者

目　　录

第 1 章　微机继电保护概述

1.1　微机继电保护及其发展

1.1.1　继电保护及微机继电保护

电力系统继电保护是指继电保护技术和继电保护系统；继电保护系统由继电保护装置组成。继电保护装置在电力系统中承担重要的保护任务，在系统发生故障时，自动、迅速、有选择地将故障设备从电力系统中切除，保证其他部分正常运行；在系统出现不正常工作状态时，可动作于发出信号、减负荷或跳闸。继电保护在技术上一般应满足选择性、速动性、灵敏性和可靠性的基本要求。

继电保护装置发展的初期，主要是由电磁型、感应型继电器构成的继电保护装置；20 世纪 60 年代，由于半导体二极管的问世，出现了整流型继电保护装置；70 年代，由于半导体技术的进一步发展，出现了晶体管继电保护装置；80 年代，由于大规模集成电路的应用，又出现了集成电路型继电保护装置；20 世纪 80 年代中期，由于计算机技术和微型计算机的快速发展，出现了以微型控制器为主控单元的继电保护装置；电力系统的飞速发展对继电保护不断提出新的要求，电子技术、计算机技术与信息技术的飞速发展又为继电保护技术的发展不断地注入了新的活力。计算机处理的信号为数字信号，用计算机实现的继电保护也不例外，数字信号处理是以微型控制器为主控单元的继电保护装置信息处理的基本形式。

电力系统微机继电保护是指以微型计算机和微型控制器作为核心部件，基于数字信号处理技术的继电保护，简称微机继电保护或微机保护。

1.1.2　微机继电保护的发展现状

电子计算机技术特别是微型计算机技术的飞速发展，广泛深入地影响着科学技术、生产和生活等各个领域，使各行业的面貌发生了很大的变化。微机保护是基于微处理器的继电保护，它的出现和发展过程与计算机技术迅猛发展和应用息息相关。计算机及相关技术在电力系统继电保护方面的应用使得继电保护技术有了新发展，即电力系统微机继电保护，出现了微机继电保护装置的研发和应用。

1. 国外微机保护发展简况

20 世纪 60 年代末期，国外提出用计算机构成继电保护装置的倡议。在 1965 年，英国剑桥大学的 P. G. Mcalaran 及其同事提出了用计算机构成电力系统继电保护的设想，并发表了《Sampling techniques applied to derivation of Impedance characteristics for use in power-system protection》的文章。1967 年澳大利亚新南威尔士大学的 I. F. Morrison 预测了输电线路计算机控制的前景。1969 年美国西屋公司的 G. D. Rockefeller 发表了《Fault Protection with a Digital Computer》的文章。最早关于计算机保护的研究报告，揭示了用微机构成计算机继电保护的巨大潜力，引起了各国继电保护工作者的兴趣。

20 世纪 70 年代，继电保护工作者进行了微机继电保护理论的探索和实践。70 年代初期出现大规模集成电路后，微处理器迅速发展，从简单的 4 位微处理器发展为 8 位微处理器，例如英特尔公司的 8080 芯片，摩托罗拉公司的 6800 芯片等，70 年代中期出现了单片微型计算机，微处理器和单片机的出现使计算机应用于电力系统继电保护更加容易。在这一时期的研究热潮中，仅公开发表的有关论文就达到 200 余篇，提出了各种不同的算法原理和分析方法，有个别研究机构还做了试验。1972 年美国西屋公司与 GE 公司合作研制成功一套输电线路的计算机保护装置，这是世界上第一套比较完整的用于现场的计算机保护装置，它具备了计算机保护的基本组成部分。早期的研究工作以一台小型计算机来实现多个电气设备或整个变电站的保护功能。这种想法使装置的可靠性难以得到保障，因为一旦当该台计算机出现故障时，所有的被保护设备将失去保护；同时，按照当时的计算机的接口条件和内部资源来说，实现这种设想还需努力。限于计算机硬件的制造水平以及价格过高，当时还不具备商业性生产这类保护装置的条件。

20 世纪 70 年代末，比较完善的微机保护的样机开始投入到电力系统中试运行，微机继电保护产品的实用化开始出现。这一时期，微控制器性价比和可靠性的提高为微机继电保护的实用化打下了硬件基础，一批足够强的微型机价格大幅度降低，因而无论在技术上还是经济上，已具备一台微型机来完成一个电气设备保护功能的条件。1977 年日本投入一套以微处理器为硬件的控制与继电保护装置，全部替代了原有保护，大大减少了控制室的占地面地，并于 1980 年发表了试运行结果。1979 年，国际电子电气工程师学会教育委员会组织了一次世界性的计算机继电保护的研究班，对 20 世纪 70 年代以来的计算机保护的研究成果进行了总结和交流。

20 世纪 80 年代中期，微机保护在硬件结构和软件技术方面趋于成熟，在电力系统中获得了广泛的应用。发展较快的是日本，据日本有关部门预计，1987 年微机保护装置的订货可能达到继电保护设备总产值的 70%。微机保护装置所具有的优越性和潜力，受到生产和运行人员的欢迎。

20 世纪 90 年代中期，由于单片机价格的大幅度下降，微机保护采用了多 CPU（单片机）结构，通常使用多个下层不同子系统分担不同的保护功能。例如线路微机保护中由不同的 CPU 完成距离保护、高频闭锁保护、零序电流保护及重合闸保护功能，并采用单独的上层管理 CPU 系统对多个下层 CPU 子系统进行管理和数据交换，并完成人机对话和网络通信管理功能。采用多 CPU 结构使保护的可靠性和速动性大大提高。在单 CPU 结构保护中，CPU 插件故障会使整套装置失去保护功能。采用多 CPU 方案后，由于 CPU 插件之间相对独立，某一 CPU 插件故障时只失去相应的某一保护功能，其他 CPU 插件仍可以正常工作，因此可以保留其他的保护功能，提高保护的可靠性。在多 CPU 结构中，由于保护功能分配给不同的 CPU 插件进行处理，因此，整套装置以并行方式完成全部保护功能计算，从而提高了保护的动作速度。

20 世纪 90 年代中期以来，一些新型高性能单片机开始获得应用，同时微机保护也采用了一些新技术，使保护的性能与装置的可靠性大幅度提高，微机保护的应用更加广泛。新型高性能 32 位单片机内集成了多种通用硬件，因此无须使用片外总线扩展存储器、I/O 端口等，不但大大简化了微机保护的硬件结构，而且由于总线不出芯片的设计，大大提高了装置的抗干扰性。专用数字信号处理器（DSP）的突出优点是计算能力强、精度高、总线速度快、吞吐量大，尤其是采用专用硬件实现定点和浮点运算，速度非常快。将数字信号处理器应用于微机保护，极大地缩短了数字滤波和傅里叶算法的计算时间，不但可以完成复杂的信号处理功能，还可以完成以往主要由单片机 CPU 完成的保护运算功能，甚至完成完整、独立的继电保护功能。网络通信技术在微机保护中的应用使继电保护出现了网络化特点。随着变电站综合自动化的发展，微机保护装置配置现场总线接口已经成为一种基本功能，并且新型微机保护大都提供现场总线的双网接口，互为备用。另外，基于网络通信技术的分布式保护也得到了研究和应用。

2. 国内微机保护的发展

国内在微机保护方面的研究工作起步较晚，但发展很快。我国从 20 世纪 70 年代末即已开始了计算机继电保护的研究，高等院校和科研院所起着先导的作用。原华中理工大学、东南大学、原华北电力学院、西安交通大学、天津大学、上海交通大学、重庆大学和原南京电力自动化研究院都相继研制了不同原理、不同型式的微机保护装置。1984 年原华北电力学院研制的输电线路微机保护装置首先通过鉴定，并在系统中获得应用，揭开了我国继电保护发展史上新的一页，为微机保护的推广开辟了道路。在主设备保护方面，东南大学和原华中理工大学研制的发电机失磁保护、发电机保护和发电机/变压器组保护也相继于 1989、1994 年通过鉴定，并投入运行。原南京电力自动化研究院研制的微机线路保护装置也于 1991 年通过鉴定。天津大学与原南京电力自动化设备厂合作研制的微机相电压补偿式方向高频保护、西安交通大学与原许昌继电器厂合作研制的正序故障分量方向高频保护也相继于 1993、1996 年通过鉴定。这些微机保护装置各具特色，为电力系统提供了一批新一代性能优良、功能齐全、工作可靠的继电保护装置。随着微机保护装置的研究，在微机保护软件、算法等方面也取得了很多理论成果。可以说从 20 世纪 90 年代开始我国继电保护技术已进入了微机保护的时代。

我国微机保护的发展从硬件上看，大体上分为三个阶段。

第一阶段是单 CPU 工作，多插件组合的微机保护装置。这是我国继电保护工作者普遍认为的第一代微机保护。这一阶段的微机保护装置采用了 8 位微处理器（如 MC6809）构成微机系统，由于仅仅是一个 CPU，因此需要在外部扩展许多硬件电路，所以总线必须引出插件，保护的存储容量小，保护和程序的定值均放在 EPROM 中，定值的改写十分不方便，保护装置中仅有软件时钟，当直流电源消失后时钟便停止运行，硬件不具备数据远传功能，由于仅有一个 CPU，所有的保护功能只能集中于 CPU 处理，可靠性较低。其代表产品为 WXB－01 微机高压线路保护装置。

第二阶段是保护功能在单个插件内实现，总线不出插件的微机保护装置。这是我国继电保护工作者普遍认为的第二代微机保护。以多个 8 位单片机组成多微机系统，需要扩展的硬件电路较少，因此可以做到总线不出插件，保护装置的定值存放在 EPROM 中，定值的修改非常方便。硬件时钟依靠备用电源支持，当直流电源消失后，硬件时钟可继续运行，硬件上设计了数据远传的串行接口，由于硬件由多个单片机应用系统组成，因此一条输电线路的多种保护功能可分散于不同的单片机系统，增强了保护装置的可靠性。其代表产品为 WXB-11 系列微机保护装置。

第三阶段是保护功能集成于一个芯片，总线不出芯片的微机保护装置。这是我国第三代微机保护。它是以16位单片机（如Intel公司的80C196KB）构成的多微机系统，这些单片机内部资源丰富，具有较大容量的RAM和EPROM，因此可以做到不需在芯片外部扩展存储器，可以做到总线不引出芯片。例如以日本三菱公司的M77芯片构成的微机系统，单片机内部有2~4KB的RAM容量，32~120KB的EPROM或闪存以及8个定时器，两个串行口，因此不需要用总线扩展外部存储器。保护装置的硬件设计除了有硬件时钟外，还具备接收GPS全球定位系统的秒脉冲接口和完善的通信网络，可应用于变电站自动化系统中。

目前，我国的许多微机保护产品使用了性能更好的处理器，如使用32位处理器代替16位处理器，使用能够完成大量复杂保护算法的专用数字信号处理器（DSP）。多CPU结构的微机保护的特点表现为，一个微机保护装置中采用多个不同形式的处理器，如DSP+单片机系统、DSP+ARM系统、DSP+CPLD系统等。另外，新的保护原理及算法的研究也有了一定的进展，这些新原理有基于神经网络的保护、基于小波信号处理方法的保护、基于无线暂态电流保护的研究。

1.1.3 微机继电保护的发展动态

1. 高速数据处理芯片的更新应用

微机保护的巨大优越性不容置疑，并已被普遍接受。随着计算机硬件的迅猛发展，微机保护硬件也在不断发展。我国的微机保护装置硬件设计经历了从8位微处理器、16位微处理器到32位微处理器的几个发展阶段。为提高微机保护的抗干扰能力，提出了总线不出板、总线不出芯片的设计思想。

电力系统对微机保护的要求不断提高。除了保护的基本功能外，还要求大容量故障信息和数据的长期存放空间，快速的数据处理功能，强大的通信能力，与其他保护或控制装置的调度联网以共享全系统数据、信息和网络资源的能力，高级语言的编程等。目前，国外和国内已研制出以32位数字信号处理器为硬件基础的保护、控制、测量一体化的微机保护综合控制装置。

2. 微机保护的网络化

为了适应变电站自动化的要求，微机保护的对外通信能力不断加强，从现场总线到嵌入式以太网的应用，网络技术的发展已跨越了几个阶段。变电站内分布式网络结构的设计，网络可靠性和性能的不断提高，方便灵活扩展性强的网络特点，使微机保护内部网络化的潜在优势日益明显，使网络化硬件设计的思想开始深入到保护装置内部。

实际上，在20世纪90年代中后期，国外著名继电保护制造商GE、ABB等公司已经在向保护测控装置网络化设计的方向发展，开始将网络设计的思想引入到装置内部硬件设计中。ABB公司于1998年推出的保护是全面实现网络硬件平台设计的新一代保护，不仅具有不同的通信接口，而且内部不同模块间互联也采用了网络总线。其中，A/D模块与主处理器模块间的数据传送采用RS-485总线实现，主处理器模块与其他各模块间（包括输入/输出模块）通过CAN总线互联，并相互交换信息。

计算机网络作为信息和数据通信工具已成为信息时代的技术支柱，使人类生产活动和社会生活的面貌发生了根本的变化。它深刻地影响着各个工业领域，也为各个工业领域提供了强有力的通信手段。到目前为止，所有继电保护装置除了纵差动保护和纵联保护外，都只能反映保护安装处的电气量。继电保护的作用也只限于切除故障元件，缩小事故影响范围，这主要是由于缺乏强有力的数据通信手段。国外早已提出过系统保护的概念，虽然当时限于技术条件主要是指安全自动装置，但在目前的技术条件下可以为微机保护的作用赋予新的含义。即它不限于切除故障元件和限制事故影响范围（这是首要任务），还要保证全系统的安全稳定运行。这就要求每个保护单元都能共享全系统的运行和故障信息数据。各个保护单元与重合闸装置在分析这些信息和数据的基础上协调动作，以确保系统的安全稳定运行。显然实现这种系统保护的基本条件是将全系统各主要设备的保护装置通过计算机网络连接起来，即实现微机保护装置的网络化。另外，继电保护装置能够得到的系统故障信息越多，则对故障性质与位置判断和故障距离的监测越准确。

全球卫星定位系统（GPS）和光纤通信技术对网络化的微机保护装置实现同步矢量测量提供了条件。GPS 在各领域中已得到广泛应用，在电力系统中主要用于同步矢量测量。光纤通信系统将各变电站的测量量收集汇总处理后，即可得到各变电站之间动态矢量的变化，并据此实施电力系统的保护与控制。

3. 继电保护的智能化及暂态保护

进入 20 世纪 90 年代，电力系统的继电保护的很多研究工作开始转至人工智能的应用。相继出现了人工神经网络、模糊理论来实现故障类型的判别、故障距离的确定、方向保护、主设备保护等新方法，出现了用小波理论的数学手段分析故障产生信号的整个频带的信息并用于实现故障检测的方法。这些人工智能技术的应用不仅提高了故障判断精确度，而且能够使某些基于单一工频信号的传统算法难以识别的问题得到解决。如 20 世纪 80 年代提出的自适应继电保护是根据电力系统的运行方式和故障状态的变化而实时改变保护性能、特性或定值，它可实现保护性能的最佳化、整定计算在线化、使用简便化。通过检测故障暂态的高频信号来实现传输线及电力设备的保护是新一代电力系统继电保护思想，简称暂态保护。故障暂态产生的信号还有大量的信息，其中包括故障类型、方向、位置、持续时间等，这些信息贯穿于信号的整个频域，从直流、工频到高频分量。暂态保护首先通过特殊设计的高频检测装置及算法从故障暂态中提取所需的高频信号，利用专门设计的快速信号处理算法来判断故障性质。微处理器技术的发展使得暂态保护的实现成为可能。

然而到目前为止，人工智能的应用还不能够取代传统保护原理，而且这些方法的应用同样受到传感器频宽的限制。

4. 广域继电保护的研究

继电保护是保障大电网安全的“第一道防线”。如果保护装置在故障发生时正确、快速、可靠动作，将有效遏制系统的状态恶化，起到保障电网安全稳定运行的作用；反之，则可能扩大事故，甚至导致电网大面积停电。随着我国电力需求的与日俱增，以及电力系统规模的不断扩大，电力系统日渐接近极限运行，其运行与控制更为复杂，发生扰动以及故障的可能性更大，这些都对电力系统安全提出了更高的要求，对我国的继电保护以及安全稳定控制带来了新的挑战。与此同时，国际上已发生多起大面积长时间的停电事故，使得电力工作者更进一步认识到，应当从整体或区域电网的角度加强继电保护和安全稳定装置的功能和性能。

传统保护采用离线整定方式确定保护定值。由于系统结构复杂、需考虑的运行方式众多、难以兼顾灵敏性和选择性的要求，无法保证定值性能始终处于最佳状态；且离线整定模式下的定值修改需依靠人工完成，存在安全隐患。智能电网的建设使更精确、更快速、更完善的通信系统以及信息共享平台成为可能，这为基于广域信息的广域保护系统的发展提供了契机。国际大电网会议对广域保护功能的描述为，广域保护集中于利用广域信息改进和提高传统继电保护的性能；引入基于广域信息的继电保护，其根本目的在于防止系统发生大范围潮流转移时，现有后备保护因线路过负荷发生误动，引发电网连锁跳闸事故；改善现有保护性能，简化传统后备保护的整定计算，消除保护失配、整定错误等危及电网稳定运行的安全隐患。

由于广域信息传递存在延时、可靠性及安全性等局限，且现有主保护的正确动作率较高，广域继电保护与传统主保护相比无明显优势。因此，将广域信息引入到后备保护更符合实际。广域后备保护应与传统主后备保护相协调，共同承担电网第一道防线的职责。广域后备保护的核心思想在于通过电网中的多点同步测量信息，确定故障元件的具体位置，在相邻保护之间通过简单的时序配合来保证保护动作的正确性。

随着广域同步测量和数字化变电站技术的应用，继电保护可利用的信息资源和通信条件都发生了根本性的变化，从而引发继电保护在配置、原理、整定以及实现技术等方面的重大变革。

1.2 微机继电保护系统的组成

微机继电保护系统是以微型计算机为核心的计算机应用系统。它由硬件系统和软件系统组成。微机保护的硬件指组成微机继电保护装置的电路的组合，它具备一般计算机应用系统硬件的特点，微机保护的硬件原理框图如图 1-1 所示。微机继电保护要能反映电力系统的故障和不正常状态，依据继电保护的原理，反映电力系统状况的继电保护物理参量，经前向检测输入回路采集输入，送给 CPU 主系统进行处理、判断，发出动作执行的命令和报警、显示、通信信息等。后向通道是微机保护控制器执行接口机构。微机保护的软件系统是指实现继电保护的程序软件。

图 1-1 微机保护的硬件原理框图

软件的设计与微机保护的硬件和 CPU 的指令语言关系密切。硬件电路设计的完善程度直接影响软件的编写，软件系统常常可以实现硬件系统无法完成的功能，不同的微机 CPU 核，都有其对应的汇编语言指令系统或高级语言编程系统，这些都影响软件的设计。另外，软件的设计是以继电保护的原理和微机保护的算法为依据的。

微机继电保护系统和一般的继电保护系统一样，必须满足可靠性的要求，可靠性是指在规定的保护范围内发生了属于它应该动作的故障时，它不应该拒绝动作；而在任何不属于它应该动作的情况下，则不应该误动作。

微机保护装置工作在有诸多干扰的电力系统中，这就使得微机保护的可靠性受到影响，微机保护系统必须从硬件和软件两个方面来提高系统的抗干扰性能。抗干扰性的问题是微机继电保护系统设计运行的重要组成部分。

1.3　微机继电保护装置的特点

1.3.1　微机继电保护装置的结构

目前，微机继电保护装置由高集成度、总线不出微控器芯片、高精度电流电压互感器、高绝缘强度出口中间继电器、高可靠开关电源模块等部件组成。微机继电保护是用于测量、控制、保护、通信为一体化的一种经济型保护，是构成智能化开关柜的理想电器单元。

微机继电保护装置一般由机箱及装在机箱内的插件电路板组成。图 1-2 是一种微机继电保护装置的整体图，前面是面板，面板上有液晶显示、指示 LED 灯及操作按键。图 1-3 是一种微机继电保护装置的背板；背板上是接线端子。一般微机保护装置的背板接线端子有模拟交流电压、电流接线端子、开关量输入/输出端子、通信端口、电源端等。每一种接线端子都与对应的插件电路板相连，图 1-4 显示了一个微机继电保护装置的多个插件从插槽中抽出的状态。一个微机保护装置一般由多个插件组成，图 1-5 为保护装置的插件电路板。

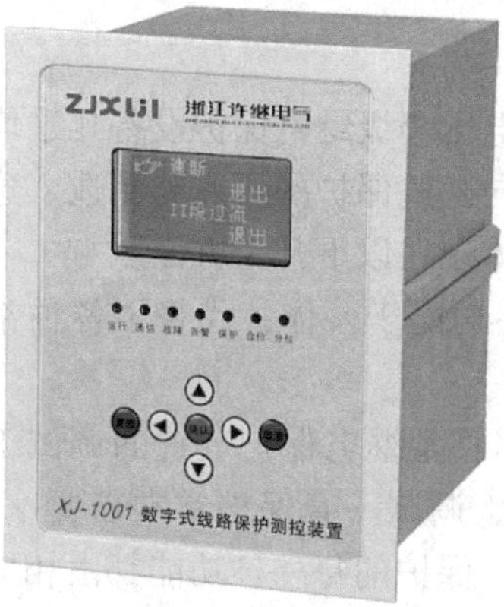

图 1-2　微机继电保护装置面板及整体图

图 1-3　微机继电保护装置背板及接线端子

图 1-4　微机继电保护装置多个插件

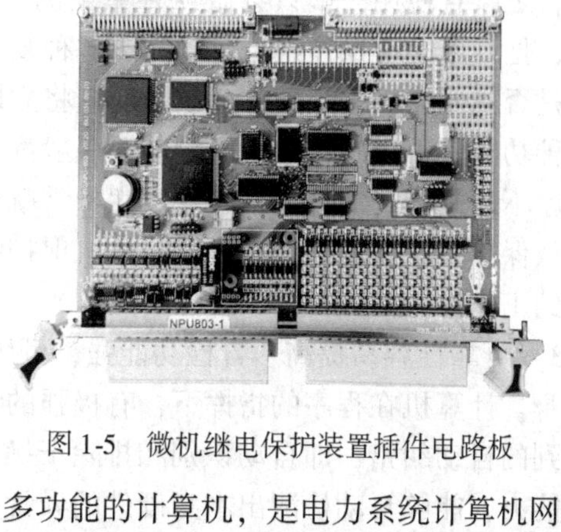

图 1-5　微机继电保护装置插件电路板

微机继电保护装置实际上就是一台高性能、多功能的计算机，是电力系统计算机网络上的智能终端。它可以从电力网上获取电力系统运行和故障的任何信息和数据，也可将所获得的被保护信息和数据传送给网络中心或任一终端。因此每个微机保护装置不仅可以完成继电保护功能，而且在无故障运行情况下还可以完成测量、控制、数据通信的功能，即实现保护、控制、测量、数据通信一体化。过去为了测量、保护和控制的需要，室外变电站的所有设备，如变压器、线路等的二次电压、电流都必须用控制电缆引到主控室。大量控制电缆的敷设不但需要大量的投资，而且使二次回路非常复杂。如果将上述的保护、控制、测量、数据通信一体化的微机保护综合装置就地安装在室外变电站的被保护设备旁，将被保护设备的电压、电流量在此装置内转换成数字量后，通过计算网络送到主控室，则可减少大量的控制电缆。而且如果采用光纤作为网络的传输介质还可以免除电磁干扰。现在光电流互感器（OCT）和光电压互感器（OPT）已开始在电力系统中得到应用。OCT 和 OPT 采集光信号输入到一体化装置中并转换成电信号后，一方面用作保护的计算判断，另一方面作为测量，通过网络送到主控室实现测量与监视。反之，从主控室也可通过网络将对被保护设备的操作控制命令送到一体化装置，执行断路器的操作。

一般说来，微机保护装置具有良好的人机接口，如带背光图形液晶、菜单化设计、全中文显示、合理化屏幕保护控制等。显示内容包括测量数据、开关量状态、实时波形、事件记录、故障录波、保护定值和系统参数等。

1.3.2 微机继电保护装置的应用特点

经过多年的研究、应用、推广与实践，现投入使用的各电压等级继电保护设备几乎均为微机保护产品，继电保护领域的研究部门和制造厂家完全转向微机保护的研究和制造。这是由于微机保护显示出优于传统继电保护的特点，其主要优点体现在以下几个方面：

1）集保护、测量、监视、控制、人机接口、通信等多种功能于一体；代替了各种常规继电器和测量仪表，节省了大量的安装空间和控制电缆。

2）维护调试方便。在微机保护应用之前，整流型或晶体管型继电保护装置的调试工作量很大，尤其是一些复杂的保护，如超高压线路的保护设备，调试一套保护常常需要一周，甚至更长的时间。究其原因，这类保护装置都是布线逻辑的，保护的每一种功能都由相应的硬件器件和连线来实现。为确认保护装置完好，就需要把所有功能通过模拟试验来校核一遍。微机保护则不同，它的硬件是一台计算机，各种复杂的功能由相应的软件程序来实现。换而言之，它使用一个只会做几种单调的、简单操作（读数、写数、运算）的硬件，配以软件，把许多简单操作组合起来完成各种复杂的功能，因而只用几个简单的操作就可以检验硬件是否完好，当系统硬件有故障时，将立即表现出来，用不着逐台做各种模拟试验来检验每一种功能是否正确。微机保护装置一般都有很强的自动检测和自诊断能力，对硬件各部分和程序不断进行自动检测，一旦发生异常就会发出报警。通常只要电源上电后没有报警，就可确认保护装置是完好的。所以对微机保护装置可以说几乎不用调试，从而可大大减轻运行维护的工作量。

3）可靠性容易提高。自检功能强，可用软件方法检测主要元件、部件工况以及功能软件本身。计算机在程序的指挥下，有极强的综合分析和判断能力，因而它可实现常规保护很难办到的自动纠错，即自动识别和排除干扰，防止由于干扰而造成的误动作。另外，它有自诊断能力，能够自动检测出本身硬件的异常部分，配合多重化可以有效地防止拒动，因此可靠性很高。数字元件的特性不易受温度变化、电源波动、使用年限的影响。

4）可以方便地扩充其他辅助功能。通过增加软件的方法获得保护之外的功能。应用微型机后，可以在电力系统故障后提供多种信息。如打印故障前后电量波形——故障录波、波形分析；打印故障报告：日期、时间、保护动作元件、时间先后、故障类型；随时打印运行中的保护定值；利用线路故障记录数据进行测量（故障定位）；通过计算机网络、通信系统实现与厂站监控交换信息；远方改变定值。

5）灵活性大。由于微机保护的特性主要由软件决定，不同原理的保护可以采用通用的硬件，只要改变软件就可以改变保护的特性和功能，从而灵活地适应电力系统运行方式的变化。另外，自适应继电保护就能根据电力系统运行方式和故障状态的变化而实时改变保护性能、特性或定值。

6）改善和提高保护的动作特性和性能。用数学方法构成保护的测量元件，其动作特性可以得到很大的改进，或得到常规保护（模拟式）不宜获得的特性；用它的很强的记忆功能可以更好地实现故障分析保护。容易引进自动控制新技术——自适应状态预测、模糊控制及人工神经网络（ANN）等，能够更好地改进系统性能。

微机保护装置的缺点有：

1）与传统的保护有根本性的差别。传统继电保护装置全部由硬件构成，动作原理直观，易掌握；而构成微机保护的软件只有专门的设计人员才能改写或调试。

2）使用者较难掌握它的操作和维护过程。

3）要求硬件和软件有较高的可靠性。

4）硬件容易过时。

5）由于微机保护装置中使用了大量集成芯片，以及软硬件的不断升级，增加了用户掌握其原理的难度。

微机继电保护具有一系列优点，目前已成为继电保护的主流；随着新技术、新理论的应用，微机保护的性能会更加优良。

习　题

1. 什么是微机继电保护？电力系统对微机继电保护的要求有哪些？
2. 简要说明微机继电保护的特点。
3. 如何理解微机保护比常规继电保护性能好？
4. 相对于传统继电保护，微机继电保护的缺点有哪些？
5. 简要说明微机继电保护技术的出现及发展与哪些技术有关，为什么？
6. 微机保护的发展大体分哪几个阶段？各阶段的特点如何？
7. 我国微机保护经历了哪几代产品？它们有哪些主要特点？
8. 请说明微机继电保护装置的一般结构形式。

第 2 章　微机继电保护的硬件原理

2.1　微机保护装置硬件概述

从功能上讲，微机保护装置包括四个部分：数据采集系统、CPU 主系统、开关量输入/输出回路、电源回路等。开关量输入/输出系统包括触点输入回路、跳合闸回路、信号回路、人机对话回路、通信回路等。通常所说的开关量输入/输出回路主要是指触点开关量输入、跳合闸回路和信号回路。图 2-1 是一种典型的微机保护硬件系统功能模块示意图。

数据采集系统是模拟量输入系统，采集由被保护设备的电流互感器和电压互感器输入的模拟信号，并将此信号经过适当的预处理，然后转换为所需的数字量。根据数据采集系统 A/D（模/数）转换的原理不同，微机保护的模拟量输入回路有两种方式：一种是基于 A/D 转换器的数据采集系统，另一种是基于 V/F 转换的数据采集系统。

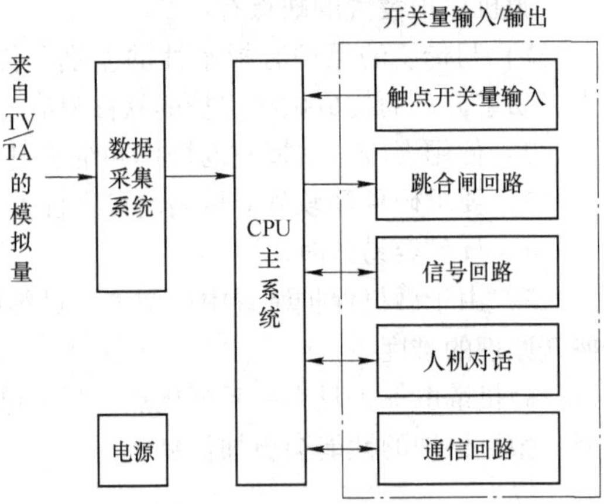

图 2-1　微机保护硬件系统功能模块示意图

CPU 主系统包括微处理器 CPU、数据存储器、程序存储器、晶振、复位电路、定时器、并行接口和串行接口等。CPU 执行放在程序存储器中的程序，对采集的原始数据进行分析处理，完成继电保护的测量、逻辑和控制功能。

开关量的输入/输出系统中的外部触点输入回路，跳闸、合闸、信号出口回路，由并行接口、光耦合电路及有触点的中间继电器等组成，完成各种保护的出口跳闸、信号报警以及外部触点输入等工作。开关量的输入/输出系统中的人机接口部分主要包括打印、显示、键盘、各种面板开关等，其主要功能用于调试，定值调整，人对机器工作状态的干预，打印显示运行情况及保护执行结果，即完成人机对话功能。信号回路主要用于指示保护装置的运行状态、跳闸状态、告警等。

电源回路提供了整个装置所需的直流稳压电源，以保证整个装置的可靠供电。

2.2　数据采集系统

2.2.1　基于 A/D 转换的数据采集系统组成及结构

在微机继电保护装置中，数据采集系统的功能是将输入模拟电量转换为微机能够识别的数字量。基于 A/D 转换的数据采集系统以 A/D 转换器为模拟量到数字量的转换单元，它包括电压形成回路、模拟低通滤波器 ALF、采样保持电路 S/H、多路转换开关 MPX 及 A/D 转换电路等。

在电力系统中，绝大多数微机继电保护装置是利用多个物理量信号的系统。例如输电线路保护通常需要的模拟量有三相电压 u_a、u_b、u_c，三相电流 i_a、i_b、i_c，零序电压 u_0、零序电压 i_0等。因此，微机继电保护的数据采集系统是多通道模拟信号的采样系统，在一个采样间隔里，对所有信号的采样和转换需合理安排。根据各通道信号采样的相互时间关系，数据采集系统有以下三种。

1. 同时采样分时转换的方式

其转换原理可用图 2-2 所示框图表示，该方式结构在每一个模拟通道中设有采样保持器，CPU 发出统一的采样脉冲，使各通道在同一时刻采样。这种采样方式可以保证各模拟信号之间的相位关系不变。这种在每一个采样周期对所有通道的信号在同一时刻采样叫同时采样。该方式下，A/D 转换通常采用一片芯片，各通道共用 A/D 转换；在模拟多路转换开关的协调下，对采样后的信号逐一进行转换。同时采样分时转换方式的经济性和时效性最为理想，是目前微机继电保护装置中应用最广泛的一种方式。

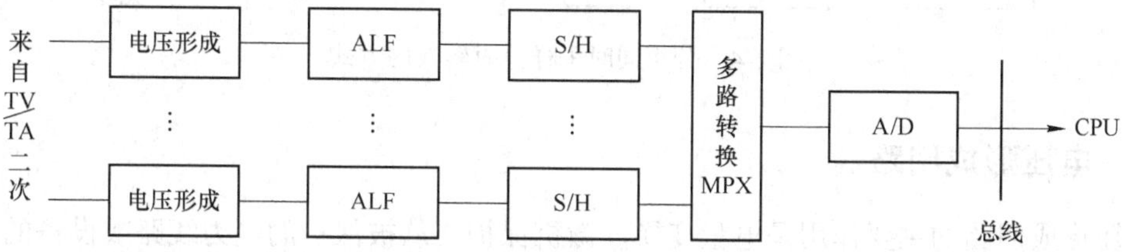

图 2-2　同时采样分时转换的方式

2. 分时采样分时转换的方式

分时采样分时转换的原理可用图 2-3 所示框图表示，该方式结构下，模拟多路转换开关置于采样保持器前端，各通道共用一个采样保持器和 A/D 转换器。在每一个采样周期内，首先对第一模拟信号进行采样，然后再对其进行 A/D 转换，接下来再对下一通道进行采样和 A/D 转换，直到所有通道模拟信号转换完毕。这种采样方式也称作顺序采样。显然，这种方式会带来通道之间的相位差。分时采样分时转换的方式其优点是只需要一个公用的采样保持器，且其技术要求较低。这种方式适用于采样保持器和 A/D 转换器的速度较高，并且系统对模拟信号的同时性要求不高的场合。

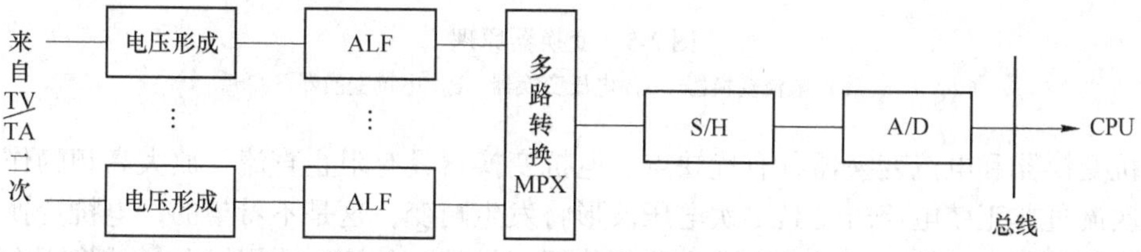

图 2-3　分时采样分时转换的方式

3. 分组同时采样分时转换的方式

分组同时采样分时转换的原理可用图 2-4 所示框图表示。该方式将模拟信号分组，在一个采样周期内对一组的模拟信号同时采样，分时转换；各组之间则分时采样。显然这种方式各组之间也会带来一定的相位差，但与完全的分时采样分时转换方式相比，产生的相位误差小得多。这种方式虽然带来额外延时，但大幅度减少了计算量和简化了软件结构；该方式适合于旋转角度很小的情况。

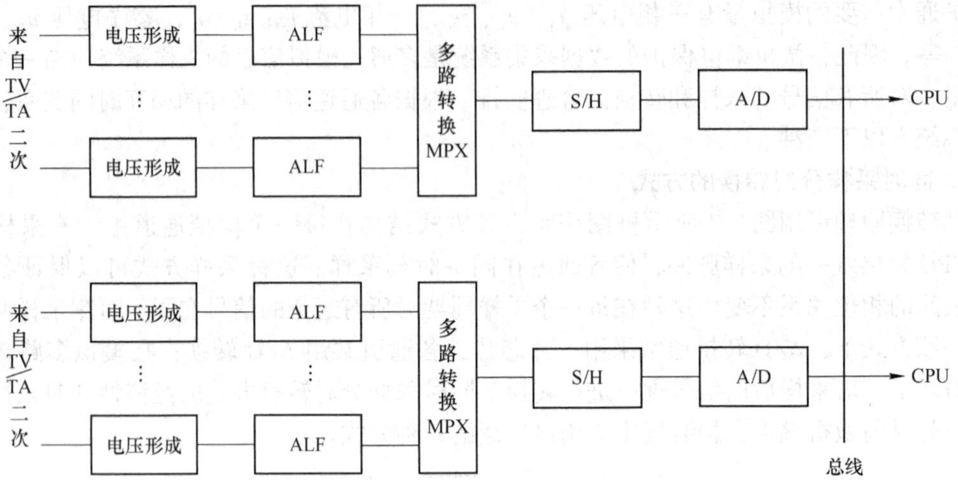

图 2-4　分组同时采样分时转换的方式

2.2.2　电压形成回路

电压形成回路的主要作用是电量变换。微机保护要从被保护的电力线路或设备的电流互感器、电压互感器或其他变换器上取得信号，但这些互感器的二次信号为电压 100V 或电流 5A 等形式，而微机保护装置中的 A/D（模/数）转换器输入电压有 ±2.5V、±5V 或 ±10V 范围内的电压信号等形式，所以，必须对输入的信号再进行一次处理，以达到电平配合的目的。一般微机保护中采用中间变换器来实现以上的变换。交流电压信号可以采用电压变换器，将交流电流信号变换为成比例的电压信号，可以采用电抗变换器或电流变换器，其实现方法如图 2-5 所示。

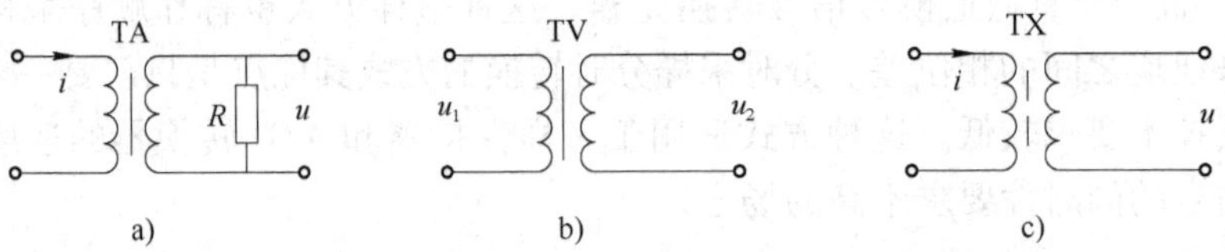

图 2-5　变换器原理

a）电流变换器　b）电压变换器　c）电抗变换器

电抗变换器和电流变换器各有优缺点。电抗变换器具有阻止直流、放大高频的作用，因此当一次流过非正弦电流时，其二次电压波形将发生畸变，这是不希望的。电抗变换器的优点是线性范围较大，铁心不易饱和，有移相作用；另外，其抑制非周期分量的作用在某些应用中也可能成为优点。电流变换器的最大优点是，只要铁心不饱和，则其二次电流及并联电阻上的二次电压的波形可基本保持与一次电流的波形相同且同相，使原信息不失真。这点对微机保护是非常重要的，因为只有在这种条件下做精确的运算或定量分析才是有意义的。至于移相、提取某一分量或抑制某些分量等，在微机保护中，根据需要可以容易地通过软件来实现。电流变换器的缺点是在非周期分量的作用下容易饱和，线性度差，动态范围也较小，这在设计和应用中应予以注意。

综合比较电抗变换器和电流变换器的优缺点，在微机保护中，一般采用电流变换器将电流信号变换为电压信号，当然也有采用电抗变换器。采用电流变换器时，连接方式如图 2-6 所示。其中 Z 为模拟低通滤波器及 A/D 输入端等回路的等效阻抗，在工频信号条件下，该等效阻抗的数值可达 80kΩ 以上；R_{LH}为电流变换器二次侧的并联电阻，数值为几到几十欧姆，远远小于 Z。因为 R_{LH}与 Z 的数值差别很大，所以由图 2-6 可得

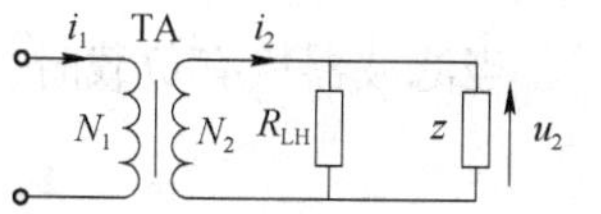

图 2-6　电流变换器的连接方式

$$u_2 = R_{LH} i_2 = R_{LH} \frac{i_1}{n_{LH}} \tag{2-1}$$

式中，n_{LH}为电流变换器的电流比。

在设计时，相关参数应满足的条件是

$$R_{LH} \frac{i_{max}}{n_{LH}} \leqslant U_{max} \tag{2-2}$$

式中，i_{max}为电流变换器一次电流的最大瞬时值；U_{max}为 A/D 转换器在双极性输入情况下的最大正输入范围，如 A/D 的输入范围为 ±5V，则 $U_{max} = 5V$。

电压形成回路除了电量变换作用外，还起着屏蔽和隔离的作用，使得微机保护电路在电气上与强电部分隔离，从而阻止来自强电系统的干扰。

2.2.3　模拟低通滤波器

采样频率的选择是微机保护数据采集系统中硬件设计的重要内容，需要综合考虑多种因素。首先，采样频率的选择必须满足采样定理的要求，即采样频率必须大于原始信号中最高频率的二倍，否则将造成频率混叠现象，使采样后的信号不能代表原始信号。其次，采样频率的高限受到 CPU 的速度、被采集的模拟信号的路数、A/D 转换后的数据与存储器的数据传送方式的制约。如果采样频率太高，而被采样的模拟信号又特别多，则在一个采样间隔内难以完成对所有信号的采样与处理，就会造成数据的错误，导致微机系统无法正常工作。

在电力系统发生故障时，故障初始阶段的电压、电流中往往含有频率很高的分量，为了防止频率混叠，必须选择很高的采样频率，这就会对硬件提出相当高的要求，而且目前绝大多数微机保护的原理都是基于工频信号的。因此，为了降低采样频率，可在采样之前先用一模拟低通滤波器将频率高于采样频率一半的信号滤掉。例如我们选择采样频率为 600Hz，则模拟低通滤波器应将 300Hz 及其以上频率的信号滤除。

模拟低通滤波器一般为一阶或二阶的 RC 阻容滤波器，如图 2-7 所示。

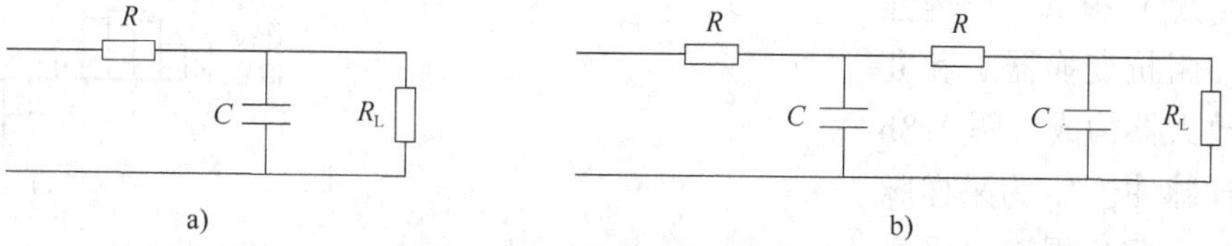

图 2-7　阻容式模拟低通滤波器

a）一阶低通滤波器　b）二阶低通滤波器

当负载 R_L 开路时，一阶 RC 滤波器的截止频率为

$$f_C = \frac{1}{2\pi RC} \tag{2-3}$$

当滤波器接有负载时，一阶 RC 滤波器的截止频率为

$$f'_C = f_C\left(1 + \frac{1}{a}\right) \tag{2-4}$$

式中，$a = \frac{R_L}{R}$。

二阶低通滤波器的传递函数为

$$H(s) = \frac{1}{1 + 3RC + (RC)^2} \tag{2-5}$$

2.2.4 采样保持电路

1. 采样保持电路的作用原理

采样保持（sample/Hold）电路，其作用是在一个极短的时间内测量模拟输入量在采样时刻的瞬时值，并在 A/D 转换器进行转换的期间保持其输出恒定，以便使 A/D 转换器将其转换成计算机便于接收的数字信号。利用采样保持电路，可以方便地对多个模拟量实现同时采样。

采样保持电路的工作原理可用图 2-8 来说明，它由一个电子开关 AS、保持电容 C_h 以及两个阻抗变换器组成。模拟开关 AS 受采样脉冲信号的电平控制。在逻辑输入为高电平时 AS 闭合，此时电路处于采样状态，C_h 迅速充电或放电到 u_{sr} 在采样时刻的电压值。AS 的闭合时间应满足使 C_h 有足够的充电或放电时间即采样时间，显然采样时间越短越好。这里，运用阻抗变换器 Ⅰ 的目的是它在输入端呈现高阻抗，对输入回路的影响很小；而输出阻抗很低，使充放电回路的时间常数很小，保证 C_h 上的电压能迅速跟踪到在采样时刻的瞬时值 u_{sr}。当 AS 打开时，电容 C_h 上保持住 AS 闭合时刻的电压，电路处于保持状态。为了提高保持能力，电路中运用了另一个阻抗变换器 Ⅱ，它在 C_h 侧呈现高阻抗，使 C_h 对应充放电回路的时间常数很大，而输出阻抗（u_{sr} 侧）很低，以增强带载能力。阻抗变换器 Ⅰ 和 Ⅱ 可由运算放大器构成。图 2-8b 为实际采样脉冲，T_C 为采样脉冲宽度，T_S 为采样周期（采样间隔）。

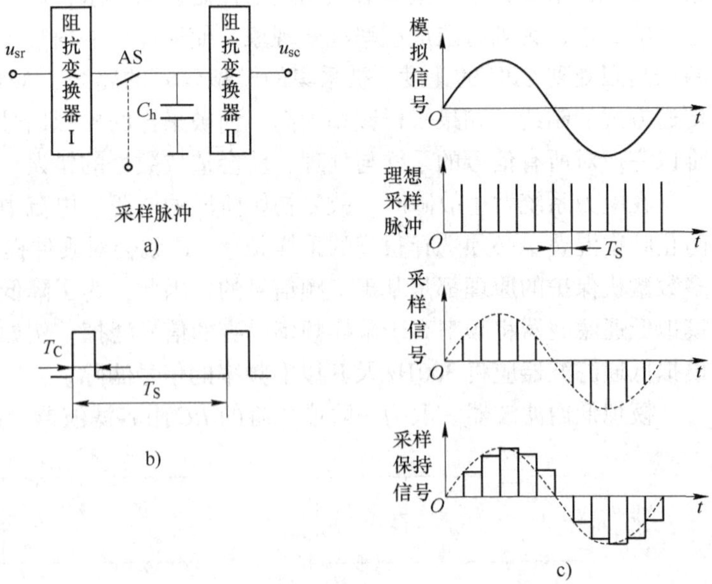

图 2-8 采样保持电路的工作原理

a）采样保持电路结构 b）采样脉冲 c）采样保持过程示意图

若阻抗变换器Ⅰ和阻抗变换器Ⅱ的输入阻抗为无限大，输出阻抗为零，C_h 无泄漏，采样脉冲宽度 T_C 为0，则采样保持器为理想的。理想状态时，采样保持过程如图 2-8c 所示，由微机控制内部的定时器产生一个等间隔的采样脉冲，对模拟量信号进行采样，从而得到反映输入信号在采样时刻的信息，即采样信号；随后在一定时间内保持采样信号处于不变的状态，即有采样信号；这样，在保持阶段，无论何时进行模/数转换，其转换的结果都反映了采样时刻的信息。

在实际采样保持器中，采样状态（S 态）时，C_h 上的电压不可能立即跟踪输入电压，而是有一个过渡过程；保持状态（H）时，C_h 上的电压也不可能毫无衰减地保持 AS 断开前的电压，会有衰减量 ΔU。实际的跟踪采样和保持过程如图 2-9 所示。我们把跟踪输入电压的时间称为截获时间。显然，我们希望在采样状态下，C_h 上的电压跟踪输入电压的过渡过程越短越好，即希望 C_h 对阻抗变换器Ⅰ的输出阻抗放电或充电的时间尽可能短。同时还可以看出，采样脉冲 T_C 必须满足截获时间，且尽可能窄，这样才能准确地反映某一时刻的模拟信号的值。在保持状态下，希望 C_h 上的电压保持的时间尽可能长。为了提高保持能力，电路中的阻抗变换器Ⅱ对 C_h 呈现高阻抗，而输出阻抗很低，以增加带负载的能力。目前采用的采样保持电路都把除保持电容 C_h 外的几部分集成在一片芯片上，保持电容是外接的，由用户选择。

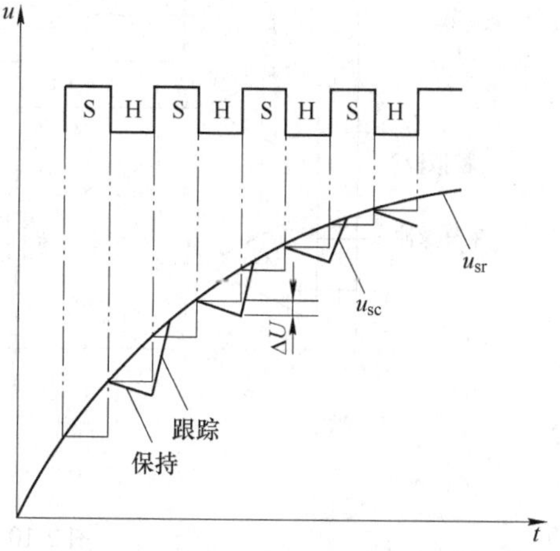

图 2-9　实际采样和保持过程

2. 对采样保持电路的要求

高质量的采样保持电路应满足以下几点：

1）截获时间短，特别是对快速变化的输入信号采样更应如此。

2）保持时间要长。通常用下降率 $\frac{\Delta U}{T_S - T_C}$ 来表示保持能力。

3）模拟开关的动作延时、闭合电阻和开断时的泄漏电流要小。

上述 1）和 2）两个指标一方面决定于采样保持器中的阻抗变换器的质量，另一方面也和保持电容 C_h 的容量有关。就截获时间来说，希望 C_h 越小越好；但就保持时间而言，C_h 越大越好。因此，对 C_h 的大小应权衡之后做出适当的选择。

3. 常用采样保持器 LF398

图 2-10 是微机保护装置中常采用的一种采样保持电路芯片 LF398 的原理图。

电路主要由两只高性能的运算放大器 A_1、A_2 构成的跟随器组成，其中 A_2 是典型的跟随器接法，其反相端直接与输出端相连。由于运算放大器的开环放大倍数极高，两个输入端之间的电位差实际上为0，所以输出端电压能跟上输入端的电压，也就是保持电容 C_h 两端的电压。A_1 的接法和 A_2 实质相同。

当 AS 接通时处于采样状态，A_1 反相输入端从输出经电阻 R 获得负反馈，使输出跟踪输入电压。在 AS 断开后的保持阶段，A_2 的输出电压不再变化，但模拟量输入却仍在变化，A_1 不再从 A_2 的输出获得负反馈，而直接从 A_1 的输出端经过二极管获得负反馈，以防止 A_1 进入饱和区，在 A_1 的输出端和反相输入端之间跨接两个反相并联二极管，配合电阻 R 起到隔离第二输出与第一级的作用。

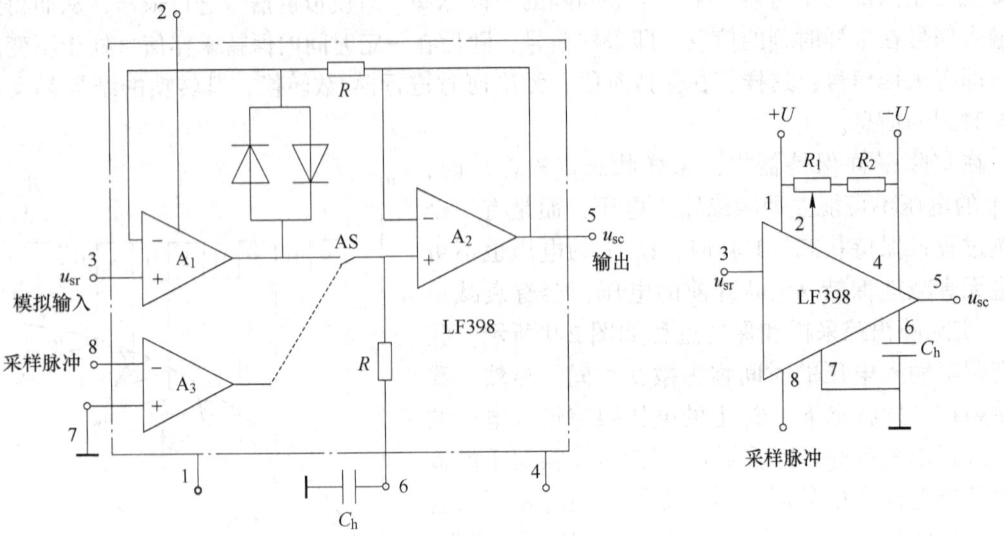

a)　　b)

图 2-10　LF398 采样保持芯片原理

a）原理图　b）实用接线图

跟随器的输入阻抗很高（达$10^{10}\Omega$），输出阻抗很低（最大6Ω），因而 A_1 对输入 u_{sr} 来说是高阻，而在采样状态时对电容 C_h 为低阻充电，故可快速采样。又由于 A_2 的缓冲和隔离作用使电路具有较好的保持性能。

AS 为场效应晶体管模拟开关，由运算放大器 A_3 驱动。A_3 的逻辑输入端由外部电路（通常是定时器）按一定的时序控制，使 C_h 处于采样或保持阶段。

2.2.5　模拟多路转换开关

由于模/数转换器的价格相对较贵，微机保护装置通常几路模拟量输入通道共用一个 A/D 芯片，采用多路转换开关 MPX（Multiplex）将各通道保持的模拟信号分时接通 A/D 转换器，轮流由共用的 A/D 芯片转换成数字量输入给微机。多路转换器包括选择接通路数的二进制译码电路和各路电子开关，它们被集成在一个电路芯片中。以 16 路多路转换开关芯片 AD7506 为例，说明多路转换开关的工作过程。AD7506 的内部结构图如图 2-11 所示，功能表见表 2-1，其引脚功能如下：

1）$A_0 \sim A_3$ 为路数选择端。通过赋予不同的二进制码，选通 16 路中电子开关的一路 AS，当某一路被选中时，此路 AS 闭合，将此路输入接通到输入端。

2）$u_{i0} \sim u_{i15}$ 为输入端。共 16 路，可接入 16 个输入量。

3）u_o 为输出端。

4）EN 为使能端，只有 EN 为高电平时，AD7506 才

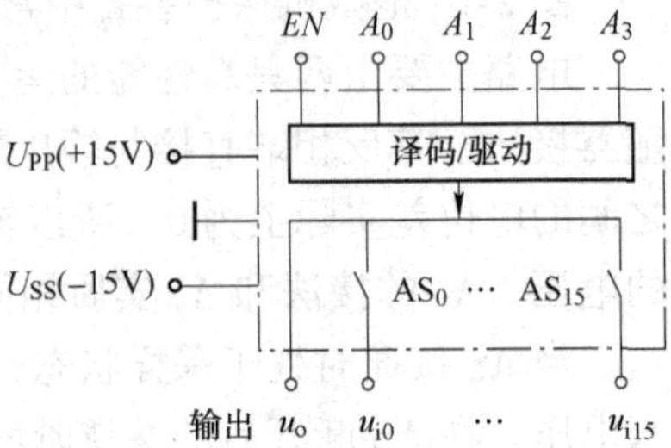

图 2-11　AD7506 内部结构图

能工作。

表 2-1　AD7506 功能表

EN	A_3　A_2　A_1　A_0	选 通 功 能	输出 u_o
1	0　0　0　0	AS_0	$u_o = u_{i0}$
1	0　0　0　1	AS_1	$u_o = u_{i1}$
…	…	…	…
1	1　1　1　1	AS_{15}	$u_o = u_{i15}$
0	×　×　×　×	禁止	无输出

2.2.6　模/数转换器

由于计算机只能对数字量进行运算，而电力系统中的电流、电压信号均为模拟量，因此必须采用模拟转换器将连续的模拟量转变为离散的数字量。模/数转换是实现计算机控制的关键技术，是将模拟量转换为计算机能够识别的数字量的桥梁。

1. 模/数转换的一般原理

模/数转换器 ADC（Analog-to-digital Converter）是将输入的模拟量与基准电压比较，编成二进制代码数字信号的电路，它可以被认为是一个编码电路。基准电压（参考电压）是A/D 转换器的满刻度电压，即模拟量的最大允许输入电压。数字信号不仅在时间上是离散的，而且数值大小的变化也是不连续的。这就是说，任何一个数字量的大小只能是某个规定的最小数量单位的整数倍。在进行 A/D 转换时，必须把取样电压表示为这个最小单位的整数倍，这个用二进制数表示模拟输入量的转化过程叫作量化。所取得最小单位叫作量化单位，用 Δ 表示。显然，数字信号最低有效位（LSB）的 1 所代表的数量大小就等于 Δ。把量化的结果用代码表示出来称为编码。这些编码就是 A/D 转换的输出结果。既然模拟电压是连续的，那么它就不一定能被 Δ 整除，因而量化过程不可避免地会引入误差，这种误差称为量化误差。量化误差是用有限位二进制数表示模拟量时由于舍入处理产生的误差，它用量化的最大偏差来表示。

量化的方法分为无偏移的分层量化和有偏移的分层量化两种。下面用 3 位二进制数表示模拟信号来说明量化过程。

无偏移的分层量化过程中，以参考电压 U_R 为可转换的最大值，把 $0 \sim U_R$ 的模拟电压转换为 3 位二进制代码。最简单的方法是把 $0 \sim U_R$ 等分为 8 等份，取量化单位 $\Delta = \frac{1}{2^3}U_R = \frac{1}{8}U_R$，并规定凡数值在 $0 \sim \frac{1}{8}U_R$ 之间的模拟电压都当作 $0 \cdot \Delta$ 对待，用二进制数 000 表示；凡数值在 $\frac{1}{8}U_R \sim \frac{2}{8}U_R$ 之间的模拟电压都当作 $1 \cdot \Delta$ 对待，用二进制数 001 表示；其他间隔类同，如图 2-12a 所示。不难看出这种量化方法可能带来的最大量化误差可达 Δ，即 $\frac{1}{8}U_R$。

为了减小量化误差，常采用图 2-12b 所示的有偏移的分层量化方法划分量化电平。在这种划分量化电平的方法中，取量化单位 $\Delta = \frac{2}{2^{3+1}-1}U_R = \frac{2}{15}U_R$，并将输出代码 000 对应的模

拟电压范围规定为 $0\sim\frac{1}{15}U_{\mathrm{R}}$，即 $0\sim\frac{1}{2}\Delta$，这样可以将最大量化误差减小到 $\frac{1}{2}\Delta$，即 $\frac{1}{15}U_{\mathrm{R}}$。因为将每个输出二进制代码所表示的模拟电压值规定为它所对应的模拟电压范围的中间值，所以最大量化误差自然不会超过 $\frac{1}{2}\Delta$。

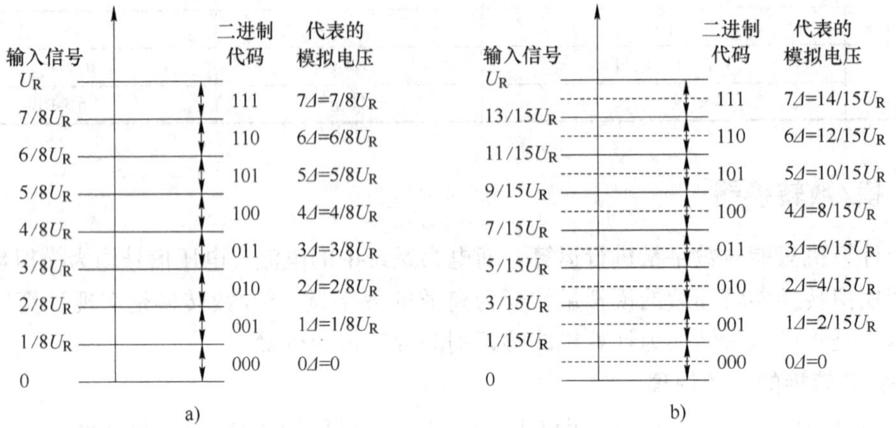

图 2-12　划分量化电平的原理

a）无偏移的分层量化法　b）有偏移的分层量化法

一个理想的 A/D 转换器，其要转化的输入电压 U_{sr}、输出的数字量 D、参考电压 U_{R} 之间的关系为

$$D=\left[\frac{U_{\mathrm{sr}}}{U_{\mathrm{R}}}\right] \tag{2-6}$$

对于单极性的模拟量，小数点在最高位前，即要求 U_{sr} 必须小于 U_{R}。D 可表示为

$$D=B_1\times2^{-1}+B_2\times2^{-2}+\cdots+B_n\times2^{-n} \tag{2-7}$$

式中，B_1 为最高位，常用 MSB（Most Significant Bit）表示；B_n 为最低位，常用 LSB（Least Significant Bit）表示。$B_1\sim B_n$ 均为二进制码，其值只能是“1”或“0”。因而，有下列关系

$$U_{\mathrm{sr}}\approx U_{\mathrm{R}}(B_1\times2^{-1}+B_2\times2^{-2}+\cdots+B_n\times2^{-n}) \tag{2-8}$$

式（2-8）即为 A/D 转换器中，将模拟信号进行量化的表示式。

由于编码的位数总是有限的，如式（2-8）中有 n 位，而实际的模拟量公式 $\frac{U_{\mathrm{sr}}}{U_{\mathrm{R}}}$ 可以为任意值，因而对连续的模拟量用有限长位数的二进制数表示时，不可避免地要舍去比最低位（LSB）更小的数，从而引入一定的误差。但从数学的角度看，这种量化误差的绝对值最大不会超过和 LSB 相当的值。可见模/数转换编码的位数越多，即数值分得越细，引入的量化误差就越小，分辨率越高。量化误差为 $q=\frac{1}{2^n}U_{\mathrm{R}}$。

2. 数/模转换器 DAC

模/数转换器一般有数/模转换环节，在计算机控制系统中，后向通道中也广泛地使用数/模转换电路，因此有必要先介绍 D/A 数/模转换的原理。数/模转换器的作用是将数字量转换成模拟量。图 2-13 是一个 4 位数/模转换器的原理图。

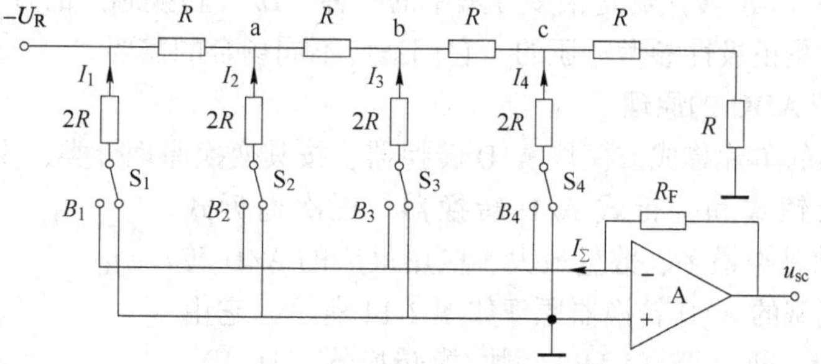

图 2-13　4 位数/模转换电路原理

图 2-13 中的电子开关 $S_1 \sim S_4$ 分别受控于输入的 4 位数字量 $B_1B_2B_3B_4$，在某一位为“0”的时期，对应开关打向右侧，即接地；而为“1”时，开关打向左侧，即接到运算放大器 A 的反相输入端。流向运算放大器反相输入端的总电流 I_Σ 反映了 4 位数字量的大小。运算放大器 A 的反相输入端的电位实际上也是地电位，因此不论各开关打向哪一侧，对图中电阻网络的电流的分配是没有影响的。

另外，这种电阻网络有一个特点，即从图 2-13 中的 U_R、a、b、c 四点分别向右看，网络的等效阻抗都是 R，因而 a 点电位必定为 $-\frac{1}{2}U_R$，b 点的电位为 $-\frac{1}{4}U_R$，c 点的电位为 $-\frac{1}{8}U_R$。相应图中各支路电流分别为

$$I_1 = \frac{U_R}{2R}, I_2 = \frac{1}{2}I_1 = \frac{U_R}{4R}, I_3 = \frac{1}{4}I_1 = \frac{U_R}{8R}, I_4 = \frac{1}{8}I_1 = \frac{U_R}{16R}$$

流入放大器的反相输入端的电流 I_Σ 为

$$I_\Sigma = B_1I_1 + B_2I_2 + B_3I_3 + B_4I_4 \tag{2-9}$$

当某位 B_i 为“0”时，相应的这项为 0，即此项电流不流入运算放大器。代入各支路电流值到式（2-9）得

$$\begin{aligned} I_\Sigma &= B_1\frac{U_R}{2R} + B_2\frac{U_R}{4R} + B_3\frac{U_R}{8R} + B_4\frac{U_R}{16R} \\ &= \frac{U_R}{R}(B_12^{-1} + B_22^{-2} + B_32^{-3} + B_42^{-4}) \qquad (2\text{-}10) \\ &= \frac{U_R}{R}D \end{aligned}$$

其中 $D = (B_12^{-1} + B_22^{-2} + B_32^{-3} + B_42^{-4})$ 是按代码的权组合起来表示的数字量。而输出电压为

$$u_{sc} = I_\Sigma R_F = \frac{U_R R_F}{R}D \tag{2-11}$$

当取 $R_F = R$ 时，

$$u_{sc} = U_R \cdot D \tag{2-12}$$

由此可见，输出的模拟量电压 u_{sc} 正比于输入的数字量，比例常数为 $\frac{U_R R_F}{R}$ 或 U_R。

图 2-13 所示的 D/A 转换器是很多方案中的一种。D/A 转换芯片的种类很多，有的是电流输出型的，有的是正极性参考电压的，它们适应不同场合的需要。

3. 逐次逼近型 ADC 的原理

大量投放市场的单片集成或模块 A/D 转换器，按其变换原理分类，主要有逐次逼近式、双积分式、量化反馈式和并行式 A/D 转换器。逐次逼近式 A/D 转换器是目前种类最多、数量最大、应用最广的 A/D 转换器件，逐次逼近型的 A/D 转换器原理如图 2-14 所示，它由置数（选择）逻辑、暂存器（SAR）、数/模转换器（D/A）、比较器（A）组成。置数逻辑的作用是置数送出数字量 D；暂存器暂存数字量 D，以便数/模转换；数/模转换器实现数字量到模拟量的转换，输出 u_D 送给比较器的反相输入端；比较器比较输入电压 u_i 和 u_D，输出置数逻辑。

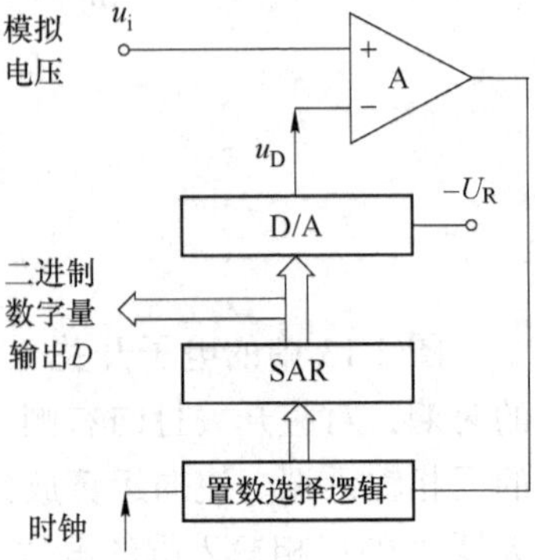

图 2-14　逐次逼近型 A/D 转换器

要把模拟信号 u_i（采样信号）转换成数字量 D，先由置数逻辑送出一个数字量 D，将此数字量 D 经 D/A 转换成模拟量 u_D，将 u_D 加到比较器的反相输入端，比较器的正相输入端为模拟信号 u_i。若 $u_D > u_i$，则比较器输出低电平，控制置数逻辑使 SAR 中的数字量 D 减小，将新的 D 转换成新的 u_D，然后再比较；如果 $u_D < u_i$，比较器输出高电平，控制逻辑使 SAR 中的数字量 D 增大，再次比较，如此反复，直到找到一个数字量 D，经 D/A 转换后的输出 u_D 与输入 u_i 相等或相近，则此时的数字量 D 就是 u_i 转换成的数字量。这个数字量 D 被送到数据总线，由 CPU 读入内存。这个反复送数、D/A 转换、比较的过程在芯片内部自动完成。

第一次由 SAR 向 D/A 送多大的数，获得较快的搜索结果，是搜索的关键。为尽可能快的获得 A/D 转换的结果，通常采用二分搜索法。对 4 位转换器来说，转换结果的最大值为二进制数 1111，第一步试探可先试最大值的一半，即试数 1000，结果比较器输出为“1”，即送的数偏小，则可以肯定最终结果最高位必定为 1，保留最高位，再将次高位置“1”，第二次试送 1100，若比较器输出为“0”，即送的数偏大，可以肯定次高位必定为 0，故将次高位变为 0，再将次次高位置 1，进行第三次送数 1010（最大可能值的 0.625）并比较。如此逐位确定，直至最低位全部比较完毕得到最终值。二分搜索法是一种较快的逼近方法，n 位转换器只要比较 n 次，比较的次数与输入模拟量的值无关。

4. A/D 转换的溢出与极性

从 A/D 转换的原理可以看出，对于 N 位的 A/D 转换器而言，数字量的最大输出值为 11…1，这个最大值经 D/A 转换后得到一个 u_{Dmax}，最大数字量对应的模拟量 u_{Dmax} 通常不超过标准电压 U_R（一般为 10V）。对于输入的模拟电压 u_i，要求不超过最大值 u_{Dmax}，如果出现 $u_i > u_{Dmax}$，则 A/D 转换的结果将保持为全 1，这种现象称作溢出。这是因为 $u_i > u_{Dmax}$ 时，运算放大器 A 的输出恒为 1，置数逻辑会不断地调大输出的数字量 D，直至 D 全为 1，且持续。输入过大产生的溢出会造成平定波，影响转换的结果。消除溢出的最常见的方法是对输入的信号进行调节，使输入 u_i 在标准电压的范围内。

对于要转换的模拟信号，有单极性的（如 0 ~ +5V，0 ~ +10V），也有双极性的（如 0 ~ ±5V，0 ~ ±10V），因此要求 A/D 转换器能处理双极性模拟信号。通常双积分式 A/D 转换器中都设有正、负参考电压，随着接入参考电压的极性不同可允许模拟输入为单极性或双极性，片内的极性识别电路能识别模拟输入电压的极性，并自动地变换正、负参考电压的接入；输出为符号数值编码，如 5G1443、ICL7、AD7550、109ICL7135、ICL7106/7107/7126 等芯片。对于逐次逼近式 A/D 转换器，模拟量输入通道形式较多，一种使内部有偏置电路（如 AD574 设置有输入偏置电阻，0801～0805 具有完全差分输入形式）；另一种是无内部偏置电路的单极性输入（如 0808/0809），要求加在 A/D 转换器的输入端电压为单极性。对内部有偏置电路的 A/D 转换器而言，只需按照 A/D 转换芯片的要求连接，就可实现内部偏置电路的控制与调节，完成极性的变换。有些集成的 A/D 转换器内部没有设置片内偏置电路，可以通过外接简单偏置电路把单极性的 A/D 转换器变成双极性的偏置二进制码的 A/D 转换器。这类 A/D 转换器的偏置电路的连接方法如图 2-15 所示。

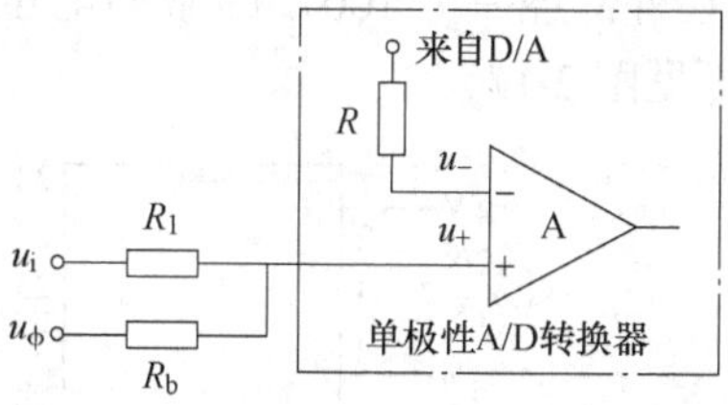

图 2-15 A/D 转换器偏置双极性输入

外加偏置电压 U_ϕ 和电阻 R_b 的大小可按下式计算：

$$U_\phi \frac{R_1}{R_1 + R_b} = \frac{U_R}{2} \tag{2-13}$$

式中，U_R 是 A/D 转换器的满量程输入电压；R_1 包括信号源的内阻。

对于这一类 A/D 转换器，变成双极性输入后，一般均用偏移码表示双极性输入结果，假设 A/D 转换器是 8 位的，输入电压 u_+ 的要求范围是 0～+5V，偏置电路中的偏置电压 U_ϕ 取 +5V，$R_1 = R_b = R$ 时，由图 2-15 知

$$u_i - u_+ = u_+ - u_\phi \tag{2-14}$$

即

$$u_i = 2u_+ - u_\phi = 2u_+ - 5 \tag{2-15}$$

则

$$u_+ = \frac{u_i + u_\phi}{2} = \frac{u_i + 5}{2} \tag{2-16}$$

表 2-2 为偏置电路的输入电压、偏置电压及编码的结果。

表 2-2 偏置电路的输入电压、偏置电压及编码表

U_ϕ	u_+	u_i	编 码
+5V	0V	−5V	00H
	2.5V	0V	80H
	5V	5V	FFH

5. ADC574 芯片简介

目前微机保护常用的 A/D 转换器芯片 AD574，是快速 12 位逐次比较型 A/D 转换器，由美国模拟器件公司生产，采用 28 引脚双列直插式标准封装，其内部包括快速 12 位 D/A 转换器、高性能比较器、逐次比较逻辑寄存器、时钟电路、逻辑控制电路及三态输出数据锁存器等。一次转换时间为 25μs，工作电源为 ±15V 和 +5V。其外部引脚如图 2-16 所示，各引脚功能介绍如下。

（1）参考电压

芯片内部 D/A 转换用的 +10V 参考电压，由芯片内部 +15V 经过降压电阻和一个带温度补偿的齐纳二极管产生。为了对参考电压进行微调，以调整 D/A 转换器的比例常数，此 10V 参考电压并不是在内部直接引向 D/A 转换器，而是先从 U_{ROUT} 端（引脚 8）引出，以便在外部经一个 100Ω 的微调电位计，再从 U_{RIN} 端（引脚 10）接入，供给内部 D/A 转换器（见图 2-17）。

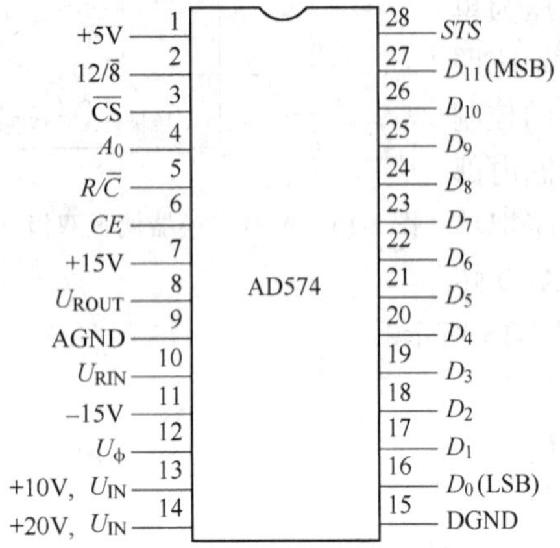

图 2-16 AD574 芯片引脚图

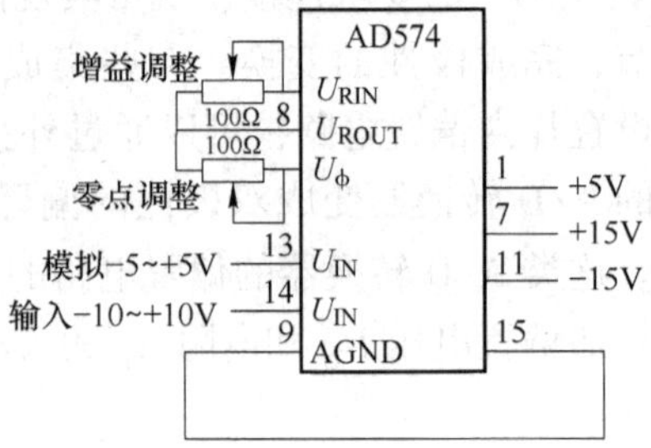

图 2-17 双极性输入接法

（2）偏置电压

在用于双极性模拟量时可将 +10V 的参考电压（U_{ROUT}）经一个 100Ω 电位计后接至 U_{ϕ} 端，以便对偏置电压微调，实现零点调整。用于单极性模拟量时可将 U_{ϕ} 端经电阻接地。

（3）模拟量输入 U_{IN}

由于芯片内部比较器的输入回路接有可改变量程的电阻和双极性输入偏置电阻，因此其输入模拟量量程范围有 0 ~ +10V、0 ~ +20V、 -5 ~ +5V 以及 -10 ~ +10V 四种，前两种对应于单极性输入的情况，后两种对应于双极性输入的情况。图 2-17 示出了双极性输入下的偏置电压及模拟量输入的外部连接法。

（4）模拟地和数字地（9 和 15 引脚）

AD574 内部模拟地和数字地是分开的，分别经引脚 9 和引脚 15 引出，在外部应把模拟地直接引至输入模拟量的零线。

（5）数字量输出

AD574 有 12 位数字输出，分别是 16 ~ 27 引脚。由于内部有寄存器和三态门，故允许将此 12 位输出线直接接至 CPU 的数据总线。平时 AD574 的 12 根输出线均呈现高阻状态，在需要读数时由相应的控制端控制才有输出供 CPU 读取。

（6）控制线和状态线

1）AD574 的逻辑控制输入信号有 CE、$\overline{CS}$、$R/\overline{C}$、12/$\overline{8}$、A_0，用于对 AD574 控制启动、输出。另外还有一个状态信号 STS。表 2-3 为 AD574 各控制信号的功能表。其中：

CE——控制时钟，当 $CE=1$ 时有效。

$R/\overline{C}$——读数/启动转换控制端。高电平时，CPU 向 AD574 读数，低电平时启动转换。

$\overline{CS}$——片选信号，当 $\overline{CS}=0$ 时有效。

12/$\overline{8}$ 及 A_0——输出数据格式控制端。当此芯片与 16 位机相连时，可以 12 位并行输出，

此时应将 $12/\overline{8}$ 端接高电平（脚 1 接 +5V），A_0 固定接地，即启动 12 位转换。当此芯片与 8 位机相连时，$12/\overline{8}$ 脚接低电平（脚 15 接 0V），这样 12 位数据分两次输出，$A_0=0$ 送高 8 位；$A_0=1$ 送低 4 位加上尾随 4 个 0。

2）STS——状态线。AD574 在转换过程中 *STS* 呈高电平，转换完成后，*STS* 由高电平变成低电平以通知 CPU 来读取转换结果。

表 2-3　AD574 控制功能表

CE	$\overline{CS}$	$R/\overline{C}$	$12/\overline{8}$	A_0	工作状态
0	×	×	×	×	禁止
×	1	×	×	×	禁止
1	0	0	×	0	启动 12 位转换
1	0	0	×	1	启动 8 位转换
1	0	1	接 1 脚（+5V）	×	12 位并行输出有效
1	0	1	接 15 脚（0V）	0	高 8 位并行输出有效
1	0	1	接 15 脚（0V）	1	低 4 位加上尾随 4 个 0 有效

6. 微机保护对模/数转换器的主要要求

量化误差和分辨率、转换时间与转换速度、转换精度、失调温度系数和增益温度系数等都是衡量 A/D 转换器性能的技术指标。对微机保护而言，选择 A/D 转换芯片时，主要考虑转换时间、量化误差和分辨率。量化误差和分辨率是由 A/D 转换器输出的位数决定的。

A/D 转换器完成一次转换需要的时间为 A/D 转换的时间。通常转换速率是转换时间的倒数。转换时间影响着数据采集系统的最高采样频率。在图 2-2 所示的 A/D 转换系统中，各个模拟量通道共用一个 A/D 转换器，所以要求采样间隔时间 T_S 与模拟量路数 n、A/D 转换一路的时间 t_{AD}、读取一次 A/D 转换结果的时间 t_R 的关系为

$$T_S > n(t_{AD} + t_R) + t_\gamma$$

式中，t_γ 为时间余量。实际上如果系统采用中断方式的时候，采样间隔时间 T_S 还应考虑中断程序的执行时间。

A/D 转换器的位数决定了量化误差大小，反映了转换的精度和分辨率，这对微机保护十分重要。A/D 转换器的分辨率习惯上以输出的二进制位数或 BCD 码的位数表示。例如 A/D 转换器 AD574A 的分辨率是 12 位的，即该转换器的输出数据可以用 2^{12} 个二进制数进行量化，其分辨率为 1LSB。如果用百分数来表示分辨率，其分辨率为

$$\frac{1}{2^N}\times 100\% = \frac{1}{2^{12}}\times 100\% = \frac{1}{4096}\times 100\% = 0.0244\%$$

量化误差和分辨率是统一的，量化误差是由于有限数字对模拟量进行离散取值而引起的误差。因此，量化误差理论上为一个单位分辨率，即 $\pm\frac{1}{2}$LSB。提高分辨率可减少量化误差。

在微机保护工作时，输入电压和电流的范围很大，在输入值接近 A/D 转换器的量程的上限附近时，1 个 LSB 的最大量化误差是可以忽略的，但当输入电压电流很小时，1 个 LSB 的量化误差所引起的相对量化误差就不能忽略了。例如输电线路的微机距离保护，既要求在

最大可能的短路电流（如100A）时保证A/D转换器不溢出，又要求有尽可能小的精确工作电流（如0.5A），以保证在最小运行方式下远方短路仍能精确测量距离，这就要求有接近200倍的精确工作范围。采用8位的A/D转换器显然是不能满足要求的。因为对于双极性模拟量的8位A/D转换器，其二进制数字输出的有效位才7位，因此最大值与LSB之比为$2^7=128$。如果输入为100A有效值时，要求其峰值不溢出，则0.5A时连峰值也小于LSB，即输入0.5A有效值的正弦量时，A/D转换器的输出将始终是零。实际上，对于交变的模拟量输入不论有效值多大，在过零附近的采样值总是很小，因而经A/D转换后的相对量化误差可能相当大，这样将产生波形失真，但只要峰值附近的量化误差可以忽略，这种波形失真所带来的谐波分量就可由数字滤波器来抑制。分析和实践指出，采用12位的A/D转换器配合数字滤波器可以做到200倍的精确工作范围。当采用16位的A/D转换器时，动态范围更容易满足微机保护的测量要求。

A/D转换器的位数越多，价格越高，加之微机保护通常计算的是工频信号或2次、3次谐波分量，对采样频率的要求不是很高，所以，微机保护多采用将所有的模拟量通道共用一片或几片转换器的方案。

7. 基于A/D转换器的数据采集系统举例

图2-18是常见的数据采集系统与CPU连接的接线方式之一。图中假定CPU只有8根数据线，因而AD574的$12/\overline{8}$端子固定接地，A0端子同CPU的地址总线相连，12位数据线的低4位与高4位并联后接至CPU的8位数据总线。三根基本控制线（$\overline{CS}$、CE、$R/\overline{C}$）与CPU的控制线相连，只要CPU输出由$\overline{CS}$及A0所决定的地址，且使$R/\overline{C}$端变成低电平，就可以使AD574开始转换（启动转换）。对AD574执行一个读操作就可以读取转换结果，其地址仍由$\overline{CS}$及A0决定。AD574是否转换完毕，由状态线STS向并行口的PB0提供信息，供CPU对PB0查询STS是否变为低电平。多路开关AD7506的4根路数选择线分别连至并行接口的输出端口PA口的PA0～PA3，CPU通过对PA0～PA3赋值，来切换多路开关选择通道。采样保持器在采样脉冲的作用下同时采样。

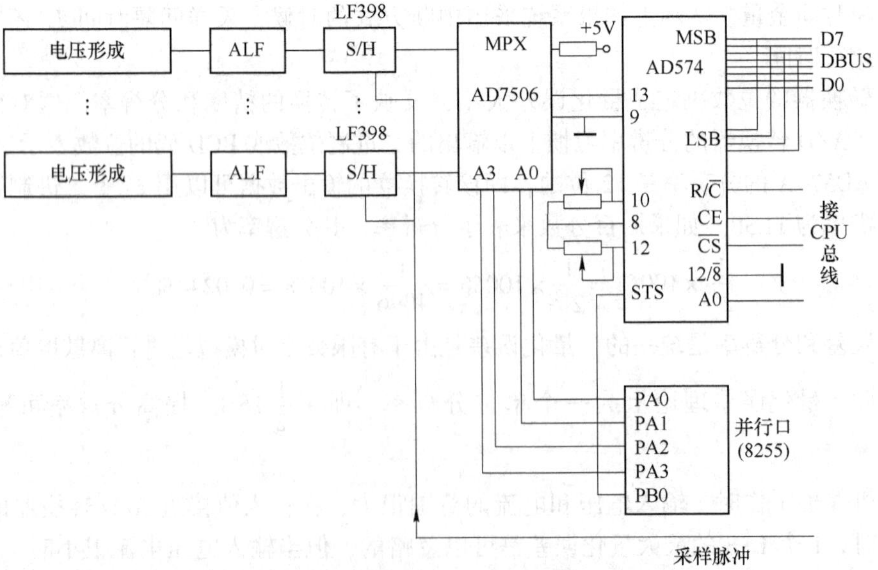

图2-18 数据采集系统与CPU接口接线举例

2.2.7　基于 VFC 转换的数据采集系统

1. 基于 VFC 的数据采集系统的组成

电压频率转换器 VFC（Voltage Frequency Converter）是一种实现模/数转换功能的器件。按照图 2-19 的连接方式，可以将 VFC 器件与其他电路一起构成数据采集系统，从而实现模拟信号到数字信号的转换功能。图 2-19 中电压、电流信号经电压形成回路后，均变成与输入信号成正比的电压量，经过 VFC，将模拟电压量变换为脉冲信号，该脉冲信号的频率与输入电压成正比，经快速光隔离器隔离后，由计数器对脉冲进行计数，随后，微型机在采样间隔 T_S 内读取的计数值就与输入模拟量在 T_S 内的积分成正比，达到了将模拟量转换为数字量的目的，实现了数据采集系统的功能。电压形成回路与基于 A/D 转换器的数据采集系统中的原理作用基本一致。

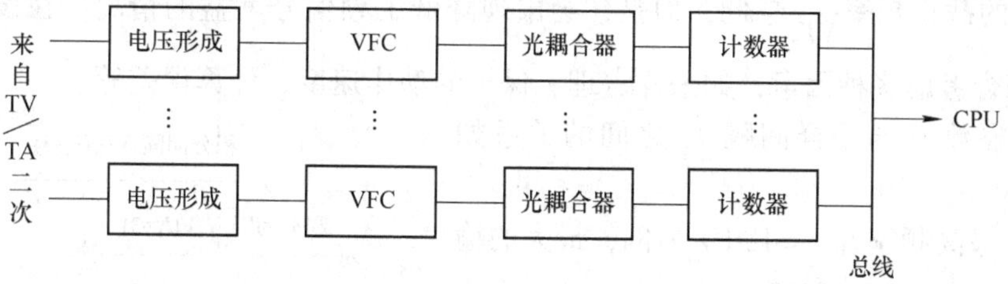

图 2-19　VFC 型数据采集系统示意图

2. VFC 转换器的电压和频率的关系

VFC 器件在直流输入的条件下，输入电压为 U_{sr}，输出方波脉冲信号的频率为 f，则

$$f = K_V U_{sr} \tag{2-17}$$

式中，K_V 为 VFC 的转换系数，一般为常数。

可见，VFC 输出信号的频率 f 与输入电压 U_{sr} 成正比，VFC 的输出为固定频率 f。这样，只要测量到 VFC 输出端的方波脉冲频率，就可以反映出输入电压的大小，图 2-19 中的计数器就是测量方波频率的有效方法。计数器实际上是在统计脉冲的“个数”，最后计数器输出的是数字量，便于计算机读取，从而实现了模拟量到数字量的转换，达到了模/数转换的目的。

如果在一个采样间隔 T_S 内对计数器的计数结果进行读数的话，那么，相当于在这个间隔 T_S 内对脉冲“个数”进行求和计算。计数器的计数值与输入电压信号的积分成正比，即

$$D = \int_t^{t+T_S} f\mathrm{d}t = K_V \int_t^{t+T_S} U_{sr}\mathrm{d}t \tag{2-18}$$

在交流输入的条件下，VFC 在任意时刻 t 的输出频率 $f(t)$ 与该时刻模拟量输入电压的瞬时值 $u_{sr}(t) = U_{smax}\sin(\omega t + \alpha)$ 成正比，比例关系仍然为 K_V（K_V = 常数），即

$$f(t) = K_V U_{smax}\sin(\omega t + \alpha) = K_V u_{sr}(t) \tag{2-19}$$

在交流输入条件下，计数器的计数值与输入电压信号的积分也成正比，即

$$D = K_V \int_t^{t+T_S} u_{sr}(t)\mathrm{d}t \tag{2-20}$$

因此，可以得出关于 VFC 的重要结论：VFC 型数据采集系统的输出值与输入电压 $u_{sr}(t)$ 的积分成正比，且比例系数为常数。

3. V/F 转换的分辨率与采样频率的关系

分辨率一般用 A/D 转换器输出的数字量位数来衡量。VFC 等效的位数取决于两个因素：一是 VFC 的最高频率 f_{VFC}；二是采样间隔 T_S 和积分间隔 NT_S 的大小。

VFC 的最大输出数字量 D_{max} 与 VFC 最大频率 f_{VFC} 之间的关系如下：

$$D_{max}=f_{VFC}NT_S=N\frac{f_{VFC}}{f_S} \tag{2-21}$$

式中，D_{max} 为最大输出数字量；f_{VFC} 为 VFC 的最高频率；T_S 为采样间隔；N 为积分间隔数。

由式（2-21）可以知道，VFC 的最大输出数字量 D_{max} 与采样频率 $f_S=\frac{1}{T_S}$ 成反比；但同时还可以知道，通过选择适当的积分间隔数 N，就可以减小 D_{max} 和 f_S 的矛盾，从而获得较满意的最大输出数字量 D_{max}。仅就积分间隔数 N 而言，N 越大，则最大输出数字量 D_{max} 也越大，幅频特性中的截止频率 $\frac{1}{NT_S}$ 越低，但是，会出现降低工频信号增益的情况。在设计 D_{max}、N 和 f_S 时应综合考虑多种因素，如采样定理、保护的动作速度、计算误差等。

积分间隔数 N 与采样间隔 T_S 之间的关系如图 2-20 所示。

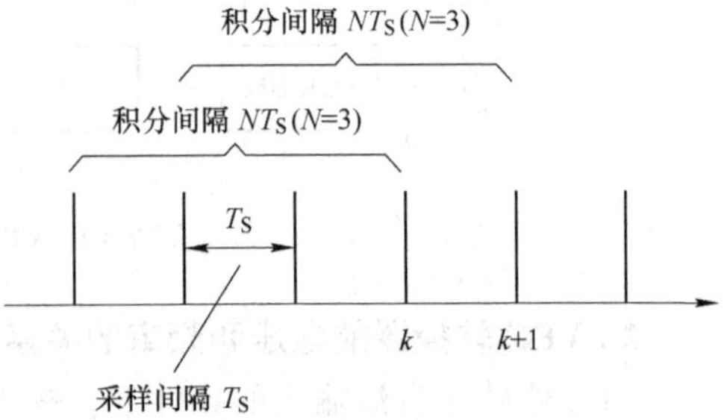

图 2-20　N 与 T_S 的关系

以 VFC 最高频率 $f_{VFC}=4\text{MHz}$ 为例，最大的输出数字量为 $D_{max}=4\times10^6NT_S$。

取 $T_S=(5/3)\text{ms}(f_s=600\text{Hz})$ 和 $N=1$ 时，最大的输出数字量为 $D_{max}=(4\times10^6)\times(5/3\times10^{-3})=6667$，这个数字量相当于 12.7 位的 A/D 转换器输出。

如果取 $N=2$，则 $D_{max}=13333$，相当于 13.7 位的 A/D 转换器输出。

4. V/F 转换型数据采集系统的特点

VFC 构成的数据采集系统主要有以下特点：

（1）低通滤波

普通的 A/D 转换器是对瞬时值进行转换，而 VFC 型数据采集系统是对输入信号的连续积分，因此，具有低通滤波的效果，同时，可以大大抑制噪声。

（2）抗干扰能力强

由于 VFC 型数据采集系统输出的是方波脉冲，所以，可以方便地在每个 VFC 型数据采集系统的输出端与计数器之间接入一个光耦合器，如图 2-19 所示，从而实现 VFC 型数据采集系统与微型机的电气隔离（不共地），这一点对抗干扰极为有利。短路或其他原因可能造成电流、电压互感器的二次引线携带强大的共模干扰，这种干扰虽经保护装置内的变换器隔离，但是，仍可能有一些共模干扰进入 A/D 系统。光耦合器可以有效地阻止共模干扰进入微机弱电系统，进一步提高了模/数转换电路的抗干扰能力。另外，VFC 型数据采集系统的积分作用也能增强抗干扰能力。

（3）位数可调

在其他因素不变的情况下，只要调整积分间隔 NT_S，就可以实现调整位数的目的。这一点尤其适合于信号频率不太高的场合。

（4）与微型机的接口简单

VFC 的工作根本不需要微型机控制，微型机只要定时去读取计数器的计数值即可。

（5）实现多微型机共享

多微型机并行工作的电路中，每个微型机均设置了各自的计数器，可以方便地共用一套 VFC 型数据采集系统，且连线简单。同时，由于各微型机独立读数，所以还可以实现各微型机根据需要设置不同的采样间隔。

（6）易于实现同时采样

在没有辅助电路的情况下，微型机只要快速地逐个锁存计数器的计数值，就可以实现几乎同时的采样。不同时的时间差仅为锁存第一个计数器到锁存最后一个计数器的指令时间差，这个时间是很短的。

（7）不适用于高频信号的采集

这是积分方式的必然结果，即 VFC 型数据采集系统本身具有抑制高频信号的作用。在低通频带范围内，进行 2 次或 3 次等谐波计算时，应考虑对应幅频特性的增益是不同的。到目前为止，VFC 的最高频率f_{VFC}不是太高，还有待于集成电路技术的发展来提高 VFC 的最高频率。

2.3　基于 DSP 的数据采集系统

电力系统是一个庞大的、瞬变的多输入/输出系统，为了保证其安全运行，需要实时地监视各节点的运行状况，及时发现电力系统的不正常状态及故障状态，并通知运行人员或快速地通过继电保护装置进行故障的切除。微处理器、数据采集系统对微机保护的工作性能的提高影响很大，发展初期电力系统继电保护设备中最常用的微处理器包括 51 系列和 96 系列等控制型器件。但随着电力系统对实时性、数据量和计算要求的不断提高以及新的保护算法的不断出现，这些器件在许多方面，特别是在计算能力方面，已不能很好地适应电力系统的要求。因此，数字信号处理器（DSP）逐渐被应用到电力系统中。由于 DSP 采用改进的哈佛总线结构，内部有硬件乘法器、累加器，使用流水线结构，具有良好的并行特性，并有专门设计的适于数字信号处理的指令系统等，与单片机相比具有更适合数字信号处理的优点。将 DSP 应用于微机继电保护，极大地缩短了数字滤波、傅里叶变换算法的计算时间，不但可以完成数据采集、信号处理的功能，还可完成以往主要由 CPU 完成的运算，实现独立的继电保护功能。

2.3.1　数据采集系统的硬件结构

图 2-21 所示为数据采集系统的硬件结构。在该系统中，DSP 片外扩展了 2 片 FLASH-AM29LV160D 作为系统的程序存储器，2 片 IS61LV51216 作为程序运行时的数据存储器，1 片NAND FLASH-K9K4G16Q0M 作为大量重要数据的存储器。采用 2 片 MAX125 可同时进行 16 路采样，也可进行 2 次 8 路同时采样，并且可以 2 路频率跟踪采样，微机保护装置应用该系统可以很方便地完成系统电压、电流、频率、功率及相位的测量和计算。数据采集系统可以作为一个通用模块，软件做适当改动、采用不同算法后，可应用于不同的系统。同时，该系统与控制 CPU 板通过双口随机存储器（RAM）进行数据交换，可很方便地进行采

样数据实时显示。

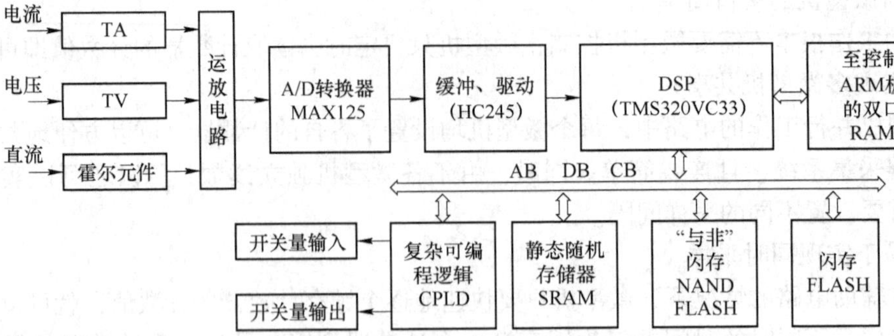

图 2-21 基于 DSP 的数据采集系统

DSP 核心控制芯片是 TI 公司 32 位浮点芯片 TMS320VC33-150，运算速度达 75MIPS，硬件资源丰富，内部包含了 2 块 2KB×32 位和 2 块 16KB×32 位的快速 RAM 块，64B×32 位的 Cache 可用来存储需要经常使用的代码块，2 个定时器，1 个串行口，独立的程序总线，数据总线和直接数据存储（DMA）总线使得取指、读写数据和 DMA 操作可以并行进行，24 位的地址线使得用户可以访问多达 16MB 的存储空间，程序、数据、I/O 空间都包含在这个 16MB 的空间中。丰富的指令系统，使得 TMS320VC33－150 适合于数字信号处理，因而在电力系统的微机继电保护装置研制中得到了广泛应用。

A/D 转换芯片为 MAXIM 公司的 MAX125 芯片，该芯片是内部带同步采样保持器的高速多通道 14 位数据采集芯片。芯片包括 1 个 14 位、转换时间为 3μs 的逐步逼近型模拟数字转换器，1 个 +2.5V 的内部电压基准，1 个经过缓冲的内部电压基准输入端，1 个内部 16MHz 的时钟，一组可同时对 4 路输入信号同步采样的采样/保持电路 T/H。MAX125 每一个 T/H 前面有 1 个 2 选 1 的转换开关，总共有 8 个输入信号。在默认模式下，4 个采样保持放大器的输出从 1 通道到 4 通道依次转换，单一通道转换时间为 3μs，当 4 个通道全部转换完毕，将转换结果存储在芯片内部的 4×14 位 RAM 中，并对外部产生一个中断信号，DSP 可依次对 RD 脚施加读脉冲以读出内部数据，4 次读操作依次读出 RAM 中的 4 个数据字。

图 2-22 所示为交流采样通道的原理，它由 TV/TA、运放及外围电阻、电容等元件组成。运放是在 ±5V 供电条件下，输出电压为 −4.1～+4.1V，因此当信号为最大量程时，对应的运放输出幅值应小于 4.1V，否则运放将发生电压饱和。当互感器输出电流为 I 时，运放输出的电压 $U_o=\dfrac{I\times R_1\times R_f}{R_1+R_2}$（忽略 C_1 对幅值的影响），为防止运放发生电压饱和，必须选择合适的 R_3、R_4。

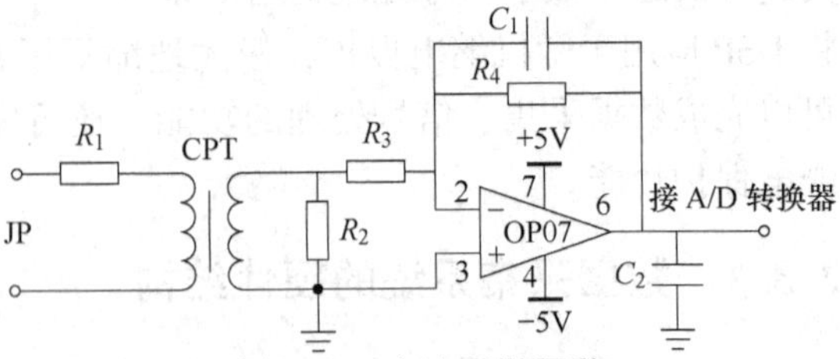

图 2-22 交流采样通道

TMS320VC33 与 A/D 部分的接口如图 2-23 所示。交流模拟量由一次 TV/TA 出来，再经由交流变换单元，变为小电压信号后经由运算放大器 OP07（将电流量变换成电压量，通过调节运算放大器的反馈电阻，在输出端得到所要求的电压输出）接至 MAX125，通过 TMS320VC33 给 CPLD 发出采样指令，启动 A/D 转换将装置所需的模拟量转化为数字量，并将 MAX125 内部 RAM 的转换结果读出来存储到外扩 SRAM 中。此时 DSP 通过调用程序存储器中的程序对采样的数据进行处理与计算，其计算结果与存放在电可擦除可编程只读存储器（EEPROM）中的整定值进行比较，以判别装置是否出口。ADC 的启动转换信号和转化结果读取信号由 CPU 的读写控制信号和地址总线在 CPLD 内部综合而成，如图 2-23 所示。采用 CPLD 可减少系统所需芯片的数量，提高系统的集成度，在高速、强电磁干扰等恶劣条件下，可减少系统受干扰的概率，提高了系统的可靠性。另外，通过对 CPLD 的结构和工作方式进行重构，可以很方便地对产品进行升级。

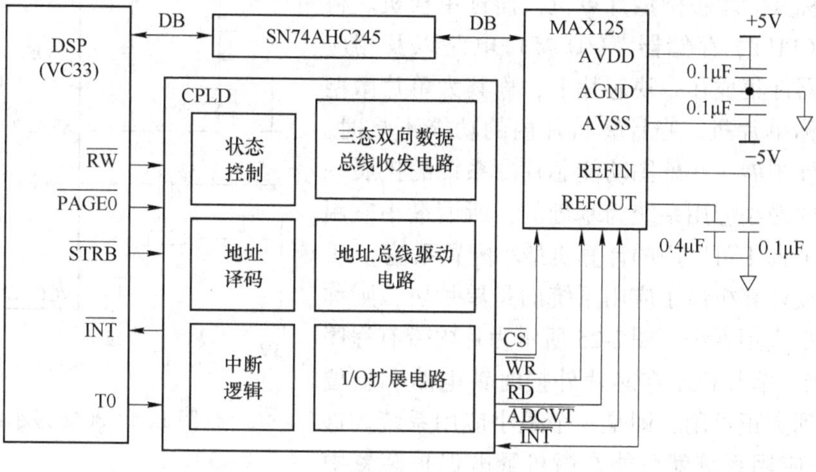

图 2-23　TMS320VC33 与 A/D 的接口

2.3.2　软件设计

系统软件设计的主要功能是完成数据采集、把数据读取到数据存储器、数据分析与处理、数据输出。数据采集的流程为：首先设定 MAX125 的工作模式，初始化 DSP 芯片上的定时器，设定定时时间间隔，开 DSP 的中断，启动定时器，如果定时采样周期到，就向 CPLD 发出采样命令，启动 A/D 转换器，当转换完成后 MAX125 向 DSP 发出中断请求信号，转入外部中断服务子程序，读取数据，对数据进行分析和处理。数据采集程序流程如图 2-24 所示。

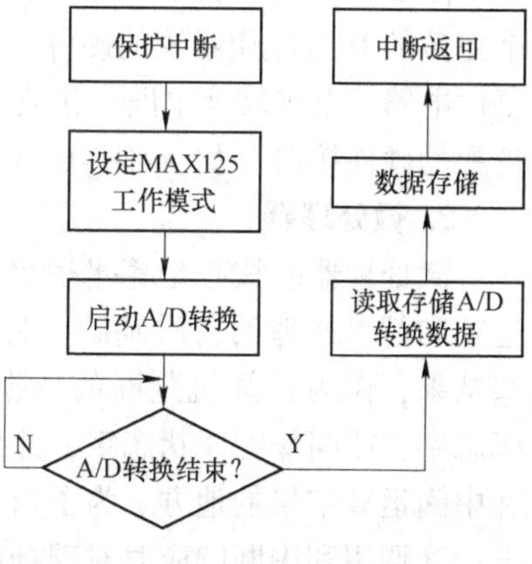

图 2-24　数据采集程序流程

2.4　CPU 主系统

2.4.1　CPU 主系统的概述

1. CPU 主系统的组成

一个基本的 CPU 主系统包括中央微处理器 CPU、存储器、晶振电路、复位电路、定时器、I/O 接口等。CPU 执行程序存储器中的程序，对数据采集系统输入到数据存储器的原始数据进行分析处理，完成继电保护的测量、逻辑和控制功能。CPU包括通用运算器和控制器。存储器包括数据存储器和程序存储器。存储器主要用来存放程序和数据。存储器可以是片内集成的，也可以是片外扩展的，根据程序数量的大小可以选用多片存储器。I/O接口（输入/输出接口）用于计算机CPU和外部设备联系的通道。

CPU、存储器和I/O接口有不同的组装方式。微处理器（CPU）、存储器、I/O接口电路由总线有机地连接在一起的整体，称为微型计算机。将微处理器（CPU）、存储器、I/O接口电路以及简单的输入/输出设备组装在一块印制电路板上，称其为单板微型计算机，简称单板机。将微处理器（CPU）、存储器、I/O接口电路以及相应的实时控制器件集成在一块芯片上，称其为单片微型计算机，简称单片机。当计算机片内的功能不足时，就需要在片外扩展一些外围功能芯片，系统的扩展一般是以基本的最小应用系统为基础的，所谓最小应用系统是指一个真正可以用的计算机最小配置系统。

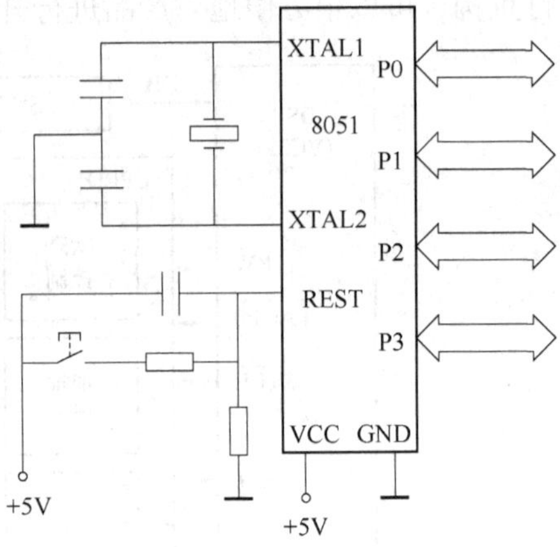

图2-25 8051最小系统

如果构成计算机最小应用系统的是单片机，则称为单片机最小应用系统。图2-25所示为片内带有程序存储器的8051单片机，在芯片外接时钟电路和复位电路就能达到真正可用，即是一个最小应用系统。这个8051最小应用系统就可能在微机继电保护装置中作为CPU主系统使用。

图2-26为TMS320LF2407A构成的DSP应用系统。一个完整的DSP应用系统的硬件一般包括电源、晶振电路、复位电路、电平转换电路、仿真器接口JTAG电路以及可扩展的硬件接口（如A/D、D/A等）。

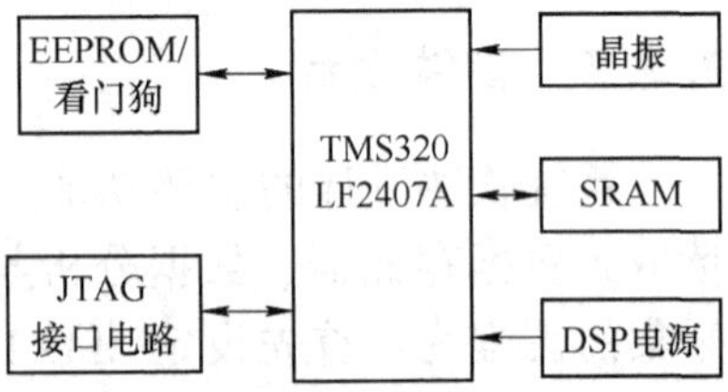

图2-26 DSP系统

2. 微处理器

微处理器的核心是算术逻辑单元（ALU），它是算术运算和逻辑处理的物质基础。为反映ALU运算得到的某些结果，作为计算机判断的依据，微处理器内部设置了标志字，或叫作程序状态字，此外还有累加器和若干个通用寄存器，作为暂时存放操作对象和中间运算结果的地方。为了指示下一条指令在何处寻址，设有程序计数器（PC），为了在子程序调用和中断响应时对现场进行保护，设有堆栈指针（SP），堆栈是由用户在存储器中划出的一段空间，堆栈指针用来专门指示堆栈的栈顶。除此之外，还应有指令寄存器和时序控制器，指令寄存器对指令进行分解，然后经过时序控制器为分解后的指令产生相应的各种严格时序关系的控制信号，以控制CPU内部各个部分的动作，达到执行该指令的目的。指令控制器的时序控制电路虽然十分重要，但它的操作不需要用户去干预，用户只要写出指令，至于每条指令如何执行不需要过问。在微处理器内部，信息的流动是通过总线进行的，叫作内部总线。内部总线分为三类，即地址总线、数据总线和控制总线。为了与存储器和I/O口相连接，需要把各类总线引向微处理器的外部，这类总线叫作外部总线。

微处理器的字长是一个标志微机档次的重要参数，微处理器发展到今天，已经有4位、

8 位、16 位和 32 位的产品。微处理器的字长是以数据总线的位数为准的。但有的微处理器内部数据总线位数和外部数据总线位数不同（例如内部总线为 16 位，外部总线为 8 位），则以内部总线为基本，称为准 16 位，以与真正的 16 位相区别。8088 和 8089 都是准 16 位的微处理器。

一般来讲，主要是根据保护的功能选择 CPU 类型。原理复杂、动作速度快的保护选择比较高档的 CPU。随着大规模集成电路制造技术的不断发展，已有品种繁多的 CPU 可供选择。20 世纪 80 年代初期开发的微机保护装置多采用单片微处理器 intel8086、MC6809 等。80 年代中期以后，出现了将 CPU、存储器、定时器以及 I/O 接口集中在一块芯片上的单片机，例如 80196 等。90 年代，又出现了有数字信号处理功能的 CPU，如 DSP 芯片。它们各自的特点后面会叙述。

3. 存储器

存储器用来存放程序、数据和中间结果。存储器的种类很多，有随机存储器和只读存储器；随机存储器包括动态 RAM、集成 RAM、静态 RAM、挥发 RAM；只读存储器包括掩膜 ROM、可编程 ROM、可改写 EPROM、电可擦除 E^2PROM。

在微机继电保护程序中，程序和常数多采用存放在可改写的 EPROM 中。因为 EPROM 可以改写，装置改进容易实现，而写入的程序又很可靠，不容易丢失。采样数据、中间运算结果和标志则需存放在 RAM 中，以便随机存取。微机继电保护的定值属于常数性质，运行中间要求能随系统运行方式不同而修改，将定值放在 E^2PROM 中较为适宜。E^2PROM 和 EPROM 相比，擦除更简单。

4. I/O 接口

用于计算机输入和输出的设备多种多样，所以接口电路也是多种多样。为了适应这种情况，一方面外设尽可能的标准化，另一方面采用大规模集成技术将接口电路做成可编程的接口，既可以通过软件的设置改变接口的工作方式，又以灵活多变的工作方式去满足多种多样的外部设备要求，将它们与计算机方便地连接起来。作为微机保护的 I/O 设备，主要有控制微机运行的按键、设置和显示定值的按键和简易的七段 LED 显示或液晶显示器、指示动作运行情况和运行故障状态的指示灯、输出成批数据的打印机、向主控室输出的告警信号、向断路器跳闸回路送出的跳闸命令以及向线路端保护送出的远方信号。归纳起来，这些外部设备都可以经过可编程的并行接口芯片和可编程的串行接口芯片实现与计算机的连接。

输入与输出有两种基本方法：一种叫并行输入/输出，另一种叫串行输入/输出。前者通常是 8 位二进制数据同时输入或输出。在计算机保护装置中，定值的输入是并行的，保护动作信号、音响告警和跳闸脉冲的输出以并行的数字量输出。计算机线路保护接收对端发来的或向对端发出的远方信号是一位一位地串行输入或输出的，这是串行传送。可见，并行方式用于本地数字信号的输入/输出，串行方式用于远方数字信号的输入/输出。为了方便各式各样的设备与计算机之间的信息交换，专门设置了中、大规模集成度的通用型并行接口芯片和串行接口芯片，它们的工作模式设计成多种可能，使用时由软件编程选定其中的一种。

2.4.2　微机保护中常用芯片的应用特点

可以应用在微机继电保护装置中的计算机包括通用微机、单片机、数字信号处理器（DSP）、ARM 微处理器、CPLD 等。其中以单片机和数字信号处理器应用最为常见，单片机在微机保护装置中的应用较早，技术较成熟，而 DSP 是近年来微机保护装置设计选用的新宠。

1. 单片机

单片机与通用的微机相比，在结构、指令设置上有其独特之处，其主要结构特点表现在以下几个方面：

1）单片机的存储器 ROM 和 RAM 是严格区分的。ROM 称为程序存储器，只存放程序、固定常数及数据表格。RAM 则为数据存储器，用作工作区及存放数据。这样的结构主要考虑到单片机用于控制系统中，有较大的存储空间，把开发成功的程序固化在 ROM 中，而把少量随机数据存放在 RAM 中，这样小容量的数据存储器能以高速 RAM 形式集成在单片机内，以加速单片机的运行速度。但单片机内的 RAM 是作为数据存储器用，而不是当作高速缓冲器存储器使用。

2）采用面向控制的指令系统。为满足控制的需要，单片机有更强的逻辑控制能力，特别是有更强的位处理能力。

3）单片机的 I/O 引脚通常是多功能的。由于单片机芯片上引脚数有限，为了解决实际引脚数和需要信号线的矛盾，采用引脚功能复用的方法。引脚处于何种功能，可由指令来设置或由机器状态来区分。

4）单片机的外部扩展能力强。在内部的各种功能不能满足要求时，均可在外部进行扩展（如扩展 ROM、RAM、I/O 接口、定时/计数器、中断系统等），与许多通用的微机接口芯片兼容，给应用系统设计带来极大的方便和灵活性。

单片机之所以应用于控制领域（包括微机继电保护装置）中，还有以下优点：

1）体积小，成本低，运用灵活，易于实现产品化，它能方便地组成各种智能化的控制设备和仪器，做到机电一体化。

2）面向控制，能针对性地解决从简单到复杂的各类控制任务，因而能获得最佳的性能价格比。

3）抗干扰能力强，适应温度范围宽，在各种恶劣的环境下都能可靠地工作，这是其他类型的计算机所无法比拟的。

4）可以方便地实现分布式控制，使整个控制系统效率和可靠性大为提高。

2. 数字信号处理器（DSP）

在微机继电保护中要进行大量的数字信号处理，就需要高速处理能力的微处理器。在 DSP 出现之前，数字信号处理通常采用通用计算机（C 语言）、单片机（汇编语言）或专用计算机，通用计算机的缺点是速度慢，单片机（MCS-51、96 系列）由于其资源有限无法应用于复杂的数字信号处理；专用计算机通用性很差，且造价很高。随着专用和通用 DSP 技术的不断推广，通用 DSP 芯片的通用性很强，非常适合于构成运算速度高、结构又比较复杂的系统，因此 DSP 在微机继电保护装置中应有的优越性得以体现。

DSP 芯片（即数字信号处理器）是特别适合于进行数字信号处理运算的微处理器，其主要应用是实时快速地实现各种数字信号处理算法。数字信号处理器的结构特点表现如下：

1）采用改进型的哈佛结构。哈佛结构不同于传统的冯·诺依曼结构的并行体系结构，其主要特征是将程序和数据存储在不同的存储空间中，即程序存储器和数据存储器是两个相互独立的存储器，每个存储器独立编址，独立访问。与两个存储器相对应的是系统中设置了程序总线和数据总线两套总线，从而使数据的吞吐率提高了一倍。在哈佛结构中，由于程序和数据存储器在两个分开的地址空间中，因此取指令和执行能完全重叠运行。

2）流水线操作。与哈佛结构相关，DSP 芯片广泛采用流水线减少指令的执行时间，从而增强了处理器的处理能力。在 DSP 处理器内，对每一条指令的操作可分为取指令、译码、执行几个阶段，每个阶段称为一级流水线。流水处理是指同一时刻同时对若干条指令进行不同阶段的处理。TMS320 系列处理器的流水线深度为 2 ~ 6 级不等。第一代 TMS320 采用 2 级流水线，第二代采用 3 级流水线，第三代采用 4 级流水线，而 TMS320C54X 采用 6 级流水线。采用流水线操作，处理器可以并行处理多条指令。

3）片内含有专用的硬件乘法器和高性能的运算器及累加器。在通用的微处理器中，乘法过程是由一系列的加法来实现的，故需要许多指令周期来完成。相比较而言，DSP 芯片内部有一个专用的乘法器，且有专用的乘法指令，乘法可以在一个指令周期内完成，这给数字信号处理带来极大的方便，如一般形式的 FIR 滤波器中。乘法是 DSP 的重要组成部分，乘法速度越快，DSP 处理器的性能就越高。

4）特殊的 DSP 指令。如循环寻址、位倒序等特殊的指令，实现零开销的循环，使 FFT、卷积运算中的寻址、排序及计算速度大大提高。

5）丰富的片内存储器和灵活的寻址方式为数据处理提供了良好的条件。DSP 面对数据密集型应用，对数据访问的速度和灵活性有很高的要求，同时又需要大量的数据存储空间。根据这些应用特点，DSP 片内集成了 RAM、ROM、FLASH 以及双口 RAM 等存储空间，并通过不同的片内总线访问这些空间，因此解决了总线竞争和速度匹配问题，大大提高了数据读/写访问的速度。

6）新型的 DSP 不但具有数据处理能力，还继承了 A/D、比较器、捕获器、PWM、串行口及看门狗等部件，为 DSP 广泛应用提供了资源条件。

最成功的 DSP 芯片当数美国德州仪器公司（Texas Instruments，TI）的一系列产品。TI 公司在 1982 年成功推出其第一代 DSP 芯片 TMS32010 及其系列产品 TMS32011、TMS320C10/C14/C15/C16/C17 等，之后相继推出了第二代 DSP 芯片 TMS32020、TMS320C25/C26/C28，第三代 DSP 芯片 TMS320C30/C31/C32，第四代 DSP 芯片 TMS320C40/C44，第五代 DSP 芯片 TMS320C5X/C54X，第二代 DSP 芯片的改进型 TMS320C2XX，集多片 DSP 芯片于一体的高性能 DSP 芯片 TMS320C8X 以及目前速度最快的第六代 DSP 芯片 TMS320C62X/C67X 等。TI 将常用的 DSP 芯片归纳为三大系列，即 TMS320C2000 系列（包括 TMS320C2X/C2XX）、TMS320C5000 系列（包括 TMS320C5X/C54X/C55X）、TMS320C6000 系列（包括 TMS320C62X/C67X）。

3. ARM 微处理器

ARM（Advanced RISC Machines）是一类微处理器的统称。ARM 微处理器的应用已遍及工业控制、消费类电子产品、通信系统、网络系统、无线系统等各类产品市场。近年来，它在微机保护装置中的应用也越来越多。

ARM 微处理器及技术在各个领域的应用情况表现在：

1）在工业控制领域，作为 32 位的 RISC 架构，基于 ARM 核的微控制器芯片不但占据了高端微控制器市场的大部分市场份额，同时也逐渐向低端微控制器应用领域扩展，ARM 微控制器的低功耗、高性价比，向传统的 8 位/16 位微控制器提出了挑战。

2）无线通信领域：目前已有超过85%的无线通信设备采用了ARM技术，ARM以其高性能和低成本，在该领域的地位日益巩固。

3）网络应用：随着宽带技术的推广，采用ARM技术的ADSL芯片正逐步获得竞争优势。此外，ARM在语音及视频处理上进行了优化，并获得广泛支持，也对DSP的应用领域提出了挑战。

4）消费类电子产品：ARM技术在目前流行的数字音频播放器、数字机顶盒和游戏机中得到广泛应用。

5）成像和安全产品：现在流行的数码相机和打印机中绝大部分采用ARM技术。手机中的32位SIM智能卡也采用了ARM技术。

除此以外，ARM微处理器及技术还应用到许多不同的领域，并会在将来取得更加广泛的应用。

采用RISC（Reduced Instruction Set Computer，精简指令集计算机）架构的ARM微处理器一般具有如下特点：

1）体积小、功耗低、成本低、性能高。

2）支持Thumb（16位）/ARM（32位）双指令集，能很好地兼容8位/16位器件。

3）大量使用寄存器，指令执行速度更快。

4）大多数数据操作都在寄存器中完成。

5）寻址方式灵活简单，执行效率高。

6）指令长度固定。

ARM微处理器有ARM7系列、ARM9系列、ARM9E系列、ARM10E系列、SecurCore系列、Inter的Xscale、Inter的Strong等。

2.5 微机保护网络通信

2.5.1 微机保护网络通信功能及形式

1. 功能

网络通信功能成为微机保护装置必不可少的组成部分。在变电站综合自动化系统中，网络通信技术发挥着非常重要的作用。微机继电保护装置与变电站综合自动化系统之间的通信功能如下：

（1）保护监控

向保护装置发出对时、召唤数据等命令，传送新的保护定值；保护装置向监控系统报告保护动作参数（动作时间、动作性质、动作值、动作名称等），响应召唤命令上报当前保护动作值以及修改保护定值的反校信息，实现远方定值修改、事件记录及录波数据上传、压板遥控投退和遥测、遥信、遥控跳闸等。通常这类监控数据通信速率都比较低。

（2）分散录波数据传送

微机保护装置分散录波技术的应用，对网络通信的能力提出了新的要求。由于录波数据量较大，因此，要求微机保护装置具有较高的通信速率。

2. 通信接口的方式

在还没有制定变电站综合自动化系统传输规约和传输网络的标准时，不同的制造厂生产的微机保护装置选用了不同的网络标准。但它们的共同特点是，大多采用现场总线标准，并且尽可能采用标准的网络芯片来实现网络控制功能。应用现场总线技术，可以组成实时可靠的站内局域网，用来代替常规变电站内二次设备之间复杂的电缆接线，使站内所有设备的配置、连接以及站内信息的传送变得非常清楚，一、二次设备之间由各种电缆传输模拟量、开关量，二次设备之间由统一的现场总线交换数据，从而实现了站内各层间数据交换，达到了变电站分散监控的目的。

在变电站的通信网络应用发展过程中，国内变电站综合自动化系统中微机保护装置的网络通信大多选用了 CAN 网络标准，所有产品都支持 RS-232/422/485 串口通信标准。应该注意的是，无论是 CAN 网络标准，还是 LONWorks 网络标准，它们都不是针对电力系统变电站的特定要求专门设计的，都存在一些问题。如在时间同步性方面都不能完全满足变电站的要求，实际应用中的通信速率也不太高。

新一代微机保护采用以太网通信接口，使得变电站综合自动化系统可由以太网来构架通信网络。由于以太网在各个领域的广泛使用，以太网络的接口十分丰富，也很廉价。另外，使用开放式的 TCP/IP 协议，可以方便地与广域网相连。从实际利益出发，必须在智能电子设备制造厂之间和用户之间能够自由地交换信息。这也就是所谓的互操作。在 IEC61850 使用之前，曾广泛应用 IEC60870-5-103 标准，此标准在一定程度上促进了 IED 互操作性的提高，随着变电站自动化发展到数字化、智能化的新阶段，这个标准也暴露出了越来越多的问题。基于此，国际电工委员会（IEC）第 57 技术委员会（TC57）于 2004 年颁布了《变电站通信网络与系统》，也就是 IEC61850 通信协议，这个协议共有 14 个标准，这个系列的标准是基于通用信息平台的变电站自动化系统唯一的国际标准。标准制定的目的在于使不同厂商的产品具备互操作性，该体系中的主干网是以太网。除了以太网通信接口外，新一代微机保护还提供了与现有通信方式（RS-232C、RS-232/422/485）的兼容性设计，这使得变电站综合自动化系统的设计或改造选择性更多、更灵活。

2.5.2　智能变电站的继电保护通信

1. 智能变电站的特征

变电环节在电力系统发电、线路、变电、配电、用电和调度六个环节中有着非常重要的作用，正因如此，智能变电站的发展是智能电网发展的核心。“智能变电站的概念”是指：以环保、节能、可靠、先进、集成的智能设备组合而成，信息共享标准化，自动地完成信息的采集、测量、控制、计量、保护等功能，并支持电网实时智能调节、自动控制、在线分析决策、协同互动等高级应用功能的变电站。智能变电站的典型特征如下：

1）智能化一次设备。随着基于光学或电子学原理的电子式互感器和智能短路器的应用，光纤和数字信号将逐步替代常规的控制光缆和模拟信号，保护测控装置的输入/输出信号均为数字通信信号，通信网络进一步向变电站现场延伸，全站甚至广域范围内都可以共享现场的采样数据和开关信息。

2）高级应用互动化。实现站内外各种高级应用相关对象间的互动，从而满足智能变电站互动化的要求，实现变电站与变电站之间、变电站与控制中心之间、变电站与用户之间及变电站与其他应用之间的互联、互通和互动。

3）全站信息数字化。可以实现一、二次设备的灵活控制，而且具备双向通信功能，通过信息网进行管理，使全站信息的采集、传输、处理、输出过程完全实现数字化。

4）信息共享标准化。智能变电站基于 IEC61850 标准的统一标准化信息模型实现了站内外信息的共享。智能变电站能统一并简化变电站的数据源，形成基于同一时间断面的基础信息，通过按照统一标准进行统一建模来实现变电站内信息的交互和共享，可以在基于信息共享的基础上将常规变电站内的多套系统集合成为业务应用。

5）坚强可靠的变电站。智能变电站除了关注站内设备及变电站本身的可靠性外，更关注自身的诊断和自治功能，做到设备故障提早预防、预警，并可以在故障发生时自动将设备故障带来的故障损失率降至最低。

6）网络化的二次设备。变电站内常规的二次设备，如继电保护装置、防误闭锁装置、测量控制装置、远动装置、故障录波装置、电压无功控制、同期操作装置以及正在发展中的在线状态检测装置等全部基于标准化、模块化的微处理器设计制造，设备之间的连接全部采用高速的网络通信，二次设备不再出现常规功能装置重复的 I/O 现场接口，通过网络真正实现数据共享、资源共享，常规的功能装置在这里变成了逻辑的功能模块。

2. 智能变电站网络通信

网络通信技术是智能变电站自动化技术的基础，也深刻地影响了继电保护的实现方式。智能变电站大量采用以太网（Ethernet），以太网技术被广泛引入变电站自动化系统的站控层、间隔层和过程层。以太网的优点体现在以下几个方面：

1）系统扩展性好，升级、更新方便。

2）以太网结合 GOOSE 技术，具有实时性强、分优先级、通信效率高的特点，可满足实时控制要求。

3）以太网是全开放网络，按照网络协议，不同厂商的设备可以很容易地实现互联，设备组网方便。

4）以太网通信速率高，当前的主流通信速率为 100Mbit/s 和 10Mbit/s，比目前的现场总线快很多，1000Mbit/s 以太网技术也逐渐成熟。

5）二次设备通过网络可实现数据共享、资源共享。

6）系统扩展性好，升级、更新方便。

7）软、硬件成本低廉。

8）以太网可以采用不同的传输介质，因此变电站可以采用抗干扰能力强的光纤通信介质。

智能变电站间隔层与过程层设备之间的网络称为过程层网络，包括过程层 SV 网、过程层 GOOSE 网。智能变电站中最为典型的网络应用是对实时性和可靠性要求极高的过程层网络。过程层网络是实现数字化采集和信息共享的技术基础，采用了大量新技术、新设备，对继电保护的性能将产生重大影响，因此过程层网络技术的先进性在一定程度上代表了智能变电站的技术先进性。过程层网络传递的信息包括交流采样值、状态信号和控制信号。间隔层设备与站控层设备之间的网络是站控层网络，其通信内容是全站所有“四遥”数据、保护信息及其他需要监控的信息。

3. 智能变电站通信网络对继电保护的影响

（1）IEC61850 标准

目前，IEC61850 标准应用于变电站内部通信网络和系统的国际标准；是基于网络通信平台的变电站唯一的国际标准；它对保护和控制等自动化产品和变电站自动化系统（SAS）的设计产生深刻的影响。它不仅应用在变电站内，而且运用于变电站与调度中心之间以及各级调度中心之间。变电站通信网络和系统协议 IEC 61850 标准提出了变电站内信息分层的概念，将变电站的通信体系分为 3 个层次，即变电站层、间隔层和过程层，并且定义了层和层之间的通信接口。

智能变电站内部利用以太网通信取代并行电缆传输 IEC61850 标准化数字信息，除了可大幅度简化设备连接方式和系统结构，并提高系统运行的可靠性之外，还能够集成原先面向某个特定应用或功能而设置的专用信息系统，形成统一的资源传输支撑平台，达成站内多源信息的应用共享机制。借此特性，智能变电站中完全地消除了信息交互孤岛，可促进站内各二次系统单元的充分联系，使继电保护装置能够获取更多的信息，经融合后用以执行故障综合判断处理，为集中式后备保护提供了便利条件。

（2）GOOSE 网络

GOOSE（Generic Object Oriented SubstationEven），即面向通用对象的变电站事件，是 IEC 61850 标准中用于满足变电站自动化系统快速报文需求的机制。主要用于实现在多 IED（IntelligentElectronicDevice 智能电子设备）之间的信息传递，包括传输跳、合闸信号（命令），传输成功概率高。基于 GOOSE 网络传输代替传统的硬接线实现开关位置、闭锁信号和跳闸命令等实时信息的可靠传输。（相当于传统保护的开入/开出回路）。其在过程层应用的可靠性、实时性、安全性能满足继电保护的要求，主要依赖于各智能设备的通信处理能力以及 GOOSE 网络的组网方案。

2.5.3　继电保护在智能变电站的网络中的配置

典型的智能变电站的结构是三层两网式的结构，三层包括间隔层、过程层、站控层，所谓的两网是指过程层网络、站控层网络。过程层设备主要包括电子式电流互感器、电子式电压互感器、智能开关等智能化一次设备。目前采用的常规开关加智能操作箱的过渡方案，也属于过程层。过程层设备具有自检测、自描述的功能。通过过程层网络可以给间隔层设备传输一次设备信息，并接收间隔层设备发送的控制命令。间隔层设备包括保护、测控设备和计量、录波装置等。站控层设备包括监控系统、工程师工作站、故障信息系统等，记录变电站的相关信息，为变电站提供运行、管理、工程配置的界面。站控层设备建立在基于 IEC61850 模型的基础上，具有面向对象的统一数据建模。过程层与间隔层之间的网络称为过程层网络（包括 SV 和 GOOSE 网络），网络传递的信息是交流采样值、状态信号和控制信息，GOOSE 网用于间隔层和过程层设备之间的状态与控制数据交换，SV 网用于间隔层和过程层设备之间的采样值传输。间隔层设备和站控层设备之间的网络是站控层网络，其通信内容是全站所有“四遥”数据、保护信息及其他需要监控的信息。在智能变电站三层两网式的结构下，其继电保护的配置有以下三种方案。

（1）常规保护配置方案

智能变电站常规保护配置方案如图 2-27 所示。这种配置方案与传统变电站的保护配置方案基本一致，全部按被保护对象进行配置，基本不改变原有的保护原理，因此传统的保护得以保留，这些保护包括：馈线保护、母线保护及其他的保护测控装置、主变压器保护等。这种配置方案在智能变电站运行前，不必对保护的原理进行试运行或过多动模试验，只需用数据采集的光纤通信接口去更换保护装置中原有的交流量输入插件，用 GOOSE 光纤的通信接口去替换 I/O 接口，用通信的接口处理去替换 CPU 插件模拟量的处理，原有操作插件被智能操作箱所取代。

智能变电站常规保护配置的缺点如下：网络层复杂、智能型变电站信息共享的优势被忽略、GOOSE 网络结点多。虽然这种保护配置方案有如上缺点，但传统的保护配置方案被现场的继保人员所熟悉，能够为常规变电站继电保护向智能变电站继电保护提供过渡，在智能变电站的建设初期多采用智能变电站常规保护配置方案。

（2）集中式保护配置方案

智能变电站集中式保护配置方案如图 2-28 所示。集中式保护装置能够获取全站信息，在全站信息共享的基础上，不仅能够完成站内所有设备继电保护的功能，还能够完成测控的功能。智能化变电站集中式保护配置方案的原则是：采用冗余配置模式，光纤以太网、数据采集系统、控制单元以及集中式保护计算机的系统全部采取双系统方式，相互校验，互为热备用。

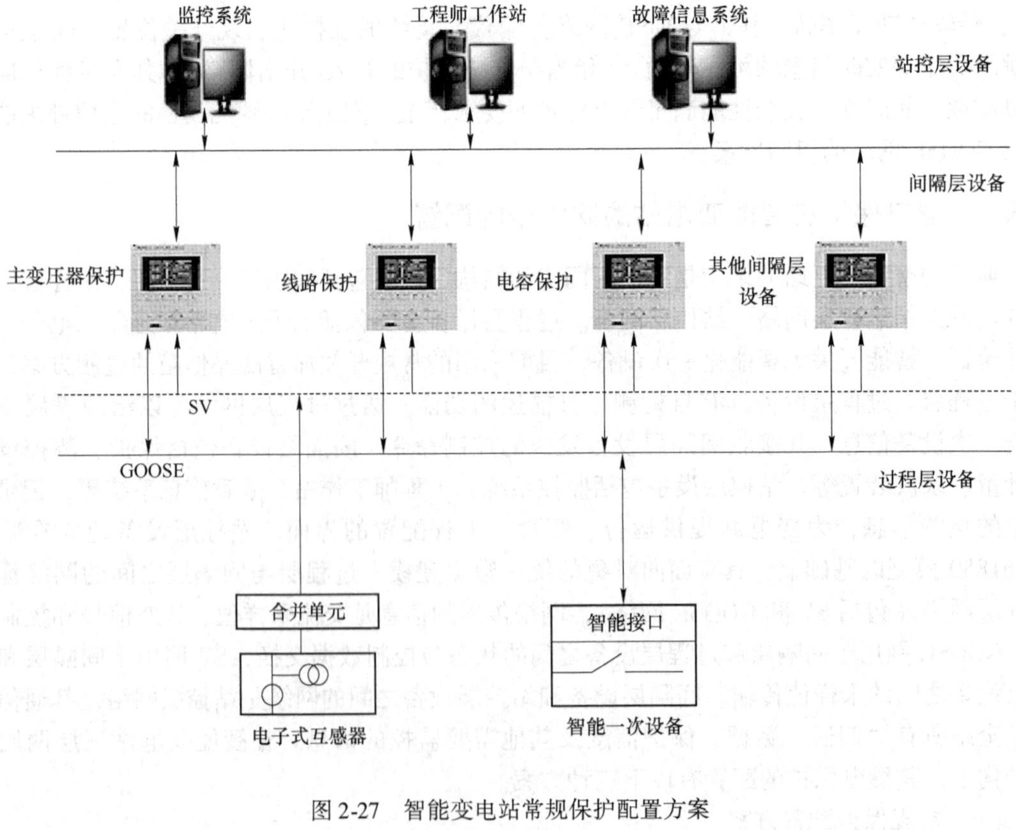

图 2-27 智能变电站常规保护配置方案

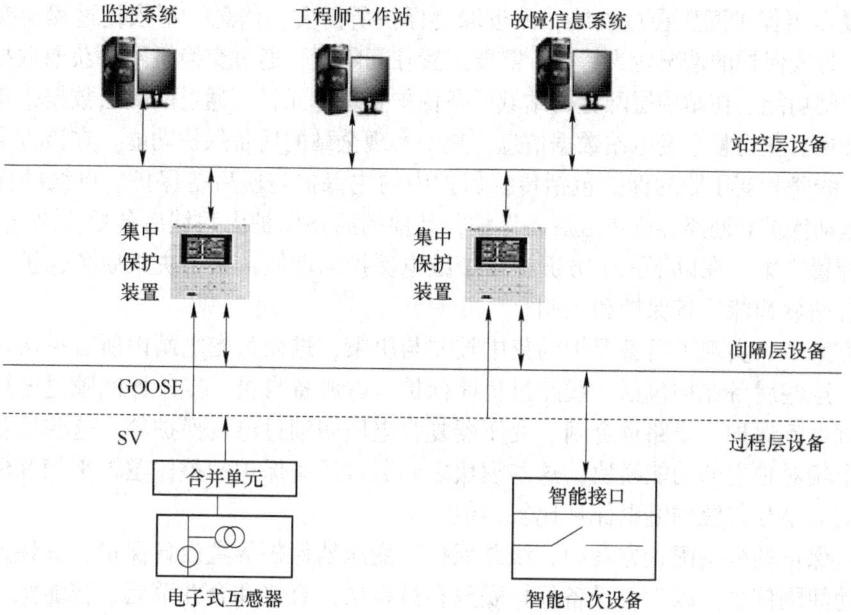

图 2-28　智能变电站集中式保护配置方案

智能变电站集中式保护配置方案的优点是：在信息共享的基础上，一套保护装置综合多套常规保护装置的功能，便于系统分析故障行为，更有利于综合判断；这种配置方案保护装置的数量非常少，因此站控层网络结构也很简单。但现实情况是：对系统可靠性的要求较高；缺乏运行经验；现场人员对变电站集中式后备保护方案不熟悉，并且现存的软硬件等基础条件还不成熟，因此集中式保护的配置方案还不能大范围的应用。

（3）分层式保护配置方案

智能变电站分层式保护配置方案如图 2-29 所示。在分层配置的继电保护方案中，将线

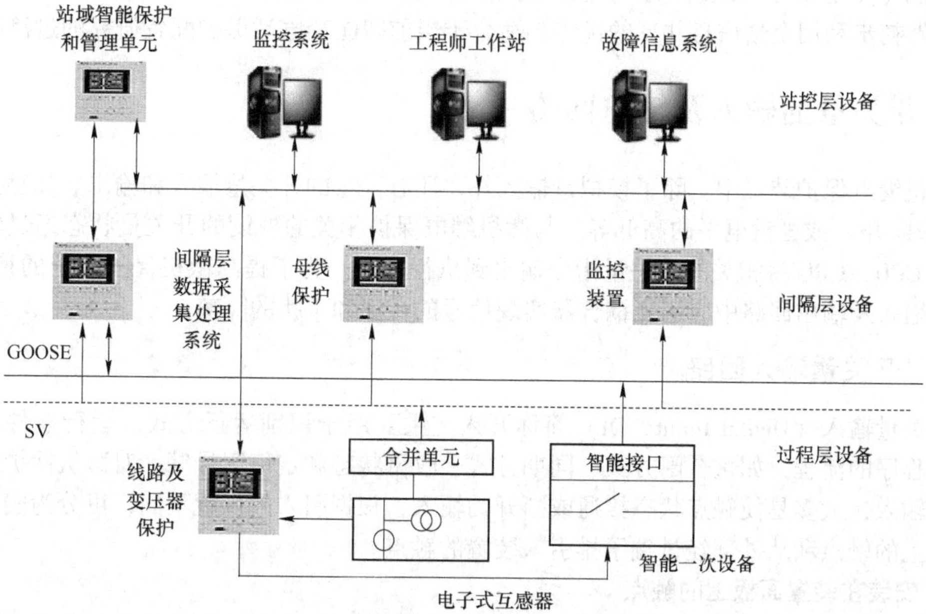

图 2-29　智能变电站分层式保护配置方案

路保护、变压器保护配置在过程层，就近取得保护所需要的信息，不依托过程层交换机实现独立跳闸。母线保护的情况较为特殊，需要配置在间隔层，通过交换机网络获取数据信息，实现保护和跳闸功能。在站控层配置的站域后备保护管理单元，可通过间隔层数据采集处理单元和间隔层交换机获得整个变电站数据信息，集中实现全站的后备保护功能。在该方案中保护配置方案是：线路和变压器的保护包括传统保护中的主保护与段后备保护。母线的保护保持不变，包括差动保护和断路器失灵近后备保护，其他的后备保护由站域后备单元来实现。

这种配置方案，在以下三个方面提高了继电保护的性能：集中决策后备保护、独立决策快速保护、站域智能后备保护和控制。

在此方案中，实现了后备保护的集中控制与决策，进而为变电站内所有一次设备提供了后备保护，这些后备保护包括：线路过负荷保护、电源备自投、变压器间隙过电压保护、变压器间隙过电流保护、线路重合闸、变压器复合电压闭锁过电流保护等。这些后备保护体现的是一个个相对独立的功能模块，这些模块之间通过后备保护的整体逻辑来相互配合，而且这些配合的关系与传统的继电保护比较类似。

在继电保护的分层配置方案中，线路保护、变压器保护等主设备保护，其快速动作不需要依赖其他间隔信息。因为主设备保护安放在过程层，直接和合并单元、智能操作箱等过程层的设备通过直连的方式进行信息交互，在智能变电站完全实现了传统保护性能，保护可以不依赖于外部通信条件可靠切除故障。

集中决策后备保护实现了后备保护的功能模块和原理统一，使分散到母线、变压器、断路器保护与线路保护的重复设置的后备保护得以简化。由于集中式的后备保护不仅能够充分利用变电站站域信息，能够迅速得到变电站中运行方式的变化，而且可以运用专家系统进行决策，判断出故障的具体位置，并能够处理保护拒动、断路器失灵等问题给故障的判断带来的一些影响，它可以比较好地解决传统后备保护动作时间长、范围较大等问题，并且可以预防在发生故障后负荷转移所造成的后备保护误动的情况。

智能化变电站分层式的保护配置对网络的需求比智能化变电站集中式的保护配置方案低，能够初步利用全站信息共享的优势，适合于当前智能变电站保护配置研究的过渡阶段。

2.6 开关量的输入及输出回路

微机继电保护装置中，除了模拟量输入外，还有大量的开关量输入和输出。如触点状态（接通或断开）或逻辑电平的高低等。与微机继电保护相关的外设的开关量状态通过输入回路送给 CPU，CPU 将相关的开关量指令输出到执行回路。为了提高微机保护系统的稳定性，开关量输入及输出回路中应用光耦合器实现信号的传递和干扰的隔离。

2.6.1 开关量输入回路

开关量输入（Digital Input，DI）简称开入，主要用于识别运行方式、运行条件等，以便控制程序的流程，如重合闸方式、同期方式、收讯状态和定值区号等。对微机保护装置的开关量输入，大多是使触点状态接通或断开的输入，根据引入的位置不同，可分为安装在装置面板上的触点和从外部经过端子排引入装置的触点。

1. 安装在装置面板上的触点

安装在装置面板上的触点主要是指用于人机对话的键盘、各种切换装置工作方式用的转换开关、复位按钮、定值区选择的开关及其他按钮等。这类触点与外界电路无电路联系，可直接接至微机的并行接口，也可以与 CPU 总线相连。

图 2-30 所示为面板触点输入的例子，在初始化时规定图中可编程并行口的 PA0 为输入口，CPU 可以通过软件查询，随时知道外部触点 S 的状态。当 S 未被按下时，通过 4.7kΩ 上拉电阻使 PA0 输入电压为 +5V，S 按下时，PA0 输入电压为 0V。因此 CPU 通过查询 PA0 口的输入电压就可以判断 S 是处于断开还是闭合状态。

定值区选择回路是常用的电路。对于某些保护装置，如果需要整定的项目不多，则可以在装置面板上设置定值插销或拨轮开关，将整定值每一位数码所对应的触点按图 2-30 所示的那样输入。对于比较复杂的保护装置，如果需要整定的项目较多，可以将定值由面板上的键盘输入，并存放在专门的存储器中。目前微机保护装置采用电可擦除的 EEPROM 来存放定值，例如用 2817A 芯片来存放定值。通过键盘事先在 EEPROM 中固化多套定值，插件面板上设有一个定值选择拨轮开关，用于选择使用其中的任意一套定值，以便适应不同运行方式。

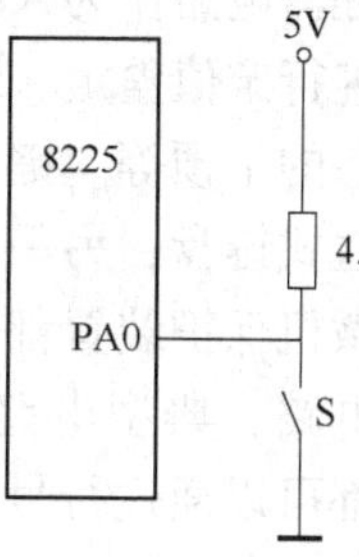

图 2-30　面板触点输入

图 2-31 所示为用拨轮开关组成的定值区选择电路。保护装置存放了多套定值在 EEPROM 中，至于用哪一套定值，可以由运行人员通过 KA8421 拨盘来进行控制。在 8421 各位中某一位与控制端接通，则此位便为低电平。因此由 8421 四位组合，可以选择 16 套定值。图中上拉电阻的作用是使输出端与控制端相连时有确定的高电平"1"。初始化时，应将 8255 的 PC 口的高 4 位定义为输入，以便 CPU 在需要时查询 PC 口以确定使用哪一套定值。PC 口高四位与拨轮开关数码之间的关系见表 2-4。

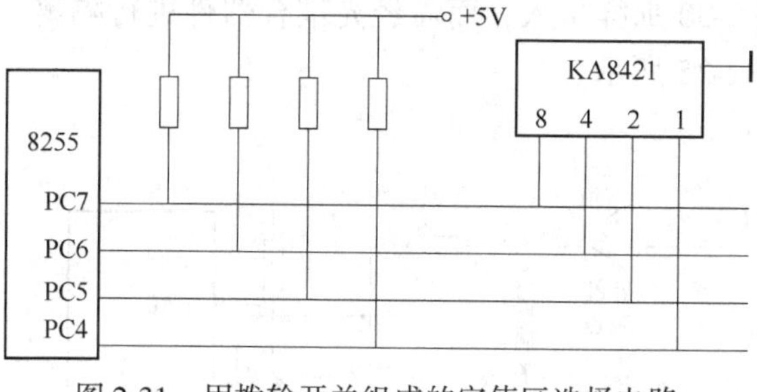

图 2-31　用拨轮开关组成的定值区选择电路

表 2-4　拨轮开关数码与 PC 口的读数关系

拨轮开关数码	PC 口读数	
0	1111 × × × ×	F × H
1	1110 × × × ×	E × H
2	1101 × × × ×	D × H
…	…	…
9	0110 × × × ×	6 × H

由于 EEPROM 的内容可以重新改写，若整定值中没有一套合适的，此时就需要重新改写定值，可以通过键盘直接改写。为了防止由于干扰造成定值改变而引起保护误动作，在面板上设有 EEPROM 允许或禁止固化（写入）开关，只有当此开关置于"允许"位置时方能改写。其电路如图 2-32 所示。当 SA_2 打开时，处于禁止固化位置，无论 CPU 的 $\overline{WR}$ 信号是否为低电平，或门都输出高电平，使 2817A 的 $\overline{WR}$ 端为高电平，CPU 不能对其进行写操作。当 SA_2 闭合时，处于允许固化位置，此时若 2817A 进行写操作（CPU 的 $\overline{WR}$ 信号呈低电平），或门的两个输

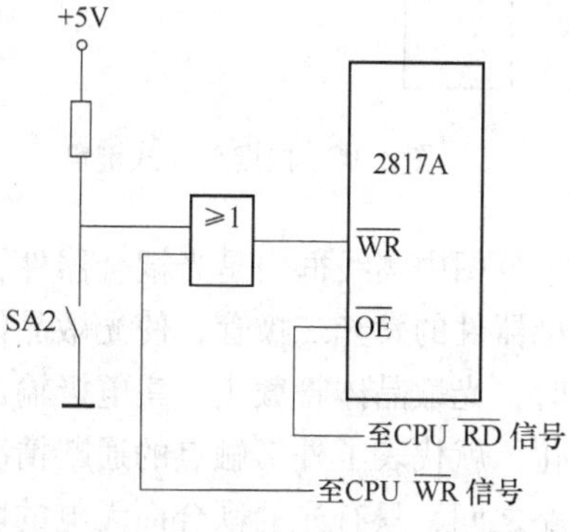

图 2-32　固化控制电路

入端均为低电平，输出端子为低电平，此时2817A 的$\overline{WR}$端才能为低电平，进行固化。

键盘电路作为人机接口的重要部件，主要用来进行定值整定、装置调试及运行中人对装置状态的干预等。键盘输入电路有两种：一种是独立式键盘，另一种是矩阵式键盘。目前大部分微机保护装置都采用4×4 或3×3 矩阵式键盘电路，典型电路如图2-33 所示。图中各按键都可以通过行号和列号而唯一地确定其位置，CPU 通过接口分别控制键盘中各键的行和列。识别其键是否被按下，可以采用逐行扫描的方法，CPU 逐行置低电平，然后读出列号。若无键按下，则读出的列信号全为高电平；若有键按下，则读到的列信号中至少有一位为低电平，CPU 可以通过查看是哪一行和列来判断哪一键被按下。

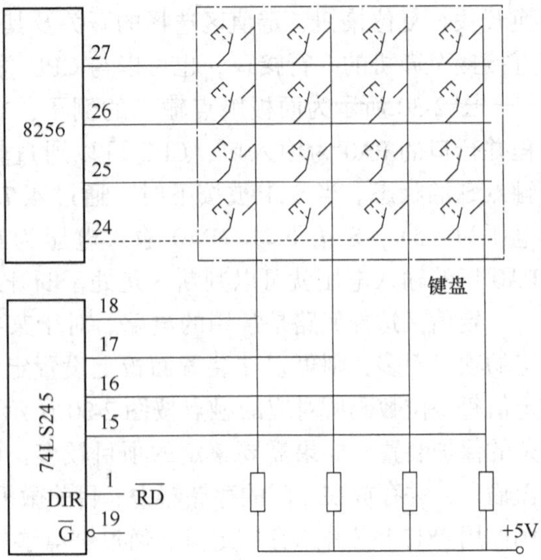

图 2-33　4×4 矩阵式键盘

在只需少量键盘时，可采用最简单的独立式键盘（见图2-34），而不必采用矩阵式键盘电路，从而大大简化了电路，也使键盘程序更简单。图2-34 中的电容用来消抖。

2. 经过外部端子排引入装置的触点

从装置外部经过端子排引入装置的触点，例如需要由运行人员不打开装置外盖而在运行中切换的各种压板、转换开关以及其他保护装置和操作继电器的触点等。

这类触点由于与外电路有联系，不能像图2-30 那样接入，而需经光耦合器件进行隔离，以防触点输入回路引入干扰，其原理接线如图2-35 所示。

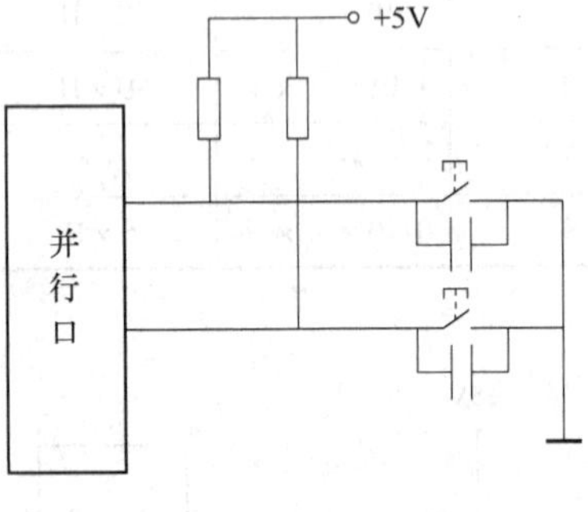

图 2-34　按键独立式键盘

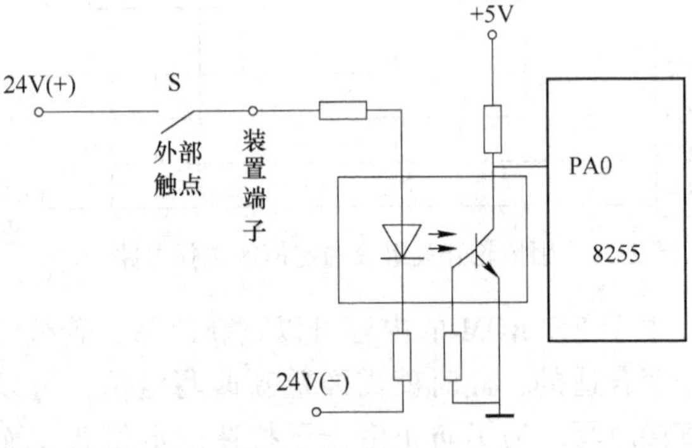

图 2-35　装置外部触点输入

图中实线框内是光耦合器件，集成在一个芯片内。当外部触点S 接通时，有电流通过光耦器件的发光二极管，使光敏晶体管受激发而导通，晶体管集电极电位呈低电平。当S 打开时，光敏晶体管截止，集电极输出高电平。因此晶体管集电极的电位即PA0 口线的电位变化，就代表了外部触点的通断情况。这种电路使可能带有电磁干扰的外部接线回路和微机电路之间，只有光的耦合而无电的联系，因此可大大削弱干扰。

对于某些外部触点，如果在其通断变化后须立即得到处理，用软件查询方式会带来延时，这时可以将光敏晶体管的集电极直接接 CPU 的中断请求端，通过中断服务来处理。

2.6.2　开关量输出回路

开关量输出主要包括保护的跳闸出口、合闸出口、本地和中央信号、打印机输出接口电路。一般都采用并行接口的输出口来控制继电器（干簧或密封小中间继电器）的方法。为了提高抗干扰能力，也要经过光电隔离，如图 2-36 所示。只要由软件并行口的 PB0 输出“0”，PB1 输出“1”，便可使与非门 Y_2 输出低电平，发光二极管导通，光敏晶体管激发导通，使继电器 K 动作，其触点闭合，启动后级电路。在初始化和需要继电器返回时，应使 PB0 输出“1”，PB1 输出“0”。

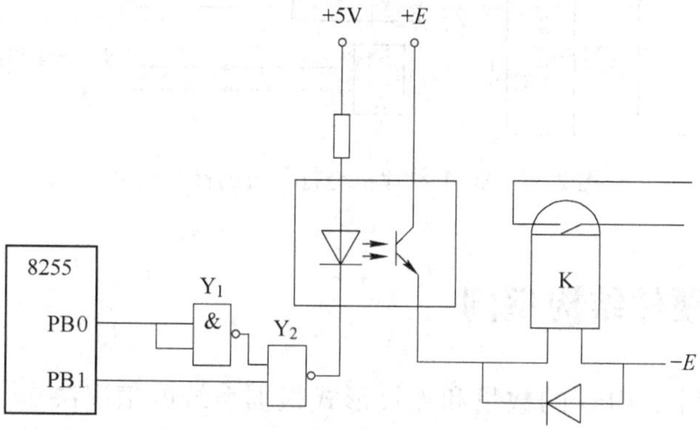

图 2-36　开关量输出

这里经与非门 Y_1（用反相器）及与非门 Y_2 输出，而不是将发光二极管直接同并行口相连，一方面是为了增强并行口的带负荷能力，另一方面是在采用了与非门后，要满足两个条件才能使 K 动作，从而增强了抗干扰能力。

PB0 经一反相器，而 PB1 却不经反相器，这样接可防止在拉合直流电源的过程中继电器 K 的短时误动。因为在拉合直流电源的过程中，当 5V 电源处在中间某一临界电压时，可能由于逻辑电路的工作紊乱而造成保护动作，特别是保护装置的电源往往接有大量的电容，所以拉合直流电源时，无论是 5V 电源还是驱动继电器 K 用的电源 E，都可能缓慢上升或下降，从而使继电器 K 的触点短时闭合。采用图 2-36 的接法后，由于两个相反条件的互相制约，可以可靠地防止误动作。

打印机是微机保护装置的输出设备之一，是唯一提供凭据式输出的设备，只有通过打印机才能提供诸如定值清单、采样数据、动作行为等情况的报告。图 2-37 是 8031 单片机与打印机的接口电路。8031 的 3 引脚（P1.2）经过或门和快速光耦 6N137 控制打印机的选通信号，8031 的 14 引脚（P3.4）与打印机的 $\overline{\text{BUSY}}$ 信号线相连，以实现与打印机的应答。当打印机正忙时，$\overline{\text{BUSY}}$ 端呈现低电平，8031 的引脚 14 也为低电平，因此 CPU 可以通过对引脚 14 的查询实现与打印机的对话。数据信号经过 74LS373 锁存后再经过光隔离器接至打印机的数据线，74LS373 的控制端 G 受 $\overline{\text{WR}}$ 信号和地址的控制，其中地址信号来自地址译码电路，由于 CPU 通过地址总线控制。当 $\overline{\text{WR}}$ 线和地址译码输出均为低电平时，G 端为高电平，数据从数据总线传到打印机。

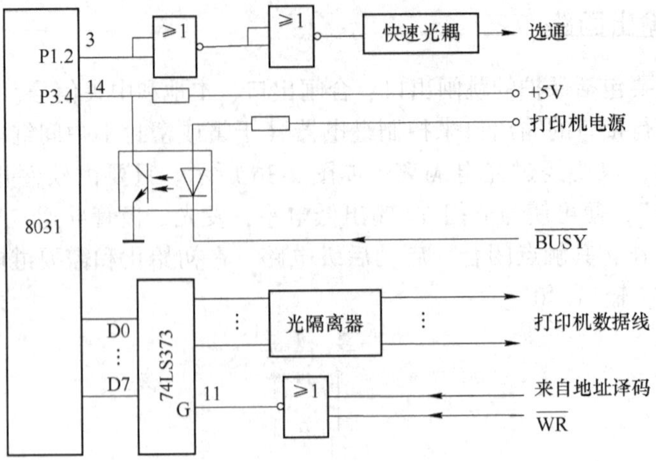

图 2-37　8031 单片机与打印机的接口电路

2.7　微机保护硬件结构举例

在微机保护装置中，CPU 的数量和连接形式根据系统的情况决定。在实际应用中，微机保护装置分为单 CPU 和多 CPU 的结构方式。中、低压保护装置为节约投资，多数采用单 CPU 结构；高压以及超高压保护装置，为提高装置可靠性，大多采用多 CPU 的结构方式。随着微机技术的发展和新的微机保护算法的提出，微机保护开始使用高性能的 32 位单片机和 DSP，以及它们与 ARM 和 CPLD 配合构成的硬件结构。本节介绍几种有代表性的新一代微机保护装置硬件结构。

2.7.1　单 CPU 硬件结构

单 CPU 结构的微机保护装置是指整套微机保护装置功能共用一个单片微机，无论是数据采集、数据处理、开关量采集、人机接口及出口信号均由一个单片微机控制。

单 CPU 结构的微机保护的基本原理如下：各交流量分别经信号输入回路、模拟低通滤波器送到 CPU 控制的多路开关，经模/数转换后，由 DB 数据总线送到数据存储器（EAM）。CPU 通过调用程序存储器（EPROM）内的程序对采样的数据进行计算，其计算结果与存放在电可擦除存储器（E^2PROM）中的整定值进行比较，做出相应判断。再通过输入/输出端口（I/O）将处理信号送到相应的外设（信号与出口）发出报警信号，或执行跳闸。键盘、显示器、打印机用于人机对话，以便对整个保护系统进行调试、整理、监视。开关量输入电路用于将高压断路器或隔离开关的辅助点引入，对于变压器的保护还需将瓦斯、温度等触点引入，以便 CPU 检测，做出相应的控制。硬件自检用来检测 CPU 程序工作是否正常，一旦 CPU 工作不正常即闭锁保护并发出报警信号。

单 CPU 结构的微机保护结构虽然简单，但其容错能力不高，一旦 CPU 或其中的某个检查不正常就会影响到整套保护装置正常运行。由于后备保护与主保护共用一个 CPU，因此主保护不能正常工作时往往影响到后备保护，其可靠性必然下降。

图 2-38 是 110kV 以下线路中使用的一种微机保护装置，采用的就是单 CPU 结构。它包括下述插件：微机板、交流输入板、开关量输入板、通信与电源板、出口跳闸回路板、开关操作回路板。这些插件布置在微机保护机箱内。

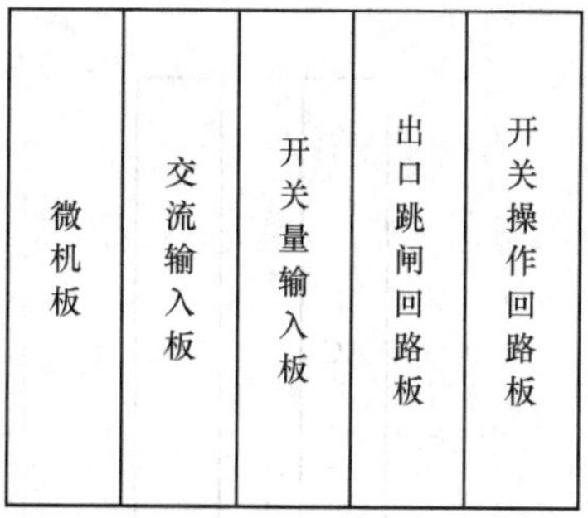

图 2-38　单 CPU 微机保护装置结构布置

2.7.2　多单片机 CPU 结构

为了提高微机保护的可靠性，高压及超高压微机保护采用多 CPU 的结构方式。所谓多 CPU 的结构方式就是一套微机保护装置中，按功能配置有多个 CPU 模块，分别完成保护原理不同的主保护和后备保护及人机接口等功能。这种多 CPU 结构方式的保护装置，如果任何一个模块损坏，不影响其他模块的正常工作，有效地提高了保护装置的容错水平，防止了一般性硬件损坏而闭锁整套保护。多 CPU 结构保护装置还提供了三取二保护启动方式，提高了保护装置的启动可靠性。

多 CPU 结构的保护装置如图 2-39 所示，该保护装置由四个硬件完全相同的 CPU1 ~ CPU4 模块（保护 CPU）构成，分别完成高频保护、距离保护、零序（电流）保护以及综合重合闸等保护功能；另外还配置了一块带 CPU0 的管理模块（MONITOR），负责对保护 CPU 模块巡检、人机对话、系统监控、通信联络等功能。

高频保护 CPU1 与高频收/发信机、高频通道配合，构成高频距离、高频零序方向保护功能。高频距离和高频零序分别反映相间故障和接地故障。保护采用相电流差突变量元件作为启动元件和选相元件。通过控制字可以实现闭锁式或允许式高频保护。

距离保护 CPU2 设有三段相间距离和三段接地距离，并有故障测距功能。该保护有相电流差突变量原理的启动元件和选相元件。正常运行时各段距离测量元件均不投入工作，仅在启动元件启动后测量元件才短时开放测量。如故障不在被保护线路，程序转至振荡闭锁状态，振荡停息后整组复位。

零序保护 CPU3 实现全相运行投入、非全相运行时推出的四段零序保护和非全相运行时投入的两段零序保护。全相运行时各段零序保护的方向元件均可由控制字整定投入或退出。重合闸后加速Ⅱ、Ⅲ、Ⅳ段，可由控制字加以选择。后加速时间均固定为 0.1s，零序Ⅰ段在重合闸后带 0.1s 的延时。

综合重合闸 CPU4 实现重合闸和选相两个功能。由软件完成“电容式充放电”，以防止多次重合。

CPU0 管理模块系统，与 CPU1 ~ CPU4 进行串行通信，实现巡回检测、时钟同步、人机对话及打印等功能。多 CPU 结构中某一种保护工作原理与单 CPU 结构的保护基本相同。多 CPU 结构的保护装置中，每个保护 CPU 插件都可以独立工作。各种保护之间不存在依赖关系。保护 CPU 的完整性和独立性，提高了保护可靠性。

多 CPU 结构的保护装置，实际上是主从分布式的微机控制系统，人机接口部分是主机，完成集中管理及人机对话任务。而单片机保护部分是四个智能从机，分别独立完成部分保护任务。四种保护综合完成一条高压输电线路的全部保护。

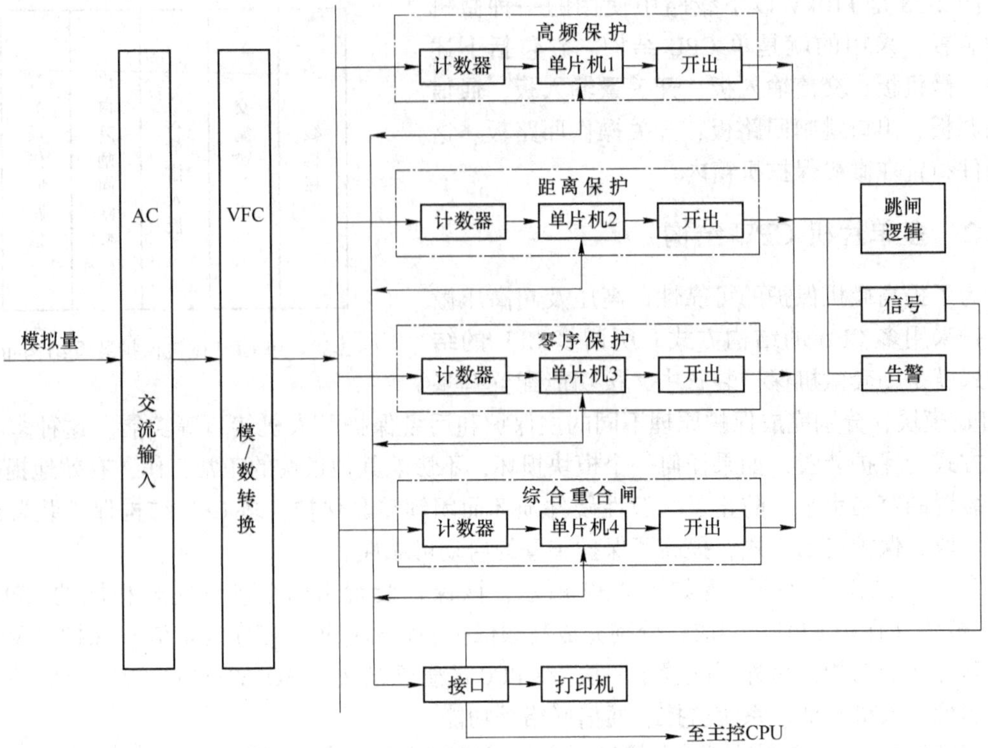

图 2-39 多 CPU 结构的保护装置示意简图

2.7.3 高性能单片机系统

图 2-40 是由高性能的单片机系统组成的微机保护装置。该装置以高性能单片机 80296SA（内含 DSP）为核心，外围接口电路采用 PSD 芯片支持，构成一个完善的测控系统。该装置采用了高速、高分辨率的 A/D 转换器实现每周波 32 点采样，结合专用的测量 CT 及数字信号处理器（DSP）进行计算，保证了测量精度和响应速度。测控装置主要包括交流测量单元、直流测量单元、状态采集单元、遥控单元、脉冲累计计算单元、通信接口等。在结构上采用插件式连接方式，主要包括 AC 板、CPU 板、DI/DO 板、人机对话板。

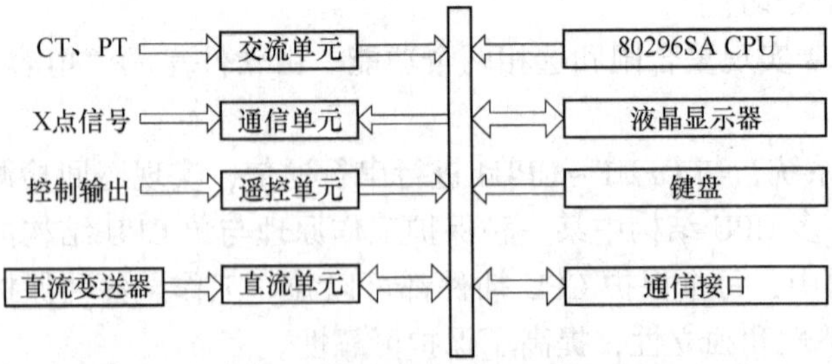

图 2-40 高性能单片机微机保护装置硬件组成

2.7.4 DSP 系统

近年来部分厂家逐步采用数字信号处理器（DSP）组成微机保护装置，该装置的三维结构组成如图 2-41 所示。它采用先进的数字信号处理器（DSP）及灵活的现场总线技术，构成简洁高性能的数据采集和处理系统，完成变电站的保护、测量、控制、信号指示、故障录波、谐波分析、电量采集、小电流接地选线和减载等功能。测控装置采用 TI 公司的 DSP 芯片 TMS320F2407 作为 CPU，可独立完成对应一次单元的二次功能，而不依赖通信和其他间隔层设备，变电站层设备和间隔层设备间以 CAN-BUS 交换信息。CAN-BUS 具有高可靠性、实时性及开放性的特点，完成物理层及数据链路层的工作，CAN 的每帧信息都有 CRC 校验及其他检错措施，CAN 接点在错误严重的情况下具有自动关闭输出功能，使总线上其他节点的操作不受影响。变电站层设备实时对间隔层设备的通信质量进行统计，出现异常及时报警。

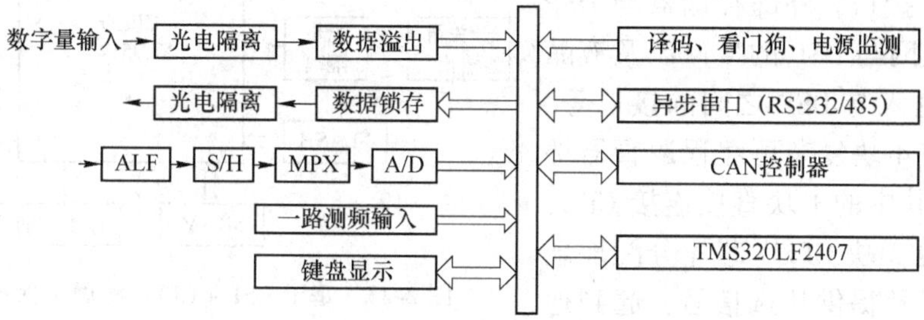

图 2-41　基于 LF2407 的数字式保护装置组成

2.7.5　ARM + DSP 系统

在 ARM + DSP 的双 CPU 系统中，ARM 处理器作为主 CPU 主要用于与变电站级的通信（以太网接口），这符合 IEC61850 体系关于变电站自动化系统的设计思想，嵌入式操作系统（Vclinux）所使用的网络协议族（如 TCP/IP）是内嵌在高效多任务调度和中断管理的操作系统之中的，ARM 架构的以太网通信模式打破了在工业控制领域应用的很多限制。DSP 利用自身运算速度快、擅长数字信号处理的优点进行数据采集、计算、逻辑判断，有效地保证了微机保护的选择性、速动性、可靠性，并在发生故障时进行录波，记录故障下的数据以供分析。保护装置的总体结构如图 2-42 所示。

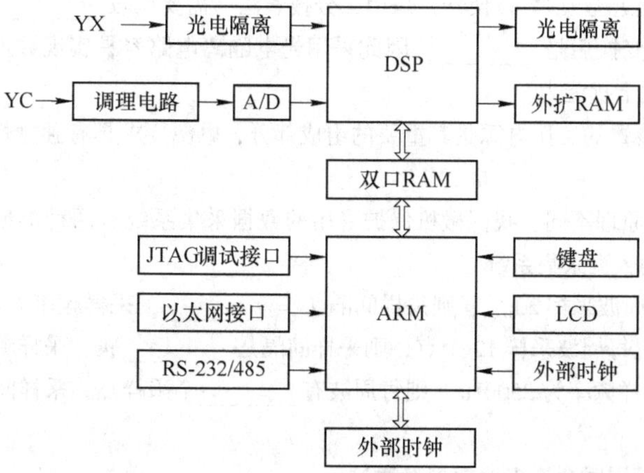

图 2-42　基于 ARM + DSP 的微机保护结构图

2.7.6 CPLD + DSP 系统

图 2-43 所示为基于 DSP + CPLD 的微机保护装置的硬件结构。

该结构中，DSP 芯片 TMS320VC33 主要承担实时数据的采集、完成保护算法，以及实现继电保护等功能。CPLD XC95144 完成的功能有配置开关量和模拟量的输入/输出的接口，A/D 与 DSP 之间的 FIFO、译码器、缓存器、计数器和可编程 I/O 接口，外部存储器与 DSP 的接口，以太网与 DSP 的接口以及液晶显示和键盘输入与 DSP 之间的接口等。该系统配置有 4 块复杂可编程逻辑器件 CPLD 芯片，其中的 1 块直接连接 CPU，它主要为其他 3 块 CPLD 芯片分配地址和传递数据以及提供片选信号，起到地址译码和数据缓冲的作用。另外 3 块芯片主要作外部存储器、模拟量输入、数字量输入/输出、以太网通信的数据缓冲器。CPLD 具有高集成度、高速度和低价位、电擦除、边界扫描测试等高级特性，CPLD 应用在微机继电保护装置中，很好地实现了系统的简化。采用 CPLD 器件设计电路板，使控制 PCB 尺寸及安排布线等方面都有着无法比拟的优越性，为实现电路的集成化、高可靠性提供了保证。

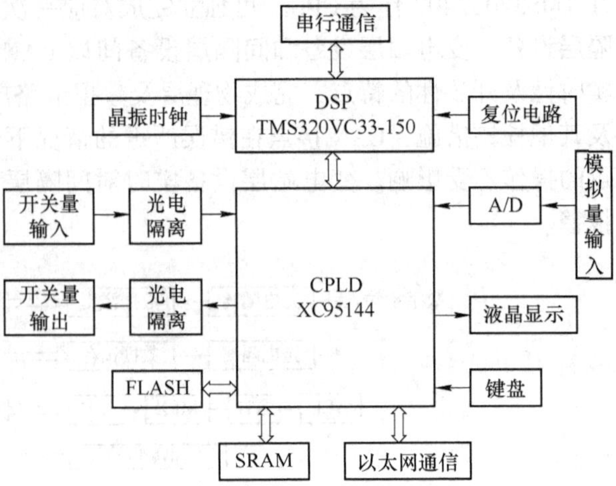

图 2-43 基于 DSP + CPLD 的微机保护装置结构

习 题

一、填空题

1. 如果采样频率小于被采样连续时间信号最高频率的两倍，采样信号的频谱将出现________。
2. 若采样频率选为 2400Hz，则前置模拟低通滤波器的截止频率应小于________Hz。
3. 满量程为 12V 的 8 位模/数转换器的分辨率为________毫伏（mV）。
4. 一个 8 位的逐次逼近型模/数转换器，采用二分搜索法，需要比较________次后方可确定输出值.
5. 电压信号经 VFC 变换后是________，因此采用光电隔离电路容易实现数据采集系统与微机系统的________，有利于提高抗干扰能力。
6. 微型机继电保护装置的工作电源是其重要的组成部分，电源要求具有独立性，不能受系统电压变化的________。
7. 根据模/数转换的原理不同，我国微机保护采用的数据采集系统有两种类型，它们是________的数据采集系统和________的数据采集系统。
8. 50Hz 信号，每个周波采样 20 点，则采样间隔 T_s = ________，采样频率 f_s = ________。
9. 某型微机保护装置每周波采样 12 个点，则采样间隔是 ________ms，采样频率为________。
10. 若微机保护的采样频率为 2500Hz，则每周波有________个采样点，采样间隔时间为________。

二、判断题

1. 多路开关的作用是同时允许多路模拟量通过。(　　)
2. 一般微机保护的“信号复归”按钮和装置的“复位”键的作用是相同的。(　　)

3. 变电站综合自动化系统中的微机保护装置，为合理利用资源，可以依赖外部通信网完成被保护元件所需的各种保护功能。(　　)

4. 微机保护中采样频率越高越好。(　　)

5. 在不同采样时刻上，依次完成对所有模拟输入信号采样的采样方式称为同时采样。(　　)

6. VFC 式数据采集系统中的计数器用于计算 VFC 元件输出的脉冲。(　　)

7. 开关量输出电路中采取光电隔离措施的目的是为了提高微机保护装置的抗干扰能力。(　　)

8. 在微型机继电保护中，实现对模拟量进行采样并保持采样值在模/数转换期间不变的器件称为采样保持器。(　　)

9. 如果采样频率小于被采样连续时间信号最高频率的两倍，采样信号的频谱将出现噪声。(　　)

10. 在微型机继电保护中，实现对模拟量进行采样并保持采样值在模数/转换期间不变。(　　)

11. 在不同采样时刻上，依次完成对所有模拟输入信号采样的采样方式称为同时采样。(　　)

三、简答与计算

1. 在电压/频率变化式数据采集系统中，为什么要使用计数器？在两个不同时刻读出的计数器的数值之差说明了什么？

2. 简要说明逐次比较式与电压/频率变换式数据采集系统的输出数字量与输入模拟量之间的关系。

3. 简要说明人机对话微机系统的作用。

4. 微机保护中，电流、电压变换器有何作用？

5. 说明如何利用一路模/数转换器实现多路模拟量同时采样？

6. 光互感器与传统电磁互感器相比，有哪些优势？

7. 为什么在采样保持器前要加模拟低通滤波器？

8. 微机保护人机对话接口部件通常包括哪几个部分？

9. 画出读取断路器开关量状态的开关量输入回路，说明其中各个部分的功能。

10. 画出具有异或逻辑、驱动断路器跳闸的开关量输出回路，并说明其中各个部分的作用。

11. VFC 型数据采集系统有哪些优点？

12. 微机保护的硬件由哪几个部分组成？

13. 数据采集系统的任务是什么？

14. 画出典型的微机保护系统框图。

15. 什么叫采样？什么是采样周期？什么是采样频率？如何计算采样频率和采样周期？

16. 什么是量化？什么是量化误差？

17. 保护 CPU 的任务是什么？

18. 什么是定值固化？如何实现定值固化？

19. 定值拨轮开关的作用是什么？在什么情况下需要使用定值拨轮开关？

20. 开关量输入回路有哪两类？各有什么特点？

21. 微机保护插件如何进行通信？

四、设计应用

请设计“数据采集系统”，具体要求如下：

（1）能够实现至少 8 路数据的循环采集；

（2）微控器芯片自选，注意数据采集系统中信号的匹配；

（3）模拟输入电压范围在 0 ~ 10V 之间；

（4）给出所设计数据采集系统的框图；

（5）给出所设计数据采集系统的硬件电路；

（6）画出数据采集系统的软件流程。

第3章　数字信号处理及数字滤波器

3.1　概述

3.1.1　微机保护数字滤波的必要性

电力系统发生故障时，特别是在系统发生故障的最初阶段，由于电压和电流信号中含有衰减的直流和各次谐波，使故障信号的频谱十分复杂，即表征故障的信号中不仅含有工频分量，而且含有多种频率成分的谐波分量，微机保护的原理算法多是基于工频信号的，必须用滤波器将工频信号检出，非工频信号滤除。另外，有些保护的原理是基于某些特殊频率成分的信号，必须检出该频率信号，滤除其他频率信号，例如在变压器的保护中，为了识别励磁涌流，需要用到二次谐波分量，为了防止变压器过励磁时差动保护误动作，采用五次谐波制动；在发电机定子绕组接地保护中，利用三次谐波可保护靠近中性点范围的接地故障等。因此要对表征继电保护的电压、电流作滤波处理。

在微机继电保护装置中用到的滤波器有模拟滤波器和数字滤波器。为了满足采样定理的要求，都要用到前置的模拟低通滤波器，以滤除输入信号中的那些高于采样频率的频率成分。但这仅仅是为了防止频率混叠，前置低通滤波器的截止频率一般是很高的，难以接近工频，因此直流分量及部分谐波须由数字滤波器来滤除。同时，采用数字滤波器还可以抑制数据采集系统引入的各种电子噪声，例如采样保持回路中的电子开关泄漏，模/数转换时的量化误差带来的噪声。

模拟滤波器是一个装置或系统，用于对输入信号进行某种加工处理，以达到取得信号中有用的频率成分而去掉无用信息的目的。模拟滤波器是包含无源元件 R、L、C 或有源元件、放大器等的一个物理系统；数字滤波器实际上是一段程序，通过执行这一程序，对数字信号进行某种数学运算，去掉信号中的无用成分，从而达到滤波的目的。

3.1.2　数字信号处理

微机保护装置处理的是经过采样和模/数转换后的数字信号和开关量信号，如对信号进行数字滤波，按照微机保护的算法计算物理量。从信号与系统的角度来看，数字滤波和微机保护的算法是属于离散时间的数字系统。数字系统中用到的不像是模拟系统中的时间和幅度都连续的信号，而是时间和幅值量化后的数字序列。数字系统和模拟系统在概念和处理方法上有较大的差异。模拟装置由电阻、电感、电容等元件组成；而数字装置以存储器、运算器、控制器等为基础，通过编程和程序的运行来实现。模拟系统用微分方程和 S 变换分析；而数字系统用差分方程和 Z 变换分析。

自 20 世纪 60 年代以来，随着计算机与信息科学的飞速发展，数字信号处理技术应运而生并迅速发展，现已成为一门独立的学科体系。数字信号处理是利用计算机或专用处理设备，以数值计算的方法对信号进行采集、变换、综合、估计与识别等的加工处理，借以达到提取信息和便于应用的目的。数字信号处理的信号形式为离散的时间信号。

数字滤波器的数学基础是数字信号处理。本章首先对数字信号处理的相关知识进行介绍，再对数字信号处理器的基本概念、原理及设计进行阐述。

3.2　离散时间信号

3.2.1　信号与离散时间信号

1. 信号的含义

信号定义为传载信息的函数，可以表示为 $x(t, m, \cdots, n)$，其中 t 为时间自变量，$m, \cdots, n$ 可以是表示空间或其他物理量的量。为了便于研究，信号只表示为 $x(t)$，即仅当作时间的函数。虽然事实上它可以不代表时间，也不限于只有一个自变量。

2. 信号的形式

变量的取值方式有连续与离散两种，若自变量是连续的，则称为连续时间信号；若自变量是离散数值，则称为离散时间信号。信号的取值方式又分为连续与离散两种方式。因此组合起来信号常分为以下四类：若时间是连续的，幅值可以是连续的也可以是离散的，则信号称为连续时间信号；若时间是连续的，幅值也是连续的，则称信号为模拟信号，模拟信号是连续时间信号的一种特例；若时间是离散的，幅值是连续的，则称信号为离散时间信号；若时间是离散的，幅值也是离散的，则称信号为数字信号，由于幅值是离散的，故数字信号可以用一系列的数来表示，而每一个数又可以表示为二进制码的形式。离散时间信号有一些分析处理的方法理论，这些理论同样适用于数字信号。

3. 离散时间信号的表示

离散时间信号只在离散时间上给出函数值，是时间上不连续的一个序列，它既可以是实数也可以是复数。一个离散时间信号是一个整数变量的函数，即序列，表示为

$$x(n), \quad -\infty < n < +\infty \tag{3-1}$$

因为离散时间信号 $x(n)$ 对于非整数 n 是没有定义的，所以一个实值离散信号序列可以用图来描述，横轴虽为连续直线，但只在 n 为整数时才有意义，纵轴线段长度代表各序列值的大小。

离散时间信号常常可以通过对模拟信号进行等间隔采样得到。例如对于一个连续信号 $x_a(t)$，以每秒 $f_s = \dfrac{1}{T_s}$ 的采样速率采样，而产生离散时间信号 $x(n)$，它与 $x_a(t)$ 的关系如下：

$$x(n) = x_a(nT_s) \tag{3-2}$$

3.2.2　序列的运算

在数字信号处理中常常遇到序列的移位、翻褶、相加、相乘、累加和差分等运算。

（1）序列的移位

序列 $x(n)$ 的移位序列 $\omega(n)$ 为

$$\omega(n) = x(n-m) \tag{3-3}$$

当 m 为正时，$x(n-m)$是指序列 $x(n)$逐项依次延时（右移）m 位而给出一个新的序列；当 m 为负时，$x(n-m)$是指序列 $x(n)$逐项依次延时（左移）m 位。

(2) 序列的翻褶

如果序列为 $x(n)$，则 $x(-n)$是以 $n=0$ 的纵轴为对称将序列 $x(n)$加以翻褶。$x(n)$及 $x(-n)$图形关于纵轴对称。

(3) 序列的和

两个序列的和是指同序号 n 的序列值逐次对应相加而构成的一个新序列。和序列 $z(n)$可以表示为

$$z(n)=x(n)+y(n) \tag{3-4}$$

(4) 序列的乘积

两个序列相乘是指同序号 n 的序列值逐项对应相乘，乘积序列 $f(n)$可表示为

$$f(n)=x(n)y(n) \tag{3-5}$$

(5) 序列的标乘

序列 $x(n)$的标乘是指 $x(n)$的每一个序列值乘以常数 c。标乘序列 $f(n)$可表示为

$$f(n)=c\cdot x(n) \tag{3-6}$$

(6) 累加

设某序列为 $x(n)$，则 $x(n)$的累加序列 $y(n)$定义为

$$y(n)=\sum_{k=-\infty}^{n}x(k) \tag{3-7}$$

它表示 $y(n)$在某一个 n 上的值等于在这一个 n 上的 $x(n)$值与 n 以前所有 $x(n)$之和。

(7) 差分运算

前向差分 $\Delta x(n)=x(n+1)-x(n)$

后向差分 $\nabla x(n)=x(n)-x(n-1)$

由此得出 $\nabla x(n)=\Delta x(n-1)$

3.2.3 序列的基本形式

(1) 单位脉冲序列 $\delta(n)$

$$\delta(n)=\begin{cases}1 & n=0\\0 & n\neq 0\end{cases} \tag{3-8}$$

这个序列只在 $n=0$ 处有一个单位值 1，其余点上皆为 0，因此也称为单位取样序列。单位脉冲序列如图 3-1 所示。这是最常用、最重要的一种序列，它在离散时间系统中的作用很类似于连续时间系统中的单位冲激函数 $\delta(t)$。但是在连续时间系统中，$\delta(t)$是时间 $t=0$ 点脉宽趋于零、幅值趋于无限大、面积为 1 的信号，并非任何现实的信号；而离散时间系统中的 $\delta(n)$，却完全是一个现实的序列，它的脉冲幅度是 1，是一个有限值。

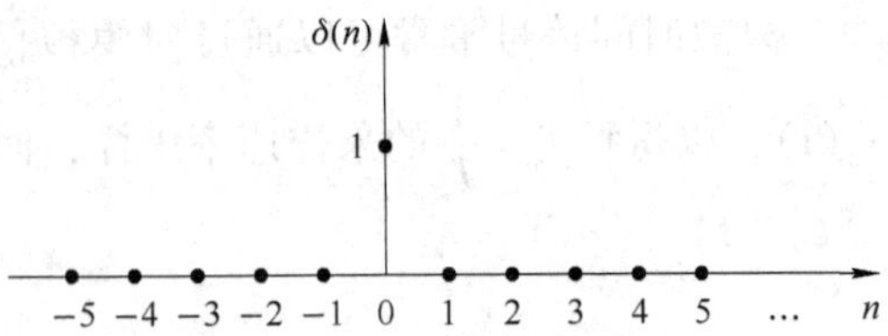

图 3-1 单位脉冲序列

(2) 单位阶跃序列 $u(n)$

$$u(n)=\begin{cases}1 & n\geqslant 0\\0 & n<0\end{cases} \tag{3-9}$$

如图 3-2 所示。它类似于连续时间信号与系统中的单位阶跃函数 $u(t)$。

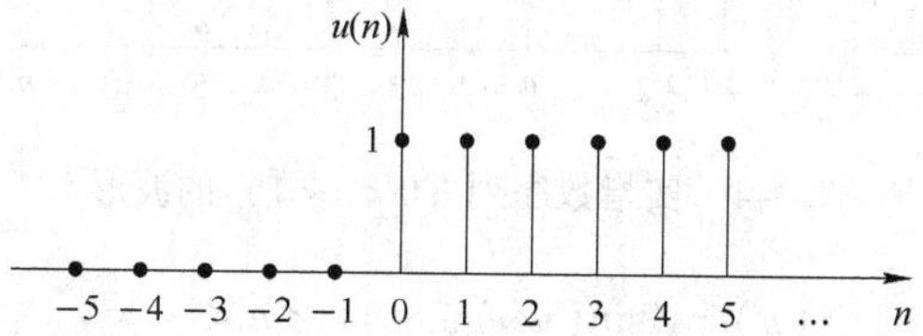

图 3-2　单位阶跃序列

$\delta(n)$和 $u(n)$之间的关系为

$$\delta(n)=u(n)-u(n-1) \tag{3-10}$$

这就是 $u(n)$ 的后向差分。

而

$$u(n)=\sum_{m=0}^{\infty}\delta(n-m)=\delta(n)+\delta(n-1)+\delta(n-2)+\cdots \tag{3-11}$$

令 $n-m=k$，代入式（3-11）可得

$$u(n)=\sum_{k=-\infty}^{n}\delta(k) \tag{3-12}$$

这就用到累加的概念。

（3）矩形序列 $R_N(n)$

$$R_N(n)=\begin{cases}1 & 0\leqslant n\leqslant N-1\\0 & 其他\ n\end{cases} \tag{3-13}$$

矩形序列 $R_N(n)$如图 3-3 所示。

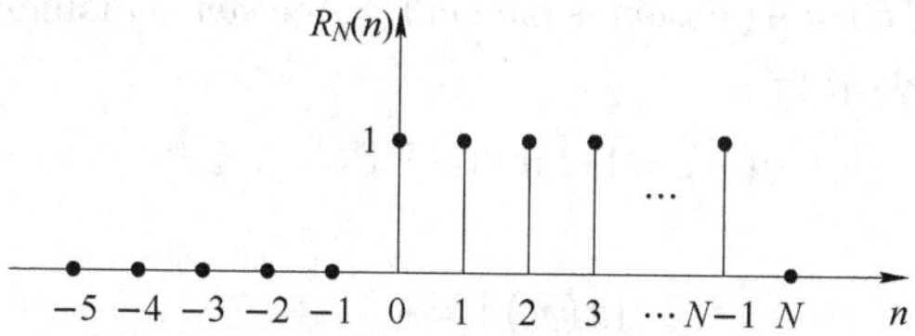

图 3-3　矩形序列

$R_N(n)$和 $\delta(n)$、$u(n)$的关系为

$$R_N(n)=u(n)-u(n-N) \tag{3-14}$$

$$R_N(n)=\sum_{m=0}^{N-1}\delta(n-m)=\delta(n)+\delta(n-1)+\cdots+\delta[n-(N-1)] \tag{3-15}$$

（4）实指数序列

$$x(n)=a^n,\ -\infty<n<+\infty \tag{3-16}$$

式中，a 为实数。若 $a<0$，序列是摆动的；若 $a>1$，序列是发散的；若 $0<a<1$，序列是收敛的，如图 3-4 所示。

（5）正弦序列

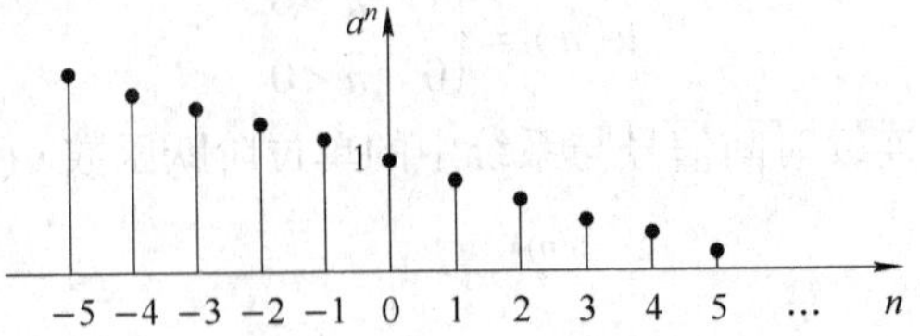

图 3-4 实指数序列（$0<a<1$）的波形

$$x(n)=A\sin(n\omega),\quad -\infty<n<+\infty \tag{3-17}$$

式中，A 为幅度；ω 为数字角频率，反映了序列变化的速率。

正弦序列如图 3-5 所示。当正弦序列通过采样连续的正弦信号得到，且每周波采样点数 N 为整数时，得到的正弦序列 $A\sin(n\omega)$ 为周期序列，N 为周期，数字角频率相当于两次采样间隔对应的时域角度，$\omega=\dfrac{2\pi}{N}$。

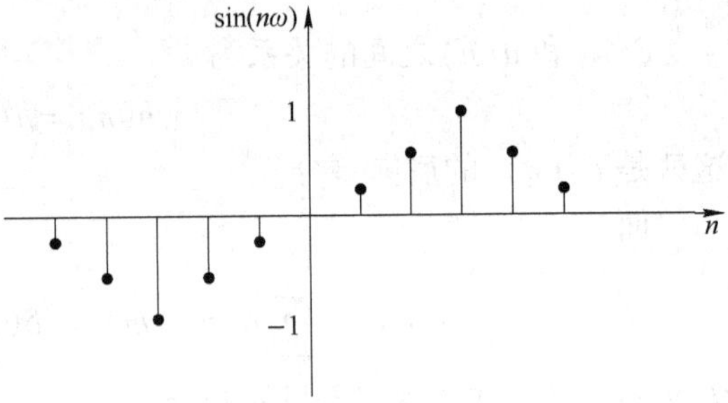

图 3-5 正弦序列

（6）复指数序列

序列为复数的序列称为复指数序列。复指数序列的每一个值具有实部和虚部两部分。复指数序列是最常用的一种序列：

$$x(n)=Ae^{(\sigma+j\omega)n} \tag{3-18}$$

或

$$x(n)=Ae^{j\omega n} \tag{3-19}$$

式中，ω 是复正弦的数字角频率。

复指数序列写成实部加虚部的形式为

$$x(n)=A(\cos\omega n+j\sin\omega n)=A\cos\omega n+jA\sin\omega n \tag{3-20}$$

复指数序列的极坐标表示为

$$x(n)=|x(n)|e^{j\arg[x(n)]}=Ae^{j\omega n} \tag{3-21}$$

即

$$|x(n)|=A$$
$$\arg[x(n)]=\omega n$$

3.2.4 用单位采样序列表示任意序列

用单位采样序列来表示任意序列对分析线性时不变系统是很有用的。

设 $\{x(k)\}$ 是一个序列值的集合，其中任意一个序列 $x(n)$ 可以表示成单位采样序列的移位加权和，即

$$x(n)=\sum_{k=-\infty}^{+\infty}x(k)\delta(n-k) \tag{3-22}$$

由于

$$\delta(n-k)=\begin{cases}1 & n=k\\ 0 & n\neq k\end{cases}$$

则

$$x(k)\delta(n-k)=\begin{cases}x(k) & n=k\\ 0 & n\neq k\end{cases}$$

故

$$\begin{aligned}x(n)&=\cdots+x(-1)\delta(n+1)+x(0)\delta(n-0)+x(1)\delta(n-1)+x(2)\delta(n-2)+\cdots\\&=\sum_{k=-\infty}^{+\infty}x(k)\delta(n-k)\end{aligned}$$

因此，式（3-22）成立，这种表达式提供了一种信号分析工具。

3.2.5　连续时间信号的理想采样

数字信号处理研究的对象是离散时间信号序列，离散时间信号通常是由模拟信号的取样得到。换句话说，连续信号的处理往往是通过对采样得到的离散时间序列的处理来完成的，连续时间信号采样后，信号的频谱将发生怎样的变换，信号的内容会不会丢失，以及由离散信号恢复成连续信号应具备哪些条件。因此有必要研究连续时间信号的采样过程，建立相应的数学表达式。

采样器一般由电子开关组成，其工作原理如图 3-6a 所示。开关每隔 T_s 短暂地闭合一次，接通连续时间信号，实现一次采样，将时间连续信号 $x(t)$ 变成采样信号 $x^*(t)$，电子开关由采样脉冲控制。如果假设采样开关闭合时间无限短（即趋于 0 的极限情况），连续信号 $x(t)$ 变成采样信号 $x^*(t)$ 时在采样点上无损耗，这种采样称为理想采样。理想采样是一种很好的近似，将使分析简单化。

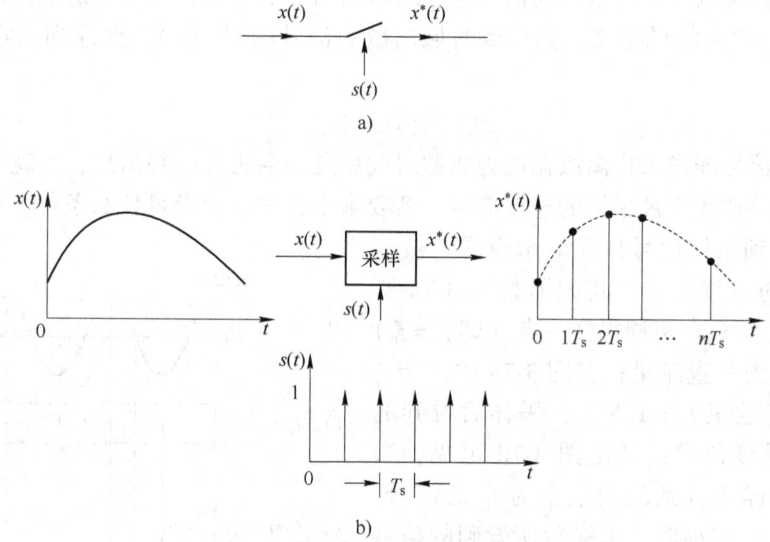

图 3-6　连续时间信号采样

a）采样器　b）理想采样过程

在理想采样的条件下，采样脉冲变成理想的冲激函数序列 $s(t)$，$s(t)$ 表示为

$$s(t)=\sum_{n=-\infty}^{+\infty}\delta(t-nT_s) \tag{3-23}$$

其中：

$\delta(t)$为单位冲激函数，即

$$\delta(t)=\begin{cases}0 & t\geqslant 0^+\\0 & t\leqslant 0^-\end{cases},\quad \int_{-\infty}^{+\infty}\delta(t)\mathrm{d}t=1$$

$\delta(t-nT_s)$为延迟单位冲激函数，即

$$\delta(t-nT_s)=\begin{cases}0 & t\geqslant nT_s^+\\0 & t\leqslant nT^-\end{cases},\quad \int_{-\infty}^{+\infty}\delta(t-nT_s)\mathrm{d}t=1$$

理想采样过程如图3-6b所示，这些冲激函数准确地出现在采样的瞬间，面积（即积分幅度）为1。采样后，输出采样信号的面积则准确地等于输入连续时间信号在采样瞬间的幅度。理想采样信号$x^*(t)$就是输入连续时间信号与采样脉冲（冲激函数序列$s(t)$）的乘积，$x^*(t)$表示为

$$\begin{aligned}x^*(t)&=x(t)\cdot s(t)\\&=x(t)\sum_{n=-\infty}^{+\infty}\delta(t-nT_s)\\&=\sum_{n=-\infty}^{+\infty}x(t)\delta(t-nT_s)\end{aligned}\tag{3-24}$$

由于$\delta(t-nT_s)$只在$t=nT_s$时刻不为零，而其他时刻为零，故有

$$x^*(t)=\sum_{n=-\infty}^{+\infty}x(nT_s)\delta(t-nT_s)\tag{3-25}$$

式（3-25）说明，采样信号$x^*(t)$在各采样时刻的值是连续信号$x(t)$在采样点上的瞬时值。

由上述分析可以看出离散时间信号与连续时间信号的关系，如果取消采样信号$x^*(t)$在非采样点（$t\neq nT_s$）上的定义，则得到时域离散的信号序列$x(n)$，此序列只在采样点上有值。即

$$x(n)=x(t)\big|_{t=nT_s}\tag{3-26}$$

连续时间信号经过采样离散化成为离散时间后是否会丢失一些信息，也就是说离散信号能否真实地反映或代表被采样的连续信号，若要求不丢失，应满足什么条件。图3-7为不同采样频率时得到采样信号情况的示意图。被采样信号$x(t)$的频率为f_0，其波形如图3-7a所示。图3-7b是对$x(t)$每周采样一点（即$f_s=f_0$）后的信号，其为一直流量；在图3-7c中，当f_s略大于f_0时（这里$f_s=1.5f_0$），采样后看到的是一个差拍低频信号；又由图3-7d可见，当$f_s=2f_0$时，采样所看到的是频率为f_0的信号。不难想象，当$f_s>2f_0$时，采样后所看到的信号更加真实地代表了输入信号$x(t)$。由此可见，当$f_s<2f_0$时，频率为f_0的输入信号被采样之后，将被错误地认为是一低频信号，我们把这种现象称为频率混叠。显然在$f_s\geqslant 2f_0$后，将不会出现频率混叠现象。

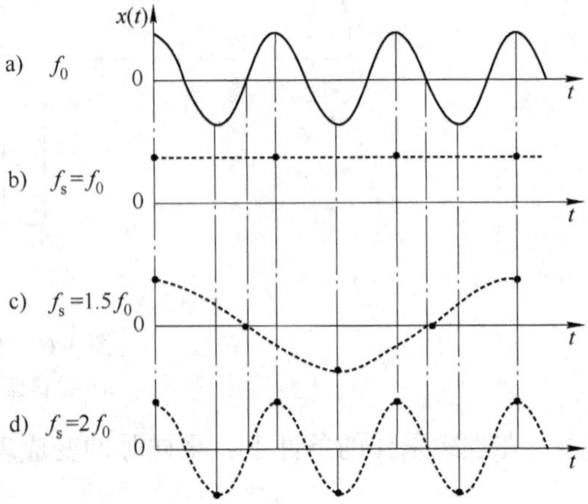

图3-7 频率混叠示意图

因此，若要不丢失信息地对输入信号进行采样，就必须满足 $f_s \geqslant 2f_0$ 这一条件。若输入信号 $x(t)$ 含有各种频率成分，其最高频率为 f_{max}，若要对其不失真地采样，或者采样后不产生频率混叠现象，采样频率必须不小于 $2f_{max}$，即 $f_s \geqslant 2f_{max}$，也就是说，为了使信号被采样后能够不失真地还原，采样频率必须不小于 2 倍的输入信号的最高频率，这就是奈奎斯特采样定理的基本思想。

3.3　离散时间系统及其分析

3.3.1　关于离散时间系统

1. 离散时间系统的定义

一个离散时间系统是将输入序列 $x(n)$ 变换成输出序列的一种运算。若以 $T[\cdot]$ 来表示这种运算，则一个离散时间系统由图 3-8 来表示，即

$$y(n)=T[x(n)]$$

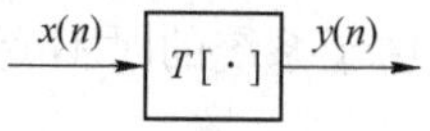

图 3-8　离散时间系统

系统在输入序列 $x(n)$ 时的输出 $y(n)$，被称为系统响应。

离散时间系统中最重要、最常用的是线性时不变系统。

2. 线性离散系统

一个同时满足可加性和齐次性的离散时间系统，称为线性离散系统。

如果 $$y_1(n)=T[x_1(n)],\quad y_2(n)=T[x_2(n)]$$

对任意常数 a、b 满足

$$\begin{aligned}T[a\cdot x_1(n)+b\cdot x_2(n)]&=a\cdot T[x_1(n)]+b\cdot T[x_2(n)]\\&=a\cdot y_1(n)+b\cdot y_2(n)\end{aligned}\tag{3-27}$$

则称系统 $y(n)=T[x(n)]$ 为线性离散系统。

式（3-27）表明，研究线性系统对某一叠加型复杂输入信号的响应时，可分解为几个简单信号的叠加来研究。

3. 时不变离散系统

系统的运算关系 $T[\cdot]$ 在整个运算过程中不随时间（即不随序列的延迟）而变化，这种系统称为时不变离散系统（或称移不变离散系统）。

如果

$$y(n)=T[x(n)]$$

对任意整数 k，满足

$$y(n-k)=T[x(n-k)]\tag{3-28}$$

则满足以上关系 $y(n)=T[x(n)]$ 的系统就称为时不变离散系统。

时不变系统的运算关系 $T[\cdot]$ 不随时间而变化。因此，如果输入序列 $x(n)$ 通过时不变系统后输出序列为 $y(n)$，则 $x(n)$ 移位 k 后的序列 $x(n-k)$ 通过该系统的输出为 $y(n-k)$，只带来响应的延迟（相同的移位）而已。

4. 线性时不变离散系统

如果一个离散系统同时满足线性和时不变性，那么称该系统为线性时不变系统或线性移不变系统。线性时不变系统可以用它的单位取样响应（也称单位脉冲响应）来表征。

单位取样响应是指输入为单位取样序列时系统的输出。一般用 $h(n)$ 来表示单位取样响应，即

$$h(n)=T[\delta(n)] \tag{3-29}$$

设系统输入序列为 $x(n)$，输出序列为 $y(n)$，从式（3-29）已经知道，输入序列 $x(n)$ 可以表示成 $\delta(n)$ 的移位加权和，即

$$x(n)=\sum_{k=-\infty}^{+\infty}x(k)\delta(n-k)$$

则系统的输出为

$$y(n)=T[x(n)]=T[\sum_{k=-\infty}^{+\infty}x(k)\delta(n-k)]$$

由于系统是线性的，可利用叠加性，有

$$T\left[\sum_{k=-\infty}^{+\infty}x(k)\delta(n-k)\right]=\sum_{k=-\infty}^{+\infty}x(k)T[\delta(n-k)]$$

又由于系统的时不变性，对移位的单位取样响应就是单位取样响应的移位，即

$$h(n-k)=T[\delta(n-k)]$$

因此，线性时不变系统的输出为

$$y(n)=\sum_{k=-\infty}^{+\infty}x(k)h(n-k) \tag{3-30}$$

式（3-30）表明，线性时不变系统的输出序列 $y(n)$ 是输入序列 $x(n)$ 与系统单位取样响应 $h(n)$ 的卷积。用符号 * 来表示两个信号的卷积，即

$$y(n)=x(n)*h(n)=\sum_{k=-\infty}^{+\infty}x(k)h(n-k) \tag{3-31}$$

同样可以证明，输入信号序列 $x(n)$ 和离散系统的单位取样响应序列 $h(n)$ 的卷积过程与该两序列的先后顺序无关，如果输入和单位取样序列相互调换，即以 $h(n)$ 作为输入信号，而以 $x(n)$ 作为系统的单位取样响应，系统的输出不变，即

$$y(n)=x(n)*h(n)=\sum_{k=-\infty}^{+\infty}x(k)h(n-k) \tag{3-32}$$

5. 因果系统

所谓因果系统，就是系统的当前输出 $y(n)$ 只取决于当前，以及以前的输入，即 $x(n)$，$x(n-1)$,$x(n-2)$，…。如果系统的输出 $y(n)$ 还取决于 $x(n+1)$，$x(n+2)$，…，也即系统的输出还取决于未来的输入，这样在时间上就违背了因果关系，因而是非因果系统，也即不现实系统。

根据上述定义，可以知道，$y(n)=nx(n)$ 的系统是一个因果系统，而 $y(n)=x(n+2)+ax(n)$ 的系统是非因果系统。

从卷积公式，我们可以看到线性时不变系统是因果系统的充分必要条件是

$$h(n)=0 \quad n<0 \tag{3-33}$$

6. 稳定系统

稳定系统是指有界输入产生有界输出（BIBO）的系统。

如果对于一个序列 $x(n)$，存在一个不变的正数 M，且对于所有 n 值满足

$$|x(n)|\leqslant M<\infty \tag{3-34}$$

则该序列 $x(n)$ 是有界的。

如果对于输入序列 $x(n)$，存在一个不变的正数 M_1，对于所有 n 值满足

$$|x(n)| \leqslant M_1 < \infty \tag{3-35}$$

经过 $y(n)=T[x(n)]$ 变换后，存在一个不变的正数 M_2，对于所有 n 值满足

$$|y(n)| \leqslant M_2 < \infty \tag{3-36}$$

则称系统 $y(n)=T[x(n)]$ 是稳定的系统。

一个线性时不变系统是稳定系统的充分必要条件是单位脉冲响应绝对可和，即

$$S = \sum_{k=-\infty}^{\infty} |h(n)| < \infty \tag{3-37}$$

3.3.2　常系数线性差分方程

连续时间线性时不变系统的输入、输出关系常用常系数线性微分方程表示，而离散时间线性时不变系统的输入、输出关系除了用式（3-31）的卷积表示外，常用以下形式的常系数线性差分方程表示，即

$$\sum_{k=0}^{N} a_k y(n-k) = \sum_{k=0}^{M} b_k x(n-k) \tag{3-38}$$

所谓常系数是指决定系统特征的 a_0，a_1，a_2，…，a_N；b_0，b_1，b_2，…，b_M 都是常数。若系数中含有 n，则称为变系数线性方程。差分方程的阶数等于未知输出序列（指 $y(n)$）变量序号的最高值与最低值之差。例如式（3-38）即为 N 阶差分方程。

所谓线性是指各 $y(n-k)$ 以及各 $x(n-k)$ 项都只有一次幂，且不存在它们的相乘项；否则都是非线性的。

离散系统的差分方程表示方法有两个主要用途：一是从差分方程的表达式比较容易直接得到系统的结构，二是便于求解系统的瞬态响应。

求解常系数差分方程可以用离散时域求解法，也可以用变换域求解法。离散时域求解方法有迭代法和卷积计算法两种。迭代法比较简单，但是只能得到数值解，不容易直接得到闭合形式（公式）解。卷积计算法主要用于系统起始状态为零时的求解。

变换域求解法与连续时间系统的拉普拉斯变换法相似，它采用 Z 变换方法来求解差分方程，这在实际使用时是简单而有效的。

【例 3-1】　常系数线性差分方程

$$y(n) = x(n) + \frac{1}{2}y(n-1)$$

输入为

$$x(n) = \delta(n)$$

初始条件为

$$y(n) = 0 \quad n < 0$$

试求系统的单位取样响应。

解　由于初始条件已经给定了 $n=0$ 以前的输出，所以系统的输出响应只要从 $n=0$ 开始计算即可。又因为输入 $x(n)=\delta(n)$，所以系统的输出 $y(n)$ 即为系统的单位取样响应 $h(n)$。

先由初始条件及输入求 $h(0)$ 的值：

$$h(0)=\frac{1}{2}h(-1)+\delta(0)=0+1=1$$

再由 $h(0)$ 值及输入推导 $h(1)$，$h(2)$，…。因而有

$$h(1)=\frac{1}{2}h(0)+\delta(1)=\frac{1}{2}+0=\frac{1}{2}$$

$$h(2)=\frac{1}{2}h(1)+\delta(2)=\left(\frac{1}{2}\right)^2+0=\left(\frac{1}{2}\right)^2$$

$$\vdots$$

$$h(n)=\frac{1}{2}h(n-1)+\delta(n)=\left(\frac{1}{2}\right)^n+0=\left(\frac{1}{2}\right)^n$$

故系统的单位取样响应为

$$h(n)=\begin{cases}\left(\frac{1}{2}\right)^n & n\geqslant 0\\ 0 & n<0\end{cases}$$

即

$$h(n)=\left(\frac{1}{2}\right)^n u(n)$$

3.3.3 Z 变换

1. Z 变换的定义及收敛域

(1) 定义

一个离散序列 $x(n)$ 的 Z 变换 $X(Z)$ 定义为

$$X(Z)=\sum_{n=-\infty}^{\infty}x(n)Z^{-n} \tag{3-39}$$

式中，$Z=re^{j\omega}$ 是一复变量。在极坐标平面上 r 是矢径，ω 是复角。而在直角坐标平面上，则用其实部 $\mathrm{Re}(Z)$ 表示横坐标，用其虚部 $\mathrm{jIm}(Z)$ 表示纵坐标，并以此组成以 Z 为变量的复平面。式（3-39）给出的 $X(Z)$ 就是一个以 Z 作为自变量的函数。

(2) Z 变换的收敛域

根据 Z 变换的定义，只有当式（3-39）的幂级数收敛时，Z 变换才有意义。

对任意给定的序列 $x(n)$，使其 Z 变换的级数 $\sum_{n=-\infty}^{\infty}x(n)Z^{-n}$ 收敛的所有 Z 值的集合为 $X(Z)$ 的收敛域。

根据级数求和的理论，式（3-39）所示级数收敛的充分必要条件是

$$\sum_{n=-\infty}^{\infty}|x(n)Z^{-n}|<\infty \tag{3-40}$$

即式（3-40）绝对可和的条件是在 $x(n)$ 序列有界的条件下要限制 $|Z|$ 的取值范围，这个范围在 Z 平面上是一个环状区域

$$R_{x-}<|Z|<R_{x+} \tag{3-41}$$

式中的 R_{x-} 和 R_{x+} 常为收敛半径，内半径 R_{x-} 可以小到零，而外半径 R_{x+} 可以达到无限大。

【例 3-2】 有两个不同的序列

$$x_1(n)=\begin{cases}a^n & n\geqslant 0\\ 0 & n<0\end{cases},\ x_2(n)=\begin{cases}0 & n\geqslant 0\\ -a^n & n<0\end{cases}$$

求它们的 Z 变换。

解

$$X_1(Z)=\sum_{n=-\infty}^{\infty}x_1(n)Z^{-n}=\sum_{n=0}^{\infty}(aZ^{-1})^n=1+aZ^{-1}+a^2Z^{-2}+\cdots$$

显然，它是一个无穷级数，当$|Z|>|a|$时，该级数收敛。于是

$$X_1(Z)=\frac{1}{1-aZ^{-1}}=\frac{Z}{Z-a}\quad(|Z|>|a|)\tag{3-42}$$

与此相似可以求得$x_2(n)$的 Z 变换函数

$$X_2(Z)=\sum_{n=-\infty}^{\infty}x_2(n)Z^{-n}=\sum_{n=-\infty}^{0}(-a)^nZ^{-n}=1-\sum_{n=0}^{\infty}(a^{-1}Z)^n$$

它也是一个无穷级数，但只有当$|Z|<|a|$时，该级数才收敛，其值为

$$X_2(Z)=1-\frac{1}{1-aZ^{-1}}=\frac{a}{a-Z}\quad(|Z|<|a|)\tag{3-43}$$

(3) 极点及零点

常利用 Z 平面上的零点 – 极点分布图来表示 Z 变换的性质。尤其当 Z 变换式可以表示成两个多项式之比时，即

$$X(Z)=\frac{P(Z)}{Q(Z)}\tag{3-44}$$

式 (3-44) 中，分子多项式$P(Z)$的根将使$X(Z)=0$，对应的Z值通常称为 Z 变换$X(Z)$的零点；而分母多项式$Q(Z)$的根将使$X(Z)\to\infty$，对应的Z值通常称为 Z 变换$X(Z)$的极点。因此，Z 变换在极点处不收敛。换句话说，$X(Z)$在收敛域内不能出现极点。

【例 3-3】 求单位取样序列$\delta(n)$的 Z 变换。

解

$$\delta(n)=\begin{cases}1 & n=0\\ 0 & n\neq 0\end{cases}$$

$$X(Z)=Z[\delta(n)]=\sum_{n=-\infty}^{\infty}\delta(n)Z^{-n}=Z^{-n}|_{n=0}=1$$

即

$$Z[\delta(n)]=1\qquad 0\leqslant|Z|\leqslant\infty$$

$\delta(n)$的 Z 变换的收敛域是整个Z平面。

2. Z 变换的性质

(1) 线性性质

Z 变换是一种线性变换，它满足叠加定理，即若有

$$Z[x_1(n)]=X_1(Z)\qquad R_{x1-}<|Z|<R_{x1+}$$

$$Z[x_2(n)]=X_2(Z)\qquad R_{x2-}<|Z|<R_{x2+}$$

那么对于任意常数a、b，Z 变换满足下列等式：

$$Z[ax_1(n)+bx_2(n)]=aX_1(Z)+bX_2(Z)\quad R_{x-}<|Z|<R_{x+}\tag{3-45}$$

通常两序列和的Z变换的收敛域为两个相加序列的收敛域的公共区域：

$$R_{x-}=\max(R_{x1-},R_{x2-})$$
$$R_{x+}=\min(R_{x1+},R_{x2+})$$

如果线性组合中某些零点与极点相互抵消，则收敛域可能扩大。

（2）位移性质

若

$$Z[x(n)]=X(Z)\quad R_{x-}<|Z|<R_{x+}$$

则

$$Z[x(n-k)]=Z^{-k}X(Z)\quad R_{x-}<|Z|<R_{x+} \tag{3-46}$$

（3）卷积性质

若

$$Z[x(n)]=X(Z)\quad R_{x-}<|Z|<R_{x+}$$
$$Z[h(n)]=H(Z)\quad R_{h-}<|Z|<R_{h+}$$
$$y(n)=x(n)*h(n)=\sum_{k=-\infty}^{+\infty}x(k)h(n-k)$$

则

$$Y(Z)=Z[y(n)]=X(Z)\cdot H(Z)\quad \max(R_{x-},R_{h-})<|Z|<\min(R_{x+},R_{h+}) \tag{3-47}$$

在线性时不变系统中，如果输入为$x(n)$，系统的单位取样响应为$h(n)$，则输出$y(n)$是$x(n)$与$h(n)$的卷积，利用卷积定理，通过求出$X(Z)$和$H(Z)$，然后求出乘积$X(Z)\cdot H(Z)$的Z反变换，从而可得$y(n)$。

（4）初值定理

对于因果序列$x(n)$，即$x(n)=0$，$n<0$，有

$$x(0)=\lim_{Z\to\infty}X(Z) \tag{3-48}$$

（5）终值定理

设$x(n)$为因果序列，且$X(Z)=Z[x(n)]$的极点都在单位圆内（除有一个一阶极点可以在$Z=1$处外），则

$$x(\infty)=\lim_{n\to\infty}x(n)=\lim_{Z\to1}[(Z-1)X(Z)] \tag{3-49}$$

3.3.4 Z反变换

已知函数$X(Z)$及其收敛域，反过来求序列的变换称为Z反变换，表示为

$$x(n)=Z^{-1}[X(Z)] \tag{3-50}$$

Z反变换的公式一般为

若

$$X(Z)=\sum_{n=-\infty}^{\infty}x(n)Z^{-n}\quad R_{x-}<|Z|<R_{x+}$$

则

$$x(n)=\frac{1}{2\pi j}\oint_c X(Z)Z^{n-1}\mathrm{d}Z\quad c\in(R_{x-},R_{x+}) \tag{3-51}$$

式（3-51）给出的Z变换是一个对$X(Z)Z^{n-1}$进行的围线积分，积分路径c是在$X(Z)$的环状

解析域（即收敛域）内环绕原点的一条反时针方向的闭合单围线，如图 3-9 所示。

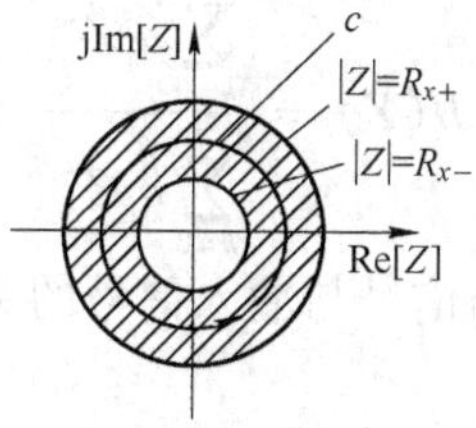

图 3-9　围线积分路径

3.3.5　离散系统的传递函数

1. 离散系统传递函数

（1）定义

线性时不变系统的传递函数 $H(Z)$ 定义为输出序列 $y(n)$ 的 Z 变换 $Y(Z)$ 与输入序列 $x(n)$ 的 Z 变换 $X(Z)$ 之比。即

$$H(Z)=\frac{Y(Z)}{X(Z)} \tag{3-52}$$

（2）线性时不变系统传函与单位取样 Z 变换的关系

线性时不变系统的输入信号是单位取样序列时，即 $x(n)=\delta(n)$，则输入序列的 Z 变换为

$$X(Z)=Z[\delta(n)]=1$$

系统的单位取样响应为

$$h(n)=T[\delta(n)]$$

系统输出单位取样响应的 Z 变换为

$$Y(Z)=Z[h(n)]$$

系统的传递函数为

$$H(Z)=\frac{Y(Z)}{X(Z)}=Z[h(n)] \tag{3-53}$$

由上面的分析可知：线性时不变系统的传递函数为单位取样响应的 Z 变换。当系统的传递函数 $H(Z)$ 已知后，对其进行 Z 反变换，可求得系统的单位取样响应，即

$$h(n)=Z^{-1}[H(Z)] \tag{3-54}$$

2. 传递函数与差分方程

若一个线性时不变系统有单一输入 $x(n)$ 和单一输出 $y(n)$，则此系统可用常系数线性差分方程描述为

$$\sum_{k=0}^{N}a_k y(n-k)=\sum_{k=0}^{M}b_k x(n-k) \tag{3-55}$$

若系统的起始状态为零，则可以直接对式（3-55）两端取 Z 变换，利用 Z 变换的线性和移位特性可得

$$\sum_{k=0}^{N}a_k Z^{-k}Y(Z)=\sum_{k=0}^{M}b_k Z^{-k}X(Z)$$

这样就得到系统的传递函数为

$$H(Z) = \frac{\sum_{k=0}^{M} b_k Z^{-k}}{\sum_{k=0}^{N} a_k Z^{-k}} \tag{3-56}$$

离散系统的传递函数表示了输出信号与输入信号的关系，和差分方程一样可以描述系统的全部行为。

3.3.6 离散系统的频率特性

1. 序列的傅里叶变换及反变换

设 $x(n)$ 为满足绝对可和 $\sum_{n=-\infty}^{\infty} |x(n)| < \infty$ 条件的任一序列，则其傅里叶变换为

$$X(e^{j\omega}) = \sum_{n=-\infty}^{\infty} x(n) e^{-j\omega n} \tag{3-57}$$

称 $X(e^{j\omega})$ 为时域离散信号 $x(n)$ 的频域表示或频谱。可以通过傅里叶反变换将其复原，即

$$x(n) = \int_{-\pi}^{\pi} X(e^{j\omega}) e^{j\omega n} d\omega \tag{3-58}$$

之所以进行这种变换或表示，是因为信号的性质或特征有时在时域表现得不明显，或者不易处理，而变换到频域之后，其特征明显且易于处理。

2. 序列的傅里叶变换与序列的 Z 变换的关系

由于一个离散序列 $x(n)$ 的 Z 变换 $X(Z) = \sum_{n=-\infty}^{\infty} x(n) Z^{-n}$，若令 $Z = e^{j\omega}$，则序列的 Z 变换变成了序列的傅里叶变换；$Z = e^{j\omega}$ 是一个复变量，矢径是 1，$Z = e^{j\omega}$ 在坐标平面上是一个单位圆。所以单位圆上序列的 Z 变换为序列的傅里叶变换，即频谱。在计算序列的频谱时可先计算出其 Z 变换，再令 $Z = e^{j\omega}$ 就可得到信号的频谱：

$$X(e^{j\omega}) = X(Z)|_{Z=e^{j\omega}} \tag{3-59}$$

3. 离散系统的频率特性

在线性时不变系统中，正弦（或余弦）序列的稳态响应很重要，为此必须讨论单位取样响应 $h(n)$ 的傅里叶变换。

设输入序列 $x(n) = e^{j\omega n}$，则系统的输出 $y(n)$ 为单位取样响应 $h(n)$ 和 $x(n)$ 的卷积。即

$$y(n) = \sum_{k=-\infty}^{\infty} h(k) e^{j(n-k)\omega} = e^{j\omega n} \sum_{k=-\infty}^{\infty} h(k) e^{-j\omega k}$$

如果令

$$H(e^{j\omega}) = \sum_{k=-\infty}^{\infty} h(k) e^{-j\omega k} \tag{3-60}$$

则输出

$$y(n) = e^{j\omega n} H(e^{j\omega}) \tag{3-61}$$

式中，$e^{j\omega n}$ 为系统输入序列；$H(e^{j\omega})$ 称为系统的频率特性（响应），与单位取样响应 $h(n)$ 相对应，它表征了离散系统在频域中的特性。由式（3-61）可以看出，输出序列仍是输入序列同频率的复指数序列，只是其幅值为输入的 $|H(e^{j\omega})|$ 倍，而相位变化了 $\arg[H(e^{j\omega})]$。

由式（3-57）定义的系统频率特性 $H(e^{j\omega})$ 是一个复数，它可以写成如下形式

$$H(e^{j\omega}) = \mathrm{Re}[H(e^{j\omega})] + j\mathrm{Im}[H(e^{j\omega})] = |H(e^{j\omega})| e^{\arg[H(e^{j\omega})]} \tag{3-62}$$

其中：

系统频率特性 $H(e^{j\omega})$ 的幅值 $|H(e^{j\omega})|$ 称为系统的幅频特性

$$|H(e^{j\omega})| = \sqrt{\{\mathrm{Re}[H(e^{j\omega})]\}^2 + \{\mathrm{Im}[H(e^{j\omega})]\}^2} \tag{3-63}$$

系统的相位 $\arg[H(e^{j\omega})]$ 称为系统的相频特性

$$\arg[H(e^{j\omega})] = \arctan \frac{\mathrm{Im}[H(e^{j\omega})}{\mathrm{Re}[H(e^{j\omega})]} \tag{3-64}$$

由于单位取样响应 $h(n)$ 的 Z 变换为系统的传递函数 $H(Z)$，又由单位圆上序列的 Z 变换为序列的傅里叶变换（Z 变换和傅里叶变换的关系），所以在研究系统的频率特性时，可先求出系统的传递函数，再令 $Z = e^{j\omega}$，可以得到系统的频率特性

$$H(e^{j\omega}) = H(Z)\Big|_{Z=e^{j\omega}} = \frac{Y(Z)}{X(Z)}\Big|_{Z=e^{j\omega}} = \frac{Y(e^{j\omega})}{X(e^{j\omega})} \tag{3-65}$$

式中，$Y(Z)$、$Y(e^{j\omega})$ 分别为系统输出信号 $y(n)$ 的 Z 变换和傅里叶变换；$X(Z)$、$X(e^{j\omega})$ 分别为系统输入信号 $x(n)$ 的 Z 变换和傅里叶变换。系统的频率特性等于输出序列的傅里叶变换与输入序列的傅里叶变换的比值。

【例 3-4】　有一随机测量数据，计算连续四次测量数据的平均值，并求这一平均处理过程的频率特性。

解　令 $y(n)$ 为平均值，据题意可写出差分方程

$$y(n) = \frac{1}{4}[x(n) + x(n-1) + x(n-2) + x(n-3)]$$

对上式取 Z 变换得

$$Z[y(n)] = \frac{1}{4}Z[x(n) + x(n-1) + x(n-2) + x(n-3)]$$

$$Y(Z) = \frac{1}{4}[X(Z) + Z^{-1}X(Z) + Z^{-2}X(Z) + Z^{-3}X(Z)]$$

$$= \frac{1}{4}[1 + Z^{-1} + Z^{-2} + Z^{-3}]X(Z)$$

传递函数为

$$\mathrm{H}(\mathrm{Z}) = \frac{Y(Z)}{X(Z)} = \frac{1}{4}[1 + Z^{-1} + Z^{-2} + Z^{-3}]$$

令 $Z = e^{j\omega T_s}$，代入上式得到系统的频率特性

$$H(e^{j\omega T_s}) = \frac{1}{4}[1 + e^{-j\omega T_s} + e^{-2j\omega T_s} + e^{-3j\omega T_s}]$$

$$H(e^{j\omega T_s}) = \frac{1 - e^{-4j\omega T_s}}{4(1 - e^{-j\omega T_s})} = \frac{\sin 2\omega T_s}{4\sin\left(\frac{\omega T_s}{2}\right)} \angle\left(-\frac{3\omega T_s}{2}\right)$$

系统的幅频特性为

$$|H(e^{j\omega T_s})| = \frac{\sin 2\omega T_s}{4\sin\left(\frac{\omega T_s}{2}\right)}$$

系统的相频特性为

$$\varphi(\omega T_s)=\left(-\frac{3\omega T_s}{2}\right)$$

幅频特性如图3-10所示。

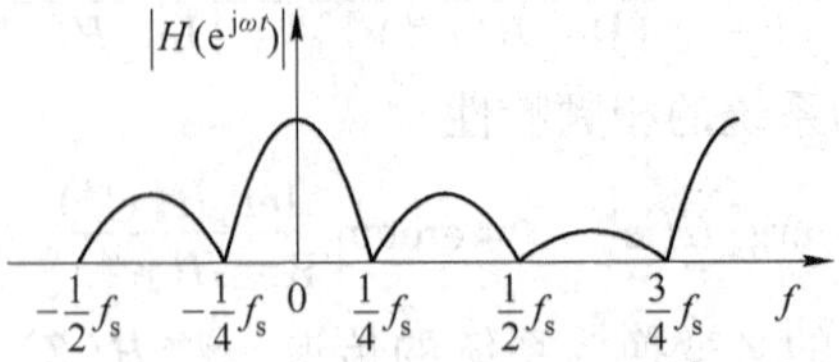

图3-10 平均值算法的幅频特性

3.4 数字滤波器的基本概念

3.4.1 数字滤波器

1. 含义

数字滤波器是实现滤波过程的一种数字信号处理系统，具有离散时间系统的基本特征。数字滤波器的实现方式有软件方式和硬件方式两种。软件实现方式采用滤波程序和算法完成；硬件实现方式的滤波器由数字部件连接而成，或由专用数字信号处理器（DSP）构成。

2. 数字滤波器的数学模型

数字滤波器具有数字系统的一般特点，因此它具有差分方程、传递函数、单位冲激响应、频率特性等数学表示形式。

（1）数字滤波器的差分方程

输入信号为 $x(n)$，输出信号为 $y(n)$ 时，数字滤波器差分方程表示的一般形式为

$$y(n)=\sum_{k=1}^{M}b_kx(n-k)-\sum_{k=1}^{N}a_ky(n-k) \tag{3-66}$$

式中，系数 a_k、b_k 为常数。

（2）数字滤波器的传递函数

对式（3-66）进行Z变换可得到传递函数：

$$H(Z)=\frac{Y(Z)}{X(Z)}=\frac{\sum_{k=0}^{M}b_kZ^{-k}}{1+\sum_{k=0}^{N}a_kZ^{-k}} \tag{3-67}$$

（3）数字滤波器的单位冲激响应

单位冲激响应是数字滤波器最基本的表示方法。它是输入单位脉冲序列时的滤波器输出序列，即单位冲激响应，表示为

$$h(n)=T[\delta(N)] \tag{3-68}$$

已知数字滤波器的单位冲激响应以后，可以求出在任意输入信号时的数字滤波器输出，即

$$
\begin{aligned}
y(n) &= \sum_{k=-\infty}^{\infty} x(k)h(n-k) = x(n) * h(n) \\
&= \sum_{k=-\infty}^{\infty} x(k-n)h(n) = h(n) * x(n)
\end{aligned} \tag{3-69}
$$

（4）数字滤波器的频率特性

频率特性是数字滤波器对正弦输入序列的响应，即

$$H(\mathrm{j}\omega) = H(Z)|_{Z=\mathrm{e}^{\mathrm{j}\omega}} = |H(\mathrm{j}\omega)|\mathrm{e}^{\mathrm{j}\varphi(\omega)} \tag{3-70}$$

3. 数字滤波器的分类

数字滤波器按频率特性划分可分为低通、高通、带通和带阻滤波器等；按冲激响应划分为无限长冲激响应（Infinite Impulse Response，IIR）数字滤波器、有限长冲激响应（Finite Impulse Response，FIR）数字滤波器。FIR 与 IIR 滤波器在特性和设计方法上差别很大，构成了数字滤波器的两大类型，按结构特点划分为递归型和非递归型：递归型数字滤波器带有反馈环路的结构，非递归型数字滤波器没有反馈环路的结构。IIR 滤波器只能用递归型结构，而 FIR 滤波器一般是非递归型滤波器，有时也可含递归型支路。

1）滤波器传递函数中，若 $a_k=0$，有

$$H(Z) = \sum_{k=0}^{M} b_k Z^{-k} \tag{3-71}$$

可求得

$$h(n) = \sum_{k=0}^{M} b_k \delta(n-k) \tag{3-72}$$

即滤波器单位冲激响应的时间长度是有限的，若序列时间间隔为 T_s，则总的时间长度为 MT_s。因此，称之为有限长冲激响应（FIR）滤波器。

FIR 滤波器的差分方程为

$$y(n) = \sum_{k=0}^{M} b_k x(n-k) \tag{3-73}$$

即滤波器的输出只与输入有关，因此，常用非递归（无反馈）型结构实现。

以上运算过程也就是将输入序列的当前输入值 $x(n)$ 与其前 M 个输入值进行加权平均的过程，而加权值就是滤波器的系数。随着运算时间的增加，参与运算的 $M+1$ 个输入值不断移动更新，因此 FIR 滤波器也被称为移动平均（Moving Average，MA）滤波器。

2）滤波器传递函数中，若 $a_k \neq 0$，最简单的情况有

$$H(Z) = \frac{b_0}{1-Z^{-1}} = b_0(1+Z^{-1}+Z^{-2}+\cdots) \tag{3-74}$$

可求得

$$h(n) = \sum_{k=0}^{\infty} b_0 \delta(n-k) \tag{3-75}$$

即滤波器单位冲激响应的时间长度是无限的，因此，称为无限长冲激响应（IIR）滤波器。

IIR 滤波器的差分方程为

$$y(n) = \sum_{k=0}^{M} b_k x(n-k) - \sum_{k=1}^{N} a_k y(n-k) \tag{3-76}$$

即滤波器的输出不但与输入有关，也与过去的输出有关（递归），因此，常用递归（有反馈）型结构实现。

以上运算过程也就是将输入序列的当前输入值 $x(n)$ 及其前 M 个输入值进行加权平均，并将其前 N 个输出值进行自回归（Auto Regressive，AR）递推计算的过程。IIR 滤波器也被称为自回归移动平均（ARMA）滤波器。

3.4.2　数字滤波器的主要指标

（1）频率特性

频率特性为

$$H(\mathrm{j}\omega)=H(Z)|_{Z=\mathrm{e}^{\mathrm{j}\omega T_s}}=|H(\mathrm{j}\omega T_s)|\mathrm{e}^{\mathrm{j}\varphi(\omega)} \tag{3-77}$$

式中，$|H(\mathrm{j}\omega T_s)|$ 为滤波器的幅频特性；$\varphi(\omega)$ 为滤波器的相频特性，$\varphi(\omega)=\arg[H(\mathrm{j}\omega T_s)]$。

（2）时间窗

在每一次运算时所需要用到的输入信号的最早采样值时刻和最晚采样值时刻之间的时间跨度称为数字滤波器的时间窗，记为 T_w。

（3）数据窗

数字信号滤波器每完成一次运算，输出一个采样值，所需要的输入信号采样值的个数，称为数字滤波器的数据窗。用 T_s 表示采样间隔、T_w 表示时间窗，则数据窗 D_w 为

$$D_w=\frac{T_w}{T_s}+1 \tag{3-78}$$

【例 3-5】　使用相减滤波器消除直流分量和 4、8、12 次谐波分量，采样频率为 $f_s=1200\text{Hz}(N=24)$。滤波器差分方程为

$$y(n)=x(n)-x(n-6)$$

计算相减滤波器的时间窗和数据窗。

解：已知采样频率 $f_s=1200\text{Hz}$，则 $T_s=1/f_s=0.833\text{ms}$，显然一次计算时所用数据的时间跨度为

$$T_w=6\times T_s=5\text{ms}$$

一次计算时所用数据的窗口长度为

$$D_w=\frac{T_w}{T_s}+1=7$$

（4）时延（暂态时延）τ_c

数字滤波器输出响应需要经历一个暂态过程才能达到一个稳态的输出，这个暂态过程所需要的时间称为数字滤波器的响应时间，也称作时延或暂态时延。时延是输入信号发生跃变到滤波器获得稳态输出的时间。它是反应滤波器暂态响应性能的指标之一，它与滤波器类型有关。

对 FIR 滤波器，有

$$\tau_c=T_w \tag{3-79}$$

对 IIR 滤波器，因其递推计算，使滤波器暂态时延 τ_c 不确定。考虑故障信号的突变性，τ_c 常以基于阶跃信号输入时的各种指标表示，例如输出表达给定误差时的时延。

（5）计算量

计算量以乘除法的次数表示（乘除法的运算时间远大于加减法）。减少计算量的考虑：尽量减少乘除法；乘除法系数用 2 的正数次方替代，用移位和加减法代替乘除法。

3.4.3　数字滤波器的优点

与模拟滤波器相比较，数字滤波器主要有以下优点：

（1）一致性好

实现模拟滤波器要设计一个物理电路，调试该电路，选择电路中的元件参数，使其输入、输出满足预定的滤波要求。模拟滤波器存在由于构成滤波器的元件特性的差异造成的不一致性。而数字滤波器由于没有物理器件，只是一段编写的程序，一旦程序设计完成，每台装置的特性就可以做到完全一致，数字滤波器不存在特性差异，滤波器的性能稳定。

（2）可靠性高

模拟滤波器中各元件的参数受环境温度变化的影响较大，元件老化等因素会影响滤波器特性，而数字滤波器受环境与温度影响要小得多，且不存在元件老化对滤波器性能的影响。

（3）灵活性好

模拟滤波器一旦设计完成，其滤波特性便固定不变，如要改变滤波特性必须重新设计，更换元件。数字滤波器的性能主要由存放在程序中的一些数据决定，改变这些数据就可以得到不同特性的数字滤波器。数字滤波器还可方便地做到分时复用，同一个数字滤波器，可以在不同的时刻使用，这只需调用数字滤波器的程序即可；还可用同一数字滤波器对多路数字信号进行处理。

（4）精度高

模拟滤波器中，元件 R、L、C 的精度达到 1% 时已经算是精密元件了，进一步提高模拟滤波器的精度是较困难的。在数字滤波器中，只要增加字长很容易提高精度。例如取 16 位的字长进行运算，就可达到 $10^{-4.8}$ 的精度；如果取 32 位的字长进行运算，精度可达 $10^{-9.6}$。

3.5　简单数字滤波器

数字滤波器是一个典型的离散时间系统，前面所介绍的有关离散时间系统的表示和分析方法均适用于数字滤波器。同一般的离散系统一样，我们研究的主要是线性、时不变的、稳定的因果的数字滤波器。

在微机保护中经常会用到一些简单的数字滤波器，例如差分滤波器、加法滤波器、积分滤波器、加减滤波器等，这类滤波器的共同特点是仅有加减运算，即使将它们级联，其滤波器系数也均为整数。

3.5.1　差分滤波器

在离散系统中，可以用差分方程描述其系统的状态，通过 Z 变换可将差分方程变换到 Z 域，在 Z 域中可求出系统的输入和输出之间的传递函数，分析传递函数的特性，即可了解滤波器的特性，包括幅频特性和相频特性。

差分滤波器的差分方程形式为

$$y(n)=x(n)-x(n-k),\quad k\geqslant 1 \tag{3-80}$$

对式（3-80）作Z变换，得

$$Y(Z)=X(Z)-X(Z)Z^{-k} \tag{3-81}$$

于是，可求得传递函数为

$$H(Z)=\frac{Y(Z)}{X(Z)}=1-Z^{-k} \tag{3-82}$$

将 $Z=\mathrm{e}^{\mathrm{j}\omega T_s}$ 代入传递函数中，即可求出差分滤波器的幅频特性和相频特性。

幅频特性为

$$\begin{aligned}|H(\mathrm{e}^{\mathrm{j}\omega T_s})| &= |1-\mathrm{e}^{-\mathrm{j}\omega T_s}| = |1-\cos k\omega T_s+\mathrm{j}\sin k\omega T_s| \\ &= \sqrt{(1-\cos k\omega T_s)^2+\sin^2 k\omega T_s} \\ &= 2\left|\sin\frac{k\omega T_s}{2}\right|\end{aligned} \tag{3-83}$$

相频特性为

$$\begin{aligned}\varphi(\omega T_s) &= \arctan\frac{\sin k\omega T_s}{1-\cos k\omega T_s} = \arctan\left(\cot\frac{k\omega T_s}{2}\right) = \arctan\left[\tan\left(\frac{\pi}{2}-\frac{k\omega T_s}{2}\right)\right] \\ &= \frac{\pi}{2}-\frac{k\omega T_s}{2}\end{aligned} \tag{3-84}$$

式中，$\omega=2\pi f$。f 为输入信号的频率，设采样频率为 f_s，T_s 为采样间隔，与 f_s 互为倒数。又设 f_0 为基波频率，通常采样频率是基波频率的整数倍，用 N 表示，$N=\frac{f_s}{f_0}$。

当 $\frac{k\omega T_s}{2}=0,\ \pi,\ 2\pi,\ \cdots$ 时，滤波器的幅度响应为零；即 $\frac{k2\pi f T_s}{2}=k\pi m f_0 T_s=0,\ \pi,\ 2\pi,\ \cdots$ 时，滤波器的响应为零，m 为谐波的次数。

又由于 $T_s=\frac{1}{f_s}$，$N=\frac{f_s}{f_0}$，所以有 $m\frac{k}{N}\pi=0,\ \pi,\ 2\pi,\ \cdots$ 时，滤波器的输出响应为零，从而可求得滤波器能滤除的谐波次数为

$$m=p\frac{N}{k}=pm_0\quad p=0,\ 1,\ 2,\ \cdots \tag{3-85}$$

当 $p=0$ 时，无论 N、k 取何值，滤波器的输出总为零，这说明，差分滤波器一定能滤除恒定直流分量。而 m_0 为滤波器的除直流分量的第一个零点。设采样频率为600Hz，则 $N=12$。当 $k=3$ 时，按以上分析滤波器可滤除直流分量、4、8、12、…各次谐波。该差分滤波器的幅频特性如图3-11所示。

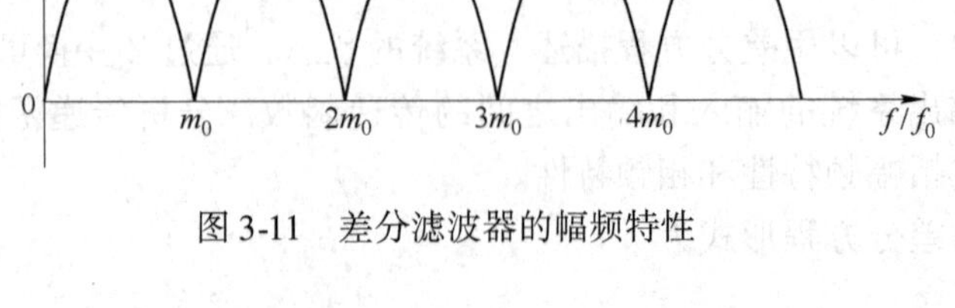

图3-11 差分滤波器的幅频特性

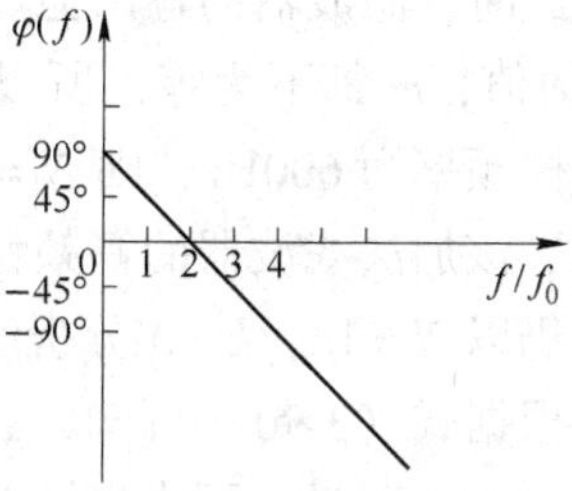

图 3-12　差分滤波器的相频特性

仍以 $N=12$、$k=3$ 为例分析滤波器的相频特性，具体如下：

根据式（3-84），当 $f=0$ 时，$\varphi=90°$；当 $f=50\text{Hz}$ 时，$\varphi=45°$；当 $f=100\text{Hz}$ 时，$\varphi=0°$。于是，可作出该差分滤波器的相频特性，如图 3-12 所示。

3.5.2　加法滤波器

加法滤波器的差分方程形式为

$$y(n)=x(n)+x(n-k),\quad k\geqslant 1 \tag{3-86}$$

对式（3-86）作 Z 变换，得

$$Y(Z)=X(Z)+X(Z)Z^{-k} \tag{3-87}$$

于是，可求得传递函数为

$$H(Z)=\frac{Y(Z)}{X(Z)}=1+Z^{-k} \tag{3-88}$$

将 $Z=e^{j\omega T_s}$ 代入传递函数中，即可求出加法滤波器的幅频特性和相频特性。

幅频特性为

$$\begin{aligned}|H(e^{j\omega T_s})|&=|1+e^{-jk\omega T_s}|\\&=|1+\cos k\omega T_s-j\sin k\omega T_s|\\&=\sqrt{(1+\cos k\omega T_s)^2+\sin^2 k\omega T_s}\\&=\sqrt{2(1+\cos k\omega T_s)}\\&=2\left|\cos\frac{k\omega T_s}{2}\right|\end{aligned} \tag{3-89}$$

相频特性为

$$\begin{aligned}\varphi(\omega T_s)&=\arctan\frac{-\sin k\omega T_s}{1+\cos k\omega T_s}\\&=\arctan\left(-\tan\frac{k\omega T_s}{2}\right)\\&=-k\pi f T_s=-\frac{k\omega T_s}{2}\end{aligned} \tag{3-90}$$

分析幅频特性如下：

当 $\frac{k\omega T_s}{2}=\frac{\pi}{2},\frac{3\pi}{2},\frac{5\pi}{2},\cdots$ 时，滤波器的幅度响应为零。

即 $\frac{k2\pi fT_s}{2}=k\pi mf_0T_s=\frac{\pi}{2},\frac{3\pi}{2},\frac{5\pi}{2},\cdots$ 时，滤波器的响应为零。m 为谐波的次数。

又由于 $T_s=\frac{1}{f_s}$，$N=\frac{f_s}{f_0}$，所以有：$m\frac{k}{N}\pi=\frac{\pi}{2},\frac{3\pi}{2},\frac{5\pi}{2},\cdots$ 时，滤波器的输出响应为零。从而可求得滤波器能滤除的谐波次数为

$$m=\left(\frac{1}{2}+p\right)\frac{N}{k}=(1+2p)\frac{N}{2k}=(1+2p)m_0,\ p=0,1,2,\cdots \tag{3-91}$$

此时，滤波器的输出为零，称为滤波器的零点。由以上分析可见，当 $p=0$ 时，无论 N、k 取何值，m 都不为零，所以加法滤波器不能滤除直流分量。m_0 为滤波器的第一个零点，设采样频率为 600Hz，则 $N=12$。当 $k=3$ 时，按以上分析滤波器可滤除 2、6，10，…各次谐波。该加法滤波器的幅频特性如图 3-13 所示。

仍以 $N=12$，$k=3$ 分析滤波器的相频特性如下：

根据式（3-90）可知，当 $f=0$ 时，$\varphi=0°$；当 $f=50\text{Hz}$ 时，$\varphi=45°$；当 $f=100\text{Hz}$ 时，$\varphi=-90°$。于是，可作出该差分滤波器的相频特性，如图 3-14 所示。

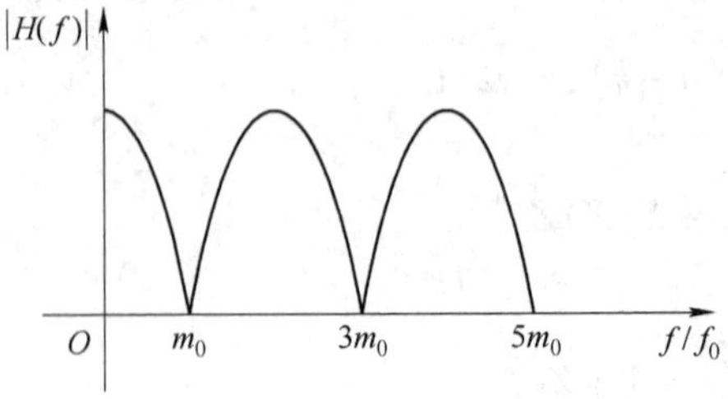

图 3-13　加法滤波器的幅频特性

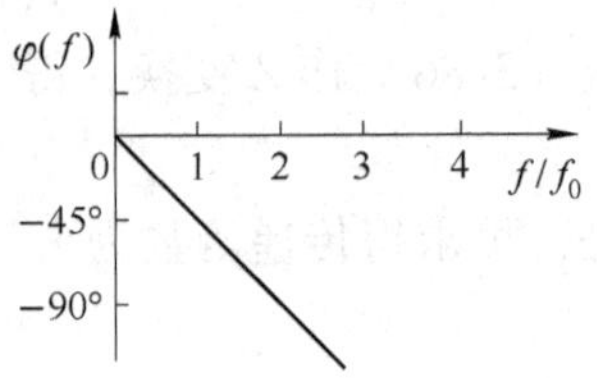

图 3-14　加法滤波器的相频特性

3.5.3　积分滤波器

积分滤波器的差分方程为

$$y(n)=x(n)+x(n-1)+x(n-2)+\cdots+x(n-k) \tag{3-92}$$

其 Z 变换的形式为

$$Y(Z)=X(Z)+X(Z)Z^{-1}+X(Z)Z^{-2}+\cdots+X(Z)Z^{-k} \tag{3-93}$$

其传递函数为

$$\begin{aligned}H(Z)&=\frac{Y(Z)}{X(Z)}=1+Z^{-1}+Z^{-2}+\cdots+Z^{-k}\\&=\frac{1-Z^{-(k+1)}}{1-Z^{-1}}\end{aligned} \tag{3-94}$$

将 $Z=e^{j\omega T_s}$ 代入传递函数中，即可求出差分滤波器的幅频特性和相频特性。

滤波器的幅频特性为

$$|H(e^{j\omega T_s})|=\left|\frac{\sin\dfrac{k+1}{2}\omega T_s}{\sin\dfrac{\omega T_s}{2}}\right| \tag{3-95}$$

滤波器的相频特性为

$$\varphi(\omega T_s)=-\pi fkT_s \tag{3-96}$$

分析滤波器的幅频特性如下：

当 $\dfrac{(k+1)}{N}m\pi=0,\ \pi,\ 2\pi,\ \cdots$ 时，滤波器的输出为零。

滤波器能滤除的谐波次数为

$$m=\frac{N}{(k+1)}p=pm_0\quad p=0,\ 1,\ 2,\ \cdots \tag{3-97}$$

式（3-97）中，当 p 取 0 时，$m=0$，但积分滤波器并不能滤除直流分量。注意到式（3-95），当 $\omega=0$ 时，$|H(e^{j\omega T_s})|=\frac{0}{0}$，为不定式。仍以采样频率为 600Hz，$N=12$，$k=3$ 为例，则积分滤波器的第一个零点为 3 次谐波，然后依次是 6、9、12、…次谐波。

进一步分析可知，该滤波器的幅频响应的形状与前两种幅频响应的形状不同，随着频率的升高，积分滤波器的输出越来越低，说明该滤波器对高频分量有较强的抑制作用。图 3-15 为积分滤波器的幅频特性。

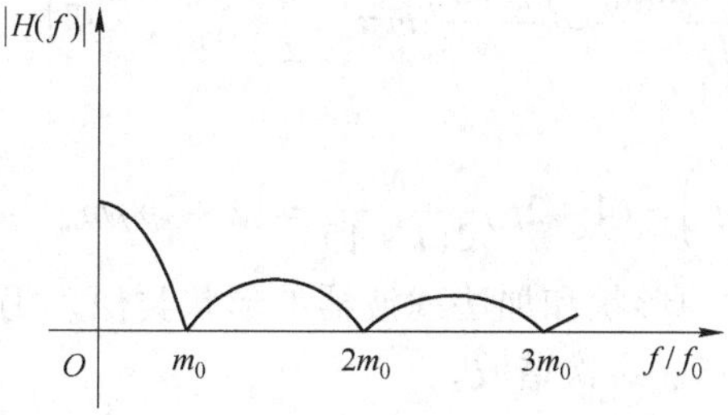

图 3-15　积分滤波器的幅频特性

3.5.4　加减滤波器

加减滤波器的特点是轮流进行加法与减法运算。其差分方程为

$$y(n)=x(n)-x(n-1)+x(n-2)-x(n-3)+\cdots+(-1)^k x(n-k) \tag{3-98}$$

其对应的 Z 变换形式为

$$Y(Z)=X(Z)-X(Z)Z^{-1}+X(Z)Z^{-2}-X(Z)Z^{-3}+\cdots+(-1)^k X(Z)Z^{-k} \tag{3-99}$$

滤波器的传递函数为

$$\begin{aligned} H(Z)&=\frac{Y(Z)}{X(Z)}=1-Z^{-1}+Z^{-2}-Z^{-3}+\cdots+(-1)^k Z^{-k} \\ &=\frac{1+(-1)^k Z^{-(k+1)}}{1+Z^{-1}} \end{aligned} \tag{3-100}$$

k 为奇数和 k 为偶数时，滤波器的特性有所不同。

1）当 k 为奇数时，其幅频特性与相频特性的表达式分别为式（3-101）和式（3-102）：

$$|H(e^{j\omega T_s})|=\left|\frac{\sin\frac{(k+1)\omega T_s}{2}}{\cos\frac{\omega T_s}{2}}\right| \tag{3-101}$$

$$\varphi(\omega T_s)=\frac{\pi}{2}-\frac{k\omega T_s}{2} \tag{3-102}$$

当 $\frac{(k+1)2\pi f T_s}{2}=\frac{(k+1)\pi m f_0}{f_s}=\frac{(k+1)}{N}m\pi=0,\ \pi,\ 2\pi,\ \cdots$ 时，滤波器的输出为零。从而有

$$m=\frac{N}{k+1}p=pm_0 \quad p=0,\ 1,\ 2,\ \cdots \tag{3-103}$$

其幅频特性和相频特性的形状与差分滤波器的形状类似。仍以 $N=12$，$k=3$ 为例，该

滤波器能滤除直流分量及3、6、9、…次谐波。

2）当k为偶数时，其幅频特性与相频特性的表达式分别为式（3-104）和式（3-105）。

$$|H(e^{j\omega T_s})| = \left| \frac{\cos\dfrac{(k+1)\omega T_s}{2}}{\cos\dfrac{\omega T_s}{2}} \right| \tag{3-104}$$

$$\varphi(\omega T_s) = -k\pi f T_s \tag{3-105}$$

当$\dfrac{(k+1)2\pi f T_s}{2} = \dfrac{(k+1)\pi m f_0}{f_s} = \dfrac{(k+1)}{N} m\pi = \dfrac{\pi}{2}, \dfrac{3\pi}{2}$，…时，滤波器的输出为零。

从而有

$$m = \frac{N}{k+1}\left(\frac{1}{2}+p\right) = (1+2p)\frac{N}{2(k+1)} = (1+2p)m_0 \quad p=0, 1, 2, \cdots \tag{3-106}$$

其幅频特性和相频特性的形状和加法滤波器的形状类似。仍以$N=12$，$k=3$为例，该滤波器能滤除1.5、4.5、7.5、…次谐波。

3.5.5 简单滤波器的级联

由以上分析可见，简单滤波器具有计算量小、易于实现的特点。但其性能有时不能满足要求。为了使滤波器的滤波性能得到改善，可将简单滤波器进行级联。设有m个简单滤波器，每个滤波器的传递函数分别为$H_1(Z)$，$H_2(Z)$，…，$H_m(Z)$。则级联后的滤波器从输入到输出的总传递函数为

$$H(Z) = H_1(Z)H_2(Z)\cdots H_m(Z) = \prod_{i=1}^{m} H_i(Z) \tag{3-107}$$

级联后滤波器的总的幅频特性和相频特性为各个简单滤波器幅频特性的乘积。其相频特性为各个滤波器的相频特性之和，如式（3-108）和式（3-109）所示。

$$|H(e^{j\omega T_s})| = \prod_{i=1}^{m} |H_i(e^{j\omega T_s})| \tag{3-108}$$

$$\varphi(\omega T_s) = \sum_{i=1}^{m} \varphi_i(\omega T_s) \tag{3-109}$$

下面用一个实例来说明简单滤波器级联后的滤波效果。

设采样频率为600Hz。用差分滤波器、加法滤波器和积分滤波器进行级联。差分滤波器、加法滤波器、积分滤波器的传递函数分别为$H_1(Z)$、$H_2(Z)$、$H_3(Z)$。

$$H_1(Z) = 1 - Z^{-1}$$

$$H_2(Z) = 1 + Z^{-2}$$

$$H_3(Z) = 1 + Z^{-1} + Z^{-2} + Z^{-3}$$

级联后滤波器的传递函数为

$$\begin{aligned} H(Z) &= (1 - Z^{-1})(1 + Z^{-2})(1 + Z^{-2} + Z^{-3}) \\ &= 1 + Z^{-2} - Z^{-4} - Z^{-6} \end{aligned}$$

该滤波器对应的差分方程为

$$y(n) = x(n) + x(n-2) - x(n-4) - x(n-6)$$

这也是在微机保护中实现该滤波器的方法。

根据以上分析，第一级差分滤波器能够滤除直流、12 次谐波；第二级加法滤波器能够滤除3、9 次谐波；第三级积分滤波器能够滤除3、6、9、12 次谐波。所以级联后滤波器能够完全滤除直流及3、6、9、12 次谐波分量。

其幅频特性为

$$
\begin{aligned}
|H(\mathrm{e}^{\mathrm{j}\omega T_s})| &= |H_1(\mathrm{e}^{\mathrm{j}\omega T_s})||H_2(\mathrm{e}^{\mathrm{j}\omega T_s})||H_3(\mathrm{e}^{\mathrm{j}\omega T_s})| \\
&= 2\left|\sin\frac{\omega T_s}{2}\right| 2\left|\cos\omega T_s\right|\left|\frac{\sin 2\omega T_s}{\sin\frac{\omega T_s}{2}}\right| \\
&= 4|\cos\omega T_s||\sin 2\omega T_s|
\end{aligned}
$$

其相频特性为

$$\varphi(\omega T_s) = \varphi_1(\omega T_s) + \varphi_2(\omega T_s) + \varphi_3(\omega T_s) = \frac{\pi}{2} - \frac{\omega T_s}{2} - \omega T_s - \frac{3}{2}\omega T_s = \frac{\pi}{2} - 3\omega T_s$$

如果我们把级联后的滤波器作为一个整体，分析它的幅频特性，可得

$$
\begin{aligned}
H(\mathrm{e}^{\mathrm{j}\omega T_s}) &= 1 + \mathrm{e}^{-\mathrm{j}2\omega T_s} - \mathrm{e}^{-\mathrm{j}4\omega T_s} - \mathrm{e}^{-\mathrm{j}6\omega T_s} \\
&= 1 + \cos 2\omega T_s - \mathrm{j}\sin 2\omega T_s - \cos 4\omega T_s + \mathrm{j}\sin 4\omega T_s - \cos 6\omega T_s + \mathrm{j}\sin 6\omega T_s
\end{aligned}
$$

$$|H(\mathrm{e}^{\mathrm{j}\omega T_s})| = \sqrt{(1 + \cos 2\omega T_s - \cos 4\omega T_s - \cos 6\omega T_s)^2 + (\sin 4\omega T_s + \sin 6\omega T_s - \sin 2\omega T_s)^2}$$

当信号分别为直流、基波、2 次、3 次…谐波分量时，滤波器的输出幅度见表3-1。

表3-1　滤波器的输出幅度

谐波次数	0	1	2	3	4	5	6	7	8	9	10	11
$\|H(f)\|$	0	3	1.732	0	1.732	3	0	3	1.732	0	1.732	3

该滤波器的幅频特性如图3-16 所示。

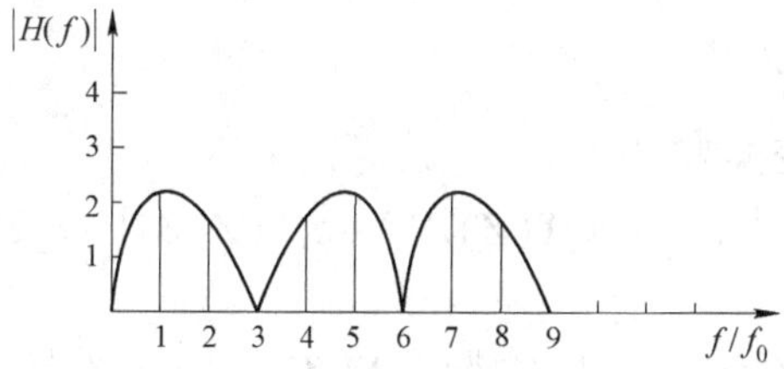

图3-16　级联滤波器的幅频特性

3.5.6　简单滤波器的特点

简单滤波器具有以下共同特点：

1）运算简单，只有加减运算，即使将几个简单滤波器级联后，滤波系数也都是整数，因而，不必做乘除运算，计算量小。

2）滤波器仅有零点没有极点，所以又称为全零点数字滤波器。滤波器不存在稳定问题。

3）可有效滤除恒定直流分量和整次谐波分量。

4）滤波器的时延 $\tau = kT_s$，可见，提高采样频率可减少时延。τ 的大小还与希望滤波的

谐波次数 m 有关，当谐波次数 m 越低时，延时 τ 越长（$m=0$ 的直流分量除外）。例如，用差分滤波器要滤除基频分量，对 $N=12$ 的情况，应选择 $k=12$，则 $\tau=12T_s=20\text{ms}$。

5）滤波器的幅频特性的形状为梳齿状，所以，也称为梳状滤波器。

3.6 数字滤波器的零、极点配置设计方法

数字滤波器的设计方法有 Z 平面的简单零极点配置法、幅度平方函数法和频域优化设计法。其中零、极点配置法是较简单的工程应用方法之一，适用于重点抑制、消除某几个频率分量，或突出某几个频率分量。在微机保护中，对数字滤波器的要求常常是希望完全滤除某次谐波分量，即当输入信号中含有该次谐波分量时，滤波器对该谐波分量的输出为零；或者希望对某次谐波分量的输出为最大，例如反映基波分量的保护希望滤波器对基波响应最大，反映 3 次谐波分量的保护希望滤波器对 3 次谐波的响应最大。针对这种要求，可以在希望滤波器输出为零的谐波分量处设置零点，在希望滤波器输出为最大的谐波分量处设置极点，用设置零点和极点的方法设计数字滤波器的方法称为零、极点配置法。零、极点配置法适合于全零点数字滤波器、窄通带数字滤波器和陷波滤波器的设计。这些滤波器的幅频特性比较特殊，正好满足微型机继电保护中的要求。

3.6.1 N 阶线性时不变系统的差分方程和滤波器的零、极点

一个 N 阶线性时不变系统可用以下的常系数线性差分方程表示。

$$\begin{aligned} y(n) &= a_0x(n)+a_1x(n-1)+\cdots+a_Nx(n-N)+b_1y(n-1)+b_2y(n-2)+\cdots+b_My(n-M) \\ &= \sum_{i=0}^{N} a_ix(n-i)+\sum_{i=1}^{M} b_iy(n-i) \end{aligned} \tag{3-110}$$

式（3-110）中，$N \geqslant M$。

该差分方程对应的 Z 变换为

$$Y(Z)=a_0X(Z)+a_1X(Z)Z^{-1}+\cdots+a_NX(Z)Z^{-N}+b_1Y(Z)Z^{-1}+b_2Y(Z)Z^{-2}+\cdots+b_MY(Z)Z^{-M}$$

经整理后可得

$$Y(Z)(1-b_1Z^{-1}-b_2Z^{-2}-\cdots-b_MZ^{-M})=X(Z)(a_0+a_1Z^{-1}+a_2Z^{-2}+\cdots+a_NZ^{-N})$$

从而可得传递函数为

$$H(Z)=\frac{\sum_{i=0}^{N} a_iZ^{-i}}{1-\sum_{i=1}^{M} b_iZ^{-i}} \tag{3-111}$$

该传递函数的分子和分母可以表示为以下连乘积的形式

$$H(Z)=A\frac{\prod_{i=1}^{N}(1-C_iZ^{-1})}{\prod_{i=1}^{M}(1-D_iZ^{-1})}=A\frac{\prod_{i=1}^{N}(Z-C_i)}{\prod_{i=1}^{M}(Z-D_i)} \tag{3-112}$$

用 $Z=e^{j\omega T_s}$ 代入式（3-112）得

$$H(e^{j\omega T_s}) = A\frac{\prod\limits_{i=1}^{N}(e^{j\omega T_s} - C_i)}{\prod\limits_{i=1}^{M}(e^{j\omega T_s} - D_i)} \tag{3-113}$$

设采样频率为 600Hz，则 $T_s = \frac{5}{3}$ms，$N = 12$，即工频每周期采样 12 次。当取 $\omega = 0$、314、628、942、…时，$e^{j\omega T_s}$分别为 $e^{j0°}$、$e^{j30°}$、$e^{j60°}$、$e^{j90°}$、…，将这些指数用极坐标表示并将这些点连起来，在 Z 平面上构成一个单位圆，如图 3-17 所示。

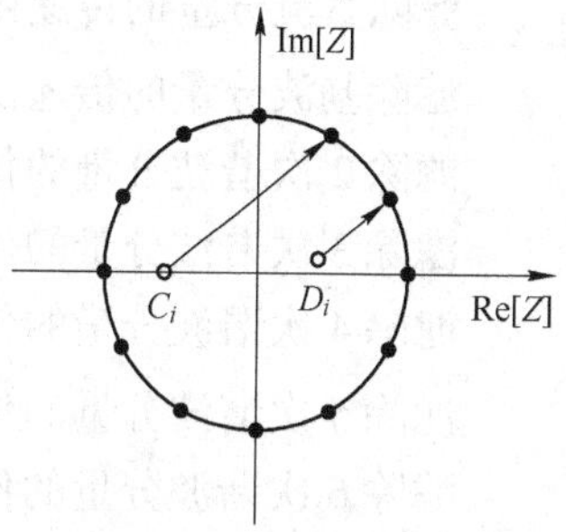

图 3-17　Z 平面上的单位圆

可见，对于工频每周期采样 N 点的情况，当频率分别为 0（直流）、基波、2 次谐波、3 次谐波…时，$e^{j\omega T_s}$将 Z 平面平分为 N 等份。在 Z 平面上，$e^{j\omega T_s} - C_i$、$e^{j\omega T_s} - D_i$ 分别为 C_i、D_i 到 $e^{j\omega T_s}$ 的向量。如果我们选定 ω、T_s，并且令 $C_i = e^{j\omega T_s}$，则 $e^{j\omega T_s} - C_i = 0$；由于在传递函数的公式中，分子连乘积中有一项为零，所以 $|H(e^{j\omega T_s})| = 0$。说明对选定的频率成分，滤波器的输出为零，因此，C_i 称为滤波器的零点；令 $D_i = e^{j\omega T_s}$，则 $e^{j\omega T_s} - D_i = 0$。由于在传递函数中，分母连乘积中有一项为零，则$|H(e^{j\omega T_s})| = \infty$，说明对选定的频率成分，滤波器的输出为无穷大，因此，D_i 称为滤波器的极点。

在设计数字滤波器时，如果希望将某次谐波分量完全滤除，则应将该谐波分量设置为零点，零点应设置在单位圆上，即满足：$C_i = e^{j\omega T_s}$；如果希望对某次谐波分量滤波器的输出为最大，则应将该谐波分量设置为极点，但极点不能在圆上。因为如果将极点设在圆上，则意味着滤波器对该频率成分的输出为无穷大，这实际上说明该滤波器的输出是不稳定的。因此，极点应设置在单位圆内。通常取 $D_i = pe^{j\omega T_s}$，$p < 1$，当 p 越接近 1，$e^{j\omega T_s} - D_i$ 的值越小，滤波器对极点频率的输出也越大，但滤波器的稳定性会降低。

3.6.2　用零、极点配置法设计非递归型数字滤波器

在传递函数的公式（3-111）中，令 $b_i = 0$，则

$$H(Z) = \sum_{i=0}^{N} a_i Z^{-i} \tag{3-114}$$

这说明滤波器当前的最新输出仅与历史输出有关。据此传递函数设计的数字滤波器称为非递归型数字滤波器。将该传递函数表示为连乘积的形式

$$H(Z) = A\prod_{i=0}^{N}(1 - C_i Z^{-1}) \tag{3-115}$$

C_i 为滤波器的零点，因该滤波器只有零点没有极点，所以又称为全零点滤波器。设计数字滤波器时，可根据需要确定零点。因 C_i 为复数，为使滤波器的系数为实数，在设置零、极点时按共轭复数成对设置。假定对 m 次谐波设置为零点，则滤波器的传递函数为

$$\begin{aligned} H_m(Z) &= (1 - e^{jm\omega_0 T_s}Z^{-1})(1 - e^{-jm\omega_0 T_s}Z^{-1}) \\ &= (1 - \cos m\omega_0 T_s Z^{-1} - j\sin m\omega_0 T_s Z^{-1})(1 - \cos m\omega_0 T_s Z^{-1} + j\sin m\omega_0 T_s Z^{-1}) \\ &= 1 - 2\cos m\omega_0 T_s Z^{-1} + Z^{-2} \end{aligned} \tag{3-116}$$

式中，m 为谐波的次数；ω_0 为基波角频率。当采样频率和要滤除的谐波次数 m 确定后，$2\cos m\omega_0 T_s$ 为常数。设采样频率为600Hz，则 $T_s=\frac{5}{3}$ms，$N=12$，我们可对直流分量、基波、2 次谐波…直到 11 次谐波分别设置为零点，求出滤波器的传递函数如下。

滤除直流分量的传递函数：$H_0(Z)=1-Z^{-1}$

滤除基波分量的传递函数：$H_1(Z)=1-\sqrt{3}Z^{-1}+Z^{-2}$

滤除 2 次谐波分量的传递函数：$H_2(Z)=1-Z^{-1}+Z^{-2}$

滤除 3 次谐波分量的传递函数：$H_3(Z)=1+Z^{-2}$

滤除 4 次谐波分量的传递函数：$H_4(Z)=1+Z^{-1}+Z^{-2}$

滤除 5 次谐波分量的传递函数：$H_5(Z)=1+\sqrt{3}Z^{-1}+Z^{-2}$

滤除 6 次谐波分量的传递函数：$H_6(Z)=1+Z^{-1}$

滤除 7 次谐波分量的传递函数：$H_7(Z)=1+\sqrt{3}Z^{-1}+Z^{-2}$

滤除 8 次谐波分量的传递函数：$H_8(Z)=1+Z^{-1}+Z^{-2}$

滤除 9 次谐波分量的传递函数：$H_9(Z)=1+Z^{-2}$

滤除 10 次谐波分量的传递函数：$H_{10}(Z)=1-Z^{-1}+Z^{-2}$

滤除 11 次谐波分量的传递函数：$H_{11}(Z)=1-\sqrt{3}Z^{-1}+Z^{-2}$

滤除 12 次谐波分量的传递函数：$H_{12}(Z)=1-Z^{-1}$

由于余弦函数的对称性，可以发现，滤除直流分量的传递函数与滤除 12 次谐波的传递函数完全一样，滤除基波分量的传递函数与滤除 11 次谐波分量的传递函数一样。即有

$$H_m(Z)=H_{N-m}(Z) \tag{3-117}$$

由于每一个传递函数只能满足滤除一种频率成分，所以要想滤除几种谐波分量，可将它们对应的滤波器进行级联。除了 2、5 次谐波分量的传递函数外，其他滤波器均属于前面介绍过的简单滤波器。例如滤除 3 次谐波的滤波器的传递函数与加法滤波器一样，相当于加法滤波器中 $k=2$ 的情况。当然它也可以滤除 3、9、15、…次谐波分量。

下面举例说明用零、极点配置法设计两个全零点数字滤波器，一个要求保留基波分量，而将直流和其他各整次谐波都滤除。另一个要求保留 3 次谐波，而将直流和基波、2 次、5 次谐波滤除。

设采样频率为600Hz。则：$T_s=\frac{5}{3}$ms，$N=12$。对第一个数字滤波器，我们在直流、2 次、3 次、4 次、5 次、6 次谐波处设置零点，将这些滤波器进行级联，得到滤波器的传递函数如下：

$$\begin{aligned}H(Z)&=(1-Z^{-1})(1-Z^{-1}+Z^{-2})(1+Z^{-2})(1+Z^{-1}+Z^{-2})(1+\sqrt{3}Z^{-1}+Z^{-2})(1+Z^{-1})\\&=(1+Z^{-2}-Z^{-6}-Z^{-8})(1+\sqrt{3}Z^{-1}+Z^{-2})\\&=1+\sqrt{3}Z^{-1}+2Z^{-2}+\sqrt{3}Z^{-3}+Z^{-4}-Z^{-6}-\sqrt{3}Z^{-7}-2Z^{-8}-\sqrt{3}Z^{-9}-Z^{-10}\end{aligned} \tag{3-118}$$

在微机保护中实现该滤波器算法为

$$\begin{aligned}y(n)=&x(n)+\sqrt{3}x(n-1)+2x(n-2)+\sqrt{3}x(n-3)+x(n-4)-x(n-6)-\sqrt{3}x(n-7)\\&-2x(n-8)-\sqrt{3}x(n-9)-x(n-10)\end{aligned} \tag{3-119}$$

该滤波器的幅频特性可利用前面关于简单滤波器级联后，其幅频特性为各单独滤波器幅频特性的乘积的方法得出。

$$|H(e^{j\omega T_s})| = 2\left|\sin\frac{\omega T_s}{2}\right| \times \left|\frac{\cos\frac{3}{2}\omega T_s}{\cos\frac{\omega T_s}{2}}\right| \times 2|\cos\omega T_s| \times \left|\frac{\sin\frac{3}{2}\omega T_s}{\sin\frac{\omega T_s}{2}}\right| \times 2\left|\cos\frac{\omega T_s}{2}\right| \times\sqrt{(1+\sqrt{3}\cos\omega T_s+\cos2\omega T_s)^2+(-\sin2\omega T_s-\sqrt{3}\sin\omega T_s)^2} \tag{3-120}$$

当 $\omega=0$、314、628、…时，得出滤波器的输出幅度分别为：0，12，0，0，0，0，0。其幅频特性如图 3-18 所示。

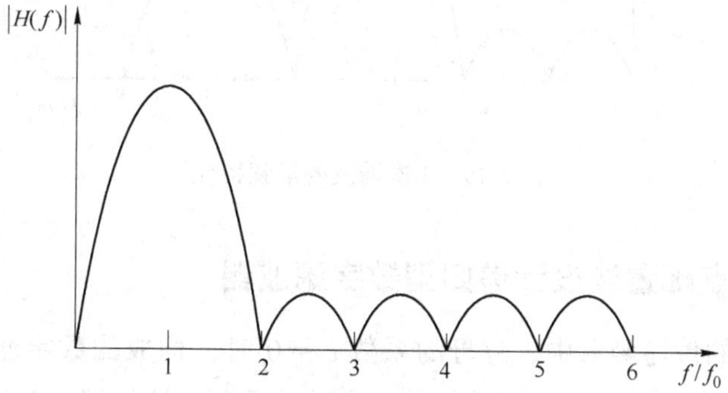

图 3-18　基波滤波器的幅频特性

对第二个数字滤波器，在直流、基波、2 次、5 次谐波处设置零点，将这些滤波器进行级联，得到滤波器的传递函数如下：

$$\begin{aligned} H(Z) &= (1-Z^{-1})\times(1-\sqrt{3}Z^{-1}+Z^{-2})\times(1-Z^{-1}+Z^{-2})\times(1+\sqrt{3}Z^{-1}+Z^{-2}) \\ &= 1-2Z^{-1}+Z^{-2}+Z^{-3}-Z^{-4}-Z^{-5}+2Z^{-6}-Z^{-7} \end{aligned} \tag{3-121}$$

在微机保护中实现该滤波器算法为

$$y(n)=x(n)-2x(n-1)+x(n-2)+x(n-3)-x(n-4)-x(n-5)+2(x-6)-x(n-7) \tag{3-122}$$

滤波器的幅频特性如下：

$$|H(e^{j\omega T_s})| = 2\left|\sin\frac{\omega T_s}{2}\right| \times \left|\frac{\cos\frac{3}{2}\omega T_s}{\cos\frac{\omega T_s}{2}}\right| \times\sqrt{(1+\sqrt{3}\cos\omega T_s+\cos2\omega T_s)^2+(-\sin2\omega T_s-\sqrt{3}\sin\omega T_s)^2} \times\sqrt{(1-\sqrt{3}\cos\omega T_s+\cos2\omega T_s)^2+(\sqrt{3}\sin\omega T_s-\sin2\omega T_s)^2} \tag{3-123}$$

该滤波器对 3 次谐波的响应为

$$|H(e^{j90^\circ})| = 2\sin45^\circ\left|\frac{\cos135^\circ}{\cos45^\circ}\right|$$

$$\times\sqrt{(1+\sqrt{3}\cos90^\circ+\cos180^\circ)^2+(-\sin180^\circ-\sqrt{3}\sin90^\circ)^2}$$
$$\times\sqrt{(1-\sqrt{3}\cos90^\circ+\cos180^\circ)^2+(\sqrt{3}\sin90^\circ-\sin180^\circ)^2}$$
$$=3\sqrt{2}$$

3 次谐波的幅频特性如图 3-19 所示。

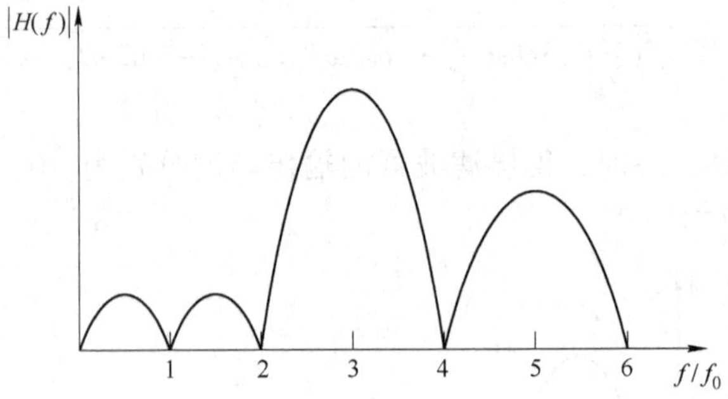

图 3-19 3 次谐波的幅频特性

3.6.3 用零、极点配置法设计递归型数字滤波器

当式（3-111）的传递函数中，分母的系数 $b_i \neq 0$ 时，构成的数字滤波器的当前最新输出不仅与以前的输入有关，而且与以前的输出有关。因此，这种滤波器称为递归型数字滤波器。递归型数字滤波器不仅有零点，而且有极点。零点的设置方法与非递归型数字滤波器一样，这里主要说明非递归数字滤波器的极点设计。

同样，为使滤波器的滤波系数为实数，极点也应按共轭复数成对设置。同时，为保证滤波器的稳定性，极点应设在单位圆内。例如，针对某次谐波设置一对极点为 $pe^{j\omega T_s}$、$pe^{-j\omega T_s}$，则极点对应的传递函数为

$$H_p(Z)=(1-pe^{j\omega T_s}Z^{-1})\times(1-pe^{-j\omega T_s}Z^{-1})=1-2p\cos\omega T_s\times Z^{-1}+p^2Z^{-2}$$

取 $p=\dfrac{\sqrt{3}}{2}$，对基波设置为极点，采样频率为 600Hz，$T_s=\dfrac{5}{3}$ms，$\omega T_s=\dfrac{\pi}{6}$，则极点对应的传递函数为

$$H_p(Z)=1-1.5Z^{-1}+0.75Z^{-2} \tag{3-124}$$

在直流、2 次、3 次谐波处设置零点，对应的传递函数为

$$\begin{aligned}H_Z(Z)&=(1-Z^{-1})(1-Z^{-1}+Z^{-2})(1+Z^{-2})\\&=1-2Z^{-1}+3Z^{-2}-3Z^{-3}+2Z^{-4}-Z^{-5}\end{aligned} \tag{3-125}$$

递归型滤波器的总传递函数为

$$H(Z)=\frac{1-2Z^{-1}+3Z^{-2}-3Z^{-3}+2Z^{-4}-Z^{-5}}{1-1.5Z^{-1}+0.75Z^{-2}}$$

这个递归型数字滤波器所对应的差分方程为

$$y(n)=x(n)-2x(n-1)+3x(n-2)-3x(n-3)+2x(n-4)-x(n-5)+1.5y(n-1)-0.75y(n-2)$$

从这个差分方程可以看出，滤波器的最新输出 $y(n)$ 不仅与输入有关，而且与以前的输出 $y(n-1)$ 和 $y(n-2)$ 有关。这就是递归型数字滤波器的特点。

该滤波器的幅频特性为

$$|H(e^{j\omega T_s})| = \frac{2\left|\sin\frac{\omega T_s}{2}\right| \times \left|\frac{\cos\frac{3\omega T_s}{2}}{\cos\frac{\omega T_s}{2}}\right| \times 2|\cos\omega T_s|}{\sqrt{(1-1.5\cos\omega T_s+0.75\cos2\omega T_s)^2+(1.5\sin\omega T_s-0.75\sin2\omega T_s)^2}}$$

当 $p=0.866$ 时，对基波分量，滤波器的输出响应为 5.22。当 $p=0.5$ 时，对基波分量，滤波器的输出响应为 1.52。可见，p 的大小直接影响到滤波器对极点频率的输出响应。

递归型数字滤波器的幅频特性如图 3-20 所示。

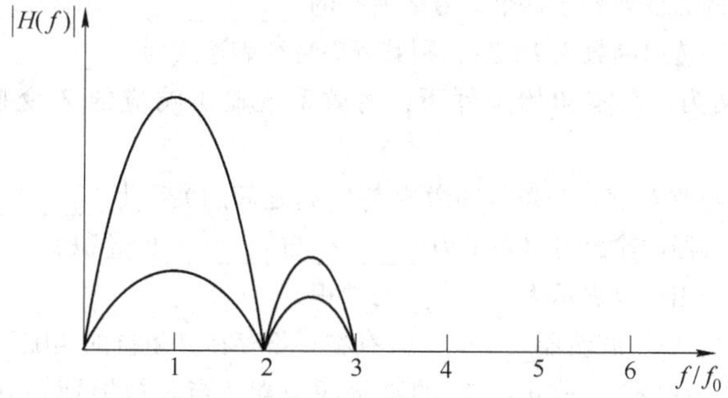

图 3-20　递归型数字滤波器的幅频特性

3.7　数字滤波器的选择

递归型和非递归型两种形式的数字滤波器各有优点，选择哪一种形式在很大程度上决定于应用场合对滤波器的要求。仅就微机保护的应用范围来说，不同的保护原理、不同的算法、不同的软件安排等都会对滤波器有不同的选择。

总的来说，继电保护是实时系统，要求能够快速对被保护对象的故障做出判断。就这一点来说，用非递归型数字滤波器好。因为它是有限冲激响应的，而且它的设计比较灵活，易于在频率特性和冲激响应之间，也就是滤波效果和响应时间之间做出权衡。但另一方面，继电保护是实时数据处理系统，数据采集系统按照采样速率源源不断地向微机输入数据，微机处理的速度必须要能跟上这个实时节拍，否则将造成数据积压，无法工作。就这一点来说，用递归型数字滤波器较好，因为它的运算量要小得多。有些保护要求连续不断地计算和监视各种电气参量，考虑到电力系统是一个三相系统，要计算的量很多，用非递归型滤波器可能在两个相邻采样间隔内不能完成滤波算法计算。还有一个应考虑的问题是，许多复杂保护装置由于种种原因，都设有启动元件。例如距离保护设有振荡闭锁启动元件，距离 1 段的测量元件只在启动元件动作之后才允许工作。这样，微机距离保护的阻抗计算可以在启动元件动作之后才开始，这时采用非递归型数字滤波器又显出了其优点，因为它不需要历史资料，可以在启动元件动作之后，取用故障后的数据进行计算，并且也可以不要求在一个采样间隔内完成一次阻抗计算。如果用递归滤波器，即使正常时不要求阻抗计算，滤波器也必须对所有的量进行不断的滤波运算，否则一旦启动元件启动，就会无法取得要求的结果。

数字信号处理器（DSP）技术的出现为数字滤波器的实现提供了更快的计算手段。另外，现有的许多软件能够提供多种多样的分析与计算功能，可用于帮助设计者完成数字滤波的设计。

习　题

一、填空题

1. 连续时间信号 $x(t)$ 被采样后，其采样信号 $x_s(t)$ 的数学表达式为________。
2. 在零初始条件下，离散时间系统输出响应Z变换与输入信号Z变换之比称为________。
3. 设 $x(t)$ 的Z变换为 $X(Z)$，且 $x(t)=0(t<0)$，那么初值定理可表述为________。
4. 三个采样信号之和的Z变换等于每个信号Z变换的________。
5. 如果离散系统的脉冲传递函数为 $H(Z)$，则其频率特征表达式为________。
6. 脉冲传递函数定义为：在零初始条件下，离散系统输出响应的Z变换与输入信号的Z变换之________。
7. 数字滤波器的传递函数 $H(Z)$ 与单位冲激响应 $h(n)$ 之间的关系为________。
8. 在时域中，数字滤波器的输出可以表示为________与________的卷积。
9. 线性时不变系统的输出可以表示为________的卷积。
10. 与模拟滤波器相比，数字滤波器________（存在、不存在）阻抗的匹配问题。
11. 滤波方程是 $y(n)=x(n)-x(n-12)$ 的数字滤波器，当采样周期是0.833ms时，其时间窗为________，暂态时延为________。

二、判断题

1. 采用数字滤波器后完全可以省略模拟滤波器。(　　)
2. 如果 $f(k)$ 的Z变换为 $F(Z)$，则 $f(k+1)$ 的Z变换为 $ZF(Z)$。(　　)
3. 当连续时间信号中的最高频率为300Hz时，则无失真采样频率 f_s 应选择为大于400Hz。(　　)
4. 在快速微机保护中一般应选用递归型滤波器。(　　)
5. 数字滤波算法是直接从采样序列中求取电气信号的特征参数并且进而实现保护原理。(　　)
6. 数字滤波器是以计算电气量特征参数为目的的一种特殊算法。(　　)
7. 数字滤波器无任何硬件附加于计算机中，而是通过计算机去执行一种计算程序或算法，从而去掉采样信号中无用的成分，以达到滤波的目的。(　　)

三、简答题

1. 什么是数字滤波器？
2. 与传统的模拟滤波器相比，数字滤波器主要有哪些优点？
3. 数字滤波器的转移函数为 $H(Z)=1-Z^{-6}$，试写出该滤波器的差分方程。
4. 离散信号 $x_s(t)$ 的拉普拉斯变换有何特点？如何定义离散信号的Z变换？
5. 滤波器频率特性的物理意义是什么？滤波器频率特性与滤波器的单位冲激响应之间有何关系？
6. 采用零、极点配置法设计数字滤波器时，脉冲传递函数零点和极点对其滤波性能有何影响？

四、计算题

1. 已知滤波器的滤波方程为 $y(n)=y(n-1)+x(n)-x(n-4)$，采样频率 $\omega_s=24\omega_1$（ω_1 为输入信号的基频），且12次及以上谐波已由前置模拟低通滤波器滤除，试问：

(1) 该滤波器是递归型的还是非递归型的？是有限长冲激响应还是无限长冲激响应？

(2) 写出该滤波器的转移函数。

(3) 该滤波器可滤除哪些次谐波？

2. 采样频率 $f_s=1200\text{Hz}$，基波频率 $f_1=50\text{Hz}$，滤波器为减法滤波器，现欲消除直流成分及2、4、

6、…等偶次谐波，请取 m 值，并写出滤波器差分方程。

3. 采样周期为$\frac{5}{3}$ms，如果信号中含有直流分量、基波（50Hz）至 5 次谐波分量。要求保留其中 2、3 次谐波分量，滤除其他的频率分量，试给出零点配置法数字滤波器的脉冲传递函数 $H(Z)$。（采样周期 T 已知）。

4. 离散系统的差分方程为：$y(n+2)+\frac{5}{6}y(n+1)+\frac{1}{6}y(n)=u(n)$；其中：$y(0)=0$，$y(1)=0$；$n\geqslant 0$ 时，$u(n)=1$；$n<0$ 时，$u(n)=0$。试求：

（1）$y(2)$，$y(3)$，$y(4)$；

（2）分析系统的稳定性。

5. 某数字滤波器的差分方程为：$y(n)=x(n)-2x(n-1)+3x(n-2)-2x(n-3)$，采样周期为 T_1。试求：

（1）脉冲传递函数；

（2）频率特性表达式。

6. 已知：离散控制系统的差分方程为 $y(k)=x(k)-\sqrt{3}x(k-1)+x(k-2)$。试求：

（1）脉冲传递函数 $H(Z)=\frac{Y(Z)}{X(Z)}$；

（2）频率特性表达式 $H(e^{j\omega T})$。（假设采样周期为 T）

7. 已知两个有限序列为：$x_1(n)=\{1,2,3,4,5\}$，$x_2(n)=\{1,1,1,1\}$，求它们的卷积。

8. 某系统的单位冲激响应为 $h(n)=\delta(n)+2\delta(n-1)+5\delta(n-2)$，求该系统的频率特性。

9. 已知离散系统的差分方程为 $y(k)=-x(k-3)-x(k-2)+x(k-1)+x(k)$。求系统的传递函数。

10. 已知离散系统的传递函数为 $G(Z)=1-Z^{-4}$。写出系统的频率特性表达式，绘出幅频特性曲线。

五、设计与分析

1. 试分析差分滤波器 $y(n)=x(n)-x(n-2)$ 的滤波性能。（采样周期 T 已知）。

2. 某数字滤波器的差分方程为：$y(n)=x(n)-x(n-4)$。设采样频率为 600Hz，试作出该滤波器的幅频特性曲线，并说明能够滤除哪些谐波分量。

3. 设采样频率为 600Hz，要求保留 2 次谐波分量，完全滤除直流和其他谐波分量，（输入信号基波频率为 50Hz，最高谐波次数为 5），试用零点配置法设计数字滤波器的脉冲传递函数 $H(Z)$。

4. 设采样频率为 600Hz，输入信号中含有直流、50Hz 基波正弦和其他谐波分量（最高谐波次数为 5），要求仅保留 5 次谐波，滤除其他频率分量。试用零点配置法设计数字滤波器，给出其脉冲传递函数 $H(Z)$。

第4章　微机继电保护的算法及其仿真

4.1　微机保护算法概述

4.1.1　算法的含义

在微机保护装置中，首先对反映被保护设备的电气量模拟量进行采集，然后对这些采集来的数据进行数字滤波，再对这些经过数字滤波的数字信号进行数学运算、逻辑运算，并进行分析判断，最终输出跳闸命令、信号命令或计算结果，以实现各种继电保护功能。这种对采集的数据进行处理、分析、判断以便实现保护功能的方法称为算法。通过算法过程的处理，由若干个已被量化的采样数据求得被测信号的有效值、相位、比值等量值。

继电保护的算法种类很多，不管哪一类保护的算法，其核心问题归根结底不外乎是算出可表征被保护对象运行特点的物理量，如电压、电流等的有效值和相位以及视在阻抗等，或者算出它们的序分量、基波分量、某次谐波分量的大小和相位等。有了这些基本电气量的计算值，就可以很容易地构成各种不同原理的保护。基本上可以说，只要找出任何能够区分正常与短路的特征量，微机保护就可以实现。

4.1.2　微机保护算法的类型

按照算法的目标，微机保护的算法分为直接计算信号特征值的算法和判断继电动作方程的算法两大类。

1. 直接计算信号特征值的算法

该算法直接由采样值经过某种运算，求出被测信号的实际值，再与定值比较，实现保护。例如，在距离保护中，利用故障后电压和电流的采样值直接求出测量阻抗或求出故障后保护安装处到故障点的电阻和电抗，然后与继电器的动作特性进行比较。在电流、电压保护中，则直接求出电压、电流的有效值与保护的整定值比较。直接计算信号特征值的算法按照基于的信号模型不同，常见的基本算法有基于正弦信号模型的算法、基于周期信号模型的算法、基于非周期信号模型的算法、基于随机信号模型的算法等，其中后三种是基于复杂数学模型的算法。在微机保护算法的研究过程中，算法基于的数学模型由简化到复杂。

基于正弦信号的算法有半周内最大绝对值算法、两点乘积算法、三点乘积算法、导数算法、半周绝对值积分算法、频率算法等。这些算法是人们最初从最简单的情况出发，假设电压和电流为纯正弦信号的算法。在实际的电力系统中，故障后的信号除了基波分量外往往含有非正弦分量、各种谐波分量等成分，因此在采用基于正弦信号的算法时，必须先对信号进行滤波，将非周期分量和谐波分量滤掉。

基于周期信号模型的算法主要有傅里叶算法和沃尔希算法。该类算法基于的数学模型为周期函数，一般认为含有不衰减的直流分量、工频分量以及工频整数倍次谐波分量。傅里叶算法利用正弦函数作为正交样品函数，不仅可以提取基波信号，用其提取整数倍次谐波也十分方便。沃尔希算法利用沃尔希函数作为正交样品函数，算法只要进行加减运算，算法运算量小。由于使用沃尔希函数时，也需要将结果转为傅里叶级数的系数，且在硬件性能的提升方面，采用沃尔希算法的优越性不再突出。本章主要讨论傅里叶算法。实际上系统发生故障的暂态过程含有衰减的直流分量、简谐波等非周期信号，傅里叶算法对含非周期信号计算存在误差。

基于非周期信号模型的算法主要是输电线路 R—L 模型法，该算法在信号含有衰减直流分量、工频正弦、谐波等信号的条件下都能应用，主要计算线路的电阻和电感量。

实际上电力系统发生故障后，输入到保护装置中的电压、电流信号还要复杂。由于电力系统中铁磁元件的非线性特点，输电线路的参数的分布性特点（例如分布电容）、线路中有补偿元件（如串补电容、并补电容、并补电抗）以及电压互感器和电流互感器二次暂态过程等因素的影响，使得电压、电流信号中除非周期分量外还含有许多随机的高频、低频分量。在超高压系统中，为了克服这些随机噪声的影响，除采用完善的数字滤波措施外，还采用基于随机函数模型的算法，如卡尔曼滤波算法、最小二乘算法。

2. 判断继电动作方程的算法

该类算法依据继电器的动作方程，将采样值直接代入动作方程，转换为运算式判断。在已知继电器的动作方程时，可以不经过电流、电压幅值、相位的中间计算环节，利用采样值直接得到要求的继电器动作特性的保护，具有独特的优点。如对于距离保护，这种算法不需要求出阻抗可能值，而只是用故障后的采样值代入动作方程判断。该类算法有方向阻抗继电器算法、相位比较器算法、电流突变量算法等。

另外，微机保护的算法按保护对象分，有元件保护、线路保护算法等；按保护原理分，有差动保护、距离保护和电压、电流保护算法等。滤序算法、比相算法等也是常用的微机保护算法。

4.1.3　衡量算法的指标

目前已提出的算法有很多种。分析和评价各种不同的算法优劣的指标是精度和速度。

1. 算法的精度

所谓算法的计算精度是指用离散的采样点计算出的结果信号与实际值的逼近程度。如果精度低，则说明计算结果的准确度差，这将直接影响保护的正确判断。算法的精度与选用的数学模型的准确性、算法的方法原理、量化的字长等因素有关。一般算法基于的信号模型越接近实际，越有利于提高算法的精度，减少算法误差。有些算法从原理上具有严格的等式关系，这类算法没有方法误差；而有些算法存在近似处理，如用差分代替微分，用平均值代替瞬时值，这类算法本身有方法误差。在选用准确的数学模型及合理的数据窗长度的前提下，计算精度与有限字长有关，其误差表现为量化误差和舍入误差两方面。减少量化误差可通过增减 A/D 转换的位数实现，在微机保护中通常采用的 A/D 转换芯片至少为 12 位。减少舍入误差则要增加字长。

2. 算法的速度

继电保护特别是快速动作的保护对计算速度的要求较高。由于反应工频电气量的保护设有滤波环节，前置系统中也有延时，各种保护的算法都需要时间，因此在其他条件相同的情况下，应尽量提高算法的计算速度，缩短响应时间，提高保护的动作速度。速度包括两个方面：一是算法所要求的采样点数（或称数据窗长度）；二是算法的运算工作量。算法所用的数据窗直接影响保护的动作速度。电力系统继电保护应在故障后迅速做出动作与否的判断，而要做出正确的判断必须用故障后的数据。一个算法采用故障后的多少个点才能计算出正确的结果，这就是算法的数据窗。例如全波傅里叶算法数据窗为一个周波 20ms，半波傅里叶算法需要的数据窗为半个周波 10ms。显然半波傅里叶算法数据窗短，动作速度要快。一般算法用的数据窗越长，计算精度越高，而动作相对慢；反之计算精度越低，但保护的动作速度相对较快。

3. 算法的精度与速度的关系

精度和速度总是矛盾的。若要计算精确，则往往要利用更多的采样点，进行更多的计算工作量，所以研究算法的实质是如何在速度和精度两方面进行权衡。在选用准确的数学模型及合理的数据窗的前提下，计算精度与有限字长有关，其误差表现为量化误差和舍入误差两个方面。为了减少量化误差，在保护中常采用增加 A/D 转换的位数，而减少舍入误差则需要增减字长。还应该指出，有些算法本身具有数字滤波的功能，而有些算法则需配以数字滤波器一起工作。因此评价算法时还要考虑它对数字滤波的要求。

4.2 基于正弦信号的算法

输入为正弦量的算法是基于提供给算法的原始数据为纯正的正弦量的理想采样值，以电流为例，可表示为

$$i(nT_s)=i(t)|_{t=nT_s}=\sqrt{2}I\sin(\omega nT_s+\alpha_{0I}) \tag{4-1}$$

式中，ω 为角频率；I 为电流有效值；T_s 为采样间隔；α_{0I}为 $n=0$ 时的电流相位。

从理论的角度讲，基于正弦信号的算法适用于任何频率的正弦信号；但传统的继电保护原理是利用工频稳态信号实现的，一般微机保护中用该算法计算工频正弦信号的特征值。实际上，故障后的电流、电压中都含有各种暂态分量，而且数据采集系统还会引入各种误差，所以这一类算法要获得精确的结果，必须和数字滤波器配合使用。也就是说，式（4-1）中的 $i(nT_s)$ 应当是数字滤波器的输出 $y(nT_s)$，而不是直接应用模/数转换器提供原始采样值。

4.2.1 半周内取最大绝对值算法

1. 算法原理

当一个正弦交流信号被采样后，要从这些采样值中计算其有效值，最直接的方法是在任意半周期内取各采样值的绝对值，然后寻求最大值，将最大值除以$\sqrt{2}$即得到有效值。如图 4-1 所示，有

$$U_m\approx\max[u(\omega nT_s)] \tag{4-2}$$

式中，$u(\omega nT_s)$为半周波内的采样值。

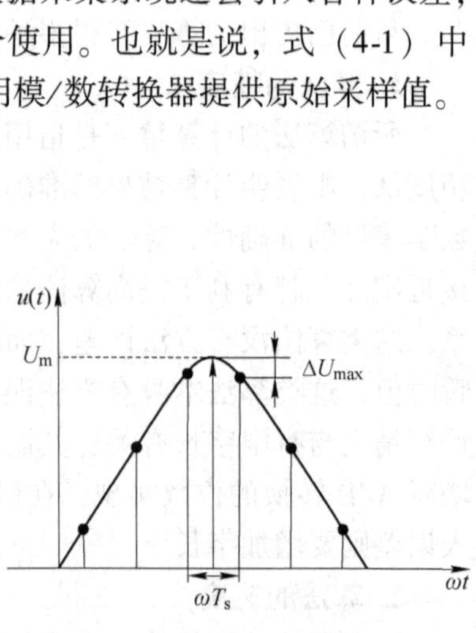

图 4-1 半周内取绝对值最大值算法的误差分析

2. 算法指标

半周内取最大绝对值算法的数据窗为半个周波；对工频信号而言，需要 10ms 的时间才能计算出正确的结果。

若采样时刻刚好落在最大值上，则半周内取最大绝对值算法本身没有误差。但当采样时刻落在任意其他时刻时，这种算法本身会产生误差。由图 4-1 可见最大误差发生在采样时刻与信号过峰时刻的相位角等于$\frac{\omega T_s}{2}$时；此时有最大绝对误差为

$$\Delta U_{max} = U_m - U_m \sin\left(90° - \frac{\omega T_s}{2}\right) = U_m\left[1 - \sin\left(90° - \frac{\omega T_s}{2}\right)\right] \tag{4-3}$$

最大相对误差为

$$\frac{\Delta U_{max}}{U_m} \times 100\% = \left[1 - \sin\left(90° - \frac{\omega T_s}{2}\right)\right] \times 100\% \tag{4-4}$$

可见，采样时刻与信号过峰时刻的相位角等于$\frac{\omega T_s}{2}$时，采样频率越高，最大误差越小。设采样频率为 600Hz，则 $\omega T_s = 30°$，误差为$(1 - \sin 75°) \times 100\% = 3.4\%$；当采样频率为 1000Hz 时，则 $\omega T_s = 18°$，误差为$(1 - \sin 81°) \times 100\% = 1.23\%$。

3. 算例仿真

以电压信号 $u(t) = 5\sin\left(\omega t + \frac{\pi}{6}\right)$为例，利用 MATLAB 编写的半周内取最大绝对值算法的仿真程序如下：

```
clear
N=12;
t=0:0.02/N:0.08;
Um=5;
u1=Um* sin(2* pi* 50* t+pi/6);
s=[0,0,0,0,0,0];
for n=0:5
    s(n+1)=abs(Um* sin((2* pi* 50* (n)* 0.02/N)+pi/6));
    Umc(n+1)=0;
end
m=max(size(u1));
for j=7:m
for k=1:5
    s(k)=s(k+1);
end
s(6)=abs(u1(j));
y=0;
for i=1:6
if y>s(i)
ym=y;
else
    ym=s(i);
end
y=ym;
end
```

```
Umc1(j) =ym;
e1(j) = (Umc1(j) - Um)/Um;
end
figure(1)
plot(t,u1,' -ok')
ylim ([ -5,5])
xlabel('t/s','Fontname','Times New Roman');
ylabel('u(600Hz)','Fontname','Times New Roman');
figure(2)
plot(t,Umc1,' -ok')
ylim ([0,6]);
xlabel('t/s','Fontname','Times New Roman');
ylabel('Umc(600Hz)','Fontname','Times New Roman');
figure(3)
plot(t,e1,' -ok')
ylim ([ -1,0.5])
xlabel('t/s','Fontname','Times New Roman');
ylabel('e(600Hz)','Fontname','Times New Roman');

N=20;
t=0:0.02/N:0.08;
Um=5;
u2=Um* sin(2* pi* 50* t+pi/6);
s=[0,0,0,0,0,0,0,0,0,0];
for n=0:9
    s(n+1) =Um* sin(2* pi* 50* (n)* 0.02/N+pi/6);
    Umc(n+1) =0;
end
m=max(size(u2));
for j=11:m
for k=1:9
    s(k) =s(k+1);
end
s(10) =abs(u2(j));
y=0;
for i=1:10
if y>s(i)
ym=y;
else
    ym=s(i);
end
y=ym;
end
```

```
Umc2(j) = ym;
e2(j) = (Umc2(j) - Um)/Um;
end
figure(4)
plot(t,u2,' -. k')
ylim ([ -5,5])
xlabel('t/s','Fontname','Times New Roman');
ylabel('u(1000Hz)','Fontname','Times New Roman');
figure(5)
plot(t,Umc2,' -. k')
ylim ([0,6]);
xlabel('t/s','Fontname','Times New Roman');
ylabel('Umc(1000Hz)','Fontname','Times New Roman');
figure(6)
plot(t,e2,' -. k')
ylim ([ -0.05,0.05])
xlabel('t/s','Fontname','Times New Roman');
ylabel('e(1000Hz)','Fontname','Times New Roman');
```

仿真结果如图 4-2 ~ 图 4-7 所示。图 4-2 ~ 图 4-4 是采样频率为 600Hz 时的采样信号、幅值及误差；图 4-5 ~ 图 4-7 是采样频率为 1000Hz 时的采样信号、幅值及误差。可以看出，从 0 时刻开始，半个周波以后才可获得准确的信号幅值，采样频率为 600Hz 时，采样时刻落在最大值上，算法无误差；采样频率为 1000Hz 时，采样时刻未落在最大值上，故存在误差 $e = -0.55\%$。

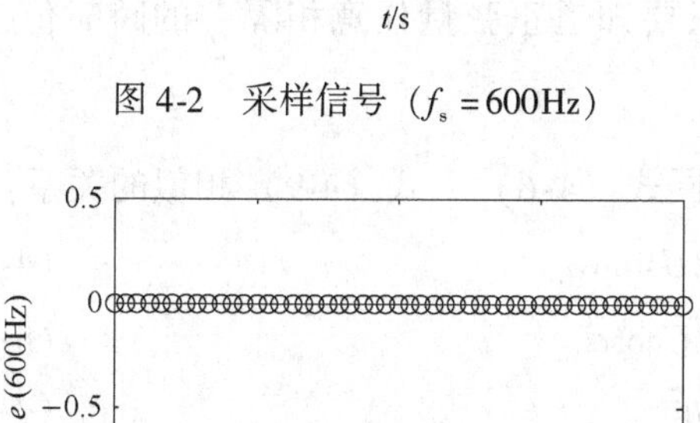

图 4-2　采样信号（$f_s = 600$Hz）

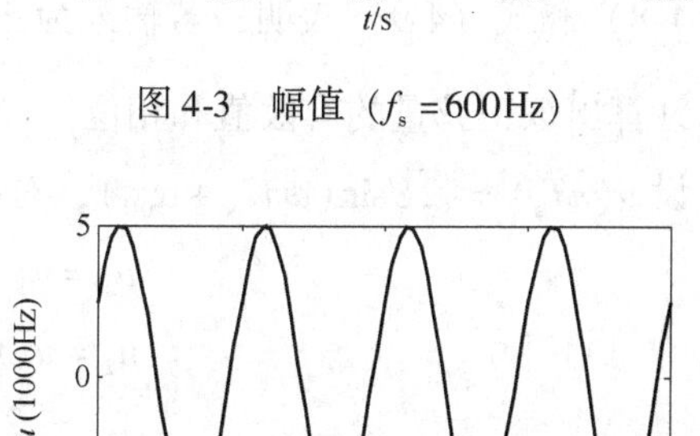

图 4-3　幅值（$f_s = 600$Hz）

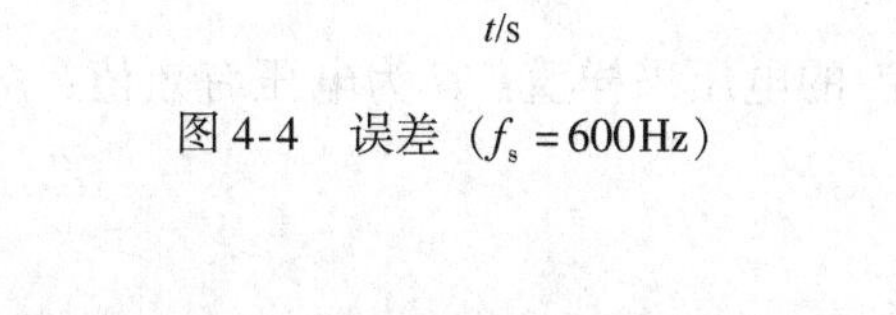

图 4-4　误差（$f_s = 600$Hz）

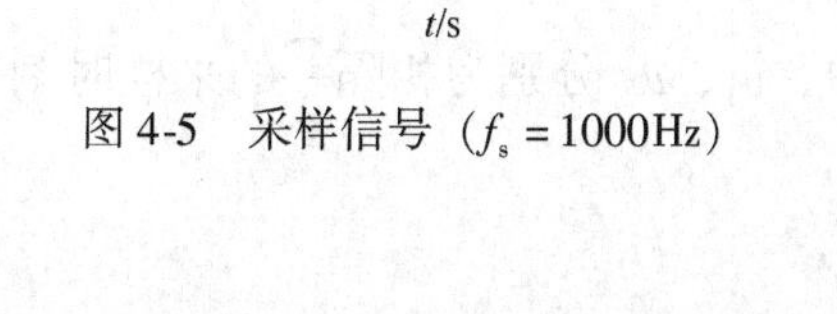

图 4-5　采样信号（$f_s = 1000$Hz）

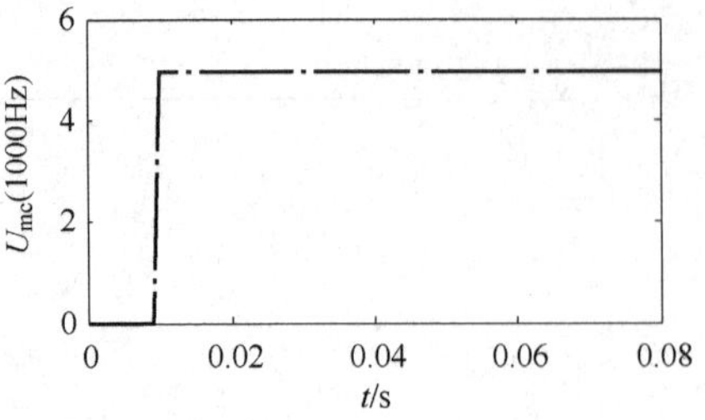

图 4-6 幅值（$f_s=1000$Hz）

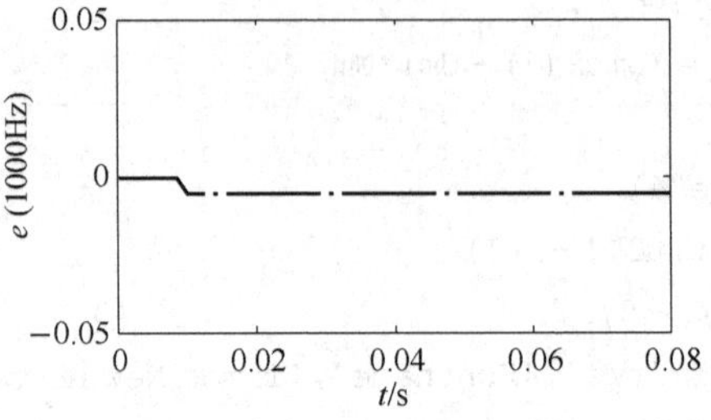

图 4-7 误差（$f_s=1000$Hz）

4.2.2 两点乘积算法

1. 两点乘积算法原理

两点乘积算法是利用两个间隔一定的采样点值计算有效值及相位等特征值的方法。

以电流为例，设 i_1 和 i_2 分别为两个电气角度相隔为 $\frac{\pi}{2}$ 的采样时刻 n_1T_s 和 n_2T_s 的采样值（见图 4-8），即

$$\omega(n_2T_s-n_1T_s)=\frac{\pi}{2} \tag{4-5}$$

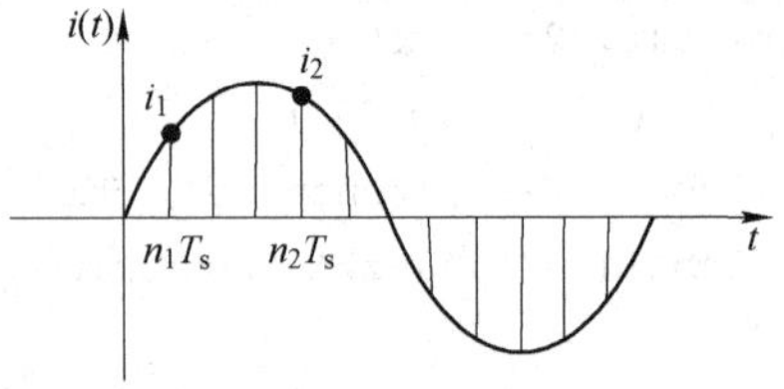

图 4-8 两点乘积算法示意图

根据式（4-1）有

$$i_1=i(n_1T_s)=\sqrt{2}I\sin(\omega n_1T_s+\alpha_{0I})=\sqrt{2}I\sin\alpha_{1I} \tag{4-6}$$

$$\begin{aligned} i_2&=i(n_2T_s)=\sqrt{2}I\sin(\omega n_2T_s+\alpha_{0I})\\ &=\sqrt{2}I\sin\left(\omega n_1T_s+\alpha_{0I}+\frac{\pi}{2}\right)=\sqrt{2}I\cos\alpha_{1I} \end{aligned} \tag{4-7}$$

式中，α_{1I}为 n_1T_s 采样时刻电流的相位角，可能为任意值，$\alpha_{1I}=\omega n_1T_s+\alpha_{0I}$。

将式（4-6）和式（4-7）平方后相加，得

$$2I^2=i_1^2+i_2^2 \tag{4-8}$$

再将式（4-6）和式（4-7）相除，得

$$\tan\alpha_{1I}=\frac{i_1}{i_2} \tag{4-9}$$

式（4-8）和式（4-9）表明，若输入为正弦波，只要知道正弦量任意相隔$\frac{\pi}{2}$的瞬时值，就可以计算出该正弦量的有效值和相位。

设 $u(nT_s)=\sqrt{2}U\sin(\omega nT_s+\alpha_{0U})$，对电压也有同式（4-6）~式（4-9）相似的关系：

$$u_1=u(n_1T_s)=\sqrt{2}U\sin\alpha_{1U} \tag{4-10}$$

$$u_2=u(n_2T_s)=\sqrt{2}U\cos\alpha_{1U} \tag{4-11}$$

$$2U^2=u_1^2+u_2^2 \tag{4-12}$$

$$\tan\alpha_{1U}=\frac{u_1}{u_2} \tag{4-13}$$

式中，u_1、u_2 分别为相隔$\frac{\pi}{2}$的采样时刻 n_1T_s 和 n_2T_s 的电压采样值；U 为电压有效值；α_{1U}为

n_1T_s 采样时刻电压的相位角，$\alpha_{1U}=\omega n_1T_s+\alpha_{0U}$。

两点乘积的方法可以求出正弦量（电压和电流）的有效值，还可以算出测量阻抗。以距离保护的阻抗测量为例，求测量阻抗有两种方法：

方法一：根据式（4-8）、式（4-9）和式（4-12）、式（4-13）可以得出测量阻抗的模值 Z 和阻抗角 α_Z

$$Z=\frac{U}{I}=\sqrt{\frac{u_1^2+u_2^2}{i_1^2+i_2^2}} \tag{4-14}$$

$$\alpha_Z=\alpha_{1U}-\alpha_{1I}=\arctan\left(\frac{u_1}{u_2}\right)-\arctan\left(\frac{i_1}{i_2}\right) \tag{4-15}$$

在用式（4-14）和式（4-15）求出阻抗及其相位后可以与整定阻抗比较，从而实现距离保护。这种方法要用到反三角函数，不太方便。实际上，更方便的算法是求出视在阻抗的电阻分量 R 和电抗分量 X 即可。

方法二：电流和电压都是正弦量，写成复数形式为

$$\dot{U}=U\cos\alpha_{1U}+\mathrm{j}U\sin\alpha_{1U}$$

$$\dot{I}=I\cos\alpha_{1I}+\mathrm{j}I\sin\alpha_{1I}$$

参照式（4-6）、式（4-7）和式（4-10）、式（4-11），以上两式可写成

$$\dot{U}=\frac{1}{\sqrt{2}}(u_2+\mathrm{j}u_1)$$

$$\dot{I}=\frac{1}{\sqrt{2}}(i_2+\mathrm{j}i_1)$$

于是

$$\frac{\dot{U}}{\dot{I}}=\frac{u_2+\mathrm{j}u_1}{i_2+\mathrm{j}i_1} \tag{4-16}$$

将式（4-16）的实部和虚部分开，其实部即为测量阻抗的电阻分量 R，其虚部则为电抗分量 X，所以

$$R=\frac{u_1i_1+u_2i_2}{i_1^2+i_2^2} \tag{4-17}$$

$$X=\frac{u_1i_2-u_2i_1}{i_1^2+i_2^2} \tag{4-18}$$

当采样频率为 600Hz 时，对工频每周采样点数 $N=12$，此时 R 和 X 可分别表示为

$$\begin{aligned}R&=\frac{u\left(n-\frac{N}{4}\right)i\left(n-\frac{N}{4}\right)+u(n)i(n)}{i^2\left(n-\frac{N}{4}\right)+i^2(n)}\\&=\frac{u(n-3)i(n-3)+u(n)i(n)}{i^2(n-3)+i^2(n)}\end{aligned} \tag{4-19}$$

$$X=\frac{u\left(n-\frac{N}{4}\right)i(n)-u(n)i\left(n-\frac{N}{4}\right)}{i^2\left(n-\frac{N}{4}\right)+i^2(n)} \tag{4-20}$$
$$=\frac{u(n-3)i(n)-u(n)i(n-3)}{i^2(n-3)+i^2(n)}$$

上式表明，当 $N=12$ 时，只要相隔 3 个采样点的两个采样值进行上面的运算即可计算出该测量阻抗的模值和相位角。

【例 4-1】 设某正弦电流的最大值为 I_m，$\alpha_{11}=100°$，$N=12$，求其有效值 I。

解

$$i_1=I_m\sin100°=0.984808I_m$$
$$i_2=I_m\sin(100°+90°)=-0.173648I_m$$
$$I=\sqrt{\frac{i_1^2+i_2^2}{2}}=1.000001\frac{I_m}{\sqrt{2}}$$

可见，两点乘积算法计算出的信号有效值与真值 $I_m/\sqrt{2}$的误差非常小，若能保留更多的小数位，则误差更小。这种误差不是算法本身所产生的，而是有限字长效应引起的。

2. 两点乘积算法的特点

1）由于采用了两个相隔 π/2 的采样值，算法本身所需的数据窗长度为工频的 1/4 周期，时延（响应时间）为 5ms，是固定值。

2）此算法是基于正弦波基础上的，因此要与带通滤波器配合使用。

3）算法本身与采样频率无关，因此对采样频率无特殊要求，由于数据须先经过数字滤波，故采样频率的选择由所用的滤波器来确定。

4）算法本身无误差。

5）算法中要进行较多的乘除法，运算工作量大。

最后必须指出，两点乘积算法中的两点不必一定相隔 π/2，其数据窗长度可以取任意值，只是取任意值时的数学模型略微复杂一些而已。

3. 算例仿真

设某端口电压信号 $u(t)=14.14\sin(\omega t)$kV，电流为 $i(t)=2.828\sin(\omega t+\pi/3)$kA，一周波采样 12 个点，利用 MATLAB 编写的两点乘积算法的计算电压幅值、电流幅值及一端口阻抗的仿真程序如下：

```
clear
N=12;
t=0:0.02/N:0.08;
Um=14.14;
Im=2.828;
u=Um* sin(2* pi* 50* t);
i=Im* sin(2* pi* 50* t+pi/3);
s1=[0,0,0,0];
s2=[0,0,0,0];
for n=0:3
```

```
    s1(n+1)=Um* sin(2* pi* 50* n* 0.02/N);
    Umc(n+1)=0;
    s2(n+1)=Im* sin(2* pi* 50* n* 0.02/N+pi/3);
    Imc(n+1)=0;
end
m=max(size(u));
for j=5:m
for k=1:3
    s1(k)=s1(k+1);
    s2(k)=s2(k+1);
end
s1(4)=u(j);
a=s1(1);
b=s1(4);
y1=sqrt(a^2+b^2);
Umc(j)=y1;
e1(j)=(Umc(j)-Um)/Um;
s2(4)=i(j);
c=s2(1);
d=s2(4);
y2=sqrt(c^2+d^2);
Imc(j)=y2;
e2(j)=(Imc(j)-Im)/Im;
R(j)=(a* c+b* d)/(c^2+d^2);
X(j)=(a* d-b* c)/(c^2+d^2);
end
figure(1)
plot(t,u,'-ok');
ylim([-15,15]);
xlabel('t/s','Fontname','Times New Roman');
ylabel('u(t)/kV','Fontname','Times New Roman');
figure(2)
plot(t,Umc,'-ok');
ylim([0,15]);
xlabel('t/s','Fontname','Times New Roman');
ylabel('Umc/kV','Fontname','Times New Roman');
figure(3)
plot(t,i,'-ok');
ylim([-3,3]);
xlabel('t/s','Fontname','Times New Roman');
ylabel('i(t)/kA','Fontname','Times New Roman');
figure(4)
plot(t,Imc,'-ok');
```

```
ylim ([0,3]);
xlabel('t/s','Fontname','Times New Roman');
ylabel('Imc/kA','Fontname','Times New Roman');
figure(5)
plot(t,R,'-ok');
ylim ([-5,5]);
xlabel('t/s','Fontname','Times New Roman');
ylabel('R/Ω','Fontname','Times New Roman');
figure(6)
plot(t,X,'-ok');
ylim ([-5,5]);
xlabel('t/s','Fontname','Times New Roman');
ylabel('X/Ω','Fontname','Times New Roman');
```

图4-9和图4-10分别是电压和电流在0～0.08s内采样信号的波形；图4-11和图4-12分别是电压和电流的计算幅值，$U_{mc}=14.14\text{kV}$，$I_{mc}=2.828\text{kA}$；图4-13和图4-14是一端口的电阻和电抗的计算值，$R=2.5000\Omega$，$X=-4.3301\Omega$。

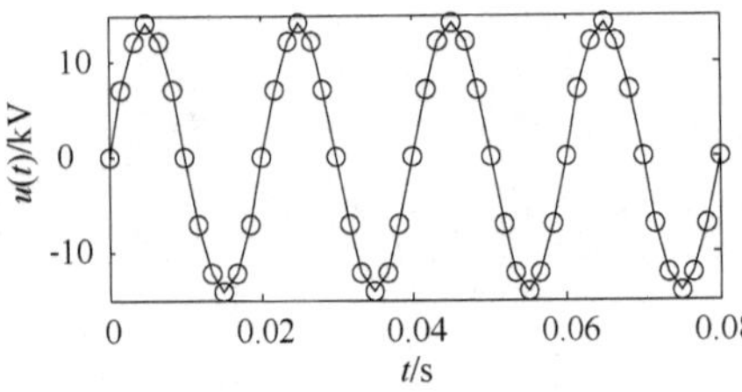

图4-9　电压采样信号（$f_s=600\text{Hz}$）

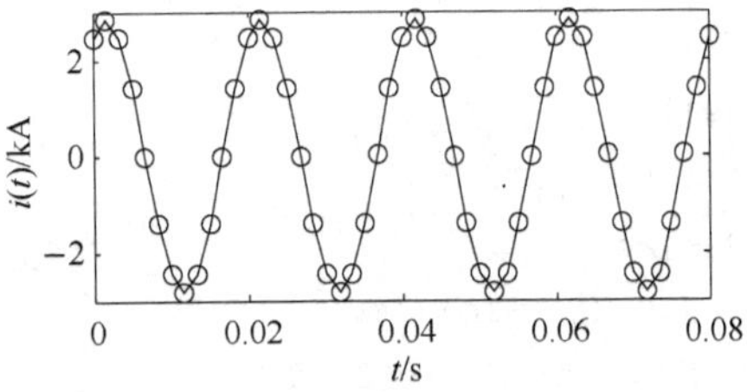

图4-10　电流采样信号（$f_s=600\text{Hz}$）

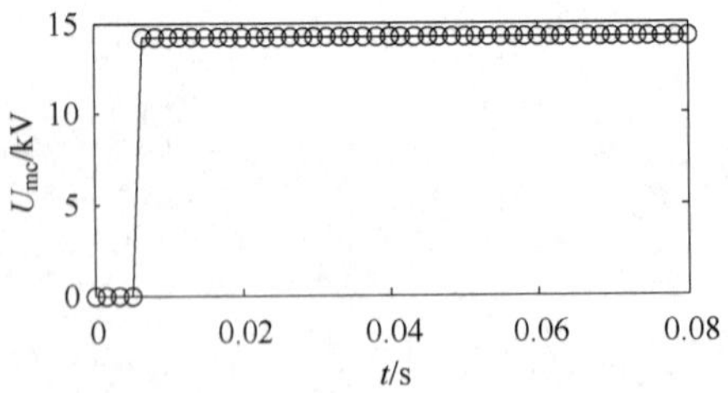

图4-11　电压幅值（$f_s=600\text{Hz}$）

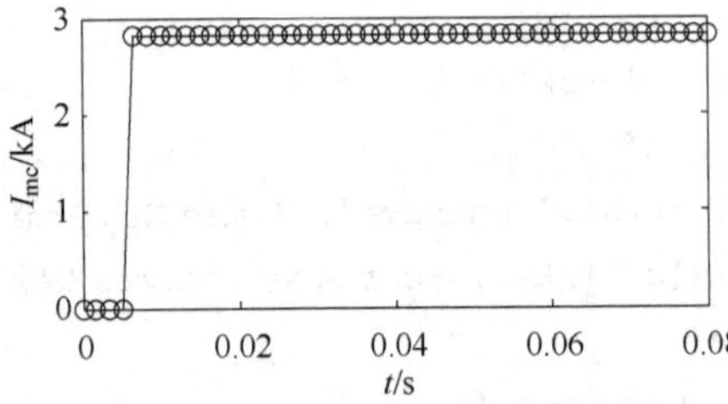

图4-12　电流幅值（$f_s=600\text{Hz}$）

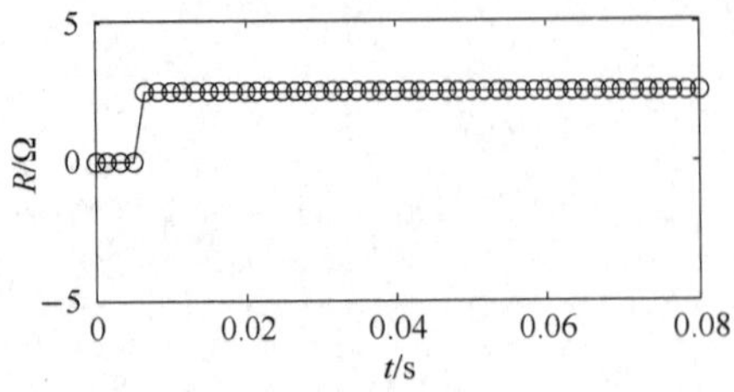

图4-13　电阻计算值（$f_s=600\text{Hz}$）

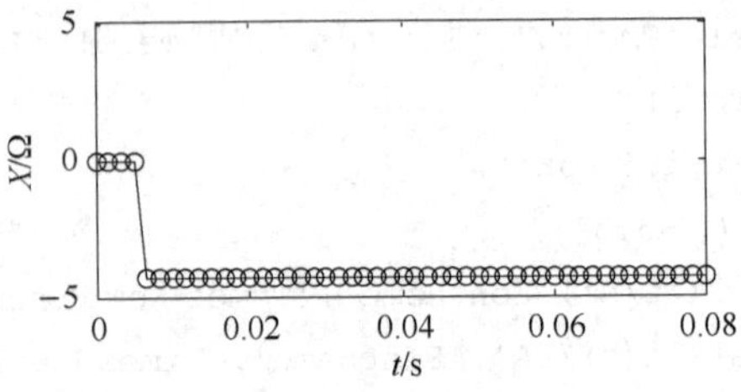

图4-14　电抗计算值（$f_s=600\text{Hz}$）

4.2.3　三点乘积算法

1. 三点乘积算法的原理

利用连续三个采样点的数据计算正弦信号特征量的方法称为三点乘积算法。对于一正弦电流和电压，取任意三个连续采样时刻 n_1T_s、$n_2T_s=(n_1+1)T_s$、$n_3T_s=(n_1+2)T_s$，对应的电压、电流的采样值分别为 u_1、u_2、u_3 和 i_1、i_2、i_3。

对于电压信号可表示为

$$u_1=\sqrt{2}U\sin(\omega n_1T_s+\alpha_{0U})=\sqrt{2}U\sin\alpha_{1U}$$

$$\begin{aligned}u_2&=\sqrt{2}U\sin(\omega n_2T_s+\alpha_{0U})\\&=\sqrt{2}U\sin(\omega n_1T_s+\alpha_{0U}+\omega T_s)\\&=\sqrt{2}U\sin(\alpha_{1U}+\omega T_s)\end{aligned}$$

$$\begin{aligned}u_3&=\sqrt{2}U\sin(\omega n_3T_s+\alpha_{0U})\\&=\sqrt{2}U\sin(\omega n_1T_s+\alpha_{0U}+2\omega T_s)\\&=\sqrt{2}U\sin(\alpha_{1U}+2\omega T_s)\end{aligned}$$

对于电压有

$$\begin{aligned}u_2^2&=2U^2\sin^2(\alpha_{1U}+\omega T_s)\\&=2U^2[\sin\alpha_{1U}\cos\omega T_s+\cos\alpha_{1U}\sin\omega T_s]^2\\&=2U^2\left[\sin^2\alpha_{1U}\cos^2\omega T_s+\frac{1}{2}\sin2\alpha_{1U}\sin2\omega T_s+\cos^2\alpha_{1U}\sin^2\omega T_s\right]\end{aligned}$$

$$\begin{aligned}u_1u_3&=\sqrt{2}U\sin\alpha_{1U}\cdot\sqrt{2}U\sin(\alpha_{1U}+2\omega T_s)\\&=2U^2\left[\sin^2\alpha_{1U}\cos^2\omega T_s+\frac{1}{2}\sin2\alpha_{1U}\sin2\omega T_s-\sin^2\alpha_{1U}\sin^2\omega T_s\right]\end{aligned}$$

则

$$u_2^2-u_1u_3=2U^2\sin^2\omega T_s \tag{4-21}$$

于是有

$$U^2=\frac{u_2^2-u_1u_3}{2\sin^2\omega T_s} \tag{4-22}$$

对于电流信号表示为

$$i_1=\sqrt{2}I\sin\alpha_{1I}$$

$$i_2=\sqrt{2}I\sin(\alpha_{1I}+\omega T_s)$$

$$i_3=\sqrt{2}I\sin(\alpha_{1I}+2\omega T_s)$$

同样的方法可得电流幅值

$$I^2=\frac{i_2^2-i_1i_3}{2\sin^2\omega T_s} \tag{4-23}$$

则阻抗模值为

$$Z^2=\frac{U^2}{I^2}=\frac{u_2^2-u_1u_3}{i_2^2-i_1i_3} \tag{4-24}$$

根据三点电流、电压采样值，不难证明测量阻抗的电阻和电抗分量分别为

$$R=\frac{2u_2i_2-i_1u_3-u_1i_3}{2(i_2^2-i_1i_3)} \tag{4-25}$$

$$X=\frac{u_2i_3-i_2u_3}{i_2^2-i_1i_3}\cdot\sin(\omega T_s) \tag{4-26}$$

式中，T_s 为采样周期，若取 $\omega T_s=30°$时，$\sin(\omega T_s)=\frac{1}{2}$，由以上诸式便可根据相邻三个采样值算出电压、电流和阻抗等电气量。

2. 三点乘积算法的特点

1）算法所用的数据窗为两个采样间隔 $2T_s$。因此，算法的延时与采样频率有关，采样频率越高，算法的时延越短，反之亦然。

2）算法本身无算法误差。采样频率的变化不会对算法的精确度产生影响。

3）作为基于正弦信号的算法，必须与滤波器配合使用。

4）三点乘积算法具有与两点乘积算法相似的特点，只是三点乘积算法的响应较快，其数据窗为 $2T_s$，当 $N=12$ 时，对工频来说延时为 3.3ms。

5）算法中要进行较多的乘除法，运算工作量大，在使用性能不高的微控器实现继电保护装置时，可能会影响速度。

需要说明的是，利用连续三个采样值进行计算时，上述的算法并不是唯一的，具体可参考相关文献。

3. 算例仿真

设某端口电压信号 $u(t)=14.14\sin(\omega t)$kV，电流为 $i(t)=2.828\sin(\omega t+\pi/3)$kA，一周波采样 12 个点，利用 MATLAB 编写的三点乘积算法的计算电压幅值、电流幅值及一端口阻抗的仿真程序如下：

```
clear
N=12;
t=0:0.02/N:0.08;
Um=14.14;
Im=2.828;
u=Um*sin(2*pi*50*t);
i=Im*sin(2*pi*50*t+pi/3);
s1=[0,0,0];
s2=[0,0,0];
for n=0:2
    s1(n+1)=Um*sin(2*pi*50*n*0.02/N);
    Umc(n+1)=0;
    s2(n+1)=Im*sin(2*pi*50*n*0.02/N+pi/3);
    Imc(n+1)=0;
end
m=max(size(u));
for j=4:m
```

```
for k = 1:2
    s1(k) = s1(k+1);
    s2(k) = s2(k+1);
end
s1(3) = u(j);
a = s1(1);
b = s1(2);
c = s1(3);
y1 = sqrt((b^2 - a* c)/(sin(2* pi/N))^2);
Umc(j) = y1;
s2(3) = i(j);
d = s2(1);
e = s2(2);
f = s2(3);
y2 = sqrt((e^2 - d* f)/(sin(2* pi/N))^2);
Imc(j) = y2;
R(j) = 0.5* (2* b* e - d* c - a* f)/(e^2 - d* f);
X(j) = (b* f - e* c)* (sin(2* pi/N))/(e^2 - d* f);
end
figure(1)
plot(t,u,'-ok');
xlabel('t/s','Fontname','Times New Roman');
ylabel('u(t)/kV','Fontname','Times New Roman');
figure(2)
plot(t,Umc,'-ok');
xlabel('t/s','Fontname','Times New Roman');
ylabel('Umc/kV','Fontname','Times New Roman');
figure(3)
plot(t,i,'-ok');
xlabel('t/s','Fontname','Times New Roman');
ylabel('i(t)/kA','Fontname','Times New Roman');
figure(4)
plot(t,Imc,'-ok');
xlabel('t/s','Fontname','Times New Roman');
ylabel('Imc/kA','Fontname','Times New Roman');
figure(5)
plot(t,R,'-ok');
xlabel('t/s','Fontname','Times New Roman');
ylabel('R/Ω','Fontname','Times New Roman');
figure(6)
plot(t,X,'-ok');
xlabel('t/s','Fontname','Times New Roman');
ylabel('X/Ω','Fontname','Times New Roman');
```

图 4-15 和图 4-16 分别是电压和电流在 0 ~ 0. 08s 内采样信号的波形；图 4-17 和图 4-18 分别是电压和电流的计算幅值（$U_{mc}=14.14\text{kV}$，$I_{mc}=2.828\text{kA}$）；图 4-19 和图 4-20 是一端口的电阻和电抗的计算值，$R=2.5000\Omega$，$X=-4.3301\Omega$。由比较可以看出，三点乘积的算法响应时间比两点乘积算法短，但两种算法计算特征值一致。

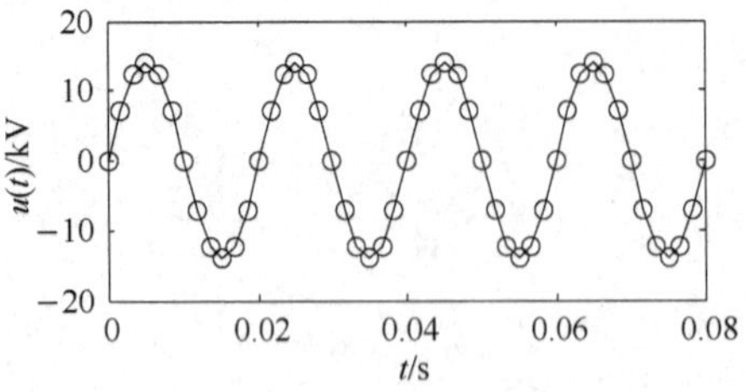

图 4-15　电压采样信号

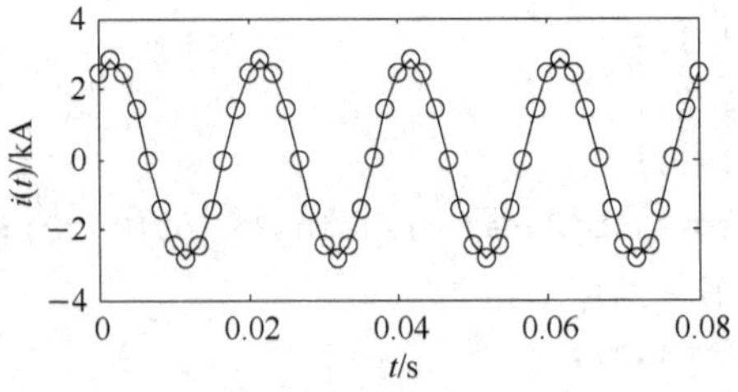

图 4-16　电流采样信号

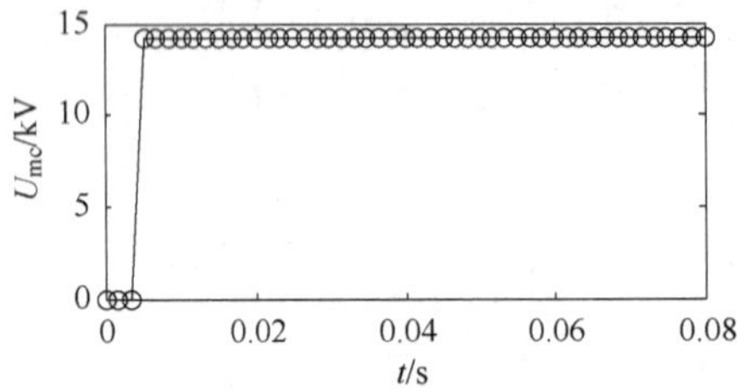

图 4-17　电压计算幅值

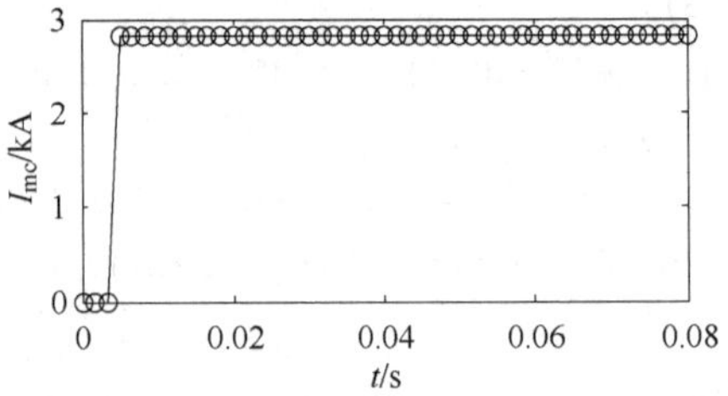

图 4-18　电流计算幅值

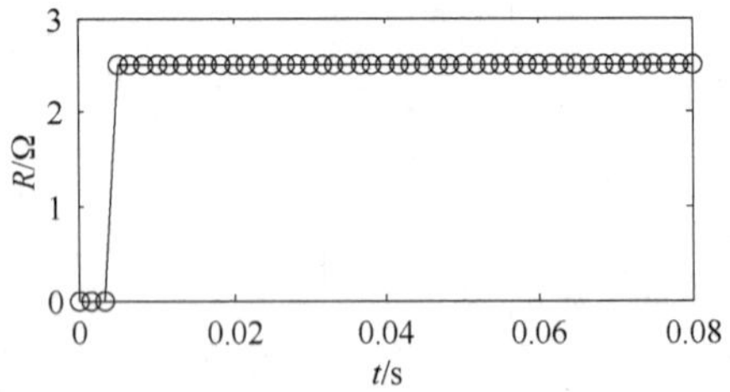

图 4-19　电阻计算值

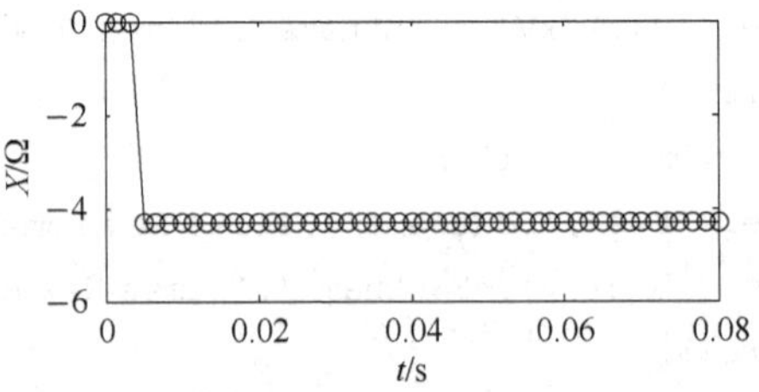

图 4-20　电抗计算值

4. 2. 4　导数算法

1. 导数算法的原理

导数算法也叫微分算法。导数算法只需知道输入正弦量在某一时刻 t_1 的采样值及该时刻对应的导数，即可算出有效值和相位。

假设电压和电流为

$$u=\sqrt{2}U\sin(\omega t+\alpha_{0U}) \tag{4-27}$$

$$i=\sqrt{2}I\sin(\omega t+\alpha_{0I}) \tag{4-28}$$

则电压和电流的导数为

$$u'=\sqrt{2}\omega U\cos(\omega t+\alpha_{0U}) \tag{4-29}$$

$$i'=\sqrt{2}\omega I\cos(\omega t+\alpha_{0I}) \tag{4-30}$$

得到 t_1 时刻电压瞬时值 u_1、电压导数 u_1' 和电流瞬时值 i_1、电流导数 i_1' 为

$$u_1 = \sqrt{2}U\sin(\omega t_1 + \alpha_{0U}) \tag{4-31}$$

$$i_1 = \sqrt{2}I\sin(\omega t_1 + \alpha_{0I}) \tag{4-32}$$

$$u_1' = \sqrt{2}\omega U\cos(\omega t_1 + \alpha_{0U}) \tag{4-33}$$

$$i_1' = \sqrt{2}\omega I\cos(\omega t_1 + \alpha_{0I}) \tag{4-34}$$

利用正弦函数和余弦函数的平方和等于 1 得

$$2U^2 = u_1^2 + \left(\frac{u_1'}{\omega}\right)^2 \tag{4-35}$$

$$2I^2 = i_1^2 + \left(\frac{i_1'}{\omega}\right)^2 \tag{4-36}$$

于是被采样的电压和电流对应的阻抗为

$$R = \frac{u_1 i_1 + \frac{u_1'}{\omega}\cdot\frac{i_1'}{\omega}}{i_1^2 + \left(\frac{i_1'}{\omega}\right)^2} \tag{4-37}$$

$$X = \frac{u_1\frac{i_1'}{\omega} - \frac{u_1'}{\omega}i_1}{i_1^2 + \left(\frac{i_1}{\omega}\right)^2} \tag{4-38}$$

以上分析表明，只要知道电压、电流某点采样值和在该点的导数，就可以求出电压、电流的大小和相位，求出测量阻抗。采样值可以通过采样得到。而导数不能直接得到。导数可以通过两个相邻采样点的值得到，也可通过三个相邻采样点的值得到。

为求导数，可取 t_1 为两个相邻采样时刻 nT_s 和 $(n+1)T_s$ 的中间时刻（见图 4-21）。然后用差分近似求导，则有

$$i_1' = \frac{1}{T_s}(i_{n+1} - i_n) \tag{4-39}$$

$$u_1' = \frac{1}{T_s}(u_{n+1} - u_n) \tag{4-40}$$

而 t_1 时刻的电流、电压瞬时值则用平均值代替，有

$$i_1 = \frac{1}{2}(i_{n+1} + i_n) \tag{4-41}$$

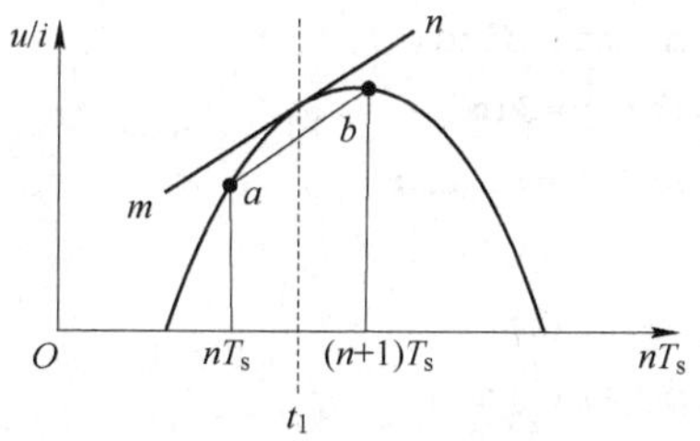

图 4-21　用差分近似求导示意图

$$u_1 = \frac{1}{2}(u_{n+1} + u_n) \tag{4-42}$$

另外，求导数也可以用相邻三个采样点 nT_s、$(n+1)T_s$、$(n+2)T_s$，取 $t_1 = (n+1)T_s$，则有

$$i_1' = \frac{1}{2T_s}(i_{n+2} - i_n) \tag{4-43}$$

$$u_1' = \frac{1}{2T_s}(u_{n+2} - u_n) \tag{4-44}$$

$$i_1 = i_{n+1} \tag{4-45}$$

$$u_1 = u_{n+1} \tag{4-46}$$

2. 导数算法的特点

1）数据窗短，仅为两个或三个采样点，即时窗为一个或两个采样间隔。因此算法的时延与采样频率有关，采样频率越高，算法的时延越小。

2）运算工作量与乘积算法相似。

3）导数算法存在方法误差。因在求导数时用差分代替微分，算法的精度与采样频率有关；当采样频率高时，这种近似的精确度越高；故采用此算法时，为达到一定的精度，要合理选择采样频率。

4）算法具有一定的抑制直流分量的能力，但对高次谐波具有放大的作用，因此要求所配数字滤波器应有良好的滤除高频分量的能力。

3. 导数算法仿真

以电压信号 $u(t)=5\sin(\omega t)$ 为例，利用 MATLAB 编写的导数算法的计算电压有效值的仿真程序如下：

```
clear
N=12;
t=0:0.02/N:0.08;
Um=14.14;
u=Um*sin(2*pi*50*t);
s1=[0,0];
for n=0:1
    s1(n+1)=Um*sin(2*pi*50*n*0.02/N);
    Umc1(n+1)=0;
end
m=max(size(u));
for j=3:m
s1(1)=s1(2);
s1(2)=u(j);
a=s1(1);
b=s1(2);
xa=0.5*(a+b);
xb=(b-a)*N/0.02;
y1=sqrt(xa^2+(xb/(100*pi))^2);
Umc1(j)=y1;
e1(j)=(Umc1(j)-Um)/Um;
end
figure(1)
plot(t,u,'-ok');
xlabel('t/s','Fontname','Times New Roman');
ylabel('u(600Hz)','Fontname','Times New Roman');
figure(2)
plot(t,Umc1,'-ok');
```

```
xlabel('t/s','Fontname','Times New Roman');
ylabel('Umc(600Hz)','Fontname','Times New Roman');
figure(3)
plot(t,e1,'-ok');
xlabel('t/s','Fontname','Times New Roman');
ylabel('e(600Hz)','Fontname','Times New Roman');

N=20;
t=0:0.02/N:0.08;
Um=14.14;
u=Um* sin(2* pi* 50* t);
s2=[0,0];
for n=0:1
    s2(n+1)=Um* sin(2* pi* 50* n* 0.02/N);
    Umc2(n+1)=0;
end
m=max(size(u));
for j=3:m
s2(1)=s2(2);
s2(2)=u(j);
a=s2(1);
b=s2(2);
xa=0.5* (a+b);
xb=(b-a)* N/0.02;
y1=sqrt(xa^2+(xb/(100* pi))^2);
Umc2(j)=y1;
e2(j)=(Umc2(j)-Um)/Um;
end
figure(4)
plot(t,u,'-k');
xlabel('t/s','Fontname','Times New Roman');
ylabel('u(1000Hz)','Fontname','Times New Roman');
figure(5)
plot(t,Umc2,'-k');
xlabel('t/s','Fontname','Times New Roman');
ylabel('Umc(1000Hz)','Fontname','Times New Roman');
figure(6)
plot(t,e2,'-k');
xlabel('t/s','Fontname','Times New Roman');
ylabel('e(1000Hz)','Fontname','Times New Roman');
```

上述程序仿真了采样频率为600Hz 和1000Hz 条件下的电压有效值及误差的结果，如图 4-22 ~ 图 4-27 所示；导数及瞬时值的计算采用两个连续采样点数据的方法。由图 4-22 ~

图4-27可以看出，算法数据窗为一个采样间隔，采样频率越高，时延越短，算法越准确；采样频率为600Hz的算法时延为1.667ms，误差在-1.29%～-3.25%之间；采样频率为1000Hz的算法时延为1ms，误差在-0.43%～-1.21%之间。

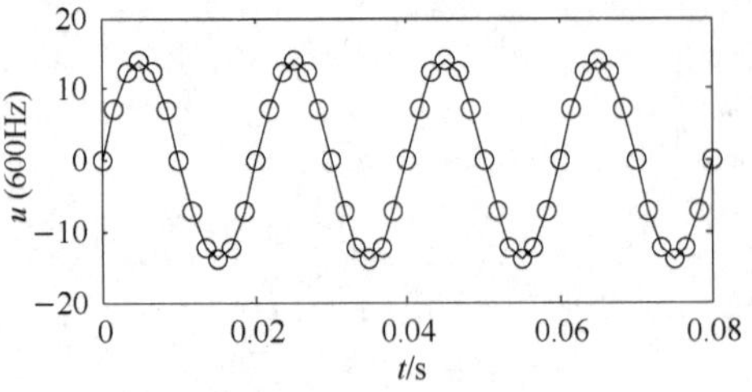

图4-22　采样信号（$f_s=600$Hz）

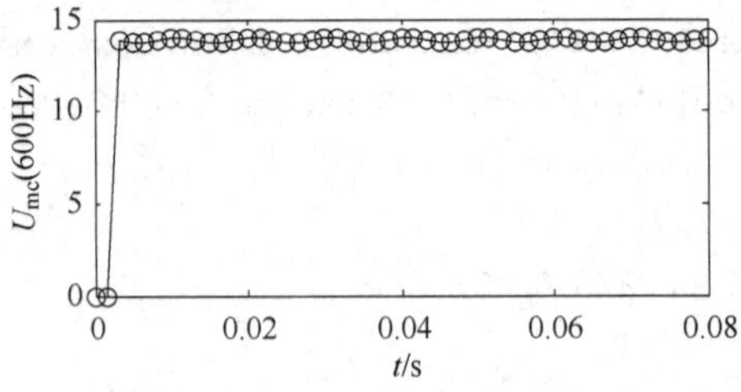

图4-23　计算幅值（$f_s=600$Hz）

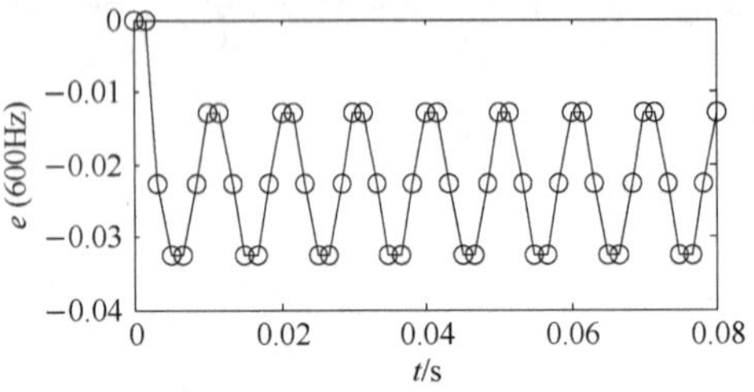

图4-24　计算误差（$f_s=600$Hz）

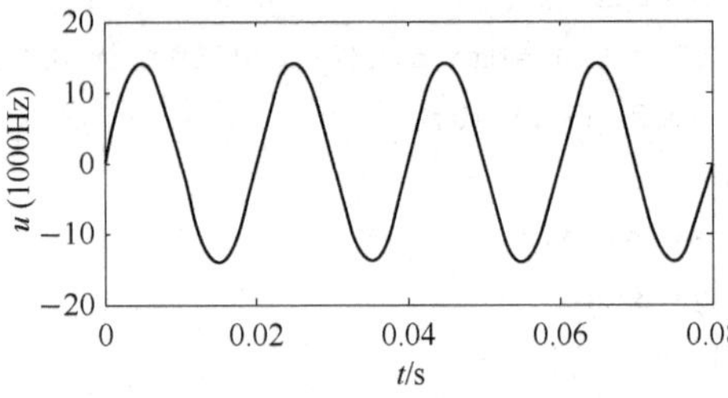

图4-25　采样信号（$f_s=1000$Hz）

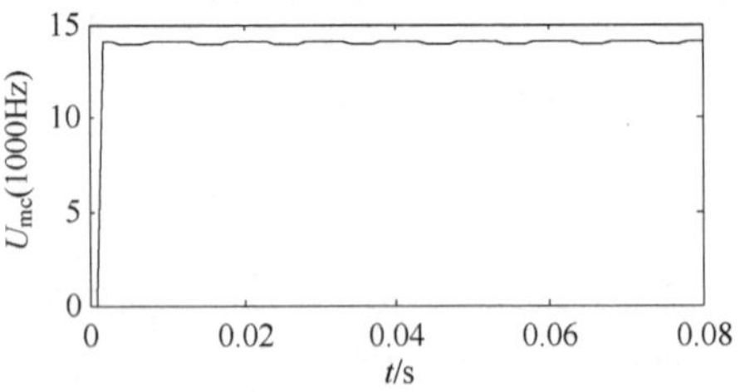

图4-26　计算幅值（$f_s=1000$Hz）

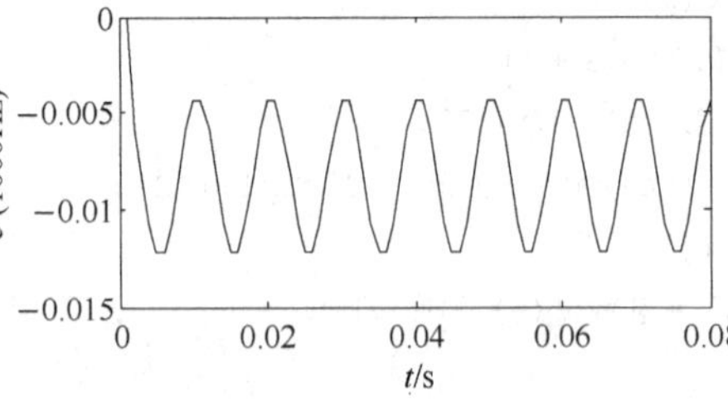

图4-27　计算误差（$f_s=1000$Hz）

4.2.5　半周绝对值积分算法

1. 半周绝对值积分算法的特点

半周积分算法的依据是一个正弦量在任意半个周期内绝对值的积分为一常数S，且积分值S与积分起点的初相位α无关；如图4-28所示，画有断面线的两块面积显然是相等的。

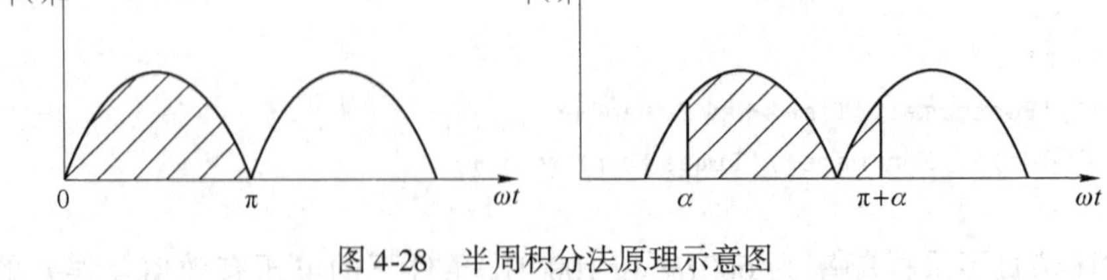

图4-28　半周积分法原理示意图

半周绝对值积分的面积 S 为

$$\begin{aligned} S &= \int_{2}^{2+\pi} \sqrt{2}\,|\,I\sin(\omega t + \alpha)\,|\,\mathrm{d}\omega t \\ &= \int_{0}^{\frac{T}{2}} \sqrt{2} I \sin\omega t \mathrm{d}t = \frac{2\sqrt{2}}{\omega} I \end{aligned} \tag{4-47}$$

由式（4-47）可知，只要知道了正弦半周的面积 S，就可知道正弦波的幅值或有效值，可以用下面的公式计算

$$I = \frac{\omega}{2\sqrt{2}} S \tag{4-48}$$

由上面的分析可以看出，半周绝对值积分算法需要求出积分面积 S。计算积分面积不是直接进行的，而是用求和代替积分，式（4-47）的积分可以用梯形法或矩形法近似求出。

用梯形法时，如图 4-29 所示。

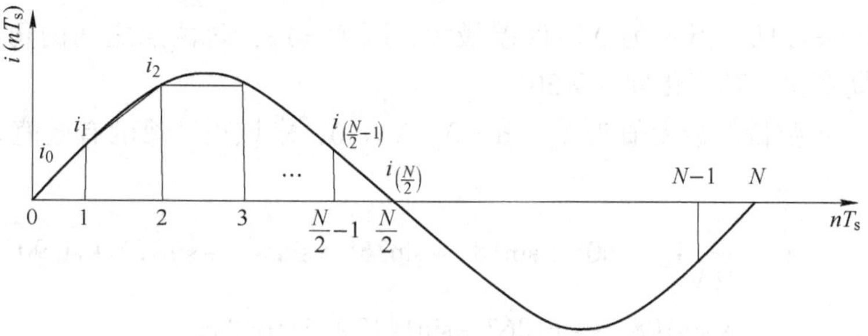

图 4-29　梯形近似计算面积

设若干个小梯形面积之和为 S'，则有

$$\begin{aligned} S' &= \left[\frac{|i_0| + |i_1|}{2} + \frac{|i_1| + |i_2|}{2} + \cdots \frac{|i_{(\frac{N}{2}-1)}| + |i_{(\frac{N}{2})}|}{2} \right] T_s \\ &= \left[\frac{1}{2}|i_0| + |i_1| + \cdots |i_{(\frac{N}{2}-1)}| + \frac{1}{2}|i_{(\frac{N}{2})}| \right] T_s \end{aligned} \tag{4-49}$$

式中，i_0，i_1，…，$i_{(\frac{N}{2})}$为 $n=0,1,\cdots,\frac{N}{2}$时的采样值；N 为每周采样点数；T_s 为采样周期。

用求矩形面积和的方法：

$$S' = T_s \sum_{k=0}^{\frac{N}{2}-1} |\,i(n-k)\,| \tag{4-50}$$

显然用绝对值求和来代替绝对值积分（即用 S'代替 S）必然会带来误差。但只要采样频率足够高，T_s 足够小，误差就可以做到足够小。矩形法比梯形法公式较简洁，便于编程，但在相同的 T_s 下，精度较梯形法差。必须说明的是，第一个采样数据对应的正弦量的相位 α 不同，误差也不同，也就是说积分的起始点对误差有影响。

【例 4-2】　正弦量的最大值为 A_m，$\alpha=0$，$N=12$，求该正弦量的有效值 A，并分析不同 α 时的误差。

解：利用矩形法

$$A = \frac{\omega}{2\sqrt{2}} \cdot S = \frac{\omega}{2\sqrt{2}} T_s \sum_{k=0}^{\frac{N}{2}-1} |i(n-k)|$$

$$= \frac{\pi}{\sqrt{2}N} \sum_{k=0}^{\frac{N}{2}-1} |i(n-k)|$$

$$= \frac{\pi}{\sqrt{2}N} A_m [\sin 0° + \sin 30° + \sin 60° + \sin 90° + \sin 120° + \sin 150°]$$

$$= 0.977 \frac{A_m}{\sqrt{2}}$$

不同的 α 角时，计算值与真值之间的关系由表 4-1 给出。

表 4-1　不同的 α 角的计算值

α	0°	5°	10°	15°	20°	25°	30°
A	0.977	0.996	1.008	1.012	1.008	0.996	0.977

从分析的结果可见，当 α 为 0 时误差最大，因 $N=12$，每两点之间的角度为30°，误差值是随 α 做周期变化，其变化周期为30°。

【例 4-3】　正弦量的最大值为 A_m，$\alpha=0$，$N=20$，求该正弦量的有效值 A。

解

$$A = \frac{\pi}{\sqrt{2}N} A_m [\sin 0° + \sin 18° + \sin 36° + \sin 54° + \sin 72° + \sin 90° + \sin 108° + \sin 126° + \sin 144° + \sin 162°]$$

$$= 0.992 \frac{A_m}{\sqrt{2}}$$

比较前例可见，当 N 值越大，即采样频率越高时，误差越小。

2. 半周绝对值积分算法的特点

1）数据窗长度为半周，对 50Hz 的工频正弦量而言，时延为 10ms。

2）由于进行的是积分运算，故具有滤波功能，对高频分量有抑制作用，但不能抑制直流分量。

3）本算法的精度与采样频率有关，采样频率越高，其精度越高，误差越小，误差还与 α 有关。

4）由于只有加法运算，计算工作量小。

3. 半周绝对值积分算法仿真

以电流为 $i(t)=2.828\sin(\omega t+a)$ 为例，一周波采样 12 个点，利用矩形法计算面积，α 分别取 30°及 45°；用 MATLAB 编写的半周绝对值积分算法程序如下：

```
clear
N=12;
t=0:0.02/N:0.08;
Um=2.828;
S=0;
T=0.02;
```

```
u=Um* sin(2* pi* 50* t+pi/6);
s=[0,0,0,0,0,0];
for n=0:5
    s(n+1)=abs(Um* sin(2* pi* 50* (n)* 0.02/N+pi/6));
    Umc(n+1)=0;
end
m=max(size(u));
for j=7:m
for k=1:5
    s(k)=s(k+1);
end
s(6)=abs(u(j));
for i=1:6
    S=S+s(i);
end
S=T/12* S;
U=pi* S* 50;
Umc(j)=U;
e(j)=(Umc(j)-Um)/Um;
end
figure(1)
plot(t,u,'-ok')
ylim([-3,3])
xlabel('t/s','Fontname','Times New Roman');
ylabel('u(a=pi/6)','Fontname','Times New Roman');
figure(2)
plot(t,Umc,'-ok')
ylim([0,3]);
xlabel('t/s','Fontname','Times New Roman');
ylabel('Umc(a=pi/6)','Fontname','Times New Roman');
figure(3)
plot(t,e,'-ok')
ylim([-0.1,0.1])
xlabel('t/s','Fontname','Times New Roman');
ylabel('e(a=pi/6)','Fontname','Times New Roman');

N=12;
t=0:0.02/N:0.08;
Um=2.828;
S=0;
T=0.02;
u=Um* sin(2* pi* 50* t+pi/3);
s=[0,0,0,0,0,0];
for n=0:5
    s(n+1)=abs(Um* sin(2* pi* 50* (n)* 0.02/N+pi/3));
```

```
    Umc(n+1)=0;
end
m=max(size(u));
for j=7:m
for k=1:5
    s(k)=s(k+1);
end
s(6)=abs(u(j));
for i=1:6
    S=S+s(i);
end
S=T/12* S;
U=pi* S* 50;
Umc(j)=U;
e(j)=(Umc(j)-Um)/Um;
end
figure(4)
plot(t,u,'-ok')
ylim ([-3,3])
xlabel('t/s','Fontname','Times New Roman');
ylabel('u(a=pi/3)','Fontname','Times New Roman');
figure(5)
plot(t,Umc,'-ok')
ylim ([0,3]);
xlabel('t/s','Fontname','Times New Roman');
ylabel('Umc(a=pi/3)','Fontname','Times New Roman');
figure(6)
plot(t,e,'-ok')
ylim ([-0.1,0.1])
xlabel('t/s','Fontname','Times New Roman');
ylabel('e(a=pi/3)','Fontname','Times New Roman');
```

由图 4-30 ~ 图 4-35 可以看出，初相位 α 为 $\pi/6$ 时的电流幅值及误差为 2.7631、-2.30%；初相位 α 为 $\pi/4$ 时的电流幅值及误差为 2.8606、1.15%；电流有效值波形及误差波形清晰地说明了初相位与计算有效值及误差的关系。

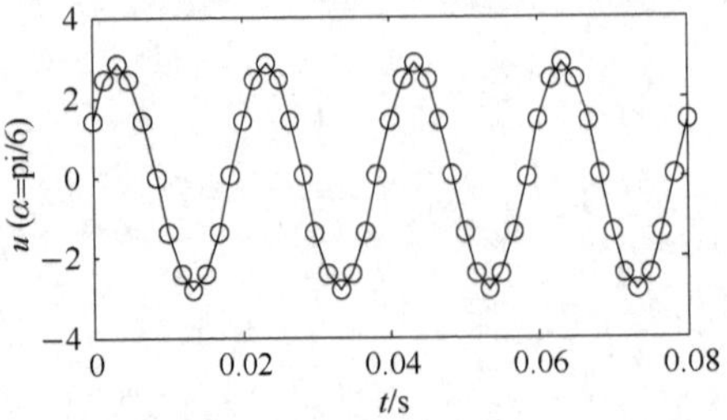

图 4-30 采样信号（$\alpha=\pi/6$）

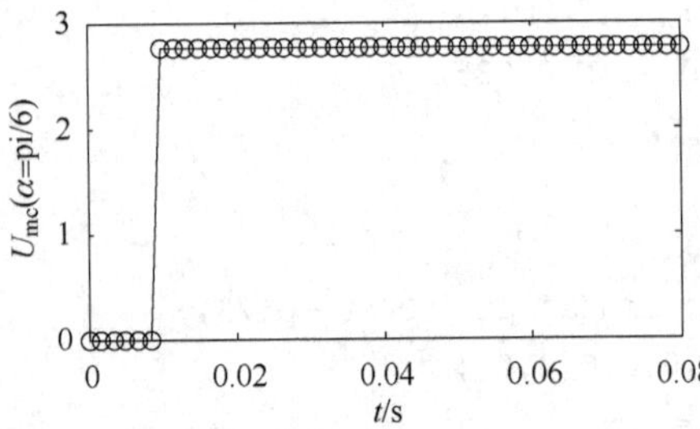

图 4-31 计算幅值（$\alpha=\pi/6$）

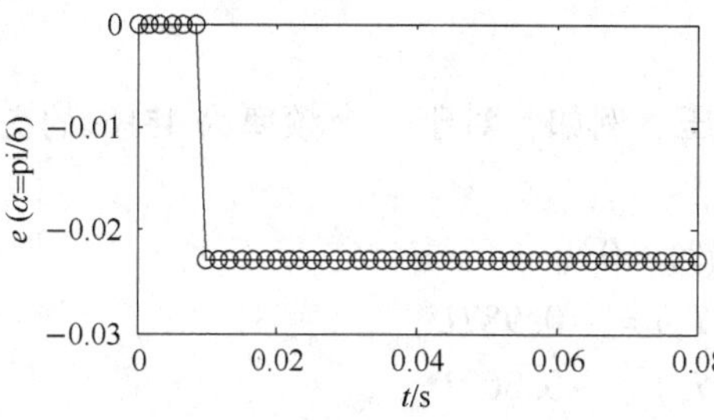

图 4-32 计算误差（α = π/6）

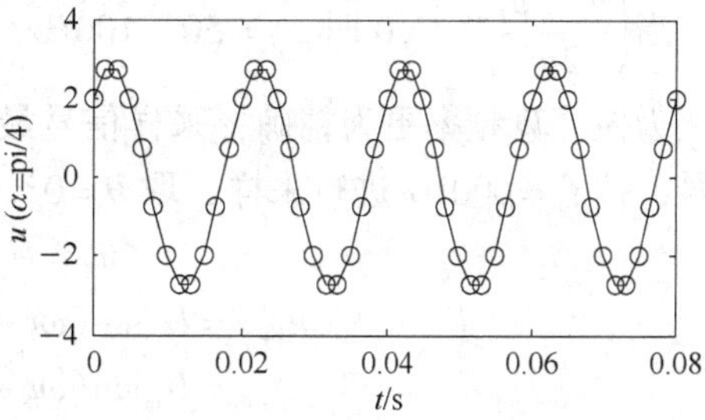

图 4-33 采样信号（α = π/4）

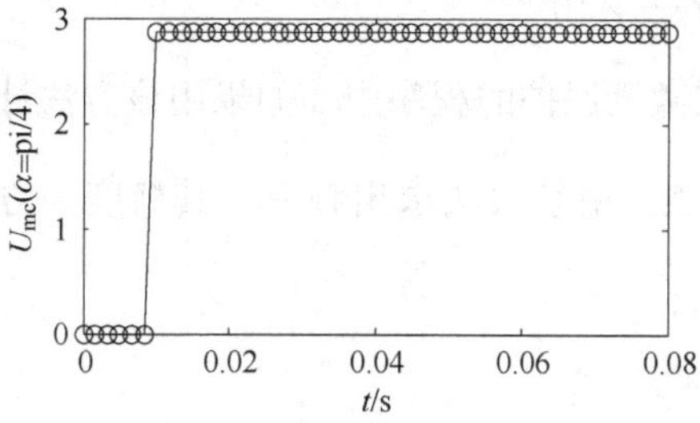

图 4-34 计算幅值（α = π/4）

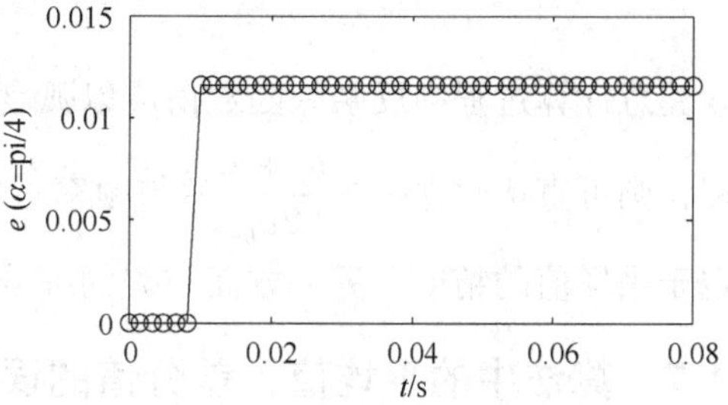

图 4-35 计算误差（α = π/4）

4.2.6 频率算法

在微机保护中，有时需要计算频率。求频率的方法通常有硬件测量频率法和软件计算频率法。硬件测量频率的方法大家已熟悉。这里主要介绍用采样值计算交流信号频率的方法。

设采样频率为 600Hz。电压的采样值为

$$u_k = U_m \sin(\omega t + \theta) \tag{4-51}$$

$$u_{k-3} = U_m \sin(\omega t - 3\omega T_s + \theta) \tag{4-52}$$

$$u_{k-6} = U_m \sin(\omega t - 6\omega T_s + \theta) \tag{4-53}$$

则有

$$\begin{aligned} \frac{u_k + u_{k-6}}{2u_{k-3}} &= \frac{U_m[\sin(\omega t + \theta) + \sin(\omega t - 6\omega T_s + \theta)]}{2U_m \sin(\omega t - 3\omega T_s + \theta)} \\ &= \frac{2U_m \cos(3\omega T_s)\sin(\omega t - 3\omega T_s + \theta)}{2U_m \sin(\omega t - 3\omega T_s + \theta)} \\ &= \cos(6\pi f T_s) \end{aligned} \tag{4-54}$$

从而可求出

$$f = \frac{1}{6\pi T_s}\arccos\left(\frac{u_k + u_{k-6}}{2u_{k-3}}\right) \tag{4-55}$$

当$\left(\frac{u_k + u_{k-6}}{2u_{k-3}}\right) = 0$时，$f = 50\text{Hz}$。

当$\left(\frac{u_k + u_{k-6}}{2u_{k-3}}\right) > 0$时，$f = 0 \sim 50\text{Hz}$。

当$\left(\frac{u_k+u_{k-6}}{2u_{k-3}}\right)<0$时，$f=50\sim100\text{Hz}$。

为使计算频率更为精确，采样信号最好用线电压。例如，对于一个频率为45Hz的交流信号，按$f_s=600\text{Hz}$进行采样，取$\theta=0°$、$t=0$，得

$$u_k=U_m\sin(\omega t+0°)=0$$

$$u_{k-3}=U_m\sin(\omega t-282.6\times3T_s)=-0.987U_m$$

$$u_{k-6}=U_m\sin(\omega t-282.6\times6T_s)=-0.309U_m$$

则

$$f=\frac{1}{6\pi T_s}\arccos\frac{(-0.309)}{2(-0.987)}=\frac{1.413(\text{弧度})}{6\pi\frac{5}{3}\times10^{-3}}=45\text{Hz} \tag{4-56}$$

注意计算过程中反余弦函数值应以弧度表示。在微机保护的程序中，如果用该方法计算频率，则可直接建立一个$\frac{u_k+u_{k-6}}{2u_{k-3}}$与频率对应的关系表，由查表法求出频率。其精度一方面决定于采样值的精度，另一方面与表的细分程度有关。

4.2.7 算法中的平均值、差分值的误差分析

从算法的原理中可以知道，在实际应用的数值计算中，经常会遇到通过采样值求瞬时值、微分值和积分值的情况。工程上常用的方法是：用平均值代替瞬时值，用差分近似代替微分，用梯形法或矩形法则近似求积分。这些近似计算的误差要视具体的信号才能确定。但是，当输入为纯正弦信号时，用平均值可以求出准确的瞬时值，用差分值也可以求出准确的微分值。

设信号的表达式为

$$x(t)=X_m(\sin\omega t+\alpha) \tag{4-57}$$

经采样后，得到了包含$x(n)$和$x(n+1)$的两个采样值(注意，这只是两个数值)，其中t时刻位于nT_s和$(n+1)T_s$采样时刻的中间，如图4-36所示。

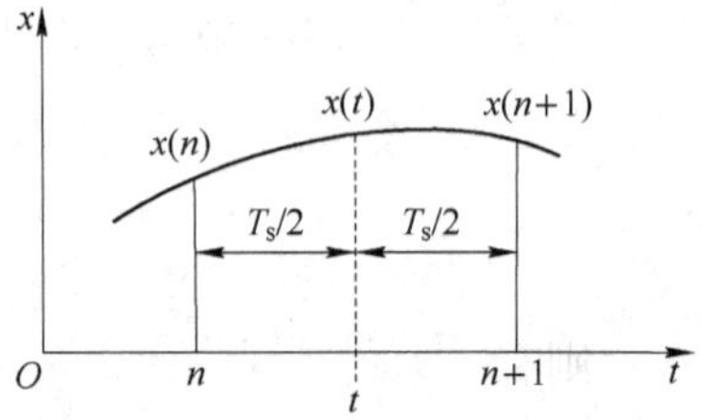

图4-36 误差分析示意图

虽然$x(n)$和$x(n+1)$只是两个数值，但在正弦信号情况下，它们的表达式分别为

$$x(n)=X_m\sin\left[\omega\left(t-\frac{T_s}{2}\right)+\alpha\right] \tag{4-58}$$

$$x(n+1)=X_m\sin\left[\omega\left(t+\frac{T_s}{2}\right)+\alpha\right] \tag{4-59}$$

1. 由平均值求瞬时值的误差分析

$$\begin{aligned}\frac{x(n)+x(n+1)}{2}&=\frac{1}{2}\left\{X_m\sin\left[\omega\left(t-\frac{T_s}{2}\right)+\alpha\right]+X_m\sin\left[\omega\left(t+\frac{T_s}{2}\right)+\alpha\right]\right\}\\&=[X_m\sin(\omega t+\alpha)]\cos\left(\frac{\omega T_s}{2}\right)\\&=x(t)\cos\left(\frac{\omega T_s}{2}\right)\end{aligned} \tag{4-60}$$

由此可以看出，平均值$\frac{x(n)+x(n+1)}{2}$与瞬时值 $x(t)$ 二者之间仅相差一个系数 $\cos\left(\frac{\omega T_s}{2}\right)$。这是一个与时刻 t 和初相位 α 无关的参数，仅与角频率 ω 和采样间隔 T_s 有关。而对于单一的正弦信号来说，ω 和 T_s 都是已知的参数，所以，该误差成为一个已知的、固定的常数，于是，可以进行无误差地修正。因此，通过式（4-60）可知，对于单一的纯正弦信号，可以由平均值求出准确的瞬时值。具体计算公式为

$$x(t)=\frac{1}{\cos\frac{\omega T_s}{2}}\cdot\frac{x(n)+x(n+1)}{2}=K_p[x(n)+x(n+1)] \tag{4-61}$$

式中，K_p 为常数，$K_p=\frac{1}{2\cos\left(\frac{\omega T_S}{2}\right)}$。

该公式还可以用于显示、打印时的插值计算，以便使波形更连续、平滑；也可应用于压缩存储那些不参与计算的数据，随后通过该公式予以恢复，当然，压缩存储和恢复之间仍应满足采样定理。

2. 由差分值求微分值的误差分析

设信号表达式为

$$x(t)=X_m\sin(\omega t+\alpha)$$

$$\frac{dx(t)}{dt}=\omega X_m\cos(\omega t+\alpha)$$

于是

$$\begin{aligned}\frac{1}{T_s}[x(n+1)-x(n)]&=\frac{1}{T_s}\left\{X_m\sin\left[\omega\left(t+\frac{T_s}{2}\right)+\alpha\right]-X_m\sin\left[\omega\left(t-\frac{T_s}{2}\right)+\alpha\right]\right\}\\&=\frac{2}{T_s}X_m\cos(\omega t+\alpha)\sin\left(\frac{\omega T_s}{2}\right)\\&=\frac{2}{\omega T_s}[\omega X_m\cos(\omega t+\alpha)]\sin\left(\frac{\omega T_s}{2}\right)\\&=\left[\frac{2}{\omega T_s}\sin\left(\frac{\omega T_s}{2}\right)\right]\frac{dx(t)}{dt}\end{aligned} \tag{4-62}$$

显然，差分值$\frac{1}{T_s}[x(n+1)-x(n)]$与微分值$\frac{dx(t)}{dt}$二者之间也仅相差一个系数 $\frac{2}{\omega T_s}\sin\left(\frac{\omega T_s}{2}\right)$。这同样是一个与时刻 t、初相位 α 无关的系数，仅与角频率 ω 和采样间隔 T_s 有关。所以，该系数也成为一个已知的常系数，于是，可以进行无误差地修正。

对于单一的纯正弦信号，由式（4-62）可得，用差分值求准确微分值的具体计算公式为

$$\frac{dx(t)}{dt}=\frac{\omega}{2\sin\left(\frac{\omega T_s}{2}\right)}\cdot[x(n+1)-x(n)]=K_C[x(n+1)-x(n)] \tag{4-63}$$

式中，K_C 为常数，$K_C = \dfrac{\omega}{2\sin\left(\dfrac{\omega T_s}{2}\right)}$。当 ωT_s 足够小时，$\sin\left(\dfrac{\omega T_s}{2}\right)$越来越接近于$\dfrac{\omega T_s}{2}$，于是，$K_C$ 也就越来越接近于$\dfrac{1}{T_s}$。

4.3 基于周期信号模型的傅里叶算法

4.3.1 周期函数的傅里叶级数与各次谐波关系

傅里叶算法的基本思想来自傅里叶级数，它假定被采样信号是一个周期性时间函数，除基波外还含有不衰减的直流分量和各次谐波。设该周期信号为 $x(t)$，它可表示为各次谐波分量的迭加

$$x(t) = x_0 + x_1(t) + x_2(t) + \cdots + x_m(t) + \cdots \tag{4-64}$$

式中，x_0 为直流分量；$x_m(t)$为 m 次谐波，m 取自然数。对于 m 次谐波又可表示为

$$\begin{aligned} x_m(t) &= \sqrt{2}X_m\sin(\omega_m t + \alpha_m) = \sqrt{2}X_m(\cos\alpha_m\sin\omega_m t + \sin\alpha_m\cos\omega_m t) \\ &= (\sqrt{2}X_m\cos\alpha_m)\sin\omega_m t + (\sqrt{2}X_m\sin\alpha_m)\cos\omega_m t \\ &= (\sqrt{2}X_m\cos\alpha_m)\sin m\omega t + (\sqrt{2}X_m\sin\alpha_m)\cos m\omega t \\ &= X_{ms}\sin m\omega t + X_{mc}\cos m\omega t \end{aligned} \tag{4-65}$$

式中，X_m 为 m 次谐波分量有效值；α_m 为 m 次谐波分量初相位；ω_m 为 m 次谐波分量角频率，$\omega_m = m\omega$（ω 为基波角频率）。

$$X_{ms} = \sqrt{2}X_m\cos\alpha_m \tag{4-66}$$

$$X_{mc} = \sqrt{2}X_m\sin\alpha_m \tag{4-67}$$

上面的 X_{ms}、X_{mc}分别为 m 次谐波的正弦分量和余弦分量系数。代入式（4-64），则

$$\begin{aligned} x(t) &= \sum_{m=0}^{\infty}\sqrt{2}X_m\sin(\omega_m t + \alpha_m) \\ &= \sum_{m=0}^{\infty}(X_{ms}\sin m\omega t + X_{mc}\cos m\omega t) \end{aligned} \tag{4-68}$$

这表明一个周期函数 $x(t)$的各次谐波可以看成振幅分别为 X_{ms}和 X_{mc}的正弦项和余弦项之和。我们感兴趣的是 m 次谐波的正弦、余弦分量的系数 X_{ms}和 X_{mc}，因为，只要有了 X_{ms}和 X_{mc}后，就可以求 m 次谐波的幅值和相位

$$2X_m^2 = X_{ms}^2 + X_{mc}^2 \tag{4-69}$$

$$\tan\alpha_m = \frac{X_{mc}}{X_{ms}} \tag{4-70}$$

m 次谐波分量的复数形式为

$$\dot{X}_m = \frac{1}{\sqrt{2}}(X_{ms} + \mathrm{j}X_{mc}) \tag{4-71}$$

下面的问题就是如何求取 X_{ms}和 X_{mc}。求取 X_{ms}和 X_{mc}的方法，根据数据窗的长度，可分

为全波傅里叶算法和半波傅里叶算法。

4.3.2 全波傅里叶算法

1. 全波傅里叶算法的原理

根据傅里叶级数原理，当已知周期函数 $x(t)$ 时，可以求其 m 次谐波分量的正弦和余弦系数

$$X_{ms} = \frac{2}{T}\int_0^T x(t)\sin m\omega t\mathrm{d}t \tag{4-72}$$

$$X_{mc} = \frac{2}{T}\int_0^T x(t)\cos m\omega t\mathrm{d}t \tag{4-73}$$

式中，T 为 $x(t)$ 的周期。继电保护中感兴趣的是基波分量（$m=1$），因此基波分量的正弦和余弦分量的系数为

$$X_{1s} = \frac{2}{T}\int_0^T x(t)\sin\omega t\mathrm{d}t \tag{4-74}$$

$$X_{1c} = \frac{2}{T}\int_0^T x(t)\cos\omega t\mathrm{d}t \tag{4-75}$$

求上面的积分可以采用梯形法和矩形法，设每周采样 N 点，则一周内各采样点分别为 1，…，$N-1$，N 对应的采样值就是这些点上的 $x(t)$ 函数值 $x(1)$，…，$x(N-1)$，$x(N)$，将积分式中的 $\sin\omega t$ 及 $\cos\omega t$ 也进行离散化为 $\sin\omega kT_s$（$k=1$，…，$N-1$，N）、$\cos\omega kT_s$（$k=1$，…，$N-1$，N），于是根据矩形法可以计算正弦和余弦分量的系数。

m 次谐波分量及基波分量的正弦和余弦项系数为

$$\begin{cases} X_{ms} = \dfrac{2}{T}T_s\sum\limits_{k=1}^{N}x(k)\sin(m\omega kT_s) \\ X_{mc} = \dfrac{2}{T}T_s\sum\limits_{k=1}^{N}x(k)\cos(m\omega kT_s) \end{cases} \tag{4-76}$$

$$\begin{cases} X_{1s} = \dfrac{2}{T}T_s\sum\limits_{k=1}^{N}x(k)\sin(\omega kT_s) \\ X_{1c} = \dfrac{2}{T}T_s\sum\limits_{k=1}^{N}x(k)\cos(\omega kT_s) \end{cases} \tag{4-77}$$

式中，T_s 为采样间隔，与采样频率 f_s 的关系为 $T_s=\frac{1}{f_s}$；ωT_s 为一个采样间隔对应的相角，$\omega T_s=\frac{2\pi}{N}$；$N$ 为一周波采样的点数。

式（4-76）和式（4-77）也可写为另一种形式，即

$$\begin{cases} X_{ms} = \dfrac{2}{N}\sum\limits_{k=1}^{N}x(k)\sin mk\dfrac{2\pi}{N} \\ X_{mc} = \dfrac{2}{N}\sum\limits_{k=1}^{N}x(k)\cos mk\dfrac{2\pi}{N} \end{cases} \tag{4-78}$$

$$\begin{cases} X_{1s} = \dfrac{2}{N}\sum_{k=1}^{N}x(k)\sin k\dfrac{2\pi}{N} \\ X_{1c} = \dfrac{2}{N}\sum_{k=1}^{N}x(k)\cos k\dfrac{2\pi}{N} \end{cases} \tag{4-79}$$

利用上述方法求出基波的正弦系数后，则基波分量的复数形式为

$$\dot{X}_1 = \frac{1}{\sqrt{2}}(X_{1s} + jX_{1c}) \tag{4-80}$$

$$X_1 = \frac{1}{\sqrt{2}}\sqrt{X_{1s}^2 + X_{1c}^2} \tag{4-81}$$

电流、电压均可用式（4-76）～式（4-80）计算各基波分量正弦和余弦系数 I_{1s}、I_{1c}、U_{1s}、U_{1c}后，再用下式求测量阻抗：

$$Z_1 = \frac{\dot{U}_1}{\dot{I}_1} = \frac{(U_{1c}I_{1c} + U_{1s}I_{1s}) + j(U_{1c}I_{1s} - U_{1s}I_{1c})}{I_{1c}^2 + I_{1s}^2} \tag{4-82}$$

$$R_1 = \frac{U_{1c}I_{1c} + U_{1s}I_{1s}}{I_{1c}^2 + I_{1s}^2} \tag{4-83}$$

$$X_1 = \frac{U_{1c}I_{1s} - U_{1s}I_{1c}}{I_{1c}^2 + I_{1s}^2} \tag{4-84}$$

2. 举例说明

当 $N = 12$，采样频率为 600Hz 时，用傅里叶算法求基波分量幅值时，当 k 从 1～N（即 1～12）变化时，$\sin\frac{2\pi}{N}k$ 和 $\cos\frac{2\pi}{N}k$ 的值见表 4-2。

表 4-2 采样频率为 600Hz 时 $\sin\frac{2\pi}{N}k$ 和 $\cos\frac{2\pi}{N}k$ 的值

k	1	2	3	4	5	6	7	8	9	10	11	12
$\sin\frac{2\pi}{N}k$	0.5	0.866	1	0.866	0.5	0	−0.5	−0.866	−1	−0.866	−0.5	0
$\cos\frac{2\pi}{N}k$	0.866	0.5	0	−0.5	−0.866	−1	−0.866	−0.5	0	0.5	0.866	1

当 $N = 12$ 时，基波分量的实部和虚部为

$$X_{1s} = \frac{1}{6}\sum_{k=1}^{12}x(k)\sin k\frac{\pi}{6} \tag{4-85}$$

$$X_{1c} = \frac{1}{6}\sum_{k=1}^{12}x(k)\cos k\frac{\pi}{6} \tag{4-86}$$

在微机保护中，利用全周波傅里叶算法求有效值可以按上面介绍的公式计算。注意在表 4-2 中，正弦函数、余弦函数离散化后的系数仅有三组值，即 0.5、0.866、1。因此，我们也可以用下式求出 X_{s1}、X_{c1}。

$$X_{s1} = \frac{1}{6}\{[x(1) + x(5) - x(7) - x(11)] \times 0.5 + [x(2) + x(4) - x(8) - x(10)] \times 0.866 + [x(3) - x(9)]\}$$

$$X_{c1} = \frac{1}{6}\{[x(2) - x(4) - x(8) + x(10)] \times 0.5 + [x(1) - x(5) - x(7) + x(11)] \times 0.866 + [x(12) - x(6)]\}$$

3. 算例仿真

设被检测的信号为 $i(t)=10\sin(\omega t)+3\sin(3\omega t+\pi/6)+\sin(5\omega t)$，每周波采样的点数为 60 个点，利用 MATLAB 编程仿真，计算所得的基波、3 次谐波、5 次谐波的幅值的仿真程序如下：

```
clear
N=60;
t=0:0.02/N:0.08;
Im1=10;
Im3=3;
Im5=1;
i =Im1* sin(2* pi* 50* t)+Im3* sin(3* 2* pi* 50* t+pi/6)+Im5* sin(5* 2* pi* 50
* t);
i1=Im1* sin(2* pi* 50* t);
i3=Im3* sin(3* 2* pi* 50* t+pi/6);
i5=Im5* sin(5* 2* pi* 50* t);
s1=zeros(1,N);
s3=zeros(1,N);
s5=zeros(1,N);
for n=0:N-1
    s1(n+1)=Im1* sin(2* pi* 50* n* 0.02/N);
    Imc1(n+1)=0;
    s3(n+1)=Im3* sin(3* 2* pi* 50* n* 0.02/N+pi/6);
    Imc3(n+1)=0;
    s5(n+1)=Im5* sin(5* 2* pi* 50* n* 0.02/N);
    Imc5(n+1)=0;
end
m=max(size(i));
for j=61:m
    X1s=0;  X3s=0;  X5s=0;
    X1c=0;  X3c=0;  X5c=0;
for k=1:N-1
    s1(k)=s1(k+1);
    s3(k)=s3(k+1);
    s5(k)=s5(k+1);
end
    s1(60)=i1(j);
    s3(60)=i3(j);
    s5(60)=i5(j);
for l=1:N
    a1=s1(l);
    c1=a1* sin(2* l* pi/N);
    X1s=c1+X1s;
```

```
    a3 = s3(l);
    c3 = a3* sin(3* 2* l* pi/N);
    X3s = c3 + X3s;
    a5 = s5(l);
    c5 = a5* sin(5* 2* l* pi/N);
    X5s = c5 + X5s;
    b1 = s1(l);
    d1 = b1* cos(2* l* pi/N);
    X1c = d1 + X1c;
    b3 = s3(l);
    d3 = b3* cos(3* 2* l* pi/N);
    X3c = d3 + X3c;
    b5 = s5(l);
    d5 = b5* cos(5* 2* l* pi/N);
    X5c = d5 + X5c;
end
    X1s(j) = (2/N)* X1s;
    X1c(j) = (2/N)* X1c;
    Xs(1,j) = X1s(j);
    Xc(1,j) = X1c(j);
    Imc1(j) = sqrt((X1s(j)^2 + X1c(j)^2));
    X3s(j) = (2/N)* X3s;
    X3c(j) = (2/N)* X3c;
    Xs(2,j) = X3s(j);
    Xc(2,j) = X3c(j);
    Imc3(j) = sqrt((X3s(j)^2 + X3c(j)^2));
    X5s(j) = (2/N)* X5s;
    X5c(j) = (2/N)* X5c;
    Xs(3,j) = X5s(j);
    Xc(3,j) = X5c(j);
    Imc5(j) = sqrt((X5s(j)^2 + X5c(j)^2));
end
figure(1)
plot(t,i,'-k')
xlabel('t/s','Fontname','Times New Roman');
ylabel('i(t)','Fontname','Times New Roman');
figure(2)
subplot(311)
plot(t,Xs(1,:),'-k')
ylabel('X1s','Fontname','Times New Roman');
subplot(312)
plot(t,Xc(1,:),'-k')
ylabel('X1c','Fontname','Times New Roman');
```

```
subplot(313)
plot(t,Imc1,'-k')
xlabel('t/s','Fontname','Times New Roman');
ylabel('Imc1','Fontname','Times New Roman');
figure(3)
subplot(311)
plot(t,Xs(2,:),'-k')
ylabel('X3s','Fontname','Times New Roman');
subplot(312)
plot(t,Xc(2,:),'-k')
ylabel('X3c','Fontname','Times New Roman');
subplot(313)
plot(t,Imc3,'-k')
xlabel('t/s','Fontname','Times New Roman');
ylabel('Imc3','Fontname','Times New Roman');
figure(4)
subplot(311)
plot(t,Xs(3,:),'-k')
ylabel('X5s','Fontname','Times New Roman');
subplot(312)
plot(t,Xc(3,:),'-k')
ylabel('X5c','Fontname','Times New Roman');
subplot(313)
plot(t,Imc5,'-k')
xlabel('t/s','Fontname','Times New Roman');
ylabel('Imc5','Fontname','Times New Roman');
```

图 4-37 是被检测信号 $i(t)$ 的波形；图 4-38 是基波的正弦项系数、余弦项系数及幅值的计算结果；图 4-39 是 3 次谐波的正弦项系数、余弦项系数及幅值的计算结果；图 4-40 是 5 次谐波的正弦项系数、余弦项系数及幅值的计算结果。由图可看出，全波傅里叶算法的时延为 20ms。

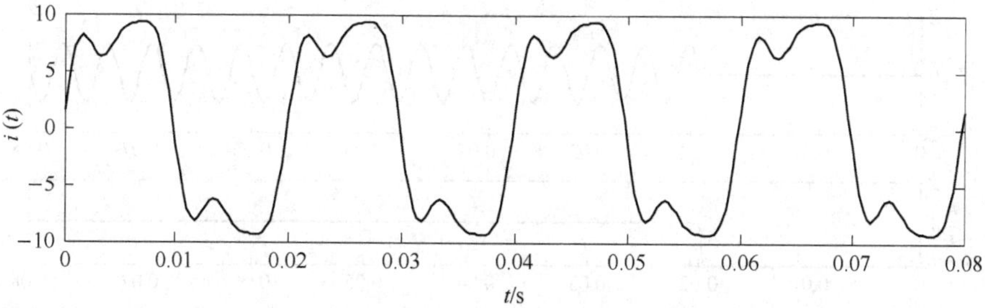

图 4-37　被检测信号波形

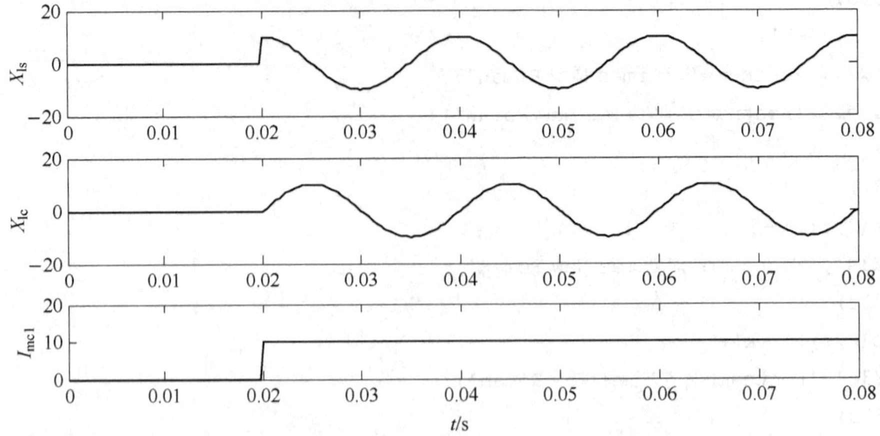

图 4-38　基波分量正弦项系数、余弦项系数及幅值

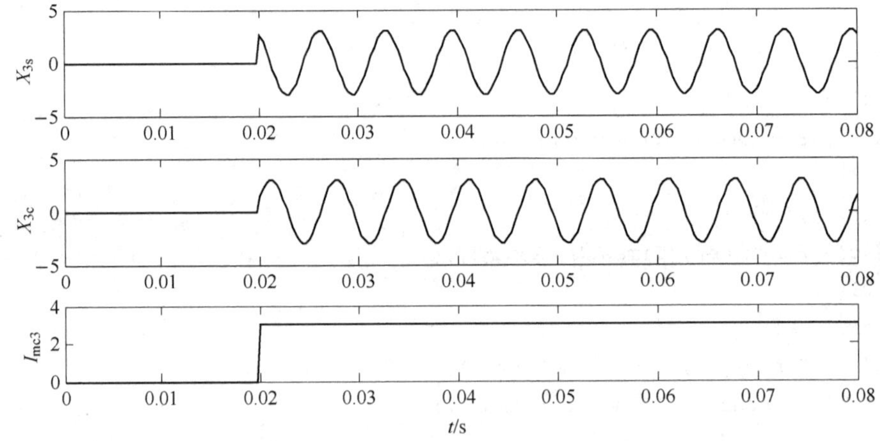

图 4-39　3 次谐波分量正弦项系数、余弦项系数及幅值

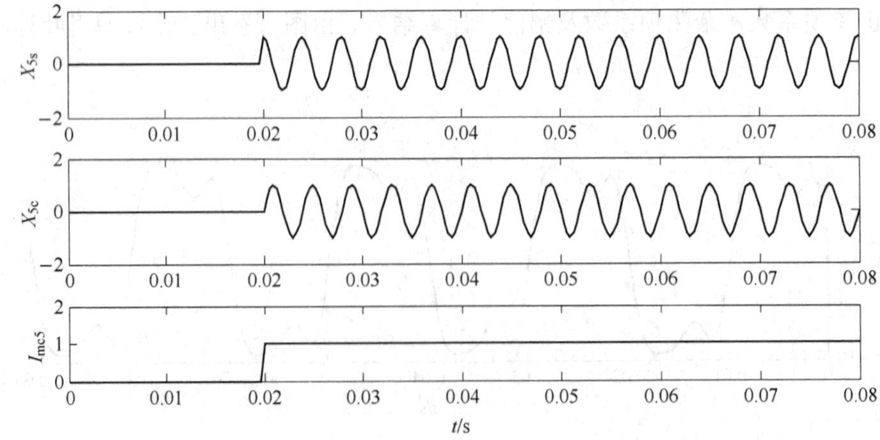

图 4-40　5 次谐波分量正弦项系数、余弦项系数及幅值

4. 全波傅里叶算法的滤波特性

傅里叶算法可用于求出各谐波分量的幅值和相位，所以它在微机保护中作为计算信号幅值的算法被广泛采用。实际上，傅里叶方法也是一种滤波方法。分析可知，全波傅里叶方法可有效滤除恒定直流分量和各整次谐波分量。下面以全波傅里叶基频滤波算法为例分析全波傅里叶算法的频率特性。

式（4-78）、式（4-79）给出了全波傅里叶基频滤波算法计算傅里叶正弦、余弦系数的离散计算式。则基波分量在第 n 点傅里叶正弦和余弦项系数可表示为

$$\begin{cases} X_{1s}(n) = \dfrac{2}{N}\sum_{k=1}^{N} x(n-N+k)\sin k\dfrac{2\pi}{N} \\ X_{1c}(n) = \dfrac{2}{N}\sum_{k=1}^{N} x(n-N+k)\cos k\dfrac{2\pi}{N} \end{cases} \tag{4-87}$$

基频滤波计算时，对其求 Z 变换，有

$$X_s(Z) = \frac{2}{N}\sum_{k=1}^{N} X(Z)Z^{-(N-k)}\sin k\frac{2\pi}{N} \tag{4-88}$$

$$X_c(Z) = \frac{2}{N}\sum_{k=1}^{N} X(Z)Z^{-(N-k)}\cos k\frac{2\pi}{N} \tag{4-89}$$

因此，傅里叶正弦项、余弦项系数的单位冲激响应序列为

$$h_s = \frac{2}{N}\sin k\frac{2\pi}{N} \quad 1\leqslant k\leqslant N \tag{4-90}$$

$$h_c = \frac{2}{N}\cos k\frac{2\pi}{N} \quad 1\leqslant k\leqslant N \tag{4-91}$$

一周波采样点数 $N=12$ 时，全波傅里叶算法正弦项、余弦项系数频率特性如图 4-41 和图 4-42 所示。

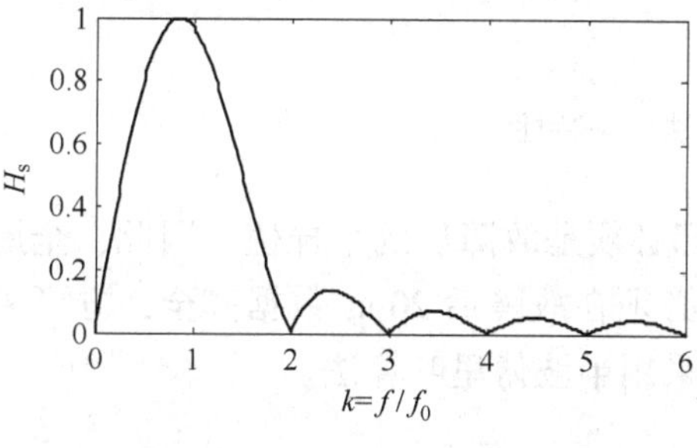

图 4-41　正弦项系数频率特性

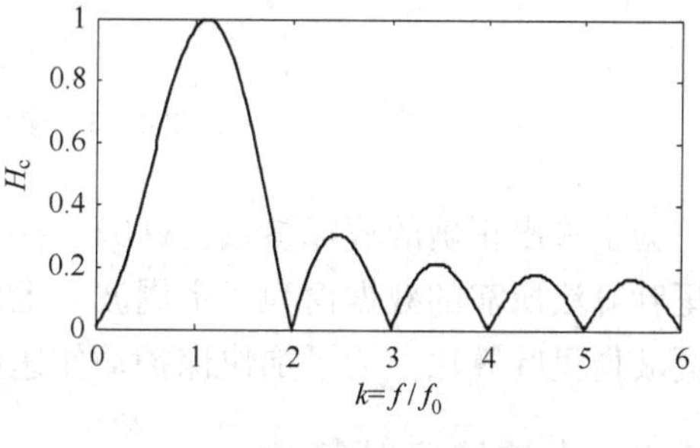

图 4-42　余弦项系数频率特性

令

$$x(t) = X_m\sin(\omega_m t+\alpha) = X_m\sin(m\omega t+\alpha) \tag{4-92}$$

为电压输入信号。式中，$m=\dfrac{\omega_m}{\omega}$为谐波次数；$\omega$ 为基波角频率。则第 k 个采样值为

$$\begin{aligned} x(k) &= X_m\sin(\omega_m kT_s+\alpha) = X_m\sin(m\omega kT_s+\alpha) \\ &= X_m\sin\left(m\frac{2\pi}{N}k+\alpha\right) \end{aligned} \tag{4-93}$$

利用全波傅里叶算法计算其幅值时，定义相对频率 f/f_0 的幅频特性为

$$|H| = \frac{X_1}{X_m} = \frac{\sqrt{X_{s1}^2 + X_{c1}^2}}{X_m} \tag{4-94}$$

图 4-43 给出了不同初相位的情况下傅里叶算法（采样频率为 600Hz）的幅频特性。由图中可见，傅里叶算法可以完全滤除直流分量，但不能滤除非整次谐波分量。不同初相位的情况下，傅里叶算法对于基波、直流分量和各整次谐波分量的频率响应相同，但对非整次谐波分量的频率响应有较大的差别。

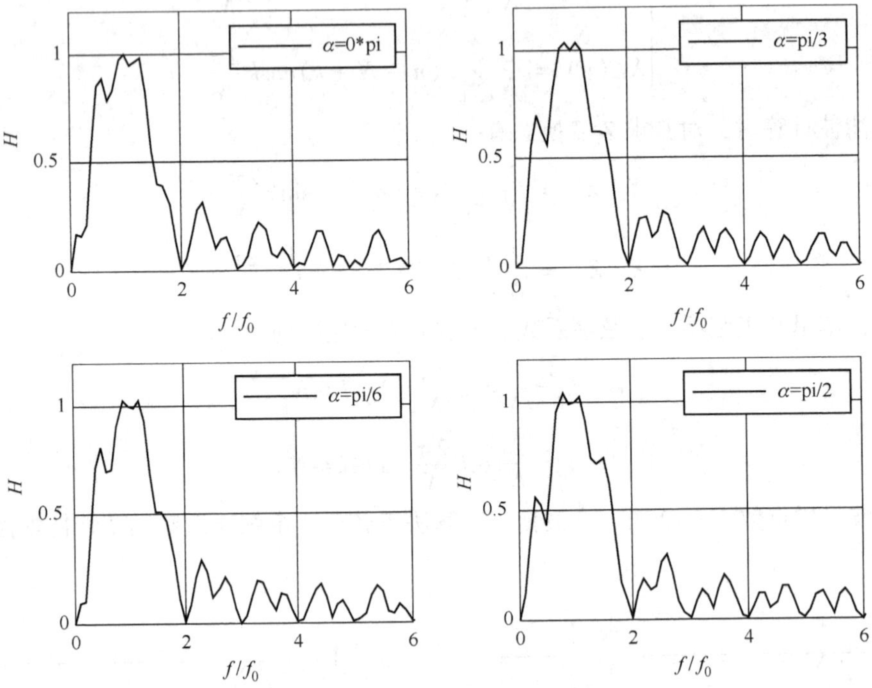

图 4-43　全波傅里叶算法频率特性

为了求出正确的故障参数，$x(0)$，…，$x(11)$ 都必须是故障后的采样值。因此，全周波傅里叶算法所需的数据窗为一个周波。也就是说，必须在故障后 20ms 数据齐全，方可采用全周波傅里叶算法。为了加快保护动作速度，可以采用半波傅里叶算法。

4.3.3　半波傅里叶算法

1. 半波傅里叶算法原理

半周波傅里叶算法是仅用半周波的数据计算信号的幅值和相位。设一周采样 N 点，采样点上的 $x(t)$ 函数值 $x(1)$，$x(2)$，…，$x\left(\frac{N}{2}\right)$；将积分式中的 $\sin\omega t$ 及 $\cos\omega t$ 也进行离散化为 $\sin\omega kT_s\left(k=1, 2, \cdots, \frac{N}{2}\right)$、$\cos\omega kT_s\left(k=1, 2, \cdots, \frac{N}{2}\right)$。针对基波分量，具体计算正弦和余弦系数的矩形方法如下：

$$\begin{cases} X_{ms} = \dfrac{4}{N}\sum\limits_{k=1}^{\frac{N}{2}} x(k)\sin mk\dfrac{2\pi}{N} \\ X_{mc} = \dfrac{4}{N}\sum\limits_{k=1}^{\frac{N}{2}} x(k)\cos mk\dfrac{2\pi}{N} \end{cases} \tag{4-95}$$

$$\begin{cases} X_{1s} = \dfrac{4}{N}\sum\limits_{k=1}^{\frac{N}{2}} x(k)\sin k\dfrac{2\pi}{N} \\ X_{1c} = \dfrac{4}{N}\sum\limits_{k=1}^{\frac{N}{2}} x(k)\cos k\dfrac{2\pi}{N} \end{cases} \tag{4-96}$$

当 $N=12$ 时，上式为

$$X_{1s} = \frac{1}{3}\sum_{k=1}^{6} x(k)\sin k\frac{\pi}{6} \tag{4-97}$$

$$X_{1c} = \frac{1}{3}\sum_{k=1}^{6} x(k)\cos k\frac{\pi}{6} \tag{4-98}$$

同样，求出 X_{1s}、X_{1c}后，即可按式（4-82）～式（4-84）求出信号的有效值和相位。

2. 半波傅里叶算法仿真

设被检测的信号为 $i(t)=10\sin(\omega t)+3\sin(3\omega t+\pi/6)+\sin(5\omega t)$时，每周波采样的点数为 60 个点，利用 MATLAB 编程仿真，计算所得的基波、3 次谐波、5 次谐波的幅值的仿真程序如下：

```
clear
N=60;
t=0:0.02/N:0.08;
Im1=10;
Im3=3;
Im5=1;
i1=Im1* sin(2* pi* 50* t);
i3=Im3* sin(3* 2* pi* 50* t+pi/6);
i5=Im5* sin(5* 2* pi* 50* t);
i=i1+i3+i5;
s1=zeros(1,30);
s3=zeros(1,30);
s5=zeros(1,30);
for n=0:29
    s1(n+1)=Im1* sin(2* pi* 50* n* 0.02/N);
    Imc1(n+1)=0;
    s3(n+1)=Im3* sin(3* 2* pi* 50* n* 0.02/N+pi/6);
    Imc3(n+1)=0;
    s5(n+1)=Im5* sin(5* 2* pi* 50* n* 0.02/N);
    Imc5(n+1)=0;
```

```
end
m=max(size(i));
for j=31:m
    X1s=0;  X3s=0;  X5s=0;
    X1c=0;  X3c=0;  X5c=0;
for k=1:29
    s1(k)=s1(k+1);
    s3(k)=s3(k+1);
    s5(k)=s5(k+1);
end
    s1(30)=i1(j);
    s3(30)=i3(j);
    s5(30)=i5(j);
for l=1:30
    a1=s1(l);
    c1=a1* sin(2* l* pi/N);
    X1s=c1+X1s;
    a3=s3(l);
    c3=a3* sin(3* 2* l* pi/N);
    X3s=c3+X3s;
    a5=s5(l);
    c5=a5* sin(5* 2* l* pi/N);
    X5s=c5+X5s;
    b1=s1(l);
    d1=b1* cos(2* l* pi/N);
    X1c=d1+X1c;
    b3=s3(l);
    d3=b3* cos(3* 2* l* pi/N);
    X3c=d3+X3c;
    b5=s5(l);
    d5=b5* cos(5* 2* l* pi/N);
    X5c=d5+X5c;
end
    X1s(j)=(4/N)* X1s;
    X1c(j)=(4/N)* X1c;
    Xs(1,j)=X1s(j);
    Xc(1,j)=X1c(j);
    Imc1(j)=sqrt((X1s(j)^2+X1c(j)^2));
    X3s(j)=(4/N)* X3s;
    X3c(j)=(4/N)* X3c;
    Xs(2,j)=X3s(j);
    Xc(2,j)=X3c(j);
    Imc3(j)=sqrt((X3s(j)^2+X3c(j)^2));
```

```
    X5s(j) = (4/N)* X5s;
    X5c(j) = (4/N)* X5c;
    Xs(3,j) =X5s(j);
    Xc(3,j) =X5c(j);
    Imc5(j) =sqrt((X5s(j)^2 +X5c(j)^2));
end
figure(1)
plot(t,i,'-k')
xlabel('t/s','Fontname','Times New Roman');
ylabel('i(t)','Fontname','Times New Roman');
figure(2)
subplot(311)
plot(t,Xs(1,:),'-k')
ylabel('X1s','Fontname','Times New Roman');
subplot(312)
plot(t,Xc(1,:),'-k')
ylabel('X1c','Fontname','Times New Roman');
subplot(313)
plot(t,Imc1,'-k')
xlabel('t/s','Fontname','Times New Roman');
ylabel('Imc1','Fontname','Times New Roman');
figure(3)
subplot(311)
plot(t,Xs(2,:),'-k')
ylabel('X3s','Fontname','Times New Roman');
subplot(312)
plot(t,Xc(2,:),'-k')
ylabel('X3c','Fontname','Times New Roman');
subplot(313)
plot(t,Imc3,'-k')
xlabel('t/s','Fontname','Times New Roman');
ylabel('Imc3','Fontname','Times New Roman');
figure(4)
subplot(311)
plot(t,Xs(3,:),'-k')
ylabel('X5s','Fontname','Times New Roman');
subplot(312)
plot(t,Xc(3,:),'-k')
ylabel('X5c','Fontname','Times New Roman');
subplot(313)
plot(t,Imc5,'-k')
xlabel('t/s','Fontname','Times New Roman');
ylabel('Imc5','Fontname','Times New Roman');
```

图 4-44 ~ 图 4-47 是被检测信号、基波、各次谐波的正弦项系数、余弦项系数及幅值量的计算结果。通过仿真算例可以看出，半波傅里叶算法可以计算出基波、3 次谐波及 5 次谐波，半波傅里叶算法所需的数据窗为半个周波。也就是说，在故障后 10ms 数据齐全，即可计算出特征量，其速度比全波傅里叶算法快一倍。

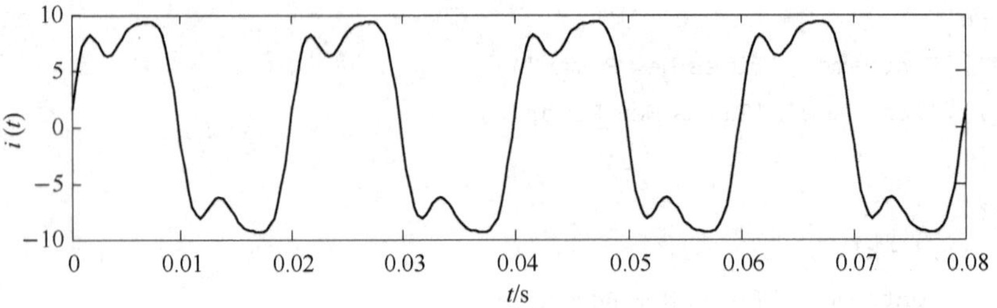

图 4-44　被检测信号波形

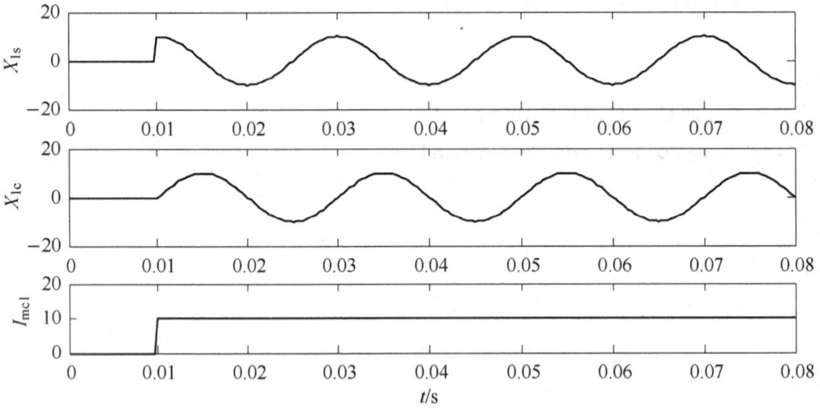

图 4-45　基波信号正弦项系数、余弦项系数及幅值

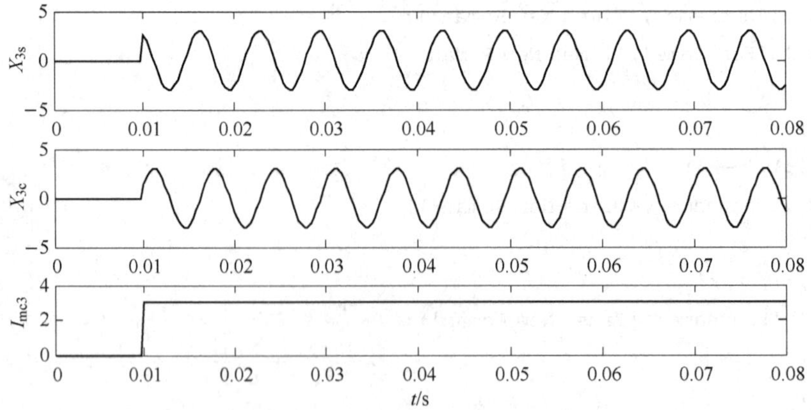

图 4-46　3 次谐波信号正弦项系数、余弦项系数及幅值

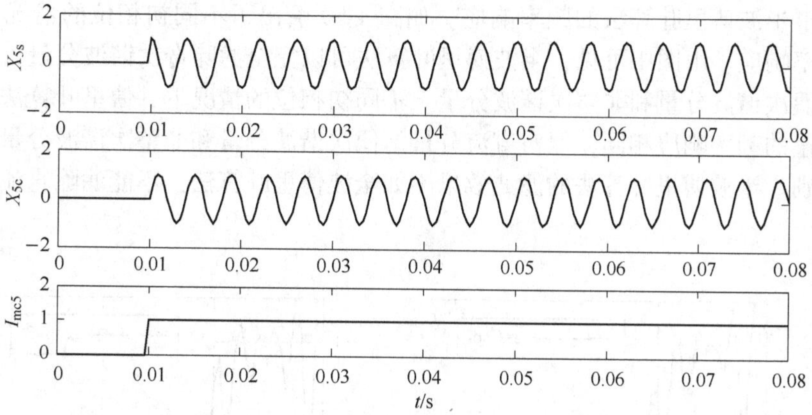

图4-47　5次谐波信号正弦项系数、余弦项系数及幅值

3. 半波傅里叶算法的滤波特性

式（4-95）和式（4-96）给出了半波傅里叶基频滤波算法计算傅里叶正弦、余弦系数的离散计算式。则基波分量在第 n 点半波傅里叶正弦和余弦项系数可表示为

$$\begin{cases} X_{1s}(n) = \dfrac{4}{N}\sum_{k=1}^{N/2} x\left(n-\dfrac{N}{2}+k\right)\sin k\dfrac{2\pi}{N} \\ X_{1c}(n) = \dfrac{4}{N}\sum_{k=1}^{N/2} x\left(n-\dfrac{N}{2}+k\right)\cos k\dfrac{2\pi}{N} \end{cases} \tag{4-99}$$

基频滤波计算时，对其求Z变换，有

$$X_s(Z) = \frac{4}{N}\sum_{k=1}^{N} X(Z)Z^{-\left(\frac{N}{2}-k\right)}\sin k\frac{2\pi}{N} \tag{4-100}$$

$$X_c(Z) = \frac{4}{N}\sum_{k=1}^{N} X(Z)Z^{-\left(\frac{N}{2}-k\right)}\cos k\frac{2\pi}{N} \tag{4-101}$$

因此，半波算法傅里叶正弦、余弦系数的单位冲激响应序列为

$$h_s = \frac{4}{N}\sin k\frac{2\pi}{N} \quad 1 \leqslant k \leqslant \frac{N}{2} \tag{4-102}$$

$$h_c = \frac{4}{N}\cos k\frac{2\pi}{N} \quad 1 \leqslant k \leqslant \frac{N}{2} \tag{4-103}$$

一周波采样点数 $N=12$ 时，半波傅里叶算法正弦、余弦系数频率特性如图4-48和图4-49所示。

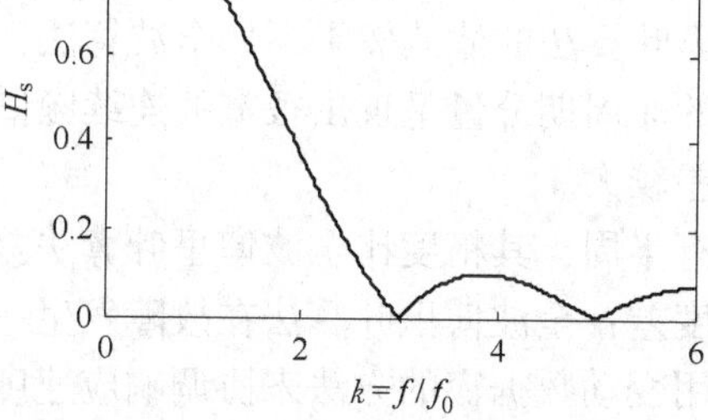

图4-48　半波算法正弦项系数频率特性

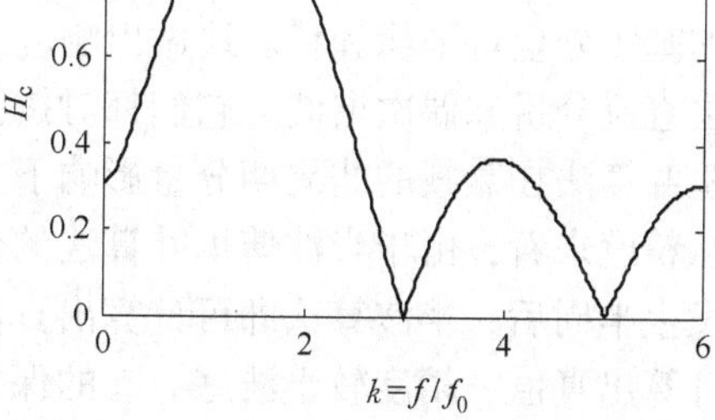

图4-49　半波算法余弦项系数频率特性

类似可求半波傅里叶算法的频率响应。如图 4-50 给出了不同初相位的情况下半波傅里叶算法的频率响应。由图中可见，半波傅里叶算法可以完全滤除奇次谐波分量，但不能滤除直流分量、偶次谐波分量和非整次谐波分量。不同初相位的情况下，傅里叶算法对于基波和奇次谐波分量的频率响应相同，但对直流分量、偶次谐波分量和非整次谐波分量的频率响应有较大的差别。半波傅里叶算法的滤波效果不如全波傅里叶算法，不能滤除直流分量和偶次谐波分量。

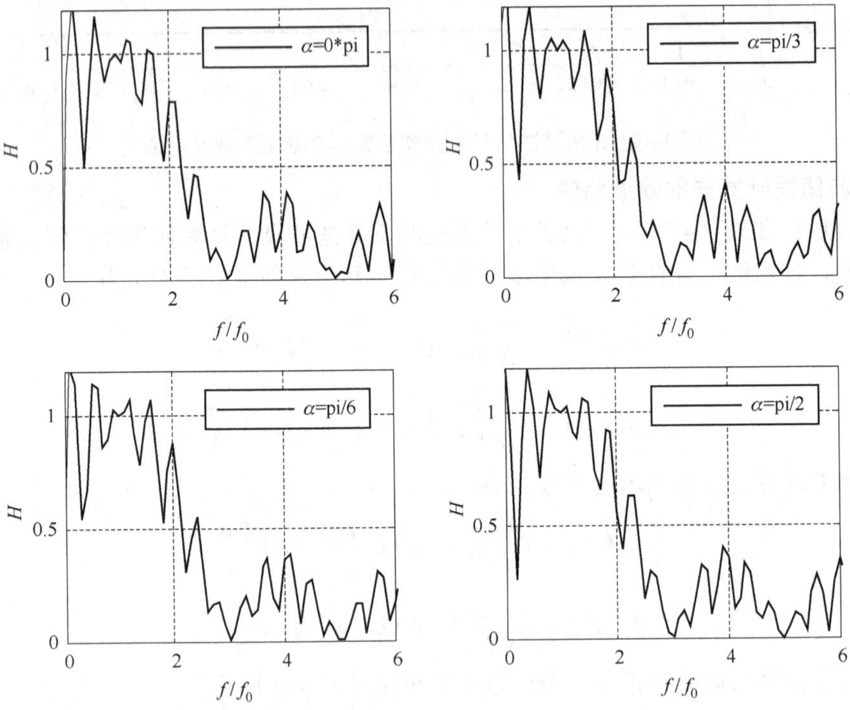

图 4-50　半波傅里叶算法频率特性

4. 全波傅里叶算法与半波傅里叶算法的比较分析

半波傅里叶算法在故障后 10ms 即可进行计算，因而使保护的动作速度减少了半个周期。但是，半波傅里叶算法不能滤除恒定直流分量和偶次谐波分量，而故障后的信号中往往含有衰减的直流分量，因此，半波傅里叶算法的计算误差较大。

从滤波效果来看，全波傅里叶算法不仅能完全滤除各次谐波分量和稳定的直流分量，而且能较好地滤除线路分布电容引起的高频分量，对随机干扰信号的响应也较小，而对畸变波形中的基频分量可平稳和精确地做出响应。半波傅里叶算法的滤波效果不如全波算法，它不能滤去直流分量和偶次谐波。它们都对按指数衰减的非周期分量呈现出很宽的连续频谱，因此傅里叶算法在衰减的非周期分量影响下，计算误差较大。

从精度来看，由于半波傅里叶算法的数据窗只有半周，其精度比全波傅里叶算法差。当故障发生半周后，半波算法即可计算出真值，但精度差；全波傅里叶算法在故障发生一周后才能计算出真值，精度较半波好。有的保护装置采用变动数据窗的方法来协调响应速度和精度的关系。其做法是在启动元件启动之后，先调用半波傅里叶算法程序，同时将保护范围减小 10%。当故障达到一周时，调用全波傅里叶算法程序，这时保护范围复原。这样，当故障在保护范围的 0～90% 以内时，用半波算法计算很快就趋于真值，精度虽然不高，但足以正确判断是区内故障；当故障在保护范围的 90% 以外时，仍以全波傅里叶算法的计算结果为准，保证精度。

4.4　基于非周期信号模型的 *R-L* 模型算法

4.4.1　线路的 *R-L* 模型

R-L 模型算法仅用于计算线路阻抗，用于距离保护。对于一般的输电线路，在短路情况下，线路分布电容产生的影响主要表现为高频分量。于是，如果采用低通滤波器将高频分量滤除掉，就相当于忽略被保护输电线分布电容的影响，因而从故障点到保护安装处的线路段可用一电阻和电感的串联来表示，即将输电线路等效为 *R-L* 简化模型。这样，在短路时，母线电压 u 和流过保护的电流 i 与线路的电阻 R_1 和电感 L_1 之间有下列方程成立：

$$u(t) = R_1 i(t) + L_1 \frac{\mathrm{d}i(t)}{\mathrm{d}t} \tag{4-104}$$

式中，R_1、L_1 分别为故障点至保护安装处线路段的正序电阻和电感；$u(t)$、$i(t)$ 分别为保护安装处的电压、电流（下面为了简便起见，省略掉时间符号 t）。

式（4-104）中的 u、i 和 $\frac{\mathrm{d}i}{\mathrm{d}t}$ 都是可以测量和计算的，未知数为 R_1 和 L_1。解此微分方程有微分法和积分法两种途径。

4.4.2　*R-L* 模型的微分算法

1. *R-L* 模型微分算法原理

如果在两个时刻 t_1 和 t_2 分别测量 u、i 和 $\frac{\mathrm{d}i}{\mathrm{d}t}$，就可以得到两个独立的方程

$$u_1 = R_1 i_1 + L_1 D_1 \tag{4-105}$$

$$u_2 = R_1 i_2 + L_1 D_2 \tag{4-106}$$

式中，D 表示 $\frac{\mathrm{d}i}{\mathrm{d}t}$，下标“1”和“2”分别表示测量时刻 t_1 和 t_2。为了满足独立方程的需要，要求 $t_1 \neq t_2 \pm k\frac{T}{2}(k = 0, 1, 2, 3, \cdots)$。

联立解以上两式，即可求得两个未知数 R_1 和 L_1。

$$R_1 = \frac{u_2 D_1 - u_1 D_2}{i_2 D_1 - i_1 D_2} \tag{4-107}$$

$$L_1 = \frac{u_1 i_2 - u_2 i_1}{i_2 D_1 - i_1 D_2} \tag{4-108}$$

在用计算机处理时，电流的导数可用差分来近似计算，最简单的方法是取 t_1 和 t_2 分别为两个相邻的采样瞬间的中间值（见图 4-51），于是近似有

$$D_1 = \frac{i_{n+1} - i_n}{T_s} \tag{4-109}$$

$$D_2 = \frac{i_{n+2} - i_{n+1}}{T_s} \tag{4-110}$$

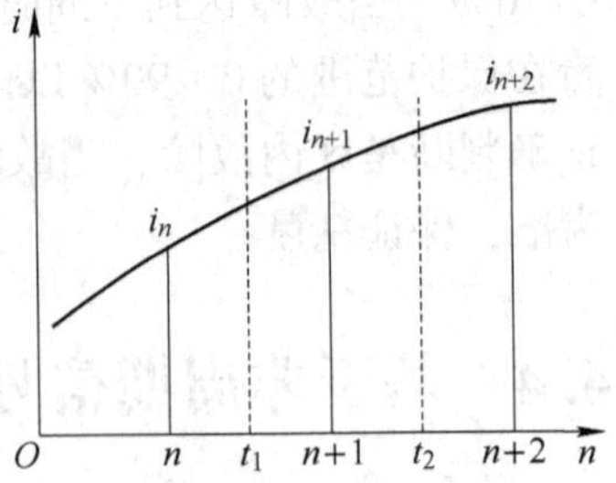

图 4-51　用差分近似求导法

电流、电压取相邻采样的平均值，有

$$i_1 = \frac{i_n + i_{n+1}}{2} \tag{4-111}$$

$$i_2 = \frac{i_{n+1} + i_{n+2}}{2} \tag{4-112}$$

$$u_1 = \frac{u_n + u_{n+1}}{2} \tag{4-113}$$

$$u_2 = \frac{u_{n+1} + u_{n+2}}{2} \tag{4-114}$$

应当指出，*R-L* 模型算法实际上求解的是一组二元一次代数方程，带微分符号的量 D_1、D_2 是测量计算得到的已知数。

2. *R-L* 模型微分算法仿真

设某端口电压信号 $u(t) = 14.14\sin(\omega t)\,\text{kV}$，电流为 $i(t) = 2.828\sin(\omega t - \pi/3)\,\text{kA}$，一周波采样 12 个点，基于微分算法，利用连续 3 个点的采样信号，用 MATLAB 编写的算法计算一端口阻抗的仿真程序如下：

```
clear
N=12;
t=0:0.02/N:0.08;
Um=14.14;
Im=2.828;
R1=0;
L1=0;
Ts=0.02/N;
u=Um* sin(2* pi* 50* t);
i=Im* sin(2* pi* 50* t-pi/3);
u0=[0,0,0];
i0=[0,0,0];
for n=0:2
    u0(n+1)=Um* sin(2* pi* n* 50* 0.02/N);
    Umc(n+1)=0;
    i0(n+1)=Im* sin(2* pi* 50* n* 0.02/N-pi/3);
    Imc(n+1)=0;
end
m=max(size(u));
for j=4:m
    a=0.5* (i0(1)+i0(2));
    b=0.5* (i0(2)+i0(3));
    c=0.5* (u0(1)+u0(2));
```

```
    d=0.5* (u0(2)+u0(3));
    D1=(i0(2)-i0(1))/Ts;
    D2=(i0(3)-i0(2))/Ts;
    R1=(d* D1-c* D2)/(b* D1-a* D2);
    L1=(c* b-d* a)/(b* D1-a* D2);
R(j)=R1;
L(j)=L1;
for k=1:2
    u0(k)=u0(k+1);
    i0(k)=i0(k+1);
end
    u0(3)=u(j);
    i0(3)=i(j);
end
figure(1)
plot(t,u,'-ok')
xlabel('t/s','Fontname','Times New Roman');
ylabel('u(t)/kV','Fontname','Times New Roman');
figure(2)
plot(t,i,'-ok')
xlabel('t/s','Fontname','Times New Roman');
ylabel('i(t)/kA','Fontname','Times New Roman');
figure(3)
plot(t,R,'-ok')
xlabel('t/s','Fontname','Times New Roman');
ylabel('R/Ω','Fontname','Times New Roman');
figure(4)
plot(t,L,'-ok')
xlabel('t/s','Fontname','Times New Roman');
ylabel('L/H','Fontname','Times New Roman');
```

图 4-52 ~ 图 4-55 是采样信号及计算结果，计算电阻为 2.5Ω，电感为 0.0135H。

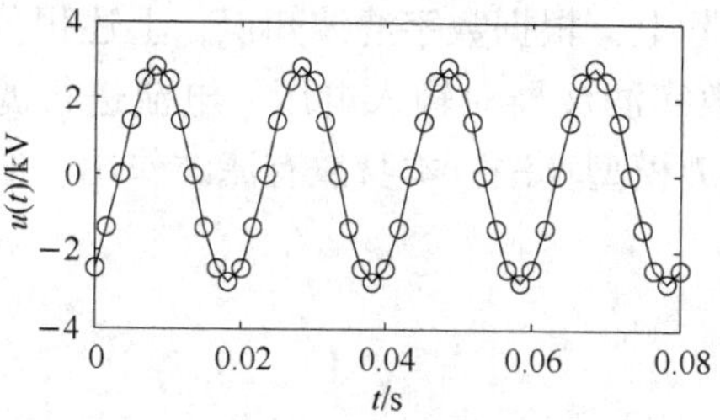

图 4-52　电压采样信号

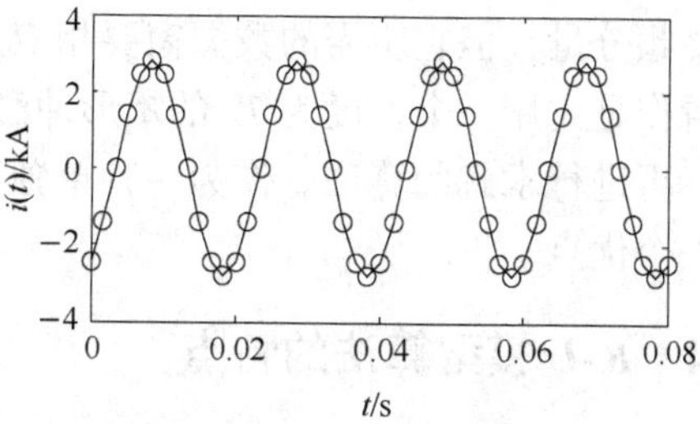

图 4-53　电流采样信号

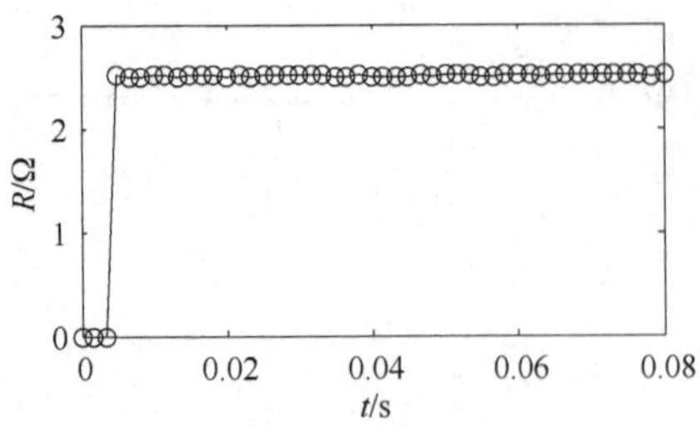

图 4-54　电阻计算值

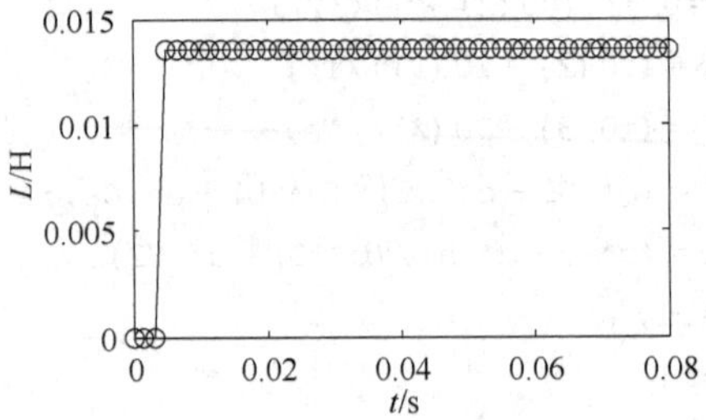

图 4-55　电感计算值

4.4.3　*R-L* 模型的积分算法

积分算法是将式（4-104）分别在两个不同的时间段内积分，而得到两个独立的方程

$$\int_{t_1}^{t_1+T_0} u\mathrm{d}t = R_1\int_{t_1}^{t_1+T_0} i\mathrm{d}t + L_1\int_{t_1}^{t_1+T_0}\frac{\mathrm{d}i}{\mathrm{d}t}\mathrm{d}t \tag{4-115}$$

$$\int_{t_2}^{t_2+T_0} u\mathrm{d}t = R_1\int_{t_2}^{t_2+T_0} i\mathrm{d}t + L_1\int_{t_2}^{t_2+T_0}\frac{\mathrm{d}i}{\mathrm{d}t}\mathrm{d}t \tag{4-116}$$

式（4-115）及式（4-116）中 T_0 为积分时间长度，t_1 和 t_2 则为两个不同的积分起始时刻。以上两积分式中

$$\int_{t_1}^{t_1+T_0}\frac{\mathrm{d}i}{\mathrm{d}t}\mathrm{d}t = i(t_1+T_0) - i(t_1) \tag{4-117}$$

$$\int_{t_2}^{t_2+T_0}\frac{\mathrm{d}i}{\mathrm{d}t}\mathrm{d}t = i(t_2+T_0) - i(t_2) \tag{4-118}$$

其余各项积分在用计算机处理时可用梯形法或矩形法近似求得，设计算结果分别为 U_1、U_2、I_1、I_2，则式（4-117）和式（4-118）为

$$U_1 = R_1I_1 + L_1[i(t_1+T_0) - i(t_1)] \tag{4-119}$$

$$U_2 = R_1I_2 + L_1[i(t_2+T_0) - i(t_2)] \tag{4-120}$$

求得两个未知数 R_1 和 L_1 为

$$R_1 = \frac{U_2[i(t_1+T_0)-i(t_1)] - U_1[i(t_2+T_0)-i(t_2)]}{I_2[i(t_1+T_0)-i(t_1)] - I_1[i(t_2+T_0)-i(t_2)]} \tag{4-121}$$

$$L_1 = \frac{U_1I_2 - U_2I_1}{I_2[i(t_1+T_0)-i(t_1)] - I_1[i(t_2+T_0)-i(t_2)]} \tag{4-122}$$

积分法和微分法相比，如果积分区间 T_0 取得足够大，则兼有一定的滤波作用，从而可抑制高频分量，但它所需的数据窗要相应加长。实际上，根据数字滤波知识，上述积分解法可以看作是先用一个长度为 T_0 的矩形冲激响应的数字滤波器对输入电压、电流进行滤波处理后，再进行求解的算法。作为一种单独求解的 *R-L* 模型算法，本身兼有滤波作用，应算作它的一个优点。

4.4.4　*R-L* 模型算法的特点

1）*R-L* 模型算法不仅在基波分量中适用，而且在相当宽的一个频带内都适用。

2）*R-L* 模型算法不需要用滤波器滤除非周期分量。

电流中的非周期分量符合算法所依据的方程；从频域来看，非周期分量所含的低频成分都符合 R-L 模型。因而，R-L 模型算法可以只要求采用低通滤波器，与需要带通滤波器的基于正弦信号的算法相比，其总延时可以更短。

3）R-L 模型算法不受电网频率变化的影响。

R-L 模型算法所依据的方程在相当宽的一个频带内都成立，因而可以在很大的频率方位内准确计算出故障线路段的阻抗。基于正弦和周期信号的算法都要受到频率变化的影响；这些算法都要求采样间隔根据额定频率确定为一定值，电网频率偏离额定值之后，采样间隔与频率之间的对应关系发生了变化，利用定间隔的采样，从而带来误差。

4）R-L 模型算法与导数算法的比较。

R-L 模型算法与导数算法一样都要用差分代替微分。这就带来两个问题：一是要求其前置的滤波器具有较高的高频分量的能力；二是要求采样频率较高，以便减小引入的计算误差。和导数法不同的是，R-L 模型算法只需要求电流的导数，而导数法还要求电压的导数。由于输电线感抗分量远大于电阻分量，所以电压中的高频分量通常远大于电流中的高频分量。因而，就抑制高频分量的要求来说，R-L 模型算法比导数法要低得多，也就是说，用同样的滤波器，导数法可能远远不能满足要求，而 R-L 模型算法则可获得满意的结果。

4.5　基于随机数学模型的递推最小二乘算法

最小二乘是系统辨识领域一种基本估计方法。通过估计算法可得到在最小方差意义下与实验数据最好拟合的数学模型。最小二乘算法有两种基本形式，一种是一次完成法，另一种是递推算法。

递推最小二乘算法是参数估计理论中的一种经典方法，它广泛应用于数据处理和自动控制等领域。该算法是将包含有随机噪声分量的输入信号与一预设的信号模型（拟合函数）按最小二乘原理进行拟合，根据拟合误差最小的原则来确定预设模型中的有关参数。在微机保护中，根据应用目的的不同，预设模型有不同的选择方法，相应地，最小二乘算法也有不同的表现形式。

在线路保护中，输入的故障信号中除有效信号基频分量和具有确定性数学模型的非周期分量外，其他分量如各种高频信号都具有明显的随机信号特性，因为它的频率、幅值、相位及衰减速率与故障类型、故障点位置、故障初始时刻和故障前系统的运行状态等随机因素有关。因此，有关基频分量的参数计算问题，严格地说，应是具有随机噪声信号模型参数估计问题。以随机信号模型为基础的参数优化估计算法，如最小二乘法和卡尔曼滤波算法等，也被引进到微机保护中，以提高参数计算的准确性。

1. 最小二乘算法

在线路保护中，采用最小二乘法对基频分量参数进行计算时，输入信号的预设模型可选择为

$$x_\theta(t)=X_0\mathrm{e}^{-t/T_\mathrm{d}}+X_1\sin(\omega t+\varphi) \tag{4-123}$$

式中，X_0、T_d 为非周期分量的初值和衰减时间常数；X_1、φ 为基频分量的初值和相位。

将式（4-123）展开表示为

$$x(t)=X_0\mathrm{e}^{-t/T_\mathrm{d}}+X_\mathrm{s}\sin\omega t+X_\mathrm{c}\cos\omega t \tag{4-124}$$

式中，X_s 为基频分量正弦项系数，$X_s=X_m\cos\varphi$；X_c 为基频分量余弦项系数，$X_c=X_m\sin\varphi$。而实际故障信号 $y(t)$ 可视为由预设信号 $x(t)$ 与附加的随机噪声信号 $\omega(t)$ 共同组成，即

$$y(t)=x(t)+\omega(t)$$

或
$$y(t)=X_0\mathrm{e}^{-t/T_d}+X_s\sin\omega t+X_c\cos\omega t+\omega(t) \tag{4-125}$$

式中的随机信号 $\omega(t)$ 包含了故障信号中除基频分量和非周期分量之外的其他所有成分。

对于由式（4-125）所表示的输入信号而言，待确定的模型参数为非周期分量的初值 X_0、衰减时间常数 T_d 以及基频分量的正弦项系数 X_s、余弦项系数 X_c。在实际应用中，为了简化计算，参数 T_d 通常作为一个事先给定的常数处理，如在它可能的变化范围内选择一个恰当的数值。显然，若实际衰减时间常数偏离给定的数值，这种处理方式对基频参数 X_s 和 X_c 的计算会带来一定误差。但仿真计算结果表明，这种误差可控制在允许的范围之内。这样，待确定的参数可简化成只包括 X_0、X_s 和 X_c。

将式（4-125）用离散采样值形式表示时有

$$y(k)=X_0\mathrm{e}^{-kT_s/T_d}+X_s\sin\omega kT_s+X_c\cos\omega kT_s+\omega(kT_s) \tag{4-126}$$

现假设已知得到了 n 个输入信号的采样值 $y(k)$，$i=1,2,\cdots,n$，则有

$$\begin{cases}y(1)=X_0\mathrm{e}^{-T_s/T_d}+X_s\sin\omega T_s+X_c\cos\omega T_s+\omega(T_s)\\y(2)=X_0\mathrm{e}^{-2T_s/T_d}+X_s\sin\omega 2T_s+X_c\cos\omega 2T_s+\omega(2T_s)\\\quad\vdots\\y(n)=X_0\mathrm{e}^{-nT_s/T_d}+X_s\sin\omega nT_s+X_c\cos\omega nT_s+\omega(nT_s)\end{cases} \tag{4-127}$$

令 $\boldsymbol{h}(1)=[\mathrm{e}^{-T_s/T_d},\sin\omega T_s,\cos\omega T_s]$，$\boldsymbol{h}(2)=[\mathrm{e}^{-2T_s/T_d},\sin\omega 2T_s,\cos\omega 2T_s]$，…，$\boldsymbol{h}(n)=[\mathrm{e}^{-nT_s/T_d},\sin\omega nT_s,\cos\omega nT_s]$，$\boldsymbol{X}=[X_0,X_s,X_c]^{\mathrm{T}}$，则有

$$\begin{cases}y(1)=\boldsymbol{h}(1)\boldsymbol{X}+\omega(T_s)\\y(2)=\boldsymbol{h}(2)\boldsymbol{X}+\omega(2T_s)\\\quad\vdots\\y(n)=\boldsymbol{h}(n)\boldsymbol{X}+\omega(nT_s)\end{cases} \tag{4-128}$$

根据最小二乘估计理论的基本原则，以这 n 个采样值确定的有关参数 X_0、X_s 和 X_c 的最优估计值 $\hat{X}_0(n)$、$\hat{X}_s(n)$ 和 $\hat{X}_c(n)$ 应使得残差平方和达到最小，即

$$J=\sum_{k=1}^{n}\left\{y(k)-[\hat{X}_0(n)\mathrm{e}^{-tT_s/T_d}+\hat{X}_s(n)\sin(\omega kT_s)+\hat{X}_c(n)\cos(\omega kT_s)]\right\}^2\Rightarrow\min$$

或

$$J=\sum_{k=1}^{n}[y(k)-\boldsymbol{h}(k)\hat{\boldsymbol{X}}(n)]^2\Rightarrow\min \tag{4-129}$$

其中

$$\hat{\boldsymbol{X}}(n)=[\hat{X}_0(n),\hat{X}_s(n),\hat{X}_c(n)]^{\mathrm{T}} \tag{4-130}$$

可以证明，满足式（4-129）的最小二乘估计值为

$$\hat{\boldsymbol{X}}(n)=[\boldsymbol{H}^{\mathrm{T}}(n)\boldsymbol{H}(n)]^{-1}\boldsymbol{H}^{\mathrm{T}}(n)\boldsymbol{Y}(n) \tag{4-131}$$

其中

$$H(n)=\begin{bmatrix}h(1)\\h(2)\\\vdots\\h(n)\end{bmatrix};Y(n)=\begin{bmatrix}y(1)\\y(2)\\\vdots\\y(n)\end{bmatrix}$$

2. 递推最小二乘算法

对于最小二乘算法来说，参数的估计精度与算法所采用的采样数目有关，所使用的采样值越多（n 值越大），估计精度也就越高。在微机保护中，采样数据是按采样频率逐个提供给计算机的。在得到新的采样数据后，若希望利用新的采样数据来改进原有的参数估计结果，以提高估计精度，一般不直接使用估计方程式（4-131）进行计算。因为，每增加一个新的采样数据，方程式（4-131）必须重新计算一次，而该方程要用到较多的矩阵相乘运算，计算量太大。一般采用的处理方法是，新增加采样数据后，仅对原有的估计值进行某些修正，构成递推型的最小二乘算法。

假设新增加的采样数据为 $y(n+1)$，改进后的参数估计向量为 $\hat{\boldsymbol{X}}(n+1)$。由式（4-129）有

$$\hat{\boldsymbol{X}}(n+1)=[\boldsymbol{H}^{\mathrm{T}}(n+1)\boldsymbol{H}(n+1)]^{-1}\boldsymbol{H}^{\mathrm{T}}(n+1)\boldsymbol{Y}(n+1)\tag{4-132}$$

其中

$$\boldsymbol{H}(n+1)=\begin{bmatrix}\boldsymbol{H}(n)\\h(n+1)\end{bmatrix};\boldsymbol{Y}(n+1)=\begin{bmatrix}\boldsymbol{Y}(n)\\y(n+1)\end{bmatrix}$$

令

$$\boldsymbol{P}(n)=[\boldsymbol{H}^{\mathrm{T}}(n)\boldsymbol{H}(n)]^{-1}$$

根据矩阵求逆公式有

$$\begin{aligned}\boldsymbol{P}(n+1)&=[\boldsymbol{H}^{\mathrm{T}}(n+1)\boldsymbol{H}(n+1)]^{-1}\\&=\boldsymbol{P}(n)-\boldsymbol{P}(n)\boldsymbol{h}^{\mathrm{T}}(n+1)[\boldsymbol{h}(n+1)\boldsymbol{P}(n)\boldsymbol{h}^{\mathrm{T}}(n+1)+1]^{-1}\boldsymbol{h}(n+1)\boldsymbol{P}(n)\end{aligned}\tag{4-133}$$

将式（4-133）代入式（4-132），并经过整理后，可得到具有递推计算形式的最小二乘估计方程为

$$\hat{\boldsymbol{X}}(n+1)=\hat{\boldsymbol{X}}(n)+\boldsymbol{K}(n+1)[\boldsymbol{Y}(n+1)-h(n+1)\hat{\boldsymbol{X}}(n)]\tag{4-134}$$

其中

$$\boldsymbol{K}(n+1)=\boldsymbol{P}(n)\boldsymbol{h}^{\mathrm{T}}(n+1)[\boldsymbol{h}(n+1)\boldsymbol{P}(n)\boldsymbol{h}^{\mathrm{T}}(n+1)+1]^{-1}\tag{4-135}$$

从式（4-134）可以看出，新的估计向量 $\hat{\boldsymbol{X}}(n+1)$ 可以由原有的估计向量 $\hat{\boldsymbol{X}}(n)$ 加上一个修正项来得到。修正项为 $\boldsymbol{Y}(n+1)-\boldsymbol{h}(n+1)\hat{\boldsymbol{X}}(n)$，而该项实际上反映的是以原有的估计向量对当前采样时刻的采样值进行预测时所产生的预测误差（拟合误差）。向量 $K(n+1)$ 则决定了在进行修正计算时，对预测误差的重视程度。在递推计算方程式（4-134）中，矩阵 $K(n+1)$ 与采样值无关，可以离线求出，所以递推最小二乘算法的实时计算量较小，易于在微机保护中采用。

3. 递推最小二乘法的特点

递推最小二乘法算法的突出优点是具有可变的数据窗，它的数据窗长度将随着采样值的

增多而自动延长，参数的估计精度也随之逐步提高。并且，算法计算简便、收敛速度快、收敛过程稳定。因此，可较好地满足不同场合对参数计算精度和计算速度的不同要求。此外，该算法对非周期分量和各种高频分量具有良好的滤波能力，在实际使用中，无须再附加其他的数字滤波器。

最小二乘算法除用于基频分量参数的计算之外，也可用来计算其他谐波分量的参数，如变压器保护中的 2 次谐波分量或发电机定子接地保护中的 3 次谐波分量等。

4.6　移相算法及滤序算法

4.6.1　移相算法

1. 直接移相法

设有正弦函数 $x(t)=A\sin\omega t$，要在移相 θ 角后得到幅值相同的信号 $x_\theta(t)=A\sin(\omega t+\theta)$。当采样周期为 T_s（一周波采样点数为 N）时，原正弦信号在 $n+k$ 点的离散化形式为

$$x(n+k)=A\sin(\omega nT_s+\omega kT_s) \tag{4-136}$$

移相信号在 n 点的离散化形式为

$$x_\theta(n)=A\sin(\omega nT_s+\theta) \tag{4-137}$$

取 $\theta=k\omega T_s=k\dfrac{2\pi}{N}$时，得到移相表达式为

$$x_\theta(n)=x(n+k) \tag{4-138}$$

可见，利用式（4-138）取用不同时刻的采样值可直接移相，移相的角度为 $k\dfrac{2\pi}{N}$。k 为正整数，$x_\theta(t)$超前于 $x(t)$（见图 4-56）；k 为负整数，$x_\theta(t)$滞后于 $x(t)$。

直接移相的算法简单，实现方便，但只能移相 ωT_s 的整倍数角度，调整级差为 ωT_s。

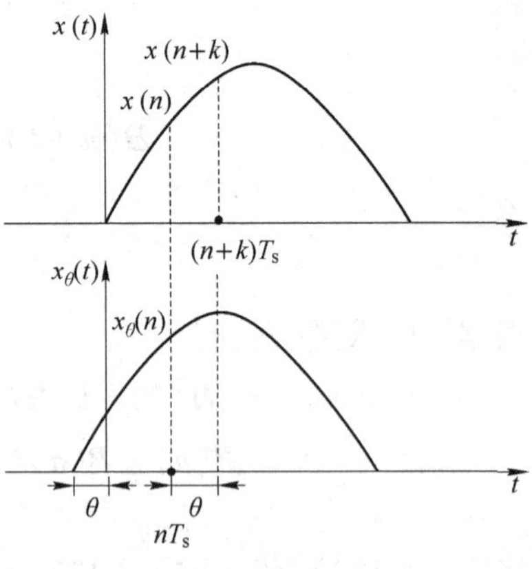

图 4-56　直接移相示意图

2. 差分移相法

设有正弦函数 $x(t)=A\sin\omega t$，要在移相 θ 角后得到 $x_\theta(t)=B\sin(\omega t+\theta)$，取 $x(t)$在 n 和 $n-k$ 点的采样值 $x(n)=A\sin(\omega nT_s)$和 $x(n-k)=A\sin[\omega(n-k)T_s]$做差分计算：

$$\begin{aligned}x(n)-x(n-k)&=A\sin(\omega nT_s)-A\sin[\omega(n-k)T_s]\\&=A\sqrt{2-2\cos k\omega T_s}\sin\left(\omega nT_s+\frac{\pi}{2}-\frac{k\omega T_s}{2}\right)\end{aligned} \tag{4-139}$$

由于 $x_\theta(t)$在 n 点的采样值为 $x_\theta(n)=B\sin(\omega nT_s+\theta)$，若取：

$$B=A\sqrt{2-2\cos k\omega T_s} \tag{4-140}$$

$$\theta=\frac{\pi}{2}-\frac{k\omega T_s}{2} \tag{4-141}$$

则有

$$x_\theta(n)=x(n)-x(n-k) \tag{4-142}$$

可见，利用间隔 kT_s的采样数据可以实现移相。图 4-57 是差分移相的向量图，$\dot{X}_n$，$\dot{X}_{n-k}$，$\dot{X}_\theta$

分别为 $x(n)$，$x(n-k)$，$x_\theta(n)$ 所对应的向量。移相的角度与数据窗 k 及采样频率有关。若 $k=1$，$N=12$，此时 $\omega T_s=\frac{2\pi}{N}=30°$，移相角 $\theta=75°$，$B=0.517A$。若要移相后保持幅值不变，将结果除以 $\sqrt{2-2\cos K\omega T_s}$ 即可。本算法的调整级差为 $\frac{1}{2}\omega T_s$。

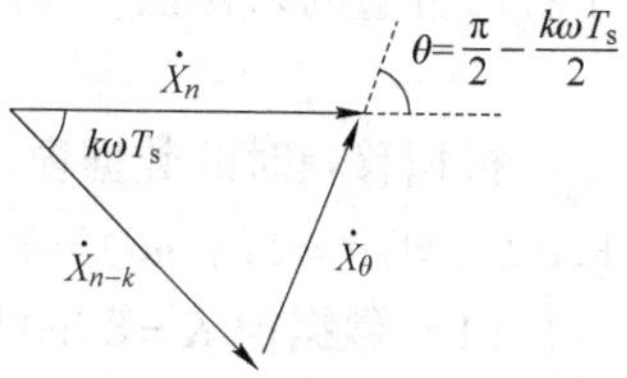

图 4-57　差分移相向量图

3. 任意角移相算法

以正弦函数 $x(t)=A\sin\omega t$，获得幅值相同的移相信号 $x_\theta(t)=A\sin(\omega t+\theta)$ 为例，连续采样点 n 和 $n-1$ 点的采样信号 $x(n)=A\sin(\omega nT_s)$ 及 $x(n-1)=A\sin[\omega(n-1)T_s]$ 的向量 $\dot{X}_n=A\angle 0$、$\dot{X}_{n-1}=A\angle{-\omega T_s}$ 关系如图 4-58 所示（$\dot{X}_\theta=A\angle\theta$ 为 $x_\theta(t)$ 对应向量），由 $\dot{X}_\theta=p\dot{X}_n-q\dot{X}_{n-1}$ 及正弦定理得到：

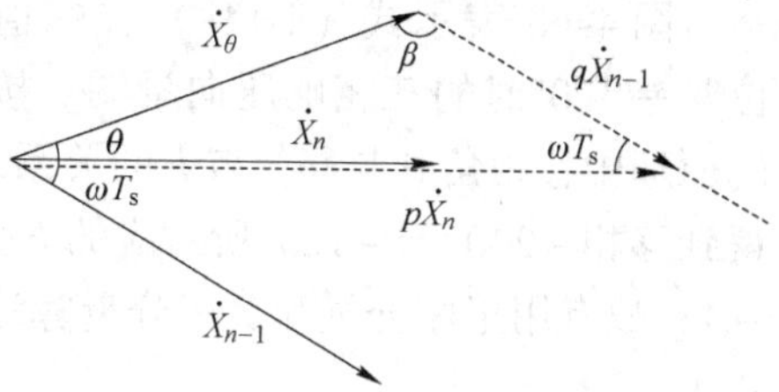

图 4-58　任意角移相算法向量图

$$\frac{qA}{\sin\theta}=\frac{pA}{\sin\beta}=\frac{A}{\sin\omega T_s} \tag{4-143}$$

式中，$\beta=\pi-(\theta+\omega T_s)$，可以求得

$$\begin{cases} p=\dfrac{\sin[\pi-(\theta+\omega T_s)]}{\sin\omega T_s} \\ q=\dfrac{\sin\theta}{\sin\omega T_s} \end{cases} \tag{4-144}$$

p 和 q 可以预先离线算出，移相任意角的信号的式子为

$$x_\theta(n)=px(n)-qx(n-1) \tag{4-145}$$

4.6.2　滤序算法

在目前运行的微机保护中，普遍采用序分量元件，特别是负序、零序分量元件的应用更加广泛。因为负序和零序分量只在故障时才产生，它具有不受负荷电流的影响、灵敏度高等优点。下面介绍几种序分量元件算法。

1. 直接移相原理的序分量算法

直接移相原理的序分量算法基于对称分量基本公式，如电压的序分量的向量形式为

$$\begin{cases} 3\dot{U}_1=\dot{U}_a+\alpha\dot{U}_b+\alpha^2\dot{U}_c \\ 3\dot{U}_2=\dot{U}_a+\alpha^2\dot{U}_b+\alpha\dot{U}_c \\ 3\dot{U}_0=\dot{U}_a+\dot{U}_b+\dot{U}_c \end{cases} \tag{4-146}$$

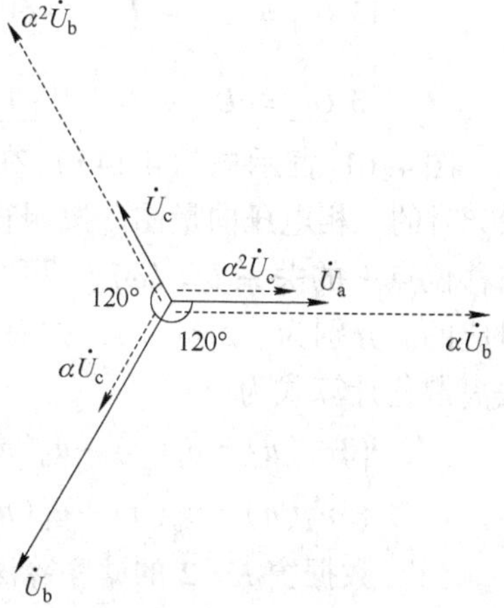

图 4-59　幅值不等的三相电压向量图

图 4-59 是幅值不相等、相位互差 120°的三相电压向量图。可见，只要知道了 a、b、c 三相电压的采样序列 $u_a(n)$、$u_b(n)$、$u_c(n)$，经过移相 ±120°后按上式运算即可得到正序、负序和零序分量的序列，相当

于各序分量的采样值。零序分量的计算相对简单，其离散化的算法计算式为

$$3u_0(n)=u_a(n)+u_b(n)+u_c(n) \tag{4-147}$$

根据移相时的数据窗不同，正序分量和负序分量计算有几种算法。下面以每周期采样12点，即$N=12$，$\omega T_s=30°$为例说明。

（1）数据窗$K=8$的滤序算法

公式（4-146）可表示为

$$\begin{cases}3\dot{U}_1=\dot{U}_a+\dot{U}_b\angle-240°+\dot{U}_c\angle-120°\\3\dot{U}_2=\dot{U}_a+\dot{U}_b\angle-120°+\dot{U}_c\angle-240°\end{cases} \tag{4-148}$$

图4-60表示式（4-148）在幅值不相等、相位互差120°时的三相电压向量图。按照直接移相的原理中移相角θ与移位点k的关系$\theta=k\omega T_s$，可得到移相$-240°$与$-120°$所对应的k分别为-8与-4，故有用正序分量和负序分量算法离散化计算式为

$$\begin{cases}3u_1(n)=u_a(n)+u_b(n-8)+u_c(n-4)\\3u_2(n)=u_a(n)+u_b(n-4)+u_c(n-8)\end{cases} \tag{4-149}$$

式（4-149）表明，只要知道了a、b、c三相的电压在n、$n-4$、$n-8$三点的采样数据，就可以由式（4-149）计算出各序在n时刻的值。该算法的数据窗$K=8$，时间窗$KT_s=13.3\text{ms}$；算法数据窗较长，利用向量变换的方式可以缩短数据窗。

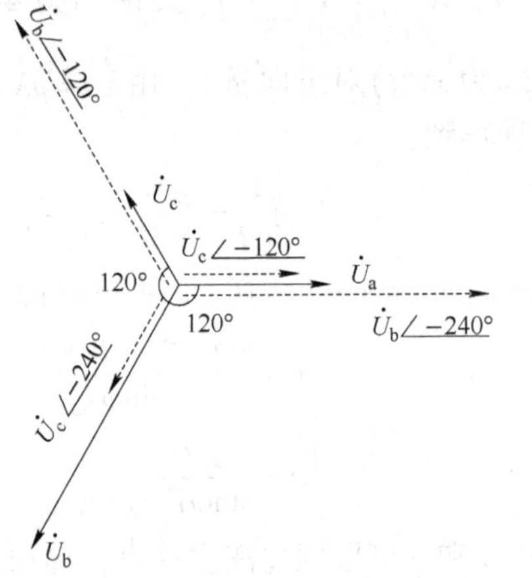

图4-60　数据窗$K=8$时的三相电压向量图

（2）数据窗$K=4$的滤序算法

公式（4-146）也可表示为

$$\begin{cases}3\dot{U}_1=\dot{U}_a-\dot{U}_b\angle-60°+\dot{U}_c\angle-120°\\3\dot{U}_2=\dot{U}_a+\dot{U}_b\angle-120°-\dot{U}_c\angle-60°\end{cases} \tag{4-150}$$

图4-61表示式（4-149）在幅值不相等、相位互差120°时的三相电压向量图。按照直接移相的原理中移相角θ与移位点k的关系$\theta=k\omega T_s$，可得到移相$-60°$与$-120°$所对应的k分别为-2与-4，故有用正序分量和负序分量算法离散化计算式为

$$\begin{cases}3u_1(n)=u_a(n)-u_b(n-2)+u_c(n-4)\\3u_2(n)=u_a(n)+u_b(n-4)-u_c(n-2)\end{cases} \tag{4-151}$$

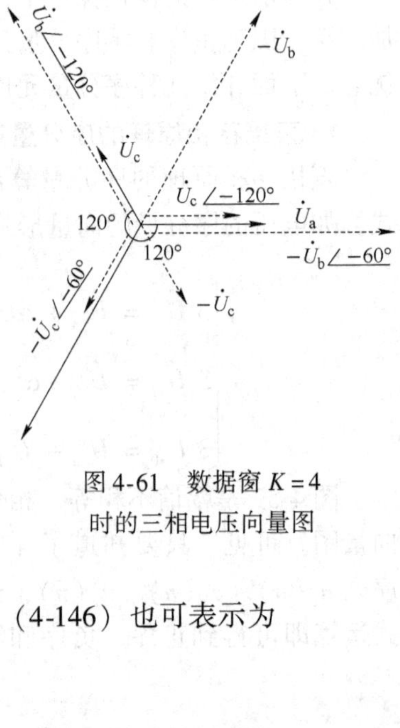

图4-61　数据窗$K=4$时的三相电压向量图

（3）数据窗$K=2$的滤序算法

因$\alpha^2=1\angle-60°-1\angle0°$，向量关系如图4-62所示；公式（4-146）也可表示为

$$\begin{cases}3\dot{U}_1 = \dot{U}_a - \dot{U}_b\angle{-60^\circ} + \dot{U}_c\angle{-60^\circ} - \dot{U}_c \\ 3\dot{U}_2 = \dot{U}_a + \dot{U}_b\angle{-60^\circ} - \dot{U}_b - \dot{U}_c\angle{-60^\circ}\end{cases} \tag{4-152}$$

图 4-63 表示式（4-152）在幅值不相等、相位互差 120°时的三相电压向量图。故有用正序分量和负序分量算法离散化计算式为

$$\begin{cases}3u_1(n) = u_a(n) - u_b(n-2) + u_c(n-2) - u_c(n) \\ 3u_2(n) = u_a(n) + u_b(n-2) - u_b(n) - u_c(n-2)\end{cases} \tag{4-153}$$

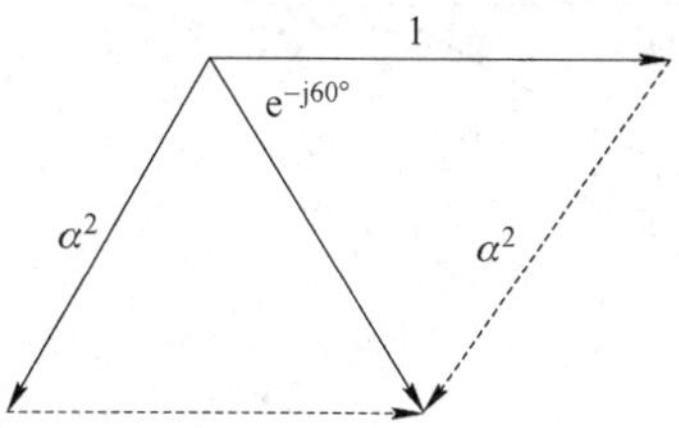

图 4-62　数据窗 $K=2$ 时的单位向量关系

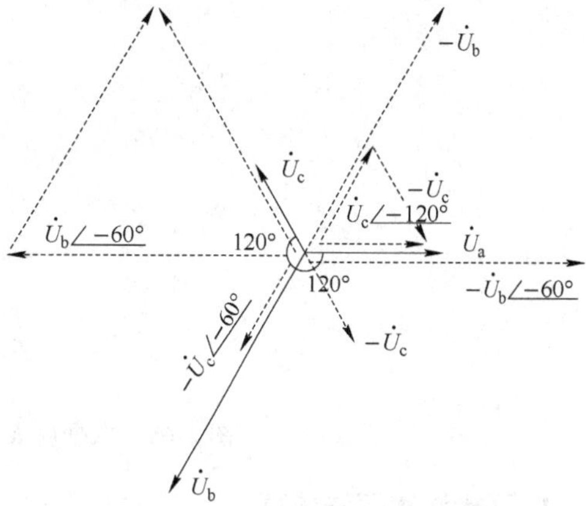

图 4-63　数据窗 $K=2$ 时的三相电压向量图

（4）数据窗 $K=1$ 的滤序算法

因 $\alpha^2=\sqrt{3}e^{-j30^\circ}-2$；$\alpha=1-\sqrt{3}e^{-j30^\circ}$，向量关系如图 4-64 所示；公式（4-146）也可表示为

$$\begin{aligned}3\dot{U}_1 &= \dot{U}_a + \alpha\dot{U}_b + \alpha^2\dot{U}_c \\ &= \dot{U}_a + (1-\sqrt{3}\angle{-30^\circ})\dot{U}_b + (\sqrt{3}\angle{-30^\circ}-2)\dot{U}_c \\ &= \dot{U}_a + \dot{U}_b - \sqrt{3}\dot{U}_b\angle{-30^\circ} + \sqrt{3}\dot{U}_c\angle{-30^\circ} - 2\dot{U}_c\end{aligned} \tag{4-154}$$

$$\begin{aligned}3\dot{U}_2 &= \dot{U}_a + \alpha^2\dot{U}_b + \alpha\dot{U}_c \\ &= \dot{U}_a + (\sqrt{3}\angle{-30^\circ}-2)\dot{U}_b + (1-\sqrt{3}\angle{-30^\circ})\dot{U}_c \\ &= \dot{U}_a + \sqrt{3}\dot{U}_b\angle{-30^\circ} - 2\dot{U}_b + \dot{U}_c - \sqrt{3}\dot{U}_c\angle{-30^\circ}\end{aligned} \tag{4-155}$$

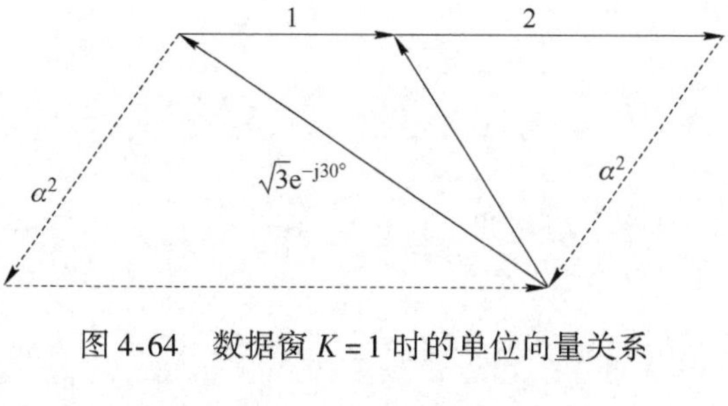

图 4-64　数据窗 $K=1$ 时的单位向量关系

图4-65表示式（4-154）、及式（4-155）在幅值不相等、相位互差120°时的三相电压向量图。故有用正序分量和负序分量算法离散化计算式为

$$\begin{cases}3u_1(n)=u_a(n)+u_b(n)-\sqrt{3}u_b(n-1)+\sqrt{3}u_c(n-1)-2u_c(n)\\3u_2(n)=u_a(n)+\sqrt{3}u_b(n-1)-2u_b(n)+u_c(n)-\sqrt{3}u_c(n-1)\end{cases}\tag{4-156}$$

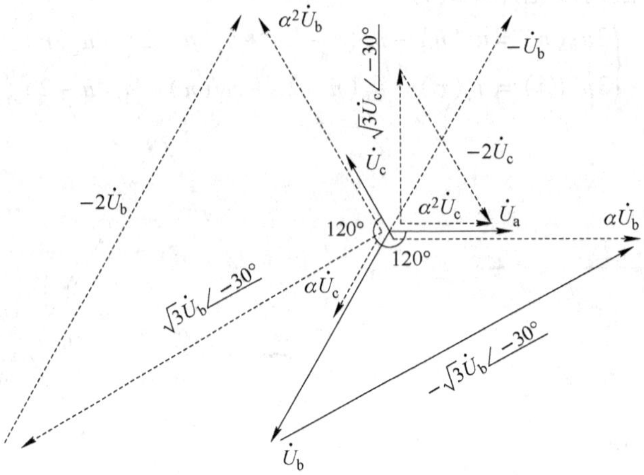

图4-65　数据窗 $K=1$ 时的三相电压向量图

2. 直接滤序算法仿真

设不对称的三相电压为 $u_a(t)=3\sin(\omega t)$ V，$u_b(t)=4\sin(\omega t-120°)$ V，$u_c(t)=1.5\sin(\omega t+120°)$ V；一周波采样12个点，采用直接移相滤序法的程序如下：

```
clear
N=12;
t=0:0.02/N:0.08;
Um1=3;
Um2=4;
Um3=1.5;
s=9;
ua=Um1* sin(2* pi* 50* t);
ub=Um2* sin(2* pi* 50* t-2* pi/3);
uc=Um3* sin(2* pi* 50* t+2* pi/3);
m=max(size(ua));
z=0;
f=0;
l=0;
a=zeros(1,s);
b=zeros(1,s);
c=zeros(1,s);
u18=zeros(1,m);
u28=zeros(1,m);
u08=zeros(1,m);
```

```
for n=0:s-1
    a(n+1)=Um1* sin(2* pi* n* 50* 0.02/N);
    b(n+1)=Um2* sin(2* pi* 50* n* 0.02/N-2* pi/3);
    c(n+1)=Um3* sin(2* pi* n* 50* 0.02/N+2* pi/3);
end
for j=s+1:m

    z=(a(9)+b(1)+c(5))/3;
    f=(a(9)+b(5)+c(1))/3;
    l=(a(9)+b(9)+c(9))/3;
    u18(j)=z;
    u28(j)=f;
    u08(j)=l;

    for k=1:s-1
    a(k)=a(k+1);
    b(k)=b(k+1);
    c(k)=c(k+1);
    end
a(9)=ua(j);
b(9)=ub(j);
c(9)=uc(j);
end
figure(1)
subplot(311)
plot(t,ua,'-ok')
ylabel('ua(t)/V','Fontname','Times New Roman');
subplot(312)
plot(t,ub,'-ok')
ylabel('ub(t)/V','Fontname','Times New Roman');
subplot(313)
plot(t,uc,'-ok')
xlabel('t/s','Fontname','Times New Roman');
ylabel('uc(t)/V','Fontname','Times New Roman');
figure(2)
subplot(311)
plot(t,u18,'-ok')
ylabel('u18(t)/V','Fontname','Times New Roman');
subplot(312)
plot(t,u28,'-ok')
ylabel('u28(t)/V','Fontname','Times New Roman');
subplot(313)
plot(t,u08,'-ok')
```

```
xlabel('t/s','Fontname','Times New Roman');
ylabel('u08(t)/V','Fontname','Times New Roman');

N=12;
t=0:0.02/N:0.08;
Um1=3;
Um2=4;
Um3=1.5;
s=5;
ua=Um1*sin(2*pi*50*t);
ub=Um2*sin(2*pi*50*t-2*pi/3);
uc=Um3*sin(2*pi*50*t+2*pi/3);
m=max(size(ua));
z=0;
f=0;
a=zeros(1,s);
b=zeros(1,s);
c=zeros(1,s);
u14=zeros(1,m);
u24=zeros(1,m);
for n=0:s-1
    a(n+1)=Um1*sin(2*pi*n*50*0.02/N);
    b(n+1)=Um2*sin(2*pi*50*n*0.02/N-2*pi/3);
    c(n+1)=Um3*sin(2*pi*n*50*0.02/N+2*pi/3);
end
for j=s+1:m
    z=(a(5)-b(3)+c(1))/3;
    f=(a(5)+b(1)-c(3))/3;
    u14(j)=z;
    u24(j)=f;
    for k=1:s-1
    a(k)=a(k+1);
    b(k)=b(k+1);
    end
a(s)=ua(j);
b(s)=ub(j);
end
figure(3)
subplot(211)
plot(t,u14,'-ok')
ylabel('u14(t)/V','Fontname','Times New Roman');
subplot(212)
plot(t,u24,'-ok')
```

```
xlabel('t/s','Fontname','Times New Roman');
ylabel('u24(t)/V','Fontname','Times New Roman');

N=12;
t=0:0.02/N:0.08;
Um1=3;
Um2=4;
Um3=1.5;
s=3;
ua=Um1*sin(2*pi*50*t);
ub=Um2*sin(2*pi*50*t-2*pi/3);
uc=Um3*sin(2*pi*50*t+2*pi/3);
m=max(size(ua));
z=0;
f=0;
a=zeros(1,s);
b=zeros(1,s);
c=zeros(1,s);
u12=zeros(1,m);
u22=zeros(1,m);
for n=0:s-1
    a(n+1)=Um1*sin(2*pi*n*50*0.02/N);
    b(n+1)=Um2*sin(2*pi*50*n*0.02/N-2*pi/3);
    c(n+1)=Um3*sin(2*pi*n*50*0.02/N+2*pi/3);
end
for j=s+1:m
    z=(a(3)-b(1)+c(1)-c(3))/3;
    f=(a(3)+b(1)-b(3)+c(3))/3;
    u12(j)=z;
    u22(j)=f;
    for k=1:s-1
    a(k)=a(k+1);
    b(k)=b(k+1);
    end
a(s)=ua(j);
b(s)=ub(j);
end
figure(4)
subplot(211)
plot(t,u12,'-ok')
ylabel('u12(t)/V','Fontname','Times New Roman');
subplot(212)
plot(t,u22,'-ok')
```

```
xlabel('t/s','Fontname','Times New Roman');
ylabel('u22(t)/V','Fontname','Times New Roman');

N=12;
t=0:0.02/N:0.08;
Um1=3;
Um2=4;
Um3=1.5;
s=2;
ua=Um1* sin(2* pi* 50* t);
ub=Um2* sin(2* pi* 50* t-2* pi/3);
uc=Um3* sin(2* pi* 50* t+2* pi/3);
m=max(size(ua));
A=1-sqrt(3)* exp(-30i);
z=0;
f=0;
a=zeros(1,s);
b=zeros(1,s);
c=zeros(1,s);
u11=zeros(1,m);
u21=zeros(1,m);
for n=0:s-1
    a(n+1)=Um1* sin(2* pi* n* 50* 0.02/N);
    b(n+1)=Um2* sin(2* pi* 50* n* 0.02/N-2* pi/3);
    c(n+1)=Um3* sin(2* pi* n* 50* 0.02/N+2* pi/3);
    end
for j=s+1:m
    z=(a(2)+b(1)-sqrt(3)* b(1)+sqrt(3)* c(1)-2* c(2))/3;
    f=(a(2)-2* b(1)+sqrt(3)* b(1)-sqrt(3)* c(1)+c(2))/3;
    u11(j)=z;
    u21(j)=f;
    a(1)=a(2);
    a(2)=ua(j);
    b(1)=b(2);
    b(2)=ub(j);
    end
figure(5)
subplot(211)
plot(t,u11,'-ok')
ylabel('u11(t)/V','Fontname','Times New Roman');
subplot(212)
plot(t,u21,'-ok')
xlabel('t/s','Fontname','Times New Roman');
```

```
ylabel('u21(t)/V','Fontname','Times New Roman');
```

图 4-66 是三相电压采样波形，图 4-67 ~ 图 4-70 分别是数据窗为 8、4、2、1 时的正序、负序、零序分量波形；可见数据窗越大，延时越长。

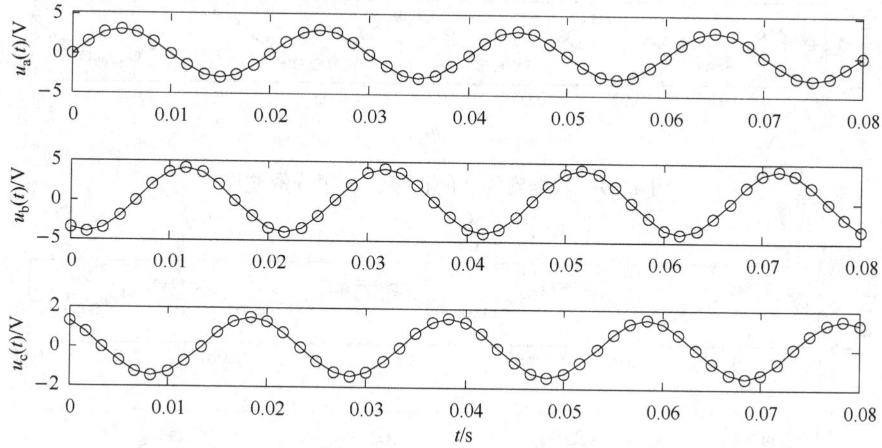

图 4-66　三相电压采样信号

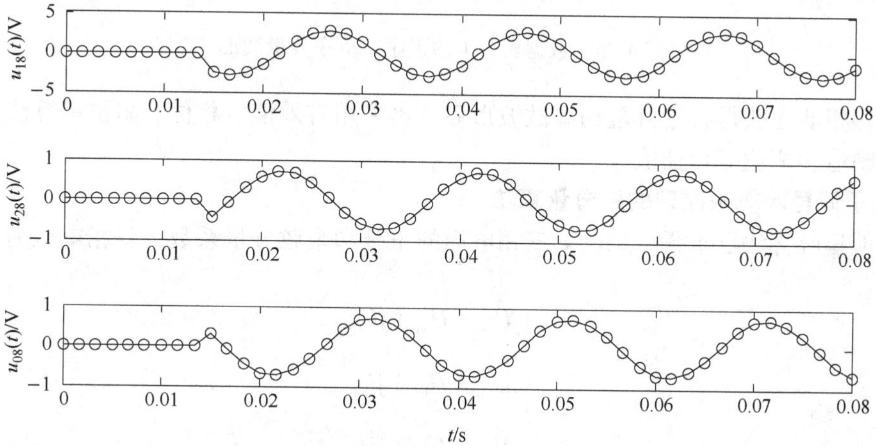

图 4-67　数据窗为 8 的正序、负序、零序分量波形

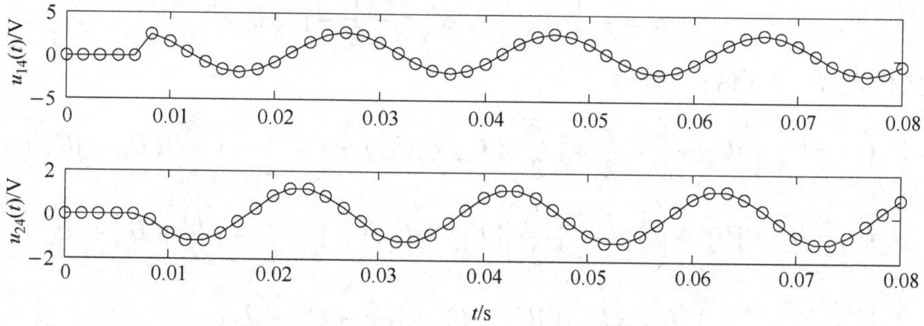

图 4-68　数据窗为 4 的正序、负序分量波形

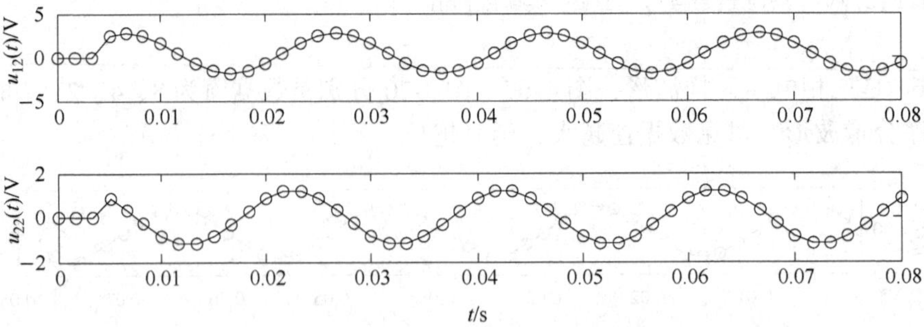

图 4-69　数据窗为 2 的正序、负序分量波形

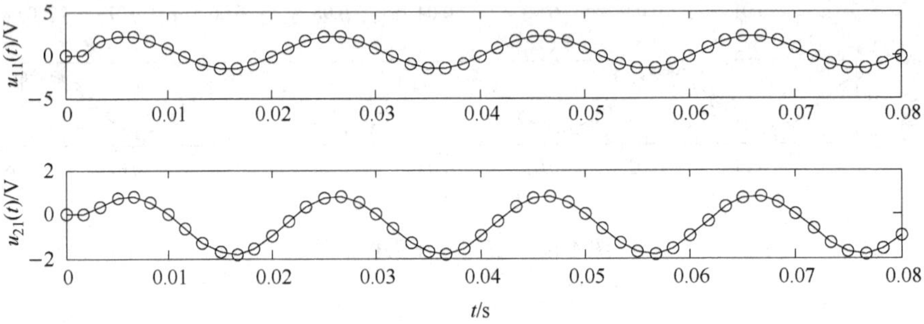

图 4-70　数据窗为 1 的正序、负序分量波形

直接移相滤序获得各序分量的离散波形后，再采用有效值、相位、阻抗等算法，可以获得序分量幅值、相位等特征值。

3. 基于傅里叶算法原理的序分量算法

如果傅里叶算法已求得 a、b、c 三相电压的正弦和余弦分量系数，各相电压为

$$\begin{cases}\dot{U}_a = U_{as} + jU_{ac} \\ \dot{U}_b = U_{bs} + jU_{bc} \\ \dot{U}_c = U_{cs} + jU_{cc}\end{cases} \tag{4-157}$$

又

$$\alpha = -\frac{1}{2} + j\frac{\sqrt{3}}{2},\ \alpha^2 = -\frac{1}{2} - j\frac{\sqrt{3}}{2}$$

将此关系式代入式（4-146），可得

$$3\dot{U}_1 = U_{as} + jU_{ac} + \left(-\frac{1}{2} + j\frac{\sqrt{3}}{2}\right)(U_{bs} + jU_{bc}) + \left(-\frac{1}{2} - j\frac{\sqrt{3}}{2}\right)(U_{cs} + jU_{cc})$$

$$3\dot{U}_2 = U_{as} + jU_{ac} + \left(-\frac{1}{2} - j\frac{\sqrt{3}}{2}\right)(U_{bs} + jU_{bc}) + \left(-\frac{1}{2} + j\frac{\sqrt{3}}{2}\right)(U_{cs} + jU_{cc})$$

$$3\dot{U}_0 = U_{as} + jU_{ac} + U_{bs} + jU_{bc} + U_{cs} + jU_{cc}$$

经整理得

$$3\dot{U}_1=\left(U_{as}-\frac{1}{2}U_{bs}-\frac{1}{2}U_{cs}\right)-\frac{\sqrt{3}}{2}(U_{bc}-U_{cc})+j\left[\left(U_{ac}-\frac{1}{2}U_{bc}-\frac{1}{2}U_{cc}\right)+\frac{\sqrt{3}}{2}(U_{bs}-U_{cs})\right]\tag{4-158}$$

$$3\dot{U}_2=\left(U_{as}-\frac{1}{2}U_{bs}-\frac{1}{2}U_{cs}\right)+\frac{\sqrt{3}}{2}(U_{bc}-U_{cc})+j\left[\left(U_{ac}-\frac{1}{2}U_{bc}-\frac{1}{2}U_{cc}\right)-\frac{\sqrt{3}}{2}(U_{bs}-U_{cs})\right]\tag{4-159}$$

$$3\dot{U}_0=U_{as}+U_{bs}+U_{cs}+j(U_{ac}+U_{bc}+U_{cc})\tag{4-160}$$

基于傅里叶算法的序分量计算的结果是各序分量的相量（实部和虚部），而前面直接移相原理的序分量算法计算的结果是各序分量的序列（相当于各序分量的采样数据），欲求各序的幅值和相位，还要用前面文中所介绍的算法通过这些采样数据求取。

4. 小接地电流系统中的序分量滤过器算法

在小接地电流系统中一般采用两相式接线方式，电流互感器只装在 a、c 两相上，此时要取得序分量，可以采取下面的算法：

正序滤过器

$$\dot{I}_1=\frac{1}{\sqrt{3}}(\dot{I}_a+\dot{I}_c e^{-j60^\circ})\tag{4-161}$$

负序滤过器

$$\dot{I}_2=\frac{1}{\sqrt{3}}(\dot{I}_c+\dot{I}_a e^{-j60^\circ})\tag{4-162}$$

通过图 4-71 的相量关系对上式进行分析。在正序分量的作用下，正序滤过器的输出为 I_1，负序滤过器的输出为 0；在负序分量的作用下，正序滤过器的输出为 0，负序滤过器的输出为 I_2。这里的 I_1 和 I_2 分别为正序、负序相电流。

如果每周采样 $N=12$，则对应于式（4-161）、式（4-162）的离散形式为

$$\begin{cases}i_1(n)=\dfrac{1}{\sqrt{3}}[i_a(n)+i_c(n-2)]\\[2ex] i_2(n)=\dfrac{1}{\sqrt{3}}[i_c(n)+i_a(n-2)]\end{cases}\tag{4-163}$$

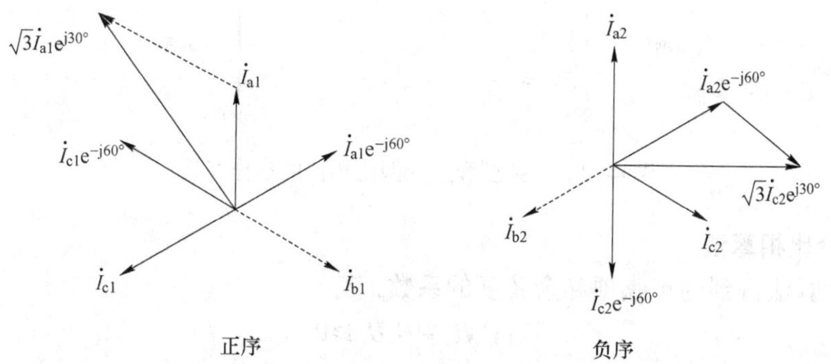

图 4-71　两相式序分量滤过器相量图

4.7 相位比较器算法

4.7.1 正弦型、余弦型比相器基本算法

设两个被比较量 $\dot{G}$ 和 $\dot{H}$，$\dot{G}=G\angle\alpha_G$，$\dot{H}=H\angle\alpha_H$，比较二者的相位，当它们的相位差满足某一关系时，比相器有输出，或称“动作”。根据动作范围不同，通常可分为正弦型和余弦型两种。两种形式的动作条件为

余弦型

$$-90°\leqslant \arg\frac{\dot{G}}{\dot{H}}\leqslant 90° \tag{4-164}$$

正弦型

$$0°\leqslant \arg\frac{\dot{G}}{\dot{H}}\leqslant 180° \tag{4-165}$$

其中 $\arg\frac{\dot{G}}{\dot{H}}=\alpha_G-\alpha_H=\theta$，$\dot{G}$ 超前 $\dot{H}$ 为正，其动作特性如图 4-72 所示。上两式可等效为

$$\cos(\alpha_G-\alpha_H)=\cos\alpha_G\cos\alpha_H+\sin\alpha_G\sin\alpha_H\geqslant 0 \tag{4-166}$$

$$\sin(\alpha_G-\alpha_H)=\sin\alpha_G\cos\alpha_H-\sin\alpha_H\cos\alpha_G\geqslant 0 \tag{4-167}$$

两边同乘以 G 和 H 得

$$G\cos\alpha_G H\cos\alpha_H+G\sin\alpha_G H\sin\alpha_H\geqslant 0 \tag{4-168}$$

$$G\sin\alpha_G H\cos\alpha_H-H\sin\alpha_H G\cos\alpha_G\geqslant 0 \tag{4-169}$$

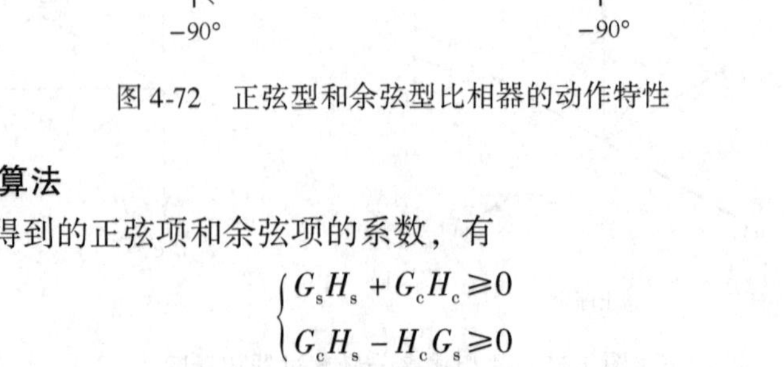

图 4-72 正弦型和余弦型比相器的动作特性

1. 傅里叶比相算法

由傅里叶算法得到的正弦项和余弦项的系数，有

$$\begin{cases}G_sH_s+G_cH_c\geqslant 0\\ G_cH_s-H_cG_s\geqslant 0\end{cases} \tag{4-170}$$

式（4-170）表明，只要用傅里叶算法算出两个被比较量 $\dot{G}$ 和 $\dot{H}$ 的正弦和余弦分量系数，就可以实现比相，式（4-170）与式（4-164）、式（4-165）等效。

2. 两点乘积比相算法

已知同一时刻正弦量的采样值 g_1 和 h_1，与其相隔$\frac{\pi}{2}$的采样值为 g_2 和 h_2，则

$$\begin{cases} g_2h_2+g_1h_1 \geqslant 0 \\ g_1h_2-h_1g_2 \geqslant 0 \end{cases} \tag{4-171}$$

3. 动作范围不为 180°时比相器的表达式

若要求动作范围不为 180°，可用两个范围为 180°的元件组合而成。以余弦型为例，若将图 4-72 中的特性转动 θ_0 角，则式（4-164）可写成

$$-90° \pm \theta_0 \leqslant \arg \frac{\dot{G}}{\dot{H}} \leqslant 90° \pm \theta_0 \tag{4-172}$$

将式（4-172）变成如式（4-164）的标准形式为

$$-90° \leqslant \arg \frac{\dot{G}}{\dot{H}} e^{\mp j\theta_0} \leqslant 90° \tag{4-173}$$

其特性如图 4-73 所示，其中 $+\theta_0$ 表示特性逆时针方向转动，$-\theta_0$ 表示特性顺时针方向转动。

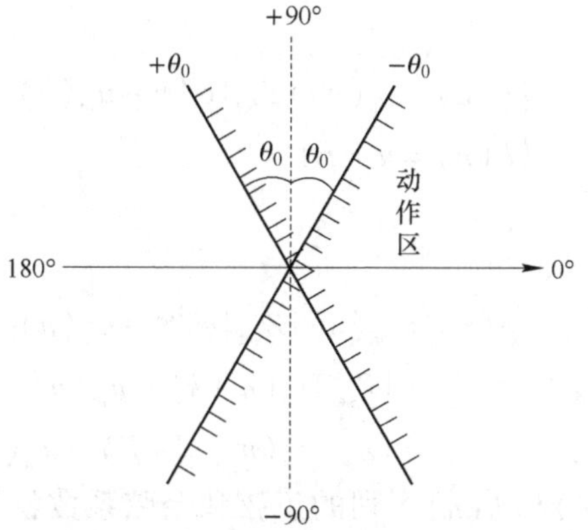

图 4-73　转动 $\pm\theta_0$ 时余弦型特性

对于 $+\theta_0$，式（4-173）等效于 $\cos(\alpha_G-\alpha_H+\theta_0)\geqslant 0$，展开整理后得

$$(\cos\alpha_G\cos\alpha_H+\sin\alpha_G\sin\alpha_H)\cos\theta_0-(\sin\alpha_G\cos\alpha_H-\sin\alpha_H\cos\alpha_G)\sin\theta_0 \geqslant 0$$

傅里叶法：$(G_sH_s+G_cH_c)\cos\theta_0-(G_cH_s-H_cG_s)\sin\theta_0 \geqslant 0$

两点法：$(g_2h_2+g_1h)\cos\theta_0-(g_1h_2-h_1g_2)\sin\theta_0 \geqslant 0$

对于 $-\theta_0$，式（4-173）等效于 $\cos(\alpha_G-\alpha_H-\theta_0)\geqslant 0$，展开整理后得

$$(\cos\alpha_G\cos\alpha_H+\sin\alpha_G\sin\alpha_H)\cos\theta_0+(\sin\alpha_G\cos\alpha_H-\sin\alpha_H\cos\alpha_G)\sin\theta_0 \geqslant 0$$

傅里叶法：$(G_sH_s+G_cH_c)\cos\theta_0+(G_cH_s-H_cG_s)\sin\theta_0 \geqslant 0$

两点法：$(g_2h_2+g_1h_1)\cos\theta_0+(g_1h_2-h_1g_2)\sin\theta_0 \geqslant 0$

$+\theta_0$ 和 $-\theta_0$ 元件的动作范围都是180°，将二者组合起来，可以得到大于或者小于180°的动作范围。若要二者都动作时才动作，即取二者的“与”，动作角度范围为 $-90°+\theta_0°<\theta<90°-\theta_0°$，动作范围小于180°；若只要满足其中一个动作条件即动作，则动作角度为 $-90°-\theta_0°<\theta<90°+\theta_0°$，动作范围大于180°。

4.7.2 常用的方向元件算法

1. 圆特性的方向阻抗继电器

由继电保护原理可知，圆特性的方向阻抗继电器的动作条件为

$$-90°\leqslant \arg\frac{Z_{set}-Z_m}{Z_m}\leqslant 90° \tag{4-174}$$

$$-90°\leqslant \arg\frac{\dot{I}_m Z_{set}-\dot{U}_m}{\dot{U}_m}\leqslant 90° \tag{4-175}$$

式中，Z_{set} 为整定阻抗；Z_m、$\dot{U}_m$、$\dot{I}_m$ 分别为测量阻抗、测量电压和测量电流。对照式（4-164）有

$$\begin{cases}\dot{G}=\dot{I}_m Z_{set}-\dot{U}_m=\dot{I}_m|Z_{set}|\angle\Phi_{set}-\dot{U}_m\\ \dot{H}=\dot{U}_m\end{cases} \tag{4-176}$$

对应序列

$$\begin{cases}g(n)=i_m(n)|Z_{set}|e^{j\Phi_{set}}-u_m(n)\\ h(n)=u_m(n)\end{cases} \tag{4-177}$$

设 $\Phi_{set}=K\dfrac{2\pi}{N}$，则

$$\begin{aligned}g(n)&=i_m(n)|Z_{set}|e^{j\Phi_{set}}-u_m(n)\\&=|Z_{set}|i_m(n+k)-u_m(n)\\&=|Z_{set}|i_m(n-N+K)-u_m(n)\end{aligned} \tag{4-178}$$

用傅里叶算法算出 $g(n)$ 和 $h(n)$ 序列的正弦和余弦系数就可以利用式（4-170）实现方向阻抗元件，也可以用两点乘积法由式（4-171）实现。

为了消除方向阻抗继电器的死区，极化电压 $\dot{H}=\dot{U}_m$ 应带记忆。在微机保护中实现记忆十分简单，如果要记忆两个周波的时间，只要极化电压取用两周前的采样数据即可，即将 $h(n)=u_m(n)$ 用 $h(n)=u_m(n-2N)$ 代替即可。

2. 90°接线的功率方向元件

以A相的功率方向继电器为例，它是比较 $\dot{U}_{BC}$ 和 $\dot{I}_A$ 之间的相位，动作条件为

$$-90°-\alpha\leqslant \arg\frac{\dot{U}_{BC}}{\dot{I}_A}\leqslant 90°-\alpha \tag{4-179}$$

$$-90° \leqslant \arg \frac{\dot{U}_{BC}}{\dot{I}_A} e^{j\alpha} \leqslant 90° \tag{4-180}$$

式中，α 为继电器的内角，当 $\dot{U}_{BC}$和 $\dot{I}_A$ 的相位差 $-\alpha$ 时，继电器最灵敏。

令 $\dot{G} = \dot{U}_{BC}$，$\dot{H} = \dot{I}_A e^{-j\alpha}$。如取 $\alpha = 30°$，$N = 12$，则

$$g(n) = u_b(n) - u_c(n)$$
$$h(n) = i_a(n-1)$$

4.7.3　直接相位比较器

设电流、电压波形如图 4-74 所示。只要测量到两者过零点的时间差 Δt，就可以算出电流和电压的相位差 $\theta = \omega\Delta t$。设电压 $u(t)$ 在 $n-1$ 和 n 两个采样点之间从负到正过零点，在这两点的采样值为 $u(n-1)$、$u(n)$；电流 $i(t)$ 在 $m-1$ 和 m 两个采样点之间从负到正过零点，采样值为 $i(m-1)$、$i(m)$。如图 4-74 所示，两波形过零点的时间距离为

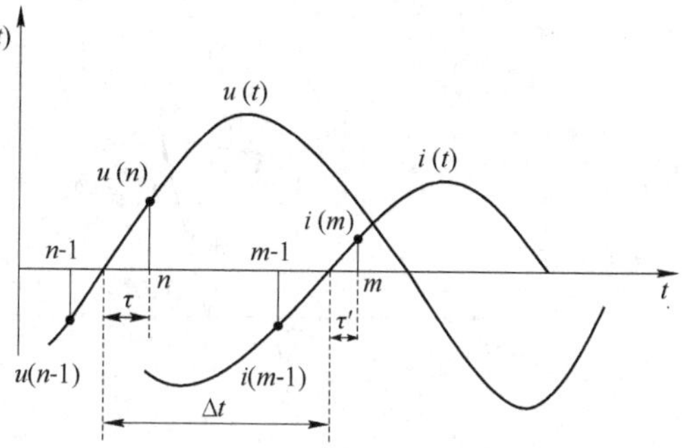

图 4-74　直接相位比较器电流、电压波形

$$\Delta t = T_s(m-n) + \tau - \tau'$$

式中，τ 和 τ'是修正量。为求得 τ 和 τ'，可将两个采样点的间隔内过零点附近的正弦曲线近似看成直线，根据直线方程有

$$\frac{u(n)}{\tau} = -\frac{u(n-1)}{T_s - \tau}$$

由此得

$$\tau = \frac{u(n)}{u(n) - u(n-1)} T_s$$

同理可得

$$\tau' = \frac{i(m)}{i(m) - i(m-1)} T_s$$

于是有

$$\theta = \omega\Delta t = \left[(m-n) + \frac{u(n)}{u(n) - u(n-1)} - \frac{i(m)}{i(m) - i(m-1)}\right]\omega T_s \tag{4-181}$$

在求出 θ 后可直接判断是否满足动作条件，从而实现方向判别。本算法的特点是简单，但响应时间与 θ 有关，当 θ 为180°时，延时可达 10ms。因此本算法应用在对速度要求不高并仅对相位感兴趣的场合。

4.7.4　零序功率方向元件

零序功率方向继电器的算法是电流经过一次差分后再与电压比符号。动作条件为

$$G = \sum_{n=1}^{\frac{N}{2}} u(n) \not\subset [i(n) - i(n-1)] \tag{4-182}$$

其中符号“⊄”表示“异或”，式（4-182）的含义是比较 $u(n)$ 和 $\Delta i(n)=i(n)-i(n-1)$ 的符号。当二者符号相同时计数器 G 加 1，当二者符号相异时 G 减 1。在半个周期内，当 $G>0$ 时，判为正方向；当 $G<0$ 时，判为反方向。下面分析这种方向元件判别零序功率方向的原理。

取 $u(n)=-3u_0(n)$，$i(n)-i(n-1)=3i_0(n)-3i_0(n-1)$，设每周采样点数 $N=12$，即 $\omega T_s=30°$，$i(n-1)$ 落后于 $i(n)$ 30°，在正方向和反方向接地故障时的动作行为波形如图 4-75 所示。

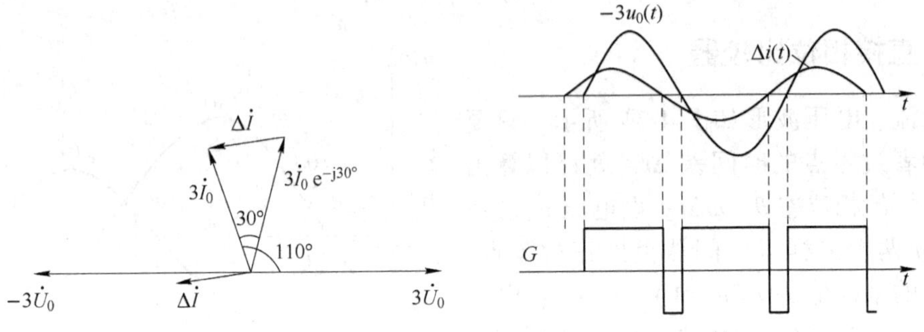

图 4-75 正向接地故障时相量关系及波形图

正方向接地故障时：由继电保护原理可知，此时 $3\dot{I}_0$ 超前 $3\dot{U}_0$ 约 110°，而落后于 $-3\dot{U}_0$ 约 70°，有关相量关系如图 4-75a 所示。由图可见，$\Delta\dot{I}=3\dot{I}_0-3\dot{I}_0\mathrm{e}^{-\mathrm{j}30°}$ 超前 $-3\dot{U}_0$ 约 5°，可以看成基本同相，其波形如图 4-75b 所示。因此比符号实际上已转化为比极性。显然，正方向故障时，同极性的持续时间长，而异极性持续时间很短，结果为 $G>0$。由图 4-75 可以推出其动作条件。

$$-90°\leqslant \arg\frac{\Delta\dot{I}}{-3\dot{U}_0}\leqslant 90° \tag{4-183}$$

$$-90°\leqslant \arg\frac{3\dot{I}_0\mathrm{e}^{\mathrm{j}75°}}{-3\dot{U}_0}\leqslant 90° \tag{4-184}$$

$$-90°-75°\leqslant \arg\frac{3\dot{I}_0}{-3\dot{U}_0}\leqslant 90°-75° \tag{4-185}$$

其动作区如图 4-76 所示。可见其最大灵敏角为 75°，与 LG-12 型功率方向元件具有类似的特性。值得注意的是，这里的灵敏角与采样频率有关，当 $N=12$ 时，灵敏角为 75°，而当 $N=20$ 时，灵敏角为 81°。

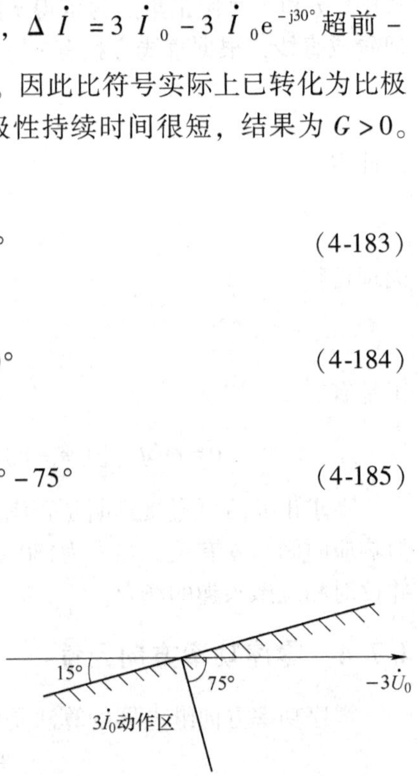

图 4-76 零序功率方向元件的动作特性

当反方向接地故障时，图 4-75a 中的 $3\dot{I}_0$ 和 $\Delta\dot{I}$ 均反相，$\Delta\dot{I}$ 超前 $3\dot{U}_0$ 约 5°，即 $\Delta\dot{I}$ 与 $-3\dot{U}_0$ 接近

反相，G 减 1 多，而加 1 少，因此 $G<0$，判为反方向，继电器不动作。

4.8　突变量电流算法

4.8.1　突变量电流算法原理

电力系统发生故障时，某些电量将发生突变，继电保护装置常通过检测这一电量的突变来启动保护装置进一步判断故障情况，或启动闭锁元件。这一电量的突变可以用硬件来实现，在微机继电保护系统中也可利用微机的记忆功能，方便地取得突变量。

线路发生故障时，短路示意图如图 4-77 所示。对于系统结构不发生变化的线性系统，利用叠加原理可以得到如图 4-78 所示的两个分解图。

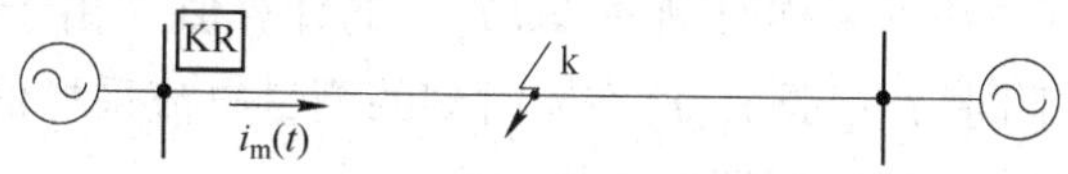

图 4-77　短路示意图

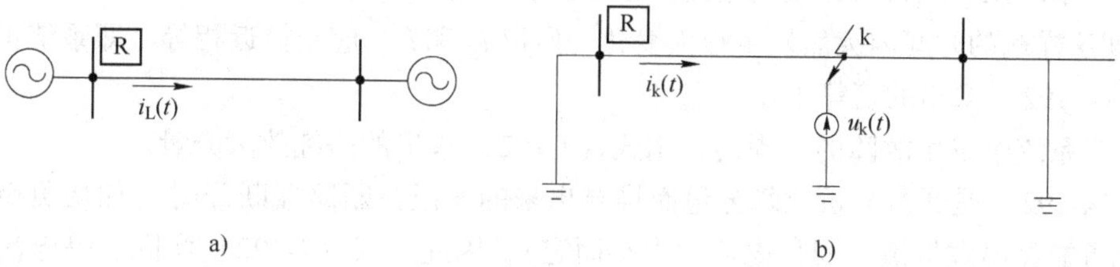

图 4-78　短路分解图

a）正常运行状态　b）短路附加状态

由叠加原理，故障后的测量电流 $i_m(t)$ 可分解为正常工作的负荷电流 $i_L(t)$ 与故障电流 $i_k(t)$ 之和，即

$$i_m(t) = i_L(t) + i_k(t) \tag{4-186}$$

故障电流分量为

$$i_k(t) = i_m(t) - i_L(t) \tag{4-187}$$

对正弦信号而言，在时间上间隔整周的两个瞬时值其大小是相等的。设 $i_L(t)$ 是 t 时刻的负荷电流；$i_L(t-T)$ 是比 t 时刻提前一个周期的负荷电流；T 是工频信号的周期；则有

$$i_L(t) = i_L(t-T) \tag{4-188}$$

故障分量的计算式转化为

$$i_k(t) = i_m(t) - i_L(t-T) \tag{4-189}$$

由于 $i_L(t)$ 是连续测量的，所以，在非故障阶段，测量电流就等于负荷电流，即

$$i_L(t-T) = i_m(t-T) \tag{4-190}$$

对于式（4-190）的理解，还可以参考图 4-79。图中，虚线的波形为负荷电流的延续。于是，故障电流分量的计算式演变为

$$i_k(t) = i_m(t) - i_m(t-T) \tag{4-191}$$

式中，$i_m(t)$ 和 $i_m(t-T)$ 均为可以测量的电流。

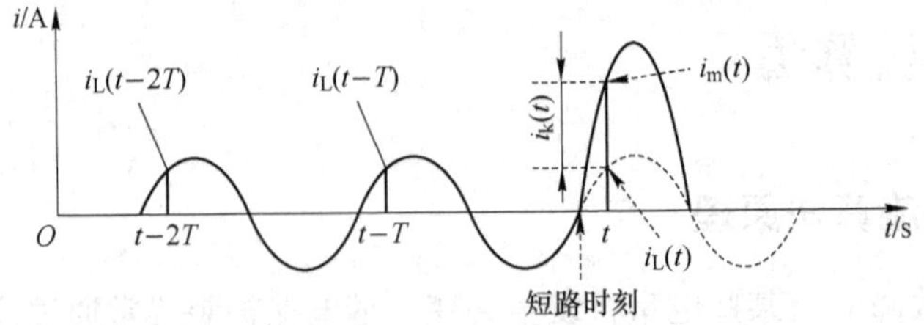

图 4-79 短路前后的电流波形示意图

将式（4-191）转换为采样计算公式得

$$\Delta i_k = i_k - i_{k-N} \tag{4-192}$$

式中，Δi_k 是故障分量 $i_k(t)$ 在 k 采样时刻（$t=kT_s$）的计算值（由于采样间隔 T_s 基本固定，因此可以省略 T_s 符号，下同）；i_k 是 $i_k(t)$ 在 k 时刻的测量电流采样值；i_{k-N} 是 k 时刻之前一周期的电流采样值（N 是一个工频周期的采样点数）。

由上述分析和推导可以知道：

1）当系统正常运行时，负荷电流是稳定的，或者说负荷虽时时有变化，但不会在一个工频周期这样短的时间内突然发生很大变化，所以 i_k 和 i_{k-N} 应当接近相等。即系统正常运行时，式（4-192）求出的值等于 0。

2）当系统刚发生故障的一周内，用式（4-192）求出的是纯故障分量。

式（4-192）是通过分析故障分量而推导出来的，但在断路器断开时（如切负荷、跳闸等），也可能算出数量值（视负电流的大小而定），因此，式（4-192）实际上是电流有变化时，就有计算值“输出”。综合短路和断路断开两种情况，不再单纯地称式（4-192）中的 Δi_k 为“故障分量”，而称为“突变量”。

从图 4-79 可以看出，如果在某一时刻发生短路，则故障电流突然增多，将出现突变量电流。突变量计算公式（4-192）存在的一个问题是，当电网频率偏离 50Hz 时，会产生一定的不平衡电流，因为 i_k 和 i_{k-N} 的采样时刻差 20ms。这决定于微机的定时器，它是由石英晶体振荡器控制的，十分精确和稳定。电网频率变化后，i_k 和 i_{k-N} 对应电流波形的电角度将不再同相，而有一个差值 $\Delta\theta$，特别是当 k 落在电流过零附近时，由于电流变化较快，不大的 $\Delta\theta$ 引起的不平衡电流较大。为了补偿电网频率变化引起的不平衡电流，可以采用跟踪电网频率来调整采样间隔的方法，该方法在系统正常运行时，对测量 U、I、P、Q、f 有很好的效果。但是，在系统发生振荡等情况下，会对保护的测量产生不利的影响，在此，不对这种方法进行叙述；也可以采用下式取得突变量电流，减小频率变化的影响，即

$$\Delta i_k = \left|\, |i_k - i_{k-N}| - |i_{k-N} - i_{k-2N}| \,\right| \tag{4-193}$$

如果由于频率偏离，造成 i_k 和 i_{k-N} 之间有一个相位差 $\Delta\theta$，则 i_{k-N} 和 i_{k-2N} 之间的相位差也应当基本相同，因而式（4-193）右侧两项可以得到部分抵消。特别是当计算的 k 时刻处在电流过零时，这两项各自都可能较大，但由于 $\Delta\theta$ 很小时，$\sin\Delta\theta \approx \Delta\theta$，所以这两项将几乎完全抵消。用式（4-193）不仅可以补偿频率偏离产生的不平衡电流，还可以减弱由于系统静稳定破坏而引起的不平衡电流。当然，这种分析只是定性的，定量分析很有必要。

4.8.2　频率变化对突变量电流算法的影响

在一个工频周期的采样点数 N 固定的情况下，如果电网实际频率偏离了工频 50Hz 频率，那么式（4-193）将受频率偏离影响。假设系统是正常运行，且电流为正弦信号。

以 A 相电流为例，设 $i_a(t)=I_m\sin(\omega t+\alpha)$，有

$$\begin{aligned}\Delta i_a(t) &= ||i_a(t)-i_a(t-T)|-|i_a(t-T)-i_a(t-2T)||\\ &= \| I_m\sin(\omega t+\alpha)-I_m\sin[\omega(t-T)+\alpha]\\ &\quad -|I_m\sin[\omega(t-T)+\alpha]-I_m\sin[\omega(t-2T)+\alpha]\|\\ &=2I_m\left|\left|\sin\frac{\omega T}{2}\cos\left(\omega t+\alpha-\frac{\omega T}{2}\right)\right|-\left|\sin\frac{\omega T}{2}\cos\left(\omega t+\alpha-\frac{3\omega T}{2}\right)\right|\right|\\ &=2I_m\left|\sin\frac{\omega T}{2}\right|\times\left|\left|\cos\left(\omega t+\alpha-\frac{\omega T}{2}\right)\right|-\left|\cos\left(\omega t+\alpha-\frac{3\omega T}{2}\right)\right|\right|\end{aligned}\tag{4-194}$$

式（4-194）中，如果考虑频率变化仅为十几赫兹以内，那么，以时间 t 为变量，Δi_a 为最大值的条件是 $\cos\left(\omega t+\alpha-\frac{\omega T}{2}\right)=0$ 或 $\cos\left(\omega t+\alpha-\frac{3\omega T}{2}\right)=0$，二者的结果是一致的。若以 $\cos\left(\omega t+\alpha-\frac{3\omega T}{2}\right)=0$为条件，则有

$$\omega t+\alpha-\frac{\omega T}{2}=\frac{\pi}{2}(\pm 2k+1)\tag{4-195}$$

因此

$$\omega t+\alpha-\frac{3\omega T}{2}=\frac{\pi}{2}(\pm 2k+1)-\omega T\quad k=0,1,2,3,\cdots\tag{4-196}$$

于是，得

$$\begin{aligned}\Delta i_a(t) &=2I_m\left|\sin\frac{\omega T}{2}\right|\times\left|\left|\cos\left(\omega t+\alpha-\frac{\omega T}{2}\right)\right|-\left|\cos\left(\omega t+\alpha-\frac{3\omega T}{2}\right)\right|\right|\\ &\leqslant 2I_m\left|\sin\frac{\omega T}{2}\right|\times\left|\cos\left(\omega t+\alpha-\frac{\omega T}{2}\right)\right|\end{aligned}\tag{4-197}$$

将式（4-197）代入式（4-196）得

$$\begin{aligned}\Delta i_{amax}(t) &=2I_m\left|\sin\frac{\omega T}{2}\right|\times\left|\cos\left[\frac{\pi}{2}(\pm 2k+1)-\omega T\right]\right|\\ &=2I_m\left|\sin\left(\frac{\omega T}{2}\right)\sin(\omega T)\right|\end{aligned}\tag{4-198}$$

这就是式（4-193）受频率波动时的“最大不平衡”输出公式。

表 4-3 列出了频率在 48～52Hz 内波动时，式（4-192）与式（4-193）的最大相对误差，这个误差也反映了二者的最大不平衡输出。显然，采用式（4-193）后，大大减小了频率波动的影响。最大相对误差为$\frac{\Delta i_{amax}(t)}{I_m}\times 100\%$。

表 4-3　两种突变量算法的最大相对误差

f/Hz	48	49	49.5	50	50.5	51	52
式（4-192）的误差（%）	25.07	12.56	6.128	0	6.28	12.56	25.07
式（4-193）的误差（%）	6.23	1.58	0.39	0	0.39	1.58	6.23

式（4-193）突变量电流的最大相对误差（对应最大不平衡输出）曲线如图4-80所示。

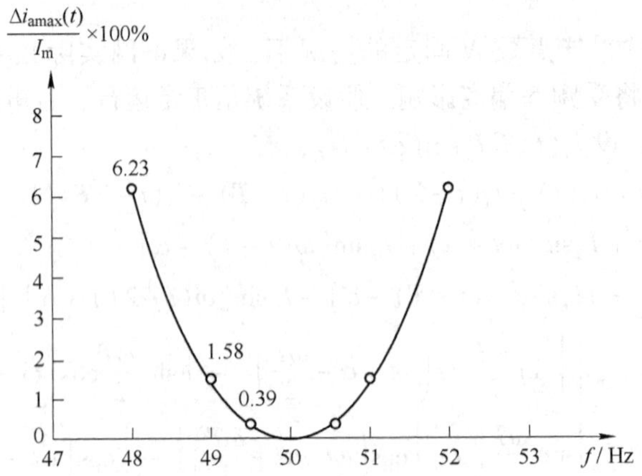

图4-80 频率波动的最大不平衡输出

综合上述分析可以看出，频率波动时采用式（4-193）的最大不平衡输出 Δi_{amax} 数值很小，保证了频率 f 波动的影响降低到很小的程度。如 $f=49.5$Hz 或 $f=50.5$Hz 时，$\Delta i_{amax}=0.39\% I_m$。

4.9 微机保护算法选择

目前，微机保护算法种类繁多，前面只是粗略地将几种典型的、用得较多的算法加以归类，以此作为了解算法的入门。对于许多其他类型的算法，读者可根据需要阅读有关文献。另外，随着对微机保护的研究和实践不断广泛和深入，将会提出更多、更完善的算法供使用者选择，因此这里只是对前面提到的几类算法的选择和应用范围提出一些看法，具体如下：

就要求输入信号为纯基频分量的一类算法来说。由于算法本身所需的数据窗很短（如最少只要两三点采样），计算量很小，因此常可用于输入信号中暂态分量不丰富或计算精度要求不高的保护中，如直接应用于低压网络的电流、电压后备保护中，或者将其配备一些简单的差分滤波器以削弱电流中的衰减的直流分量作为电流速断保护，加速出口故障时的切除时间；另外，还可作为复杂保护的启动元件的算法，如距离保护的电流启动元件就有采用半周积分法来粗略地估算，以判别是否发生故障。但是，如将这类算法用于复杂保护，则需配以良好的带通滤波器，这样将使保护总的响应时间加长，计算工作量加大。

全波傅里叶算法和 *R-L* 模型算法都用于构成高压线路阻抗保护的实例，各有其特点。

傅里叶算法是一种能够适用于各种保护的算法，在实际中应用较多。一般在采用傅里叶算法时，需考虑衰减直流分量造成的计算误差，并采取适当的补救措施。

R-L 模型算法一般不宜单独应用于分布电容可忽略的较长线路，但若将它配以适当的数字滤波器而构成高压、超高压长距离输电线的距离保护，还是能得到满意的效果的。

据有关参考文献对全波、半波傅里叶算法和 *R-L* 模型算法配合非递归、递归数字低通滤波器等四种认为较有前途的算法进行的详细的分析、比较，并通过大量试验，结果确认配合递归数字低通滤波器的 *R-L* 模型算法的性能最好，它是利用微型机进行实时处理的一种最佳算法。

应当再次指出的是，*R-L* 模型算法只能计算输电线路阻抗，因此多用于线路保护中。而全波傅里叶算法还常用于元件保护（如发电机、变压器的差动保护）、后备电流、电压保护以及一些由序分量组成的保护中，也可以应用于谐波分析；对于测量场合，还可以应用测量值的原始定义，如方均根值等。

总之，各种算法都有其应用价值，选择哪一种算法需根据保护功能的要求、应用场合以及可能配备的硬件情况来具体确定，数字信号处理器（DSP）的应用和微型机运行速度的提高，为各种计算量较大的算法提供了硬件保障的基础。

现在，已有很多参考文献论述了新原理、新技术和新方法在电力系统控制和继电保护中的应用，主要有自适应理论、模糊集理论、小波分析、智能分析、专家系统、暂态行波原理、暂态分量保护和神经元网络等。

习　题

一、填空题

1. 使用正弦模型算法时，要求被采样的电流或电压信号是时间的________函数。

2. 导数算法要求采样信号是时间的________函数。

3. 在电力系统正常运行时，相电流瞬时采样值突变量启动元件的工作状态是________。

4. 解微分方程算法需要电压、电流采样值个数至少为________。

5. 三点乘积算法的计算值与电网频率变化值________。

6. 解微分方程算法是利用电流、电压采样值、输电线路的数学模型和故障类型计算故障点至保护安装处的________。

7. 由于采用平均值代替电气量的采样值，故导数算法在原理上就存在着________。

8. 电力系统发生故障后的最初几个周波内，故障电气量（主要是电流）中，主要含有________、基波和________。

9. 电流量有效值的计算公式为 $i_1=\sqrt{2}I\sin\theta_{1u}$，$i_2=\sqrt{2}I\cos\theta_{1u}$ 的两点乘积算法，采样值 i_1、i_2 之间采样间隔的电角度是________。

10. 在各种继电保护原理中，广泛使用对称分量。对称分量包括________、________和________。

11. N 点周期采样值 $x(0)$，$x(1)$，…，$x(N-1)$，采用全波傅里叶算法计算基波正弦分量 a_1 的计算公式为________。

12. 采用傅里叶算法可以计算周期信号中的基波和谐波信号的幅值与________。

13. 采用傅里叶算法时，不需要对电流、电压的周期采样数据进行________。

14. 基于继电器动作特性的采样值算法是指：利用电流和电压量的采样值实现功率方向元件和______的算法。

15. 分析和评价各种不同算法优劣的标准是________和________。

16. 采用半波积分算法计算被测电流，如果被测电流是 100A 时半波积分结果是 2500，现如果半波积分结果是 2000 则被测电流是________。

17. 半波积分算法可以抑制________分量。对于 50Hz 的工频正弦量，数据窗延时为________。

18. *R-L* 模型算法是以线路的简化模型为基础的，该算法仅能计算________，用于________保护。

二、判断题

1. 傅里叶算法的数据窗比导数算法的数据窗短。(　　)

2. 傅里叶算法要求对信号进行的采样方式是连续的。(　　)

3. 利用软件算法，从故障电气量的采样值中提取出故障特征量采样值的方法称为最小二乘算

法。(   )

4. 由于电流一阶导数的采样值不能直接得到，在使用解微分方程算法时，代替电流一阶导数的采样值是采样值的差分。(   )

5. 分析和评价算法的标准是可靠性和灵敏性。(   )

6. 半波积分算法可测量电流相量。(   )

7. 导数算法可测量电流相量。(   )

8. 解微分方程算法可测量电流相量。(   )

9. 傅里叶算法可以滤去多次谐波，但受输入模拟量中非周期分量的影响较大。(   )

三、简答题

1. 简述周期函数的傅里叶变换和傅里叶级数的主要差别。

2. 简述傅里叶级数算法的基本原理，与两点乘积算法和导数法相比，它有哪些优点？

3. 简述 *R-L* 模型算法的优缺点。

4. 使用傅里叶算法时，是否需要对非正弦周期函数电流量的周期采样数据进行数字滤波？为什么？

5. 半周期傅里叶算法的使用条件是什么？

6. 什么是三点乘积算法？怎样理解其计算误差与电力系统运行频率的变化量无关？

7. 递推最小二乘算法的突出优点有哪些？

8. 请指出为什么傅里叶算法比正弦函数模型算法更准确？

9. 采用正弦模型算法时，对使用的电气量采样数据是否需要进行数字滤波？为什么？

10. 周期为 T_P 信号的傅里叶级数表达式是什么？给出计算基波正弦分量和余弦分量幅值 a_1、b_1 的计算公式。

11. 半波傅里叶算法的使用条件是什么？给出利用故障电气量的半波采样值 $x(1)$，$x(2)$，…，$x\left(\frac{N}{2}\right)$ 计算其基波分量幅值 x_1 的计算公式。

12. 与傅里叶算法相比，最小二乘法有何特点？

13. 在导数算法、两点乘积算法、半波积分算法、傅里叶算法、解微分方程算法中，哪些算法能测量电压、电流的有效值、相位和阻抗？哪些算法只能测量电压、电流的有效值？哪些算法只能测量阻抗？

14. 什么是微机保护的算法？常用的微机保护的算法有哪几种？各用于什么场合？

15. 说明用解微分方程算法计算短路电阻和电感的步骤，列写出相应的计算公式。

16. 何谓两点乘积算法？其使用条件是什么？给出计算公式。

四、仿真与设计

1. 已知被采样函数为 $i(t)=10\sin\omega t$，一周内采样点数为 $N=12$，画出采样输出波形，并利用 MATLAB 编程仿真，基于半周绝对值积分法求出 I_m。

2. 已知被采样函数为 $i(t)=10\sin(\omega t+30°)$，一周内采样点数为 $N=12$，画出采样输出波形，并利用 MATLAB 编程仿真，基于两点积分法求出 I_m。

3. 画出全波傅里叶算法的流程图。

4. 给出半波傅里叶算法的流程，用 MATLAB 编写半波傅里叶算法程序，仿真误差。

5. 用 MATLAB 编写两点乘积算法计算相位差的程序。

6. 以电流为 $i(t)=2.828\sin(\omega t+\pi/3)$ 为例，一周波采样点数分别取 12 个点及 20 个点，利用梯形法计算面积，用 MATLAB 编写的半周绝对值积分算法计算有效值程序，仿真说明采样点数与有效值测量误差的关系。

7. 设被测量信号为 $u(t)=10\sin(\omega t)$，采样频率为 600Hz。请写出被测信号频率测量的算法的表达式，并用 MATLAB 编程，仿真信号的测频过程。

8. 写出用全波傅里叶算法计算 5 次谐波的幅值与相位的表达式，积分用梯形法方式。

9. 进行正序滤序计算时，若计算式为 $\dot{U}_1=(\dot{U}_{bc}-\dot{U}_{ca}\angle-60°)/3$，一周波采样点数为 12，采用任意角移相算法，写出该正序滤序算法用三相电压表示的计算式。

第 5 章　微机继电保护的软件设计

5.1　微机保护软件概述

一套完整的微机继电保护装置实现需要选择合理的继电保护原理、数字滤波和算法，设计可靠的硬件电路等。微机继电保护软件的开发过程是对继电保护的原理、数字滤波以及算法的实现过程。不论什么原理和功能的保护，微机保护装置的硬件原理基本相同，主要由数据采集系统、微型机主系统和开关量输入/输出回路组成。各种不同功能、不同原理的微机保护主要的区别体现在软件上，因此将算法与程序结合，并合理安排程序的配置和结构就成为实现保护功能的关键所在。

微机继电保护软件开发由需求分析、功能定义、软件设计、软件代码编写和测试、整机测试五个阶段组成。

需求分析阶段由面向市场的设计工程师完成，负责收集用户需求，和用户进行全面和深入的沟通，以明确用户所需的究竟是一种什么样的装置，我们的软件应该为用户完成什么样的功能，形成文档，并接受开发部门的反馈，修改需求分析，形成最终方案。在需求分析阶段，微机保护装置及软件将要完成的任务大体确定。

功能定义阶段主要由开发部门的软件设计人员完成，保护装置的软硬件组件在这个阶段通过软件工程师和硬件工程师的共同努力初步成型。在功能定义阶段，负责软件设计的人员要预先估计未来可能发生的变化，遵循信息隐藏的原则，以提高软件的可靠性和可维护性。微机保护的软件可以分为驱动层、系统层和应用层。不同的层次分别设计，完成不同的功能，并可以自检；驱动层还需要承担对硬件行为进行检查的任务，以便及时发现错误，提高可靠性。

软件设计阶段是软件编写的过程。良好的软件设计与所采用的软件设计方法、设计工具和设计准则有关。软件设计方法主要有面向数据流的设计、面向对象的设计和面向数据的设计方法等。微机继电保护软件需要对保护装置和电力系统一次设备进行实时控制，因此使用面向数据流的设计方法是比较合适的。设计的准则是遵循数据交换的流程，自上而下，层层细化，复杂问题简单化。在这个阶段，微机保护各个层次被细化，每个层被分为多个软件模块，模块与模块之间需要交换的数据，模块本身实现的细节问题在此阶段设计。软件设计必须详尽、细致，输出的文档不但要有模块功能定义、变量定义，最终还应该形成“伪代码”，只有达到这个程度，才有可能把所有应该在编码之前考虑的问题全部涉及。

软件代码编写和测试阶段是软件设计的一个环节。有了详尽的设计，软件的编码实现就相对简单了，当然，在完成每个模块和把不同模块集成的时候都要进行测试，软件的测试应该贯穿这个过程。

微机继电保护的整机测试包括静态模拟实验、动态模拟实验和试运行。充分的测试是交付用户优质可靠的微机继电保护装置的保证。软件测试的目的是尽可能地发现缺陷；衡量一个测试用例优劣的标准是看其是否可能发现软件中隐藏的缺陷。测试的方法有两种，分别为黑盒测试和白盒测试。黑盒测试把系统看成一个黑盒子，不考虑程序的内在逻辑，只根据需求规格说明书的要求来检查程序的功能是否符合它的功能说明。静态模拟实验和动态模拟实验可以归为黑盒测试。白盒测试允许测试人员针对程序内部逻辑结构及有关信息来设计和选择测试用例，对程序的逻辑路径进行测试。以 C 语言为例，要求对代码进行逐条跟踪，不放过任何一个程序分支。

随着微型机功能的增强和运算速度的加快，以及高级语言的应用，要求微机保护的软件（尤其是保护逻辑功能）具有良好的继承性、可读性和可维护性，减少保护逻辑功能模块与硬件的相关程度，因为每一种软件的稳定性和可靠性还与软件使用的时间、数量、各种运行情况的考核及不断完善等因素有一定关系。当保护的测量、逻辑采用高级语言后，软件具有了继承性，可以方便地将功能软件移植到新的硬件平台中，自然就继承了一定的稳定性和可靠性。

目前使用的微机保护，包括微机线路保护和微机元件保护，由于其不同的保护功能、不同的生产厂家、不同的产品型号，保护的软件结构与功能各不相同；保护的原理、算法也不同。本章重点介绍微机保护装置中软件的一般配置、程序流程的基本结构；作为软件实现的例子，本章还介绍电流保护流程的示意图，使读者对如何用软件实现微机保护的功能有一个比较完整的概念，便于设计和阅读其他微机保护软件。

5.2 微机保护装置的软件配置

5.2.1 软件配置

由于微机保护的硬件从结构功能的角度分为人机接口和保护两部分，其软件相应的有接口软件和保护软件两大部分。为了实现微机保护的实时性，软件采用中断技术，从这一点上看，微机保护的软件又有主程序和中断服务程序之别。其中采样过程采用中断过程完成，相应程序称为采样中断程序。

1. 接口软件

接口软件是指人机接口部分的软件，其程序可分为监控程序和运行程序。执行哪一部分程序由接口面板的工作方式或显示器上显示的菜单选择来决定。调试方式下执行监控程序，运行方式下执行运行程序。

接口的监控程序主要就是键盘命令处理程序，是为接口插件（或电路）及各 CPU 保护插件（或采样电路）进行调节和整定而设置的程序。

接口的运行程序由主程序和定时中断服务程序构成。主程序主要完成巡查（各 CPU 保护插件）、键盘扫描和处理及故障信息的排列和打印。定时中断服务程序包括了以下几个部分：软件时钟程序、以硬件时钟控制并同步各 CPU 插件的软件时钟、检测各 CPU 插件启动元件是否动作的检测启动程序。所谓软件时钟就是每经一定的时间产生一次定时中断，在中断服务程序中软件计数器加 1，当软件计数器加到要求的值时，秒计数器加 1。

2. 保护软件

保护软件配置有主程序和中断服务程序。主程序通常都有三个基本模块：初始化和自检循环模块、保护逻辑判断模块和跳闸处理模块。通常保护逻辑判断模块和跳闸处理模块合称为故障处理模块。一般而言，初始化和自检循环模块在不同的保护装置中基本上是相同的，而保护逻辑判断模块就随不同的保护装置而相差甚远。如距离保护中保护逻辑就包含振荡闭锁程序部分，而零序电流保护就没有振荡闭锁程序部分。中断服务程序有定时采样中断服务程序和串行口通信中断服务程序。在不同的保护装置中，采样算法是不相同的；采样算法有些不同或因保护装置有些特殊要求，使得采样中断服务程序部分也不尽相同。不同保护的通信规约不同，也会造成程序的很大差异。

保护软件有三种工作状态：运行、调试和不对应状态。不同状态时程序流程也就不相同。有的保护没有不对应状态，只有运行和调试两种工作状态。

当保护插件面板的方式开关或显示器菜单选择为“运行”时，则该保护就处于运行状态，其软件就执行保护主程序和中断服务程序。当选择为“调试”时，复位 CPU 后就工作在调试状态。当选择为“调试”但不复位 CPU 并且接口插件工作在运行状态时，就处于不对应状态。也就是说，保护 CPU 插件与接口插件状态不对应。设置不对应状态是为了对模/数插件进行调整，防止在调试过程中保护频繁动作及告警。

3. 中断服务程序及微机保护的中断

绝大多数的工控计算机应用软件都采用了中断技术，微机保护装置是实时性要求较强的工控计算机设备，更是离不开中断的工作方式。

所谓实时性就是指在限定的时间内，对外来事件能够及时做出迅速反应的特性。如保护装置需要在限定的极短时间内完成数据采样，在限定时间内完成分析判断并发出跳闸、合闸命令或告警信号，在其他系统对保护装置巡查或查询时及时响应。这些都是保护装置的实时性的具体表现。保护要对外来事件做出及时反应，就要求保护中断自己正在执行的程序，而去执行服务于外来事件的操作任务和程序。实时性还有一种层次的要求，即系统的各种操作的优先等级是不同的，高一级的优先操作应该首先得到处理。显然，这就意味着保护装置将中断低层次的操作任务，去执行高一级操作的任务，也就是说保护装置为了满足实时性的要求，必须采用带层次要求的中断工作方式，在这里中断成为保护装置软件的一个重要概念。

总之，由于外事件是随机产生的，凡需要 CPU 立即响应并及时处理的事件，必须用中断的方式实现。

对保护装置而言，其外部事件主要是指电力系统状态、人机对话、系统机的串行通信要求。电力系统状态是保护最关心的外部事件，保护装置必须每时每刻掌握保护对象的系统状态。因此，要求保护定时采样系统状态，一般采用定时中断方式，每经一定时间的中断源程序运行，转去执行采样计算的服务程序，采样结束后通过存储器中的特定存储单元将采样计算结果传送给原程序，然后再回去执行原被中断了的程序。这种采用定时中断方式的采样服务程序称为定时采样中断服务程序。

在（定时）采样中断服务程序中，除了有采样和计算，通常还含有保护的启动元件程序及保护的某些重要程序。如高频保护在采样中断服务程序中安排检查收发信机的收信情况；距离保护中还设有健全相电流差突变元件，用以检测发展性故障；零序保护中设有$3U_0$突变量元件等，因此保护的采样中断服务程序是微机保护的重要软件组成部分。

保护装置还应随时接受工作人员的干预，即改变保护装置的工作状态、查询系统运行参数、调试保护装置，这就是利用人机对话方式来干预保护工作。这种人机对话是通过键盘方式进行的，常用键盘中断服务程序来完成。有的保护装置不采用键盘中断方式，而采用查询方式。当按下键盘时，通过硬件产生了中断要求，中断响应时就转去执行中断服务程序。键盘中断服务程序或键盘处理程序属于监控程序的一部分，它把被按的键符及其含义翻译出来并传递给原程序。

系统机与保护的通信要求，实际上是属于高一层次对保护的干预。这种通信要求常用主从式串行口通信来实现。当系统主机对保护装置有通信要求时，或者接口 CPU 对保护 CPU 提出巡检要求时，保护串行通信口就提出中断要求，在中断响应时，就转去执行串行口通信的中断服务程序。串行通信是按一定的通信规约进行的，其通信数字帧常有地址帧和命令帧两种。系统机或接口 CPU（主机）通过地址帧呼唤通信对象，被呼唤的通信对象（主机）就执行命令帧中的操作任务。从机中的串行口中断服务程序就是按照一定规约，鉴别通信地址和执行主机的操作命令。

保护的中断服务程序配置如下，根据中断服务程序基本概念的分析，一般保护装置总是配有定时采样中断服务程序和串行通信中断服务程序。对单 CPU 保护，CPU 除保护任务之外还有人机接口任务，因此还可以配置有键盘中断服务程序。

5.2.2 主程序流程

一种微机保护的主程序流程图如图 5-1 所示。主程序包括自检循环程序和故障处理程序。在保护装置正常运行时，微机保护完成系统初始化和初始化自检后，开放中断，并根据是否满足故障启动条件而进入自检循环程序或故障处理程序。在相应的循环程序中，按同步采样周期接受采样中断请求进入采样中断程序。

保护装置接通电源（上电）或整组复归时，CPU 响应复位中断，进入主程序入口。主程序首先执行系统初始化功能，包括微机系统及其接口芯片初始化、数据采集系统初始化、定时器初始化、计数器及各种标志位设置、整定值加载、输入/输出口的置位与复位等。系统初始化完成后，进行初始化自检。

初始化自检就是对系统硬件进行全面自检。通过自检，可以迅速发现保护装置的软、硬件故障，发出警告信号并闭锁保护出口。自检是微机保护可靠性、安全性得到根本保证的关键性技术措施。如果初始化自检正确，则主程序进行运行方式判别；否则，装置告警并闭锁保护，等待专业人员检查并人工复位。自检的内容和方式包括以下几项：

（1）RAM 读写检查

对 RAM 的某一单元写入一个数，在从中读出，比较两者是否相等。如发现写入与读出的数值不一致，说明随机存储器 RAM 有问题，则驱动显示器

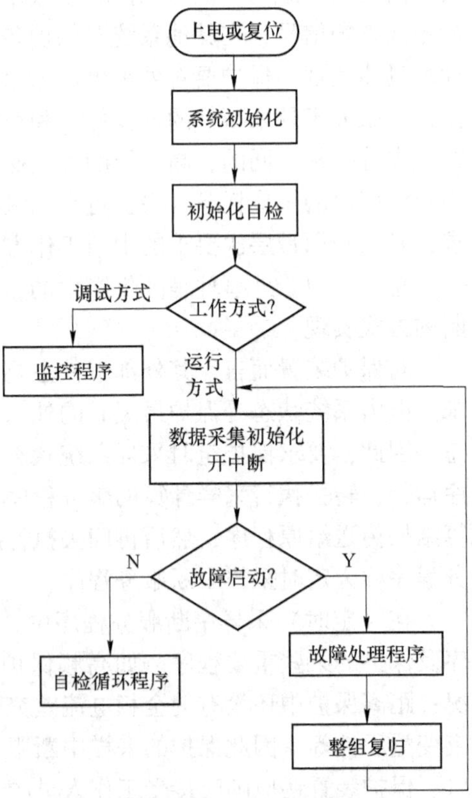

图 5-1 微机保护的主程序流程图

显示故障信号、故障时间和故障类性说明（如 RAM 故障）。同时可开放串行口中断，等待管理 CPU 查询。

（2）定值检查

每套定值存入 E^2PROM 时，都自动固化若干个校验码。若发现只读存储器 E^2PROM 定值求和码与事先存放的值不一致，说明 E^2PROM 有故障，则驱动显示故障字符代码、故障时间、故障类型说明（如 E^2PROM 故障）、故障范围（定值区和参数区）。

（3）EPROM 求和自检

求和自检 EPROM 时，将 EPROM 中存放的程序代码从第一个字节加到最后一个字节，将其和结果与固化在程序末位的和数进行比较。如发现求和自检结果与原程序求和结果不符，则显示相应故障字符代码、故障时间和类型说明（如 EPROM 故障）。这种求和自检方法简单、执行速度快，常用于 EPROM 的在线实时自检。

（4）输出通道（出口跳闸回路）自检

主要检测输出通道是否正常，它是通过硬件开出反馈来检测的。

主程序进行运行方式判别后，根据运行方式判别的结果，分别执行监控调试任务处理或数据采集初始化及开中断处理。若为数据采集初始化及开中断处理，则需对各种标志字、计数器清零，对采样数据缓存区进行地址分配，并开放采样中断，进入相应的主循环程序。

主循环程序包括自检循环程序和故障处理程序。

在正常运行且系统中无故障时，如果没有故障启动标志，则进入自检循环程序。自检循环程序中，主要进行故障报告文件处理及运行状态自检。

对于自检循环程序生成的自检报告，以及故障处理程序生成的保护动作即故障报告等，均需要进行故障报告文件处理。通常的故障报告文件处理方式，是在自检循环程序中，自动生成和保存相关报告文件，并向综合自动化计算机监控系统提交故障报告文件。通过故障报告文件，可以及时对微机保护动作的正确性进行评估分析。

运行状态自检包括保护定值监测、开关位置监测（线路微机保护还包含重合闸充电、通道检查、手动合闸判别等）和交流电流、电压回路监测等。由于程序运行时首先需要保证采样中断程序所需的机时，因此需对自检循环程序的任务进行简化。对于处理量较小且必须在一个采样周期内完成的自检任务，可以安排在中断服务程序中执行；对于处理量较大的自检任务，可以安排在自检循环程序中且按分时处理方式执行。如果运行状态自检正确，则继续自检循环程序；否则，装置告警并闭锁保护，等待专业人员检查并人工复位。

在自检循环程序中，如果检测到故障启动标志，则进入故障处理程序。故障处理程序中进行各种保护的算法计算、跳闸逻辑判断与时序处理、告警与跳闸出口处理及事件报告、故障报告的整理等。其中，保护的算法计算是完成微机保护功能的核心模块，其主要内容有：采样数据的数字滤波、故障特征量计算、保护的动作判据计算等。

在故障处理程序完成保护跳闸和重合闸等全部故障处理任务、整组复归时间到后，执行整组复归操作，清除所有临时标志、收回各种操作命令，保护装置返回到故障前的状态，为下一次保护动作做好准备。

在自检循环程序中不断地等待采样中断和串行口通信的中断请求信号。当保护 CPU 接到请求中断信号，在允许中断后，程序就进入中断服务程序。每当中断服务程序结束后又回到自检循环并继续等待中断请求信号。主程序如此反复自检、中断、返回，进入不断循环阶段，这是保护运行的重要程序部分。

5.2.3 采样中断程序

采样中断服务程序流程图如图5-2所示。

采样中断程序中主要进行模拟量采集与启动判据的计算等功能。采样中断程序中，在响应采样中断后，执行数据采集任务，完成各通道模拟量的采样保持和A/D转换，并将获得的采样数据按一定规则存入数据缓冲区，便于故障处理程序取用。在完成数据采集后，根据故障启动标志确定是否进入故障启动判据程序。如果故障启动标志未置位，则需运行启动判据计算程序后中断返回；如果故障启动标志已置位，表明已经开始故障处理程序，则无须运行故障启动判据计算程序，直接中断返回以节约计算机时。

这里简单介绍了使用较为普遍的一种微机保护软件结构。其他的一些微机保护软件结构中，也有将故障处理程序设置于采样中断程序中的例子。对于这种情况，需要特别小心，以保证采样中断周期中完成全部故障处理程序功能；否则，按分时处理方式执行。

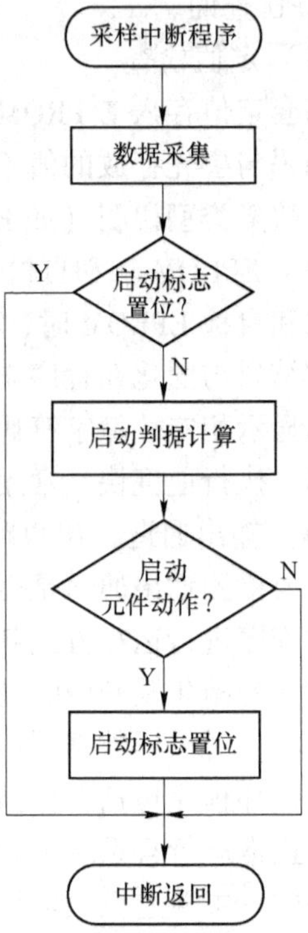

图5-2 采样中断服务程序流程图

5.3 程序流程的基本结构

微机保护的程序结构与微型机的运行速度、功能的构成等诸多因素有关，可以有多种多样的实现方案。在微机保护中，定时中断通常是最主要的中断方式，下面仅以定时中断服务程序为例，介绍三种典型的流程结构。在每次执行定时中断服务程序的过程中，可能会因运行条件的不一样，引起执行时间有长有短，但是，必须保证最长的定时中断服务程序所执行的时间一定要小于采样间隔时间 T_s，并留有一定的时间裕度。否则，将造成微型机还没有从中断返回时，又出现一次中断，导致微型机工作紊乱，无法正常工作。这是微型机的基本要求，在程序设计时，应当予以足够重视。

1. 顺序结构

在图5-3a所示的一次中断服务流程中，将功能1，2，…，N完全按顺序执行一遍。这种流程较清晰，N个功能的地位完全相同，不突出任何一个功能。要求N个功能的执行时间之和小于中断服务程序被允许执行的时间（如采样间隔）。当微型机的运行速度较快时，在结合DSP技术后，完全可以采取顺序结构的方法来实现继电保护的功能。

2. 切换结构

采用图5-3b所示的分时切换的方法，每一次的中断流程只执行1，2，…，N功能模块中的一个功能。这种结构中，N个功能的地位完全相同，不突出任何一个功能，同时，每个功能模块在N次采样间隔中只执行一次。要求N个功能中，最长一个功能的执行时间应小于采样间隔。这种方法的采样间隔时间小于顺序结构的采样间隔。图5-3b中，P为按模块

N 进行加法的计数器，每次中断流程中，均进行一次 $P+1$ 计数，当 P 计数到 N 时归 0，这样，P 就相当于分时切换开关的功能，控制着每次中断流程的走向，保证 1，2，…，N 的每个功能都能顺序执行到。

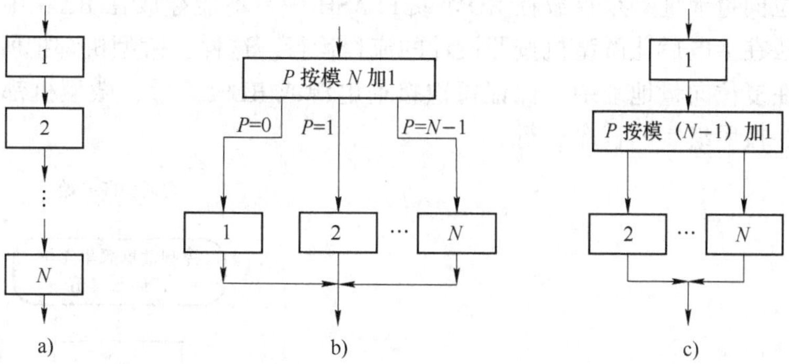

图 5-3　典型流程结构
a）顺序法　b）切换法　c）混合法

3. 混合结构

图 5-3c 所示的混合结构方法介于顺序结构和切换结构之间，突出了 1 功能的实时执行，而 2，…，N 的（$N-1$）个功能采用分时切换执行的方法。要求 2，…，N 中，只有（$N-1$）个功能，所以 P 按（$N-1$）进行计数。

上述三种结构的执行时间比较中，忽略了执行分支表达式（P 计数器及其判别）的时间和中断响应、终端返回时间等，因为完成这些工作所占用的时间是极短的。

4. 采样周期应满足的条件

如果假设 1，2，…，N 个功能的最长执行时间分别为 t_1，t_2，…，t_N，时间裕度为 t_Y，那么，仅就中断流程的执行时间来说，具体的采样间隔时间应满足如下要求：

（1）顺序法　$T_s>(t_1+t_2+\cdots+t_N)+t_Y$

（2）切换法　$T_s>\max\{t_1,t_2,\cdots,t_N\}+t_Y$

（3）混合法　$T_s>t_1+\max\{t_2,\cdots,t_N\}+t_Y$

5.4 电流保护流程图

为了更好地理解微机继电保护软件的设计方法和过程。我们以电力系统保护中最简单的一种电流保护为例来说明，此电流保护的软件包括系统主程序和中断服务程序。另外，本节还介绍软件实现方向元件的方法以及用软件提高电流保护灵敏度的方法。

5.4.1 电流保护流程

1. 系统主程序流程

在微机电流保护中，一种电流保护的流程图如图 5-4 所示。图中只画出了系统主程序流程和定时中断服务流程。其他中断方式的使用，可以根据实际应用情况予以综合考虑。

图 5-4a 的上方是程序入口。每当微机保护装置刚接通电源或复位信号（RESET）后，

微型机都要响应复位中断，它将从一个微型机规定地址（称为复位向量地址）中，去提取第一条执行的指令所存放的地址或者去执行一条跳转指令，具体由微型机设计而定，直接控制微型机跳转到主程序入口。复位向量地址是微型机事先设计好的规定地址，编程人员无法改变它，且复位向量地址必须存放在ROM或FLASH中，不能存放在RAM中，否则会造成掉电丢失，无法在上电后让微型机按照设计的流程运行。这样，微型机都把所有运行的程序入口地址存放在复位向量地址中，保证每次接通电源或RESET后，微型机都自动地进入程序入口，随后，按照编制的程序运行。

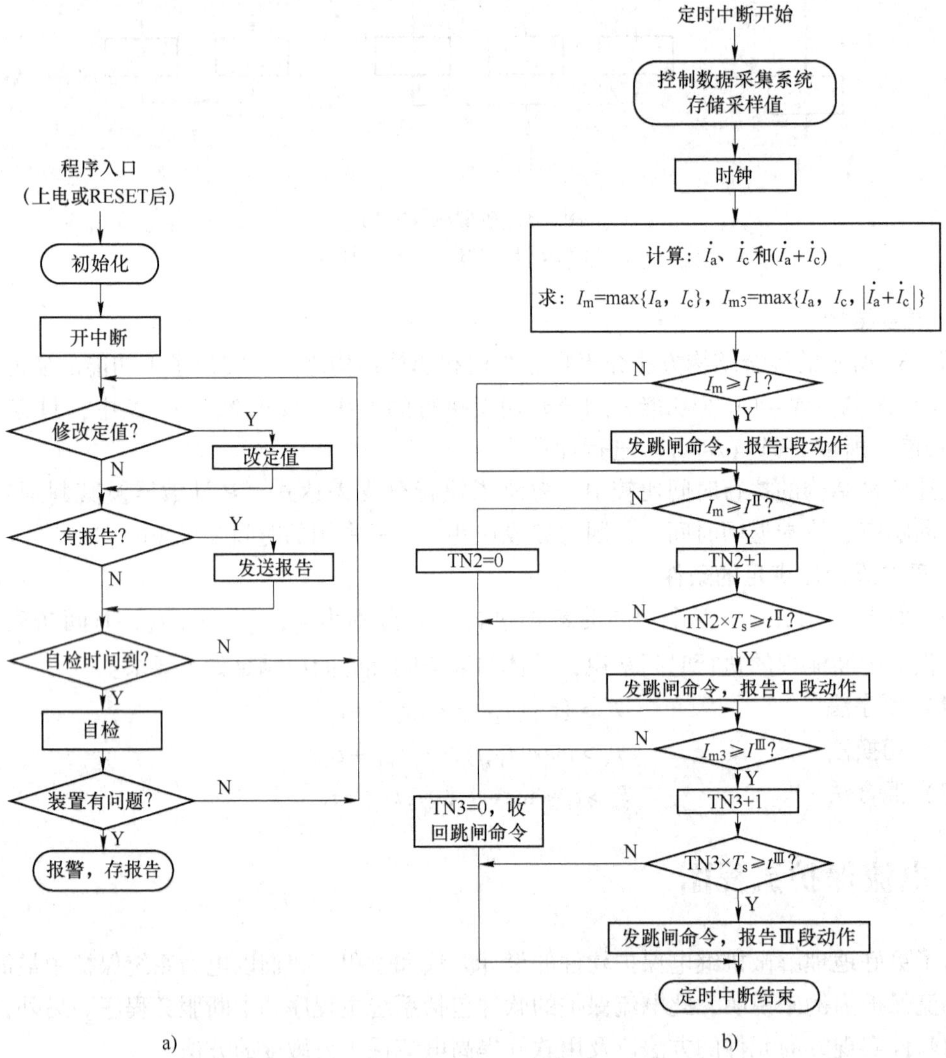

图5-4 电流保护流程图

a）系统主程序 b）中断服务程序

（1）初始化过程

从图5-4a可见，程序入口的第一个模块是初始化，该模块主要完成如下工作：

首先，对硬件电路所设计的可编程并行接口进行初始化。按电路设计的输入和输出要求，设置每一个端口用作输入还是输出，用于输出的还要赋予初值，如出口回路控制、A/D 接口方式等。这一步必须首先执行，保证所有的继电器均处于预先设计的状态，如出口继电器应处于不动作状态；同时，便于通过并行接口读取各开关量输入的状态。

其次，是读取所有开关量输入的状态，并将其保存在规定的 RAM 或 FLASH 地址单元内，以备以后在自检循环时，不断监视开关量输入是否有变化。

还有，要对装置的软硬件进行一次全面的自检，包括 RAM、FLASH 或 ROM、各开关量输出通道、程序和定值等，保证装置在投入使用时处于完好的状态。这一次全面自检不包括对数据采集系统的自检，因为它尚未工作。对数据采集系统的检测安排在中断服务程序中。当然，只要在自检中发现异常情况，就发出告警信号，并停止保护程序的进行。

另外，经过全面自检后，应将所有标志字清零，因为，每一个标志代表了一个“软件继电器”和逻辑状态，这些标志将控制程序流程的走向。一般情况下，还应将存放采样值的循环寄存器进行清零。

最后，进行数据采集系统的初始化。包括循环寄存器存数指针的初始化（一般指向存放采样值第一个地址单元)、设计定时器的采样间隔等。

（2）主程序的其他过程

经过初始化和全面自检后，表明微型机的准备工作已经全部就绪，此时，开放中断，将数据采集系统投入工作，于是，可编程的定时器将按照初始化程序规定的采样间隔 T_s 不断发出采样脉冲，控制各模拟量通道的采样和 A/D 转换，并在每一次采样脉冲的下降沿（也可以是其他方式）向微型机请求中断。应该做到，只要微机保护不退出工作、装置无异常状况，就要不断地发出采样脉冲，实时地监视和获取电力系统的采样信号。

之后，系统程序进入一个自检循环回路，它除了分时地对装置各部分软硬件进行自动检测外，还包括人机对话、定值显示和修改、通信以及报文发送等功能。将这些不需要完全实时响应的功能安排在这里执行，是为了尽量少占用中断程序的时间，保证继电保护的功能可以更实时地运行。当然，在软硬件自检的过程中，一旦发现异常情况，就应当发出信号和报文，如果异常情况会危及保护的安全性和可靠性，即立即停止保护工作。

应当指出，从保护启动到复位之前的过程中，应当退出相关的自检功能，尤其应当退出跳闸回路的自检，以免影响安全性和可靠性。另外，定值的修改应先在缓冲单元进行，等全部定值修改完毕后，再更换定值，避免在保护运行中，出现一部分是修改前的定值，另一部分是修改后的定值。

（3）主程序与中断服务程序的关系

在微型机开中断后，每间隔一个 T_s，定时器就会发出一个采样脉冲，随机产生中断请求，于是，微型机先暂停一下系统主程序的流程，转而执行一次中断服务程序，以保证对输入模拟量的实时采集，同时，实时地运行一次继电保护的相关功能。因此，在开中断后，微型机实际上是交替地执行系统主程序和中断服务程序的，两个程序流程的时序关系如图 5-5 所示。图 5-5 中，用 IRQ 表示中断服务程序的一个完整流程；用 M – N 表示系统主程序的流程，并将中间可能会出现的循环流程假设为顺序执行，这个假设不影响问题的实质。图 5-5 中，当系统主程序流程执行到 A 处时，定时器产生了一次中断，于是，微型机自动地将 A 处的位置和关键信息保存起来（一般由微型机通过堆栈来实现），随即，微型机转而执行一遍完整的中断服务程序（图 5-5 中的 t_1 就是执行中断服务程序的时间段），在中断服务程序结束后，微型机恢复执行A处被暂停的系统主程序流程；当系统主程序流程执行到B处时，定时器再次产生中断信号，从而微型机又暂停B处的流程，再次执行一遍完整的中断服务程序。其中，微型机在t_1，t_3，t_5，…，t_k时间段分别完整地执行一遍中断服务程序，在t_2，t_4，t_6，…，t_{k+1}时间段则分时地执行系统主程序流程。如此反复，在不同时间段上交替执行两种程序。应当说明，图5-5a中，A，B，C，D，…，X和Y处的位置是随机的。

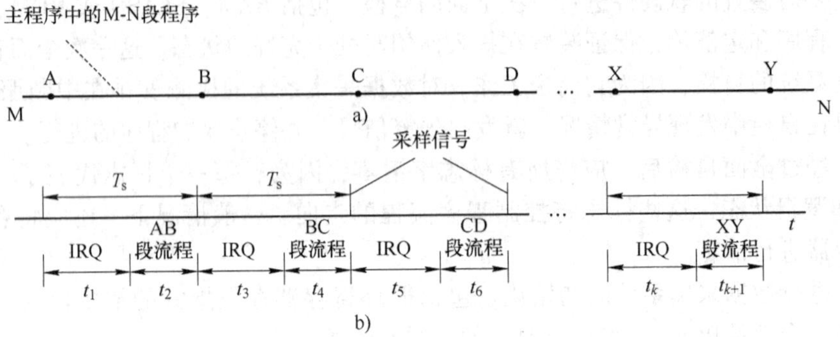

图5-5 程序流程的时序关系

a）系统程序流程示意图 b）系统程序中断服务程序的时序关系

在微型机中，通过程序计数器和堆栈技术，保证被中断所暂停的系统流程能够按顺序、分时地得以完整执行。对于系统程序流程，相当于分时地执行MA段流程，AB段流程（t_2时间）、BC段流程（t_4时间）、CD段流程（t_6时间），…，XY段流程（t_{k+1}时间）和YN段流程，最终将M-N段流程全部执行完毕。

实际上，当中断开放后，保护功能不要立即投入运行，而应当先利用中断功能，控制采集系统工作一段时间，在此期间，对模拟量的采样值进行分析，确认数据采集系统和交流回路处于正常状态后，才能将保护功能投入运行。

应当说，在图5-5的流程示意图中，保护的主要功能安排在中断服务流程中，系统主程序的名称是相对于中断服务程序而言的。

2. 中断服务流程

中断服务程序流程示于图5-4b。为了使流程和逻辑更清晰，图中只画了电流元件和时间元件的工作流程。这是电流保护功能的主体，主要包括以下功能：

1）控制数据采样系统，将各模拟输入量的信号转换成数字量的采样值，然后存入RAM区的循环寄存器中。

2）时钟计时功能。便于在报告和报文中记录带有故障时刻的信息，当然，还可以在此功能模块中实现GPS对时的功能。

3）计算保护功能中用到的测量值，如电流、电压、序分量和方向元件等，具体的计算方法应用算法的内容。为了达到流程更清晰的目的，在图5-4b中，将用于比较的电流只简单地取各输入电流中最大值。

4）测量电流与I段电流定值进行比较，如果测量电流大于I段定值，则立即控制出口回路，发出跳闸命令和动作信号，同时保存I段动作信息，用于记录、显示、查询和上传。一般情况下，可将动作信息存入FLASH内存中，避免掉电丢失。微机保护动作信息的记录时间和显示、查询、上传等性能均优于常规保护。

5）在电流Ⅰ段的功能之后，执行电流Ⅱ段的功能。当Ⅱ段电流元件持续动作到 $t^{Ⅱ}$ 时，立即发出跳闸命令。当测量电流小于电流Ⅱ段定值时，可以考虑一个返回系数后，才让电流Ⅱ段返回（TN2 = 0）。

在电流Ⅱ段的逻辑中，需要用到延时的功能，在此采用计数器 TN2 计数的方式来实现精确的延时。由于中断服务流程的执行次数与采样间隔 T_s 是同步的，且 T_s 是一个固定和已知的常数，所以，计数器 TN2 的计数值代表的延时为：TN2 × T_s。用（TN2 × T_s）的计时与Ⅱ段延时 $t^{Ⅱ}$ 进行比较，从而判断“时间继电器”是否满足动作条件。仅从时间延时本身来说，这种计时方式的时间误差 ≤ T_s。当然，也可以事先求出 $N^{Ⅱ} = t^{Ⅱ}/T_s$ 的数字值，然后，用 TN2 的计数值与 $N^{Ⅱ}$ 进行比较。

假设 T_s = 0.5ms，那么，当 TN2 的计数值等于 300 时，Ⅱ段时间继电器的持续延时就等于 300 × 0.5ms = 150ms。

6）电流Ⅲ段的功能、逻辑和比较过程均与电流Ⅱ段相似，仅仅是在电流测量元件中考虑了第三相电流的合成，用以提高第Ⅲ段电流保护灵敏度。

7）当Ⅰ、Ⅱ、Ⅲ段的电流测量元件都不动作时，再控制出口回路，使出口继电器处于都不动作状态，达到收回跳闸命令的目的。

由于Ⅰ、Ⅱ、Ⅲ段电流保护的动作信息均可以记录、显示、查询和上传，所以，动作信号可以共用一个指示灯。

应当说明，在微机保护中，通常采用事先定义好的存储器或标志位来表示“继电器”以及逻辑状态的行为。一般情况下，所定义的存储器或标志位应分别与“继电器”、逻辑状态一一对应，以免混乱。

5.4.2　软件实现方向元件

在双电源供电的系统中，为了提高供电的可靠性，保证继电保护的选择性，通常需要配置方向元件，用以区分短路的方向。当保护功能需要采用方向元件时，只要在图 5-4 的流程中，考虑方向元件的判断就可以实现相应的逻辑。

按接线方式的要求，计算出进行方向比较的两个电气量的相量 $\dot{U}_m$ 和 $\dot{I}_m$。由于电气量太小时，方向性不太明确或失去了方向性，所以，只有在两个电气量 U_m 和 I_m 均大于一定的数值时，才可以用下面的方法实现方向比较。

1. 方程比较方法

在微机中，相量 $\dot{U}_m$ 和 $\dot{I}_m$ 的实部、虚部均为数字量，所以，通过式（5-1）的幅值比较方程就可以构成灵敏角为 0°的方向元件，其动作特性如图 5-6 所示，动作区域为180°。

$$|\dot{U}_m + \dot{I}_m| \geq |\dot{U}_m - \dot{I}_m| \tag{5-1}$$

当希望方向元件的动作特性如图 5-7 所示时，幅值比较动作方程只要改为

$$|\dot{U}_m \cdot e^{j\beta} + \dot{I}_m| \geq |\dot{U}_m \cdot e^{j\beta} - \dot{I}_m| \tag{5-2}$$

式（5-2）中，将 $\dot{U}_m$ 乘以 $e^{j\beta}$后，在（$\dot{U}_m \cdot e^{j\beta}$）与 $\dot{I}_m$ 同相位时，方向元件最灵敏。于是当 $\dot{U}_m$ 落后 $\dot{I}_m$ 的角度为 β 时，方向元件最灵敏。β 角度可以为任意值，且 $e^{j\beta}$可以事

先求得，代入式（5-2）即可。

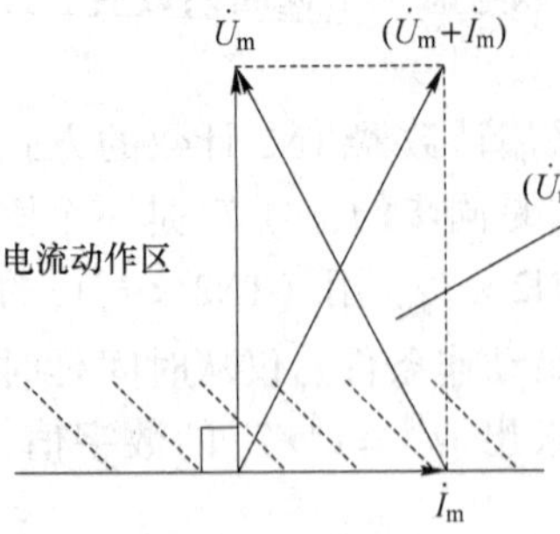

图 5-6　灵敏角为 0°的方向元件动作特性

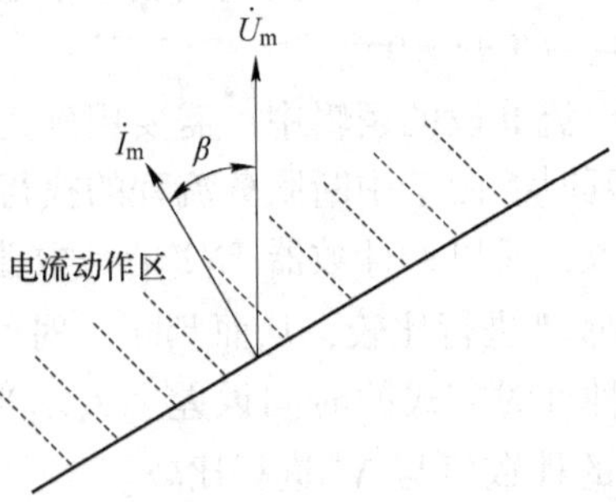

图 5-7　任意灵敏角的方向元件动作

2. 虚拟阻抗方法

利用相量 $\dot{U}_m$ 和 $\dot{I}_m$，求出阻抗 $\dfrac{\dot{U}_m}{\dot{I}_m}=R+jX$，于是，如果取 $R\geqslant 0$ 为动作条件，那么就可以构成灵敏角为 0°的方向元件，其动作特性如图 5-8 所示，动作区域为180°。

若取（$\dot{U}_m \cdot e^{j\beta}$）和 $\dot{I}_m$ 计算阻抗，动作条件仍为 $R\geqslant 0$，就可以获得与图 5-7 相似的动作特性。另外，应用直线比较方法，还可以很方便地构成图 5-8 的动作特性，动作区域可以小于180°（见图 5-9），也可以大于180°。对于低电压电网的方向元件，常用的接线方式是90°接线。利用与接线方式对应的 $\dot{U}_m$ 和 $\dot{I}_m$ 求阻抗时，计算值不一定就是短路阻抗（与短路类型有关），因此，将这种方向元件构成的方法称之为虚拟阻抗法。

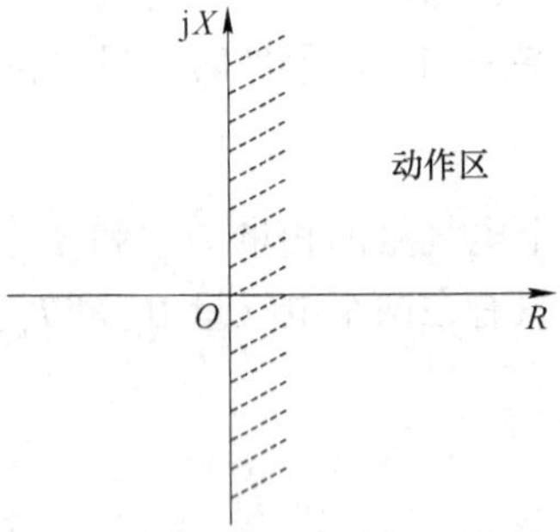

图 5-8　灵敏角为 0°的方向元件动作特性

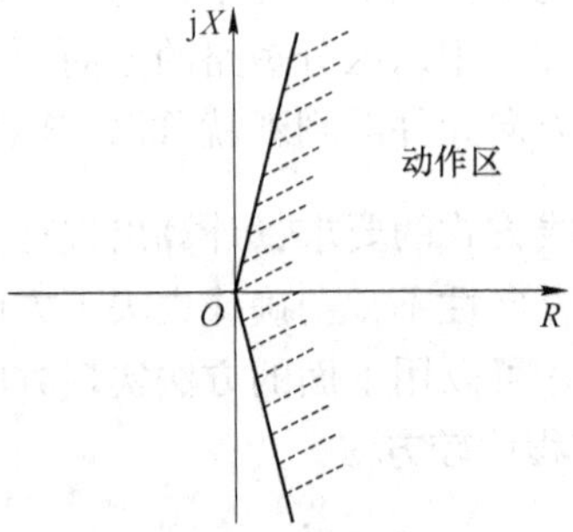

图 5-9　动作区域小于 180°

顺便指出，由于数据存储内存中至少存储了最新的几个周波采样值，所以，微机保护可以很方便地获取记忆电压，从而实现用故障前的记忆电压与故障后的电流进行方向比较，还可以利用采样值进行一定的分析。当然，这里介绍的两种方向比较方法也可以应用于任意两个电气量的方向比较。

5.4.3　提高电流保护灵敏度的方法

在小电流接地系统中，由于单相接地时，系统通常还允许运行一段时间，且此时电流的变化很小，所以，电流保护的目的主要是切除两相短路和三相短路。因此，常规的电流保护在整定时，按最大运行方式下的三相短路来考虑，即躲过最大短路电流的影响；在校验灵敏度时，又按照最小运行方式的两相短路来考核。这样，优先保证了选择性，但降低了灵敏性。

利用微型机的优势和故障的特点，在相同模拟量输入的情况下，考虑电流保护整定值随故障类型的不同而自动调整，从而有效地提高电流保护的灵敏度。下面予以具体分析。

如果将衰减非周期分量和谐波分量的影响用滤波的方法予以消除，那么，对于只引入 A、C 相电流的不完全星形接线，从 A、C 两相电流来看，三相短路和两相短路有如下特征：

1）三相短路时，三相电流是对称的。于是，由引入的 A、C 两相电流可得

$$|\dot{I}_a| = |\dot{I}_c| = |\dot{I}_a + \dot{I}_c| \tag{5-3}$$

其中，$(\dot{I}_a + \dot{I}_c) = -\dot{I}_b$ 为计算得到的第三相电流。如果取 $I_{max} = \max\{|\dot{I}_a|, |\dot{I}_c|, |\dot{I}_a + \dot{I}_c|\}$ 和 $I_{min} = \min\{|\dot{I}_a|, |\dot{I}_c|, |\dot{I}_a + \dot{I}_c|\}$，那么，三相短路时，在理论上有 $\frac{I_{max}}{I_{min}} = 1$。

2）两相短路时，两个故障相的故障电流分量大小相等、方向相反，非故障相的故障电流分量等于 0。于是，在各种相别的两相短路情况下，测量的故障电流和计算电流具有表 5-1 所示的特征。显然，在三相的测量和计算电流中，有 $I_{min} = 0$ 和 $\frac{I_{max}}{I_{min}} = \infty$。

表 5-1　各相间短路的故障电流分量

故障相别	测量电流		计算电流	$\frac{I_{max}}{I_{min}}$
	I_a	I_c	$I_b = \lvert\dot{I}_a + \dot{I}_c\rvert$	
$K_{AB}^{(2)}$	I_K	0	I_K	∞
$K_{BC}^{(2)}$	0	I_K	I_K	∞
$K_{CA}^{(2)}$	I_K	I_K	0	∞

3）由故障分析可知，当下一设备为 Y/Δ 接线的降压变压器时，若低压侧发生两相短路，则三相的测量和计算电流中，有：$\frac{I_{max}}{I_{min}} = 2$。实际上，这种短路情况下，电流保护的灵敏度已经得到提高，所以，本方案不考虑这种短路情况。

于是，综合上述 1）和 2）的分析后，可以得到鉴别同一电压等级上发生两相短路的一种故障分量判别方法为

$$\frac{I_{max}}{I_{min}} \geqslant K \tag{5-4}$$

式中，K 为大于 2 的比例系数，避开第（3）种情况的影响。实际应用中，考虑到互感器的传变误差、测量和计算误差，并考虑一定的裕度，可以取 K 值为 4～5。于是，当 $\frac{I_{max}}{I_{min}} \geqslant K$ 时，判定为两相短路；当 $\frac{I_{max}}{I_{min}} < K$ 时，判定为三相短路。

在相同运行方式下，同一地点分别发生三相和两相短路时，二者的短路电流关系为：

$I_K^{(2)}=\frac{\sqrt{3}}{2}I_K^{(3)}$。于是，可以构成图 5-10 所示的流程图，提高了电流保护的灵敏度。图中只画出了电流速断逻辑的流程示意图。

图 5-10 中 I^{I} 是按照最大运行方式和三相短路情况下，计算出来的电流速断整定值，此时，灵敏度只要按照最小运行方式下三相短路来校验即可。下面，分析灵敏度得到提高的程度。

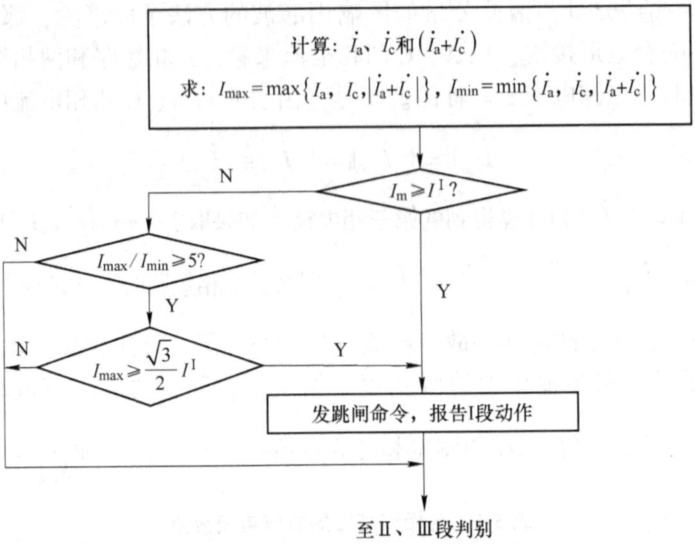

图 5-10　提高灵敏度的电流速断流程图

传统电流速断的最小保护范围为

$$l_{min}=\frac{1}{Z_1}\left[\frac{\sqrt{3}}{2K_K}(Z_{S\,min}+Z_1 l)-Z_{S\,max}\right] \tag{5-5}$$

式中，l_{min}为电流速断保护的最小保护范围；Z_1 为线路单位长度的正序阻抗（Ω/km）；K_K 为电流速断保护的可靠系数，一般取 1.2～1.3；l 为线路全长（km）；$Z_{S\,min}$为归算到保护安装处的系统等效阻抗最小值；$Z_{S\,max}$为归算到保护安装处的系统等效阻抗最大值。

采用区分故障类型、自动调整电流定值的方法后，电流速断的最小保护范围为

$$l'_{min}=\frac{1}{Z_1}\left[\frac{1}{K_K}(Z_{S\,min}+Z_1 l)-Z_{S\,max}\right] \tag{5-6}$$

于是，电流速断的灵敏度得到提高的百分比为

$$\alpha=\frac{l'_{min}-l_{min}}{l}\times 100\%=\frac{1-\sqrt{3}/2}{K_K}\left(\frac{Z_{S\,min}}{Z_1 l}+1\right)\times 100\% \approx \frac{0.134}{K_K}\left(\frac{Z_{S\,min}}{Z_1 l}+1\right)\times 100\% \tag{5-7}$$

式（5-6）和式（5-7）中，各参数的含义与式（5-5）相同。

由式（5-7）可以看出，灵敏度增加的百分比至少为 $\alpha_{min}=\frac{0.134}{K_K}\times 100\%$。取 $K_K=1.25$ 时，灵敏度增加的百分比至少为 $\alpha_{min}\geq 10.7\%$。

顺便指出，对于引入三相电流构成的电流保护来说，很容易通过故障电流的特征区分出是两相短路还是三相短路，实现提高电流保护灵敏度的目的。

习　题

一、填空题

1. 微型机距离保护的软件程序主要有三个模块：________程序、________程序和________程序。

2. 在电力系统故障时，为了使微型机继电保护装置工作程序转移到故障处理程序，采取的办法是：在采样中断程序结束前，修改中断返还地址为故障处理程序的________。

3. 电力系统正常运行时，微型机距离保护软件程序执行自检循环和________。

4. 继电保护的基本结构大致上可以分为三部分：________、________、________。

5. 微机保护的程序结构主要有：________、________和________。

6. 微机保护装置有________、运行状态、________三种工作状态。

7. 微机保护在调试状态下，数据采集系统正常工作，但保护不能跳闸。这种说法正确吗？答：________

二、简答题

1. 在电流保护的中断服务程序中，如何实现Ⅱ段电流的延时动作。

2. 简述微机保护装置如何对内存单元进行自检；多个 CPU 之间如何进行巡检。

3. 采样中断服务程序包括哪三部分？

4. 故障处理程序包括哪些内容？

5. 什么是控制字？

6. 画出中断服务程序与主程序、故障处理程序之间的关系图。

7. 接口插件的程序分为哪两部分？各部分的任务是什么？

8. 为什么在开放采样中断前要退出启动元件？

9. 微机保护软件的采样中断程序的主要功能有哪些？在正常运行时，采样中断服务子程序结束后，微机保护软件的程序将执行什么？在系统发生故障时，采样中断服务子程序结束后，微机保护软件的程序将执行什么？

第6章　微机继电保护装置的抗干扰

6.1　微机保护可靠性及抗干扰

电力系统继电保护的基本要求是选择性、速动性、灵敏性和可靠性。其中可靠性是指继电保护装置不拒动和不误动作，换句话说，可靠性要求继电保护只能在预先规定需要其动作的情况下才可动作，在其他一切不需要其动作的情况下都不动作。对微机继电保护装置也应满足这些基本要求。在微机保护原理和技术都趋于成熟、微机保护大量投运的情况下，微机继电保护的可靠性通过下列条件得以保证：

1）继电保护原理保证其可靠性。

2）继电保护与安全自动装置之间相互配合，保证可靠性。

3）微机继电保护装置硬件的可靠性。

4）微机继电保护软件的可靠性。

对于原理的可靠性和配合的可靠性，继电保护工作者在研究传统继电保护时，已经形成严密的理论体系；硬件的可靠性和软件的可靠性是微机继电保护工作者要考虑的问题，目前已有很好的解决方法。

微机保护软硬件的可靠性受到两个因素影响，这就是干扰和元件的损坏。从抗击干扰、提高可靠性的角度上讲，微机保护装置具有许多不同于常规保护的特点：

1）微机保护装置的硬件电路采用了大量的大规模集成电路，虽然这些芯片本身的质量可靠，但由于芯片元件长期工作在强电磁场环境下，因此其整体工作的可靠性依然是十分重要的问题，一旦某一元件受到损坏，将造成严重的后果。

2）微机保护装置的硬件中大部分工作在低压（3~5V）、高频的信号下，因此与常规保护相比更易受到干扰信号的侵害。

3）微机保护装置的正确工作不仅依赖于硬件电路的正确性，还依赖于软件的正确性。而软件的正确性不仅依靠程序的严格考验，证明是正确无误的，还依靠总线信号的正确性。一旦总线信号受到干扰，也将破坏保护装置的正确性。

继电保护装置的工作环境恶劣，电磁干扰严重。国内外已对静态继电器的干扰源做了大量的研究，干扰主要是由端子排从外界引入的浪涌电压和装置内部继电器切换等原因造成的，例如模拟量输入回路串入的共模信号；开关量输入回路与外界相连而涌入的浪涌；装置的电源线也会携带干扰信号等。微机继电保护中干扰也来自这几方面，但是干扰的后果却有所不同。静态保护装置在干扰的作用下往往是使开关电路无触发翻转，若没有完善的闭锁措施就会导致保护误动作。而对微机保护来说，后果往往表现为由于数据或地址的传输出错而导致计算出错或程序出格。例如当CPU正通过地址总线送出一个地址，从EPROM提取指令操作码时，由于干扰使传送的地址出错，它将从一个错误的地址取得一个错误操作码，如果这个误码是一条转移指令，或者其指令长度不同于原指令，则CPU的行为将完全背离程序轨道，这种现象叫程序出格。出格后 CPU 可能执行一系列非预期的指令，其最终结果往往是碰到一条不认识的指令而停止工作（死机）。程序出格后引起误动作的概率很小，但此时 CPU 将停止执行保护的任务，若不及时发现和自动纠正，则发生故障时保护会拒动。干扰的另一种可能的后果是导致保护误动作，例如从电流互感器或电压互感器二次侧引入的浪涌造成错误数据使保护误动作，严重的可能造成元件损坏。

综上所述，运行中的微机保护装置的可靠性主要面临两个方面的问题：一是微机保护装置硬件的可靠性及干扰信号对硬件可靠性的影响；二是软件的可靠性及干扰信号对软件可靠性的影响。

目前，提高微机保护装置可靠性也主要从硬件和软件两个方面着手，如强调硬件方面的高可靠性水平，加强抗干扰设施；采用在线自动检测技术，及时发现硬件故障，给出相应告警信号，并将保护装置的出口回路闭锁；采用“看门狗”或硬件自动复位技术，防止软件受干扰造成程序“飞逸”现象；采用冗余设计，保护装置双重化等。

6.2　微机保护的干扰和干扰源

对微机保护装置而言，它经常处在电力系统的强电磁场环境下。微机保护装置从电力系统中获得电量信息，并进行数据处理、运算、逻辑判断后做出是否跳闸的判断。在工作过程中，微机保护装置不可避免地会受到干扰信号的影响。叠加于有用信号之上使有用信号发生畸变，破坏或干扰装置正常工作的“噪声”就属于干扰信号。噪声原来的意义是指不同频率、不同强度的杂乱声音的组合。在电工学、电子学等学科中，把那些不需要的电压、电流，并在一定条件下危害电路正常工作的电压、电流也称之为“噪声”。为使微机保护装置能够可靠工作，不受或少受干扰信号的影响，有必要研究干扰信号产生的原因、耦合途径及干扰信号对微机保护装置的影响。

6.2.1　电力系统中干扰的来源

干扰信号产生于干扰源。干扰来自于微机保护装置外部的称为外干扰源；来自于微机保护装置内部的称为内干扰源。外干扰是由于微机保护装置工作的外环境产生的干扰；而内干扰是由装置内部元件工作产生的干扰。以下列举一些电力系统中的主要干扰来源。

1. 系统操作引起的噪声

当高压线路或母线以及其他高压设备投入或断开时，可引起瞬时过电压和高频振荡，通过电磁感应、静电感应对装置造成干扰。

2. 耦合引起的噪声

（1）电磁耦合

电容式电压互感器（CVT）投入时，通过电磁感应在电压信号的二次回路中产生的噪声。

（2）静电耦合

发电厂和变电站的控制电缆，通常处于发电机母线、变压器、高压断路器带电部分的强电场环境下，通过分布电容耦合及静电感应耦合产生噪声。

（3）公共阻抗耦合

发电厂和变电站的一、二次回路及屏、箱外壳多处接地，并最终接入接地网。当发生接地故障时，噪声电流在公共地线上产生压降，引起有用信号的畸变。

3. 直流系统操作引起的噪声

当突然切断带电感的各种继电器、接触器、跳合闸线圈时，电感线圈的两端会产生很高的感应电压。它是一个噪声源。

4. 大规模集成电路工作时产生的噪声

微机保护装置内包括很多大规模、超大规模集成电路芯片。处于静态工作的芯片消耗电流很小，而当选中某芯片时，其工作电流突然变大，且信号的工作频率很高。因此，通过电路的耦合会产生很大的尖峰噪声。

5. 谐波

频率为工频频率的整数倍的周期信号称为高次谐波。电力系统中产生谐波的主要来源有以下几方面：

1）发电机正常工作时，其电动势并非完全正弦，因此含有一定的谐波电动势。

2）变压器空载投入或区外故障切除电压重新恢复时产生的励磁涌流含有大量的高次谐波。各次谐波相对于基波的比例的典型值为：2 次谐波 20% ~63%，3 次谐波 6.9% ~26.8%，4 次谐波5.1% ~11%，5 次谐波4.1%。

3）电气化铁路中的电气机车负荷是一个单相负荷。另外，机车在行驶过程中，不断地切换供电相别，使电流发生突变。据实测，电气机车在电网中引起的各次谐波相对于其基波的比例为：3 次谐波 15% ~19%，5 次谐波 27% ~52%，7 次谐波 10% ~13%，11 次谐波 4% ~8%，13 次谐波 4% ~7%。

4）空载投入电压输电线路或投入带并联电抗器的线路时将产生高次谐波。

5）高压直流输电系统中的换流器工作时产生的高次谐波。

注意，微机保护装置并非将所有的高次谐波分量都视为干扰信号。对于有些谐波分量是作为有用信号对待的。例如，变压器差动保护中的 2 次、5 次谐波，发电机定子接地保护中的 3 次谐波。

6.2.2 干扰的形式

按照干扰侵入装置的方式，干扰可分为两种形式，即共模干扰形式和差模干扰形式。

1. 共模干扰

共模干扰又称为共模噪声、地感应噪声、纵向噪声、不对称噪声。共模干扰是干扰源引起回路对地电位发生变化产生的干扰，如图 6-1 所示。图 6-1 中，I_S 为信号电流，I_N 为噪声电流。可见信号电流在两线间形成回路。而噪声电流在信号线和地线之间传输，由噪声源经两条传输线通过地回路产生噪声电压 U_N，从而改变了地电位，对有用信号造成干扰。消除共模干扰的方法主要有：浮空隔离技术；双层屏蔽技术；系统一点接地；采用隔离变压器；采用光电耦合等方法。

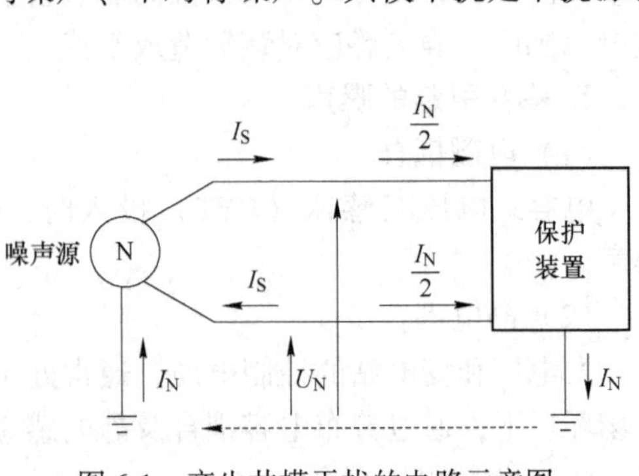

图 6-1 产生共模干扰的电路示意图

2. 差模干扰

差模干扰又称横模干扰、线间感应噪声、常模噪声。横模噪声是由噪声源在两条信号线之间产生的干扰，如图 6-2 所示。图 6-2 中，I_S 为信号电流，I_N 为噪声电流。可见，噪声电流与信号电流同时在两条信号线之间传输。横模干扰一般是由长线传输的互感耦合或线间分布电容耦合产生的。

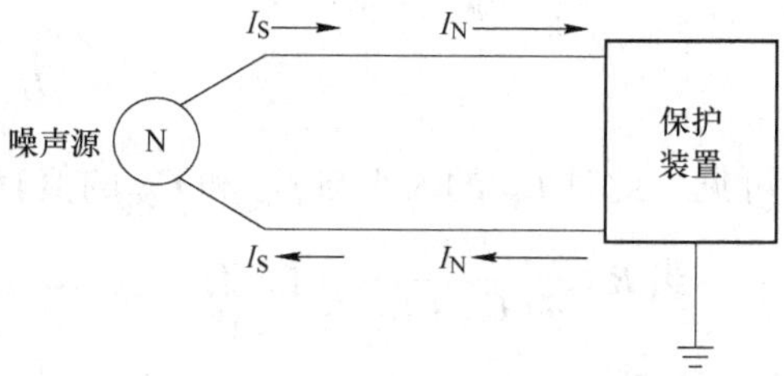

图 6-2　产生差模干扰的电路示意图

6.2.3　干扰的传输途径

干扰源产生的干扰信号是通过耦合通道传送到受干扰设备的。研究干扰信号的传播途径和耦合机制，对于切断干扰源，防止干扰信号传送到受扰设备是非常必要的。干扰的耦合方式主要有静电耦合、互感耦合、公共阻抗耦合和辐射耦合四种方式。

1. 静电耦合方式

静电耦合又称电容耦合方式。这是指电位变化在干扰源与受扰对象之间引起的静电感应。微机保护装置的电路元件之间、导线之间、导线与元件之间都存在着分布电容。如果一个导体上的电压发生变化通过分布电容使另一个导体上的电位发生变化，则会造成对另一导体信号的干扰，从而影响装置的正常工作。

图 6-3 是两平行导体通过分布电容耦合产生干扰的示意图。为方便起见，分布电容用集中参数表示。图 6-3 中 C_m 为两导线间的分布电容，C_{1G}和 C_{2G}分别为导线 1 和导线 2 的对地电容。R 为导线 2 的对地电阻，U_S 为施加于导线 1 的信号电压。

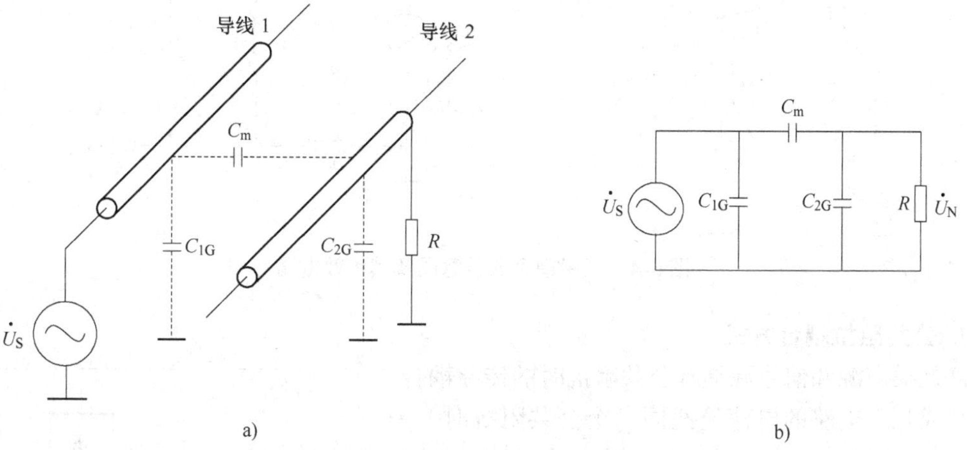

图 6-3　静电耦合方式及其等效电路

a）两导线间电容耦合示意图　b）等效电路图

若 ω 为信号电压的角频率，当不考虑导线 1 的对地电容 C_{1G}时，由分布电容耦合在导线 2 上产生的对地噪声电压 U_N 为

$$U_N = \left| \frac{j\omega C_m}{\frac{1}{R} + j\omega(C_m + C_{2G})} \right| U_S \tag{6-1}$$

当$R\gg\dfrac{1}{\omega(C_m+C_{2G})}$时，有

$$U_N\approx\frac{C_m}{C_m+C_{2G}}U_S \tag{6-2}$$

可见，此时 U_N 的大小与 C_m 和 C_{2G}的值有关，而与信号的频率无关。

当$R\ll\dfrac{1}{\omega(C_m+C_{2G})}$时，有

$$U_N\approx|j\omega RC_m|U_S \tag{6-3}$$

此时 U_N 的大小不仅与 C_m 和 C_{2G}的值有关，而与信号的频率也有关。显然，如果能够减小导线 2 的对地电阻，则可降低干扰电压。

2. 互感耦合方式

互感耦合方式又称电磁感应耦合方式。这是由于在载流导体通过交变的电流时，在其周围会产生交变的磁场，交变磁场在其邻近的闭合电路里产生感应电动势，从而在邻近电路中形成干扰信号。这相当于一空心互感器，干扰电压为

$$\dot{U}_N=j\omega M\dot{I}_N \tag{6-4}$$

可见，干扰电压的大小与信号的频率、电流和两导线间的互感成正比。其示意图和等效电路如图 6-4 所示。

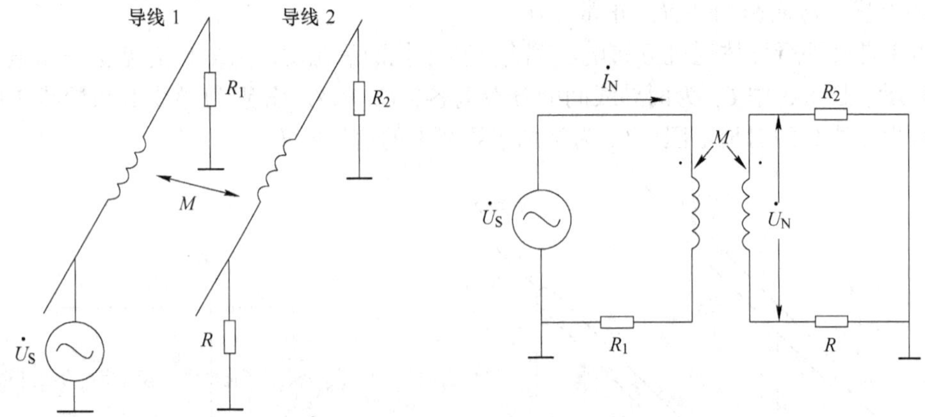

图 6-4　互感耦合的示意图及其等效电路

3. 公共阻抗耦合方式

这是噪声源和信号源具有公共阻抗时的传导耦合。当两个或几个电路的电流流经同一个公共阻抗时，一个电路在该阻抗上的压降会影响到另一个电路。例如，由电源同时向几个电路供电时，当其中一个电路的电流发生变化时，在电源内阻上的压降会对其他电路产生干扰。另外也可由公共地线阻抗耦合产生干扰，由电源内阻耦合产生干扰的电路如图 6-5 所示。

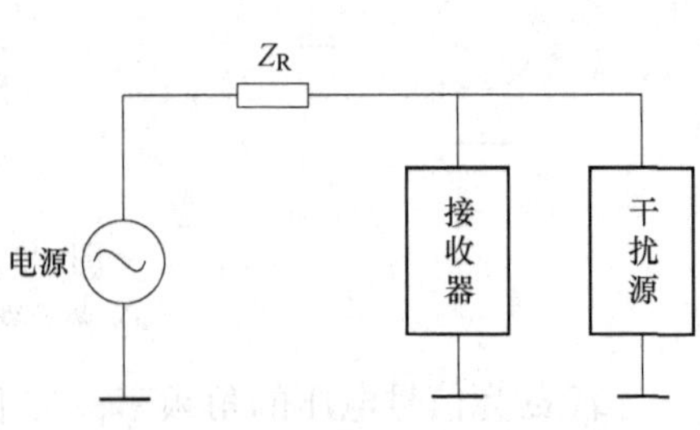

图 6-5　公共阻抗耦合方式示意图

为防止公共阻抗耦合，应使耦合阻抗趋近于零，这样通过耦合阻抗产生的干扰电压将趋于零。此时，接收回路与干扰回路即使存在电气连接，也不会产生干扰。这种情况通常称为

电路的去耦。微机保护装置中接在每一集成电路芯片电源线与地线之间的去耦电容即是消除这种干扰的一种措施。

4. 辐射耦合方式

当高频电流流过导体时，在该导体的周围便会产生电力线和磁力线。由于电流的变化频率很快，从而形成一种在空间传播的高频电磁波。处于电磁波辐射范围内的导体就会感应电动势。电磁场辐射干扰是一种无规则的干扰，这种干扰非常容易通过电源线传播到系统中。此外，当信号传输线（输入线、输出线、控制线等）较长时，它们发射和接收电磁波的能力变强，这称为天线效应。因此，微机保护装置的内、外引线应尽量短。

根据以上对干扰源以及干扰信号传播途径的分析，为考验微机保护装置的抗干扰水平，投入系统运行的微机保护装置应满足：

1）装置应能承受 GB/T 14598.13 规定的脉冲干扰试验。试验电源频率为 100kHz 和 1MHz，试验电压为共模 2500V、差模 1000V 的衰减振荡波。

2）装置应能承受 IEC-22-4 标准规定的严酷等级为Ⅳ级（4kV（1±10%））的快速瞬变干扰试验。

6.2.4　干扰对微机保护装置的影响

干扰对微机保护装置的影响主要表现在以下几方面：

1）计算或逻辑错误。干扰对数据采集系统的影响可造成数据出错，从而造成计算结果的错误，最终导致保护的不正确动作。

2）程序运行出轨。干扰侵入数据、地址、控制总线可造成逻辑错误，程序“出格”，引起装置拒动或误动。

3）元件损坏。严重的干扰信号侵入微机保护装置内部，可能造成某些元件的损坏。例如严重的静电放电不仅会造成 MOS 电路永久性损坏，而且由放电引起的二次热击穿也会造成低功耗 TTL 或线性放大器损坏。

6.3　微机保护的硬件抗干扰措施

对于来自外部的干扰信号，主要是采取防止干扰进入装置的措施。对于装置内部产生的干扰信号，主要是采取减少或消除的措施。近年来，在微机保护装置的硬件设计方面，为提高装置的可靠性，各单位都进行了大量的研究工作。在芯片选择、印制电路板制作、焊接组装、总线形式、屏柜结构等方面采取了许多提高可靠性的措施，就硬件抗干扰措施来说，可主要归纳为隔离、屏蔽和接地三项措施。

6.3.1　微机保护屏采取的抗干扰措施

《电力系统继电保护及安全自动装置反事故措施要点》中，有关微机保护屏抗干扰的措施主要有以下几点要求：

1）保护屏必须有接地端子，并用截面不小于 $4mm^2$ 的多股铜导线与接地网直接连通。微机保护屏间应用截面不小于 $100mm^2$ 的专用接地铜排首尾相连，然后在接地网一点经铜排与控制室的接地网相连。

2）引到微机保护装置的交流和直流电缆线，应先经过抗干扰电容，然后进入保护屏内。抗干扰电容的一端直接与电缆引入端连接，另一端并接后与保护屏接地端子可靠连接。

3）引入微机保护装置的电流、电压和信号触点线，应采用屏蔽电缆，屏蔽层在开关场与控制室同时接地。

4）经控制室零相小母线（N600）连通的几组电压互感器二次回路，只应在控制室将N600一点接地，各电压互感器二次侧中性点在开关场的接地点应断开。为保证可靠接地，电压互感器的中性点不允许接有可能断开的断路器或接触器。

6.3.2　微机保护装置的接地处理

在微机保护装置中有多种地线。如何处理多种地线的连接是一个十分重要的问题。一般在微机保护装置中有下列几种地线：

1）数字地。也称逻辑地线。这是指微机系统工作电源的地线。例如微机系统工作在5V电源下，5V电源的地即为数字地。

2）模拟地。这是指微机保护装置的数据采集系统中模拟信号的公共端。在实现模/数转换的芯片上设有这两个引脚，分别用DGND、AGND表示。模拟地和数字地应在一点以可能最短的连线可靠连接。

3）屏蔽地。在微机保护装置中设有各种小变换器。在变换器一、二次绕组设有屏蔽层，所有的屏蔽层共同连接的公共点称为屏蔽地。

4）电源地。微机保护装置中一般有多级直流电压，分别供不同的电路。一般有：5V电源，供微机系统使用；±15V（或±12V）电源，供数据采集系统使用；第一组24V电源，供微机保护装置的开关量输出驱动的各类继电器使用；第二组24V电源，供外部开关量输入使用。这些电源均采用不共地的方式。数据采集系统的电源地应和模拟地连在一起。

5）机壳地。在微机保护装置的机箱上设有一个接地端子。屏蔽地应与这个端子连接，最后通过这个端子与保护屏上的接地端连接，最终与变电站的接地网相连。

微机保护装置通常是由多个插件组成的，各插件板应遵循一点接地的原则。由于芯片集成度的提高和功能的加强，在每个插件上又可能包括多种功能模块。例如，在一个保护功能插件上包括了单片机系统、数据采集系统、开关量输入系统和开关量输出系统。各个系统采用的电压又不相同。在电源线和地线的布置上可采用的方案有：采用多层板技术，将电源、地线布置在印制电路板不同的板层；当同一印制电路板上有多个不同功能模块时，可将同一功能模块的元件集中在一起一点接地；电源线、地线走向应与信号线走向一致，有助于增强抗噪声的能力。

此外，电源线和地线的宽度应使它通过三倍于印制电路板上的电流。地线宽度应不小于3mm，地线宽度的增加，可降低地线电阻，减小地线压降产生的噪声干扰。在可能的条件下，地线应布置成环状或网状。

为了有效地抑制共模干扰，装置内部的零电位应全部悬浮，即不与机壳连接。并且尽量提高零电位与机壳之间的绝缘强度和减少分布电容。为此，可将印制电路板周围都用零线或5V线封闭起来，以减少板上电路元件与机壳之间的耦合。

6.3.3　隔离与屏蔽措施

隔离和屏蔽技术是防止外部电磁干扰进入装置内部的有效措施。屏蔽是指用屏蔽体把通过空间电场、磁场耦合的干扰部分隔离开，隔断其空间传播的途径。良好的屏蔽和接地紧密相连，可大大降低噪声耦合，取得较好的抗干扰效果。根据干扰的耦合通道性质，屏蔽可分为电场屏蔽、磁场屏蔽和电磁屏蔽。

1. 在微机保护装置中采用的屏蔽措施

1）保护小间屏蔽。微机保护的出现使保护放于开关场成为可能。为减少开关场的强电场对微机保护装置的干扰，可将微机保护装置安装在保护小间内。这个保护小间构成了一个屏蔽体。保护小间屏蔽有两种方案，一种是全密封式，另一种是网孔式，为加强屏蔽效果，可采用双层屏蔽措施。

2）保护柜屏蔽。将保护装置安装于密封的保护柜内，保护柜安装于开关场。为保证保护装置正常工作，柜内设有温度调节系统。此时，保护柜起到了屏蔽作用。

3）机箱屏蔽。连成一体的保护机箱可起到一定屏蔽作用。

4）模拟变换器的一、二次侧设有屏蔽层。

5）印制电路板内的布线屏蔽。

隔离是在电路上把干扰源与受干扰的部分从电气上完全隔开，其实质是切断引入干扰的通道。

2. 微机保护装置中采用的隔离措施

（1）光电隔离

光电隔离主要是采用光耦合器件，使输入、输出电路完全没有电的联系。因此，输入电路与输出电路可采用完全不同的工作电压。在微机保护装置中采用的光电隔离的电路主要有：VFC 式数据采集系统的光电隔离、开关量输入电路的光电隔离、开关量输出电路的光电隔离、驱动打印机电路的光电隔离等。开关量输入电路的光电隔离如图 6-6 所示。

（2）变压器隔离

采用隔离变压器，如图 6-7 所示。

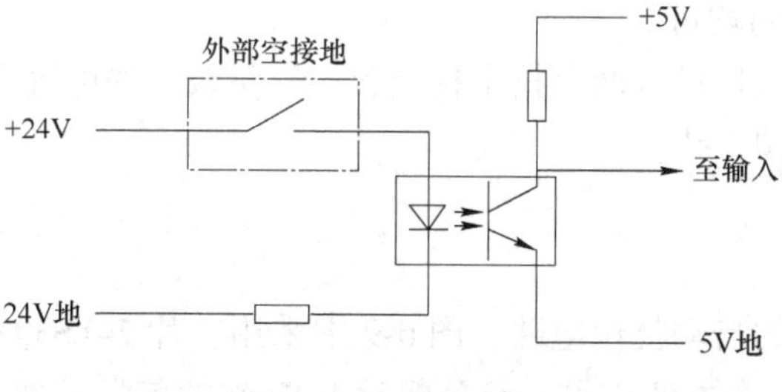

图 6-6　采用光电隔离的开关量输入电路

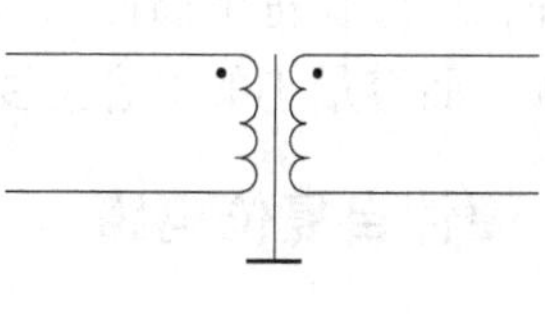

图 6-7　变压器隔离

（3）继电器隔离

继电器的线圈与触点之间没有电气的联系，因此继电器线圈、触点之间是相互隔离的。这也是微机保护装置的最终跳闸出口仍然采用有触点的继电器的原因。在微机保护装置的硬件设计上，对驱动跳闸的开关量输出非常重视，为保证其可靠性，通常加有告警继电器或总闭锁继电器的触点控制，实际上就是继电器隔离措施。其电路如图 6-8 所示，图中既有光耦合器隔离，也有继电器 K 的隔离。

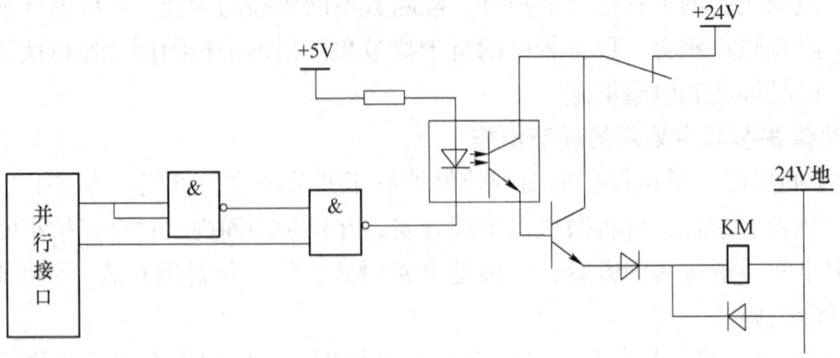

图 6-8 采用继电器隔离和光电隔离的开关量输出电路

6.3.4 滤波与退耦

抑制横模干扰的主要措施是采用滤波和退耦电路。在数据采集系统中，电压、电流变换器的二次信号通常要经过模拟低通滤波器和运算放大器后才进入采样保持电路。模拟低通滤波器采用一阶或两阶 *RC* 低通滤波器。低通滤波器的设置除了满足采样定理的要求外，它还兼有抗干扰的作用。另外，为防止直流系统引入的干扰，通常在直流电源的入口接有滤波元件。

由于微机保护装置工作于高频率的数字信号环境下，信号电平的转换过程中会产生很大的尖峰冲击电流，并在传输线和电源内阻上产生较大的压降，形成严重的干扰。为抑制这种干扰，一种方法是在布线上采取措施，尽量使杂散电容降至最小；另一种方式是设法降低电源内阻。但常用的方法是在每个集成电路芯片的电源线与地线之间接入去耦电容，去耦电容一方面提供和吸收该集成电路开关瞬间的充放电能量，另一方面屏蔽掉该元件的高频噪声。去耦电容的选择并不严格，可按 $C=\frac{1}{f}$ 选择，例如，当 $f=10\text{MHz}$ 时，$C=0.1\mu\text{F}$。对微机保护装置，其值一般在 0.1 ~ 0.01μF 范围内均可。

此外，还应在每个插件的供电电源入口接入两个抗干扰电容。容量较大的电容主要是抗低频干扰，而容量小的电容主要是抗高频干扰。

6.3.5 硬件自复位电路

如图 6-9 所示是防止程序“出格”的自动复位电路。图 6-9 中采用一片 74LS393 二分频计数器芯片。其 1A 的信号输入端接有一个方波信号，经分频后 1QD 端的信号频率为 1A 端信号频率的 1/16，将此信号再接入 2A 端。因此 2QC 端的信号频率为 2A 端信号频率的 1/8，2QD 端的信号频率为 2A 端信号频率的 1/16。由单片机的输出口线控制 74LS393 的清零端，2QC 端接入单片机的输入口线，2QD 端经二极管接到单片机的复位线。

程序在正常运行时，每隔一个采样间隔执行一次中断服务程序。在中断服务程序中，检测 P1.1 脚的状态，当 P1.1 = 0 时，程序不做处理，继续往下执行；当 P1.1 = 1 时，说明 2QC 端已变为高电位（注意图 6-9 中，2QC 端为高电位时，2QD 端为低电位）。此时通过单片机 8031 的 P1.7 脚使 1CLR、2CLR 端为高电平，对 74LS393 清零。从 1QA ~ 1QD，2QA ~

2QD 各个信号输出端均为低电平。电路参数的设计上，应保证在 2QC 的每个周期内执行一次中断服务程序。所以，在软件正常运行时，2QD 端始终为低电平，不会对 8031 单片机发出复位脉冲。

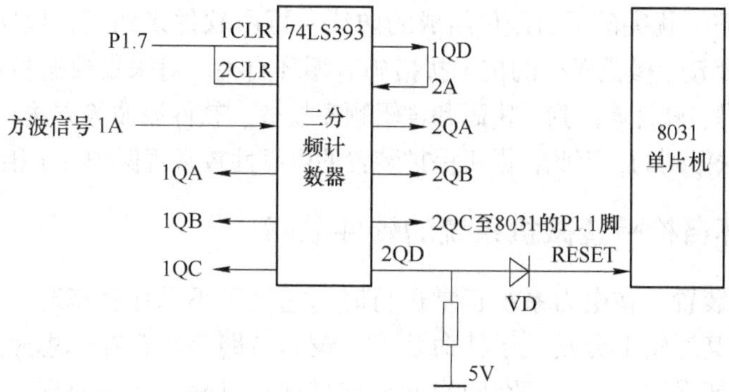

图 6-9　硬件自复位电路图

而当干扰造成程序“出格”（或者叫“跑飞”）时，软件就不能正常执行，当然，在中断服务程序中所做的检测和清零都不会执行。根据硬件自复位电路的工作原理，2QD 端终将变为高电位，经二极管对单片机发出复位脉冲，从而使程序从开始运行，恢复正常。硬件自复位电路也可用其他逻辑电路实现。

6.3.6　硬件设计采用容错设计

目前，在微机保护中的容错设计主要是硬件结构的冗余设计。主要有以下几方面：

1）完全双重化的保护配置方案。在 220kV 及以上的高压、超高压输电线路上，配置两套完全独立的微机保护装置，要求主保护的原理不同，以相互补充。两套保护的出口应分别作用于高压断路器的不同跳闸线圈。对 500kV 变压器，大容量发电机—变压器组也提出了主保护双重化的配置方案。

2）在微机保护装置内部实现部分插件的双重化或热备用。例如，在有些厂家的保护装置中，输电线路的保护装置配置了两块 VFC 插件（大多数为一块 VFC 插件），有些配置了两个逆变稳压电源。

3）部分元件采用了三去二表决方案。例如，在 WXB-11 系列微机保护装置中，为防止突变量启动元件故障造成误动，采用了三去二的表决法。即当高频保护、距离保护、零序保护三种保护的启动元件中至少有两种保护的启动元件动作，才将出口跳闸回路的负电源开放。

6.3.7　出口跳闸回路的多重闭锁措施

在保护装置的跳闸出口回路设计的闭锁措施有：

1）采用双线驱动命令编码方式。

2）出口电源受告警继电器和启动元件三选二闭锁。

3）5V 驱动电路与 24V 驱动电路之间有光电隔离措施。

6.4 微机保护的软件抗干扰措施

合理的硬件设计及相应的抗干扰措施可以避免干扰引起微机保护的工作错误，这是抗干扰的第一道防线。一旦干扰突破了由硬件组成的防线，可由软件来纠正，以防止微机工作出错，导致保护误动作或拒动。微机保护的抗干扰措施有循环自检、对采集数据检查、设置上电标志、指令冗余、软件陷阱、软件看门狗、密码和逻辑顺序校核、软件滤波等方法。软件抗干扰的方法是常规继电保护无法做到的，因此，微机保护装置的可靠性较常规保护有了很大的提高。

6.4.1 软件循环自检检查微机系统的硬件故障

对于常规保护装置，在电力系统正常运行时，它处于不动作状态时，除了保护的测量元件在监视系统外，其逻辑部分是处于待命状态。逻辑电路是否存在隐患是无法知道的，只有在定期的检验中才能发现，由于存在隐患而未被发现和排除，故障时即可造成保护的误动或拒动。微机保护的出现，使得实时在线自检成为可能。利用软件实时检测微机保护装置的硬件电路各部分，一旦发现故障，立即闭锁出口跳闸回路，同时发出故障告警信号。通常在微机保护待命状态下，利用软件检测的硬件有 EPROM、静态随机存储器 SRAM、E^2PROM 存储器芯片、开关量输出电路、开关量输入通道、CPU 的工作状态等。

1. EPROM 芯片的检测

EPROM 是紫外线可擦除的可编程只读存储器芯片。其片内存放着微机保护的程序，实际上是一些 0 和 1 的二进制代码。这些程序代码的某位或某几位一旦发生变化，将会导致十分严重的后果。为此，应对 EPROM 中的内容进行检查，若发现错误，立即闭锁保护，并给出告警信号。检查的方法有三种。

(1) 补奇校验法

这种方法是事先求得一个校验字节（或字）并固化于 EPROM 的某个地址单元，运行过程中将 EPROM 的全部字节（或字）内容按位进行“异或”运算，当其结果各位全为 1 时，说明程序内容正确。否则，为错误。表 6-1 是一个简单的示例，图 6-10 是 EPROM 校验的程序流程图。

表 6-1 EPROM 内容校验

EPROM 地址	0000	0001	0010	0011	0100	0101	0110	0111	
EPROM 内容	10000000	10000000	01100100	00000010	11010110	00011000	01011000	00001111	11111111
说明	程序代码	程序代码	程序代码	程序代码	程序代码	程序代码	程序代码	校验字节	检验结果

(2) 循环冗余码校验法

这种方法是对程序代码的每一字节的每一位逐个进行校验。根据该位为“0”或为“1”，改变一个寄存器中的内容。将全部程序代码校验后，在该寄存器中产生的数据为“CRC 码”。在程序完成后，将此代码写入 EPROM 的最末地址单元。用户在执行这个命令时，将校验的结果和原存于 EPROM 中的“CRC 码”进行比较，若不一致，则说明程序代码有变化。此种校验方法误码检出率相当高，但耗时较长。其流程图如图 6-11 所示。

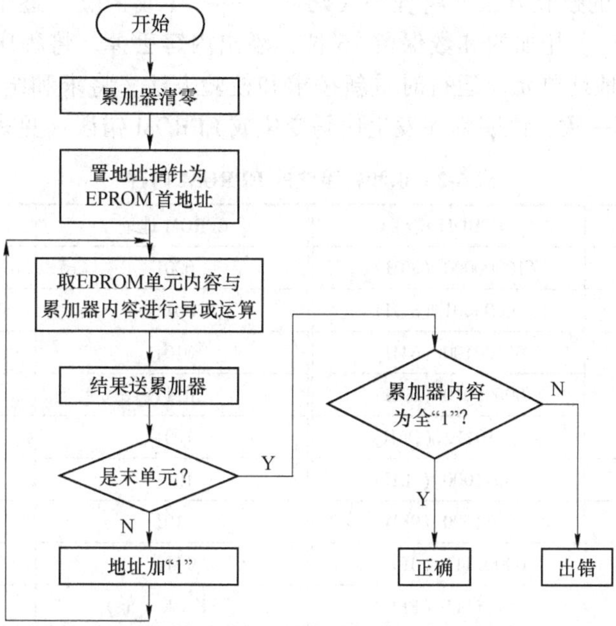

图 6-10　EPROM 校验的程序流程图

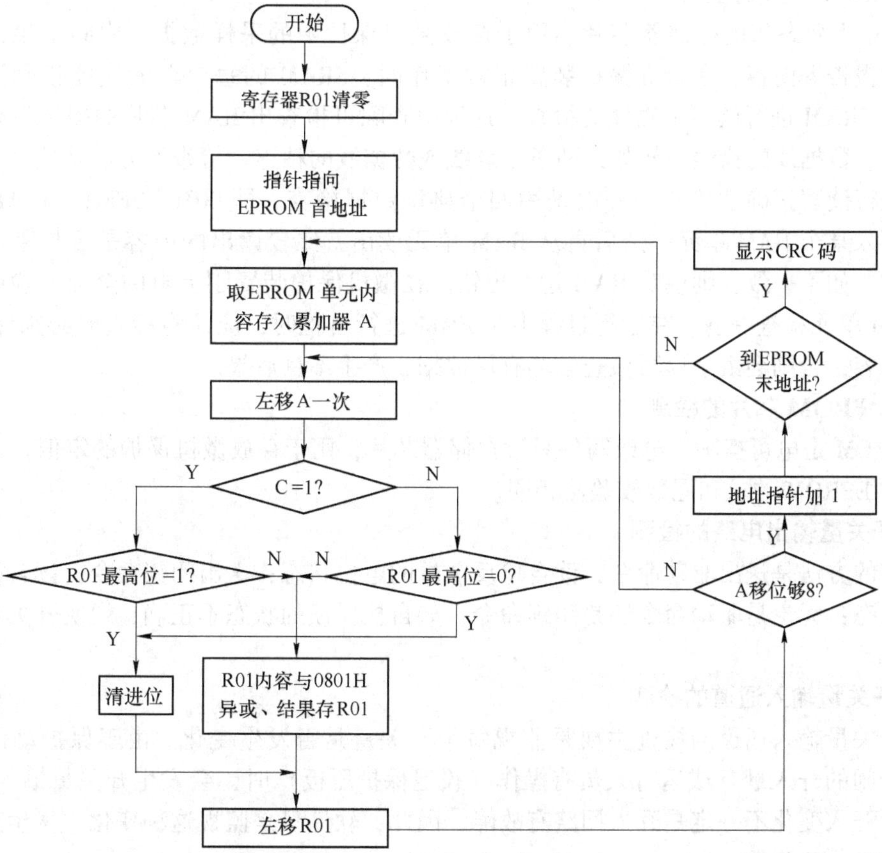

图 6-11　CRC 码校验流程图

(3) 求和校验法

这是一种最简便的校验方法。将程序代码从第一字（或字节）逐个相加，直到程序的最末一个字（或字节）。相加的和数保留 16 位，溢出内容丢掉。将程序完成时的求和结果存于 EPROM 的最后地址单元。运行时重新按求和校验方法，将求和结果与原存于 EPROM 中的内容比较，若不一致，说明程序发生代码变化或 EPROM 错误（见表 6-2）。

表 6-2 求和校验法的 EPROM 内容

EPROM 地址	EPROM 内容	EPROM 地址	EPROM 内容
0000	10000000（80H）	0001	01000010（42H）
0010	10000001（81H）	0011	11000000（C0H）
0100	01100100（64H）	0101	01101100（6CH）
0110	00000010（02H）	0111	00100010（22H）
1000	11010110（D6H）	1001	10010110（96H）
1010	00011000（18H）	1011	01001000（48H）
1100	10011000（98H）	1101	01011001（59H）
1110	00001111（0FH）	1111	11011111（DFH）
求和结果（高）	11111111（FFH）	求和结果（低）	10100110（A6H）

2. SRAM 芯片的检测

SRAM 为静态随机存储器芯片。用于存放微机保护中的采样数据、中间结果、各种标志，各种报告等内容。在微机保护装置正常工作时，SRAM 的每个单元应能正确读写。因此，应对 SRAM 进行读写正确性的检查。这种检查除可检查出 RAM 芯片的损坏以外，还可发现地址、数据线的错误。例如，两条地址线或数据线的粘连。检查的方法是选择一定的数据模式进行读写正确性检查。一般是用四个典型数据检查。即 00H、0FFH、0AAH、55H。将数据写入某个 RAM 单元，然后再从 RAM 单元读出，比较读出的内容是否与刚才写入的内容一致，如不一致，则说明 RAM 运行出错。在微机保护装置刚上电的全面自检中，可对所有 RAM 单元检查一遍。在运行过程中对 RAM 进行自检时，应注意检查时必须保护 RAM 单元的内容，否则会由于读写检查破坏有用数据，产生不良后果。

3. E^2PROM 芯片的检测

E^2PROM 是电可擦除、电改写的只读存储器芯片，用于存放微机保护的定值。对其检查方法与对 EPROM 的求和尾数校验法相同。

4. 开关量输出电路的检测

检查的方法是送出驱动命令，读自检反馈端的电位状态；送出闭锁命令，读自检反馈端的电位状态；无论是驱动命令还是闭锁命令，如自检反馈的状态不正确，说明开关量输出电路有故障。

5. 开关量输入通道的检测

对开关量输入通道的检查主要是监视每个开关量是否发生变化。由于保护动作（例如启动重合闸的开入量）或运行人员有操作（投退保护压板）时，会发生开关量输入的变化。所以，有开入变化不一定是开入回路有故障，因此，软件只是监视这种变化，发生变化时给出提示信息，不告警。

6. CPU 的工作状态检测

在多 CPU（或单片机）系统中，一般是采用相互检查的方法。例如在有一个管理单片机和 N 个保护功能单片机时，它们之间必然要通过串行口通信。因此，可用一个通信编码实现相互联系。一旦这种联系中断，说明单片机故障，或通信故障。

6.4.2　数据采集系统的检查

设置冗余采样通道，例如零序电流和零序电压通道。根据对称分量法，可由 A、B、C 三相电压求出零序电压，由 A、B、C 三相电流求出零序电流。然后分别与零序电压采样通道和零序电流采样通道的数据进行比较，可检查数据采集通道的故障，或电压互感器二次、电流互感器二次的不对称故障。

$$i_{ak} + i_{bk} + i_{ck} - 3i_{0k} \geqslant I_{DZ} \tag{6-5}$$

$$u_{ak} + u_{bk} + u_{ck} - 3u_{0k} \geqslant U_{DZ} \tag{6-6}$$

式中，I_{DZ}、U_{DZ}为电流、电压检查的门槛值。

为防止随机的干扰造成数据满足该条件，一般是连续一段时间满足上式，即判为出错。

6.4.3　其他软件抗干扰措施

1. 设置上电标志

微机保护装置中的单片机均设有 RESET 引脚，即复位引脚。当装置上电时，通过复位电路在该引脚上产生规定的复位信号后，装置进入复位状态，软件从复位中断向量地址单元取指令，程序开始运行。例如，对 MCS-51 系列中的 8031 单片机的复位地址为 0000H 单元。对 MCS-96 系列中的 80C196KB 单片机的复位地址为 2080H 单元。进入复位状态的方式除上面提到的上电复位还有软件复位（执行复位命令）和手动复位。手动复位是指装置已经上电，操作人员按下装置的复位按键进入复位状态的情况。通常把上电复位称为“冷启动”，把手动复位称为“热启动”。冷启动时需进行全面初始化，而热启动时则不需要全面初始化，只需要部分初始化。为区别两种情况，可设置上电标志。流程图如图 6-12 所示。图中初始化一的内容是基本初始化，例如设置堆栈指针、定时器、串行口等的初始化。初始化二的内容主要是数据采集系统的初始化，初始化三的内容是一些计数器、标志位的初始化。

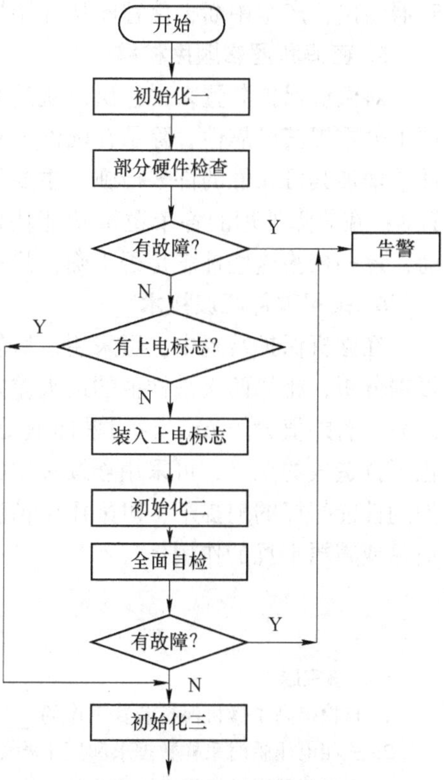

图 6-12　初始化程序流程图

2. 指令冗余技术

1）在单字节指令和三字节指令的后面插入两条空操作（NOP）指令，可保证其后的指令不被拆散。由于干扰造成程序“出格”时，可能使取指令的第一个数据变为操作数，而不是指令代码。由于空操作指令的存在，避免了把操作数当作指令执行，从而可使程序正确运行。

2）对重要的指令重复执行。例如影响程序执行顺序的指令，如 RET、RETI、LJMP 等指令。

3. 软件陷阱技术

软件陷阱就是用引导指令强行使“飞掉”的程序进入复位地址，使程序能从开始执行。例如在 EPROM 的非程序区设置软件陷阱。在 EPROM 的空白区数据为 FFH，对于 8031 单片机，这是一条数据传送指令：MOV R7，A。因此，若程序“飞掉”进入非程序区将执行这一指令，改变 R7 内容，甚至造成“死机”。设置软件陷阱可防止这种情况。对于 MCS-96 系列的单片机，FFH 是一条软件复位指令：RST。

单片机一般可响应多个中断请求。但用户往往只使用了少部分的中断源。在未使用的中断向量地址单元设置软件陷阱，是系统复位。一旦干扰使未设置的中断得到响应，可执行软件复位或利用单片机的软件“看门狗”使系统复位。

4. 软件“看门狗”技术

在有些多单片机内部设有监视定时器。监视定时器的作用就是当干扰造成程序“出格”时使系统恢复正常运行。监视定时器按一定频率进行计数，当其溢出时产生中断，在中断中可安排软件复位指令，使程序恢复正常运行。在编制软件时，可在程序的主要部位安排对监视定时器的清零指令，且应保证程序正常运行时监视定时器不会溢出。一旦程序“出格”，必然不会按正常的顺序执行，当然，也无法使监视定时器清零。这样，经一短延时，监视定时器溢出，产生中断，使程序从开始执行。

5. 密码和逻辑顺序校核

对微机保护装置来说，出口跳闸回路无疑是最重要的部分。因此在硬件和软件的设计中都十分重视其可靠性。除了在硬件上对跳闸出口电路设计了多重闭锁措施外，在软件上也设计了增加其可靠性的许多措施。主要是：跳闸出口命令采用编码逻辑，而不是简单的清零或置 1；在故障处理的各个逻辑功能块设置相应的标志，在判为区内故障后，发出跳闸命令前，逐一校验这些标志是否正确，只有全部正确才能发出跳闸命令。

6. 采用软件滤波技术

在微机保护装置中，可采用一些软件的手段消除或减少干扰对保护装置的影响。例如，根据分析，相邻两次采样值的最大差别不超过 Δx，在程序中可将本次采样值与上次采样值比较，若差值大于 Δx，说明采样值受到干扰，应去掉本次采样值。对开关量的采集，为防止干扰造成的误判，可采用连续多次的判别法。此外，根据软件的功能和要求，在不影响保护的性能指标的前提下，可采用中值滤波法、算术平均滤波法、递推平均滤波法等，都具有消除或减弱干扰的作用。

习　题

一、填空题

1. 自检提高了微机保护装置工作的________。
2. 三相电压瞬时采样数据求和用于检测电压量采样值是否发生________。
3. 引起回路对地电压发生变化的干扰称为________。
4. 电流量采样数据的自检方法主要采用________。
5. 干扰的耦合方式有三种，分别是________、________和________。
6. 为了提高微型机继电保护装置的抗干扰能力，在开关量输入电路中采取的隔离技术是________。
7. 微机因受到干扰发生读取指令出错，背离程序设计流程的现象称为________。

8. 微机保护装置的外部干扰分为________和________。
9. 微机保护容错设计是指________，微机保护硬件采用的容错方法有________。
10. 引起回路对地电位发生变化的干扰称为________。
11. 差模干扰出现于信号源回路的方式是________。
12. 以串联方式出现于信号回路的干扰称为________。
13. 由于微机保护装置可以利用软件进行自检，所以其运行的可靠性________。
14. 干扰进入微机保护装置中之后，可能带来的问题有：损坏硬件、运算出错和________。
15. 干扰耦合途径主要有：互感耦合，公共阻抗耦合和________。
16. 干扰形成的三个基本要素：________、________、________。
17. 硬件冗余技术可分为：________、________、________。
18. 防止电磁干扰的硬件措施主要包括：________、________和________几方面。

二、判断题

1. 开关量输出电路中采取光电隔离措施的目的是为了提高微机保护装置的抗干扰能力。(　　)
2. 电磁兼容性包括电磁干扰和电磁敏感性。(　　)
3. 当连续时间信号中的最高频率为300Hz时，则无失真采样频率f_s应选择为大于400Hz。(　　)
4. 程序存储器芯片常用的检查方法有补奇校验法、循环冗余校验法等。(　　)
5. 在微机保护中，过渡电阻对不同安装地点的保护，其影响是不同的。(　　)
6. 在微机保护中，多重化和容错技术是一样的。(　　)
7. 微机保护“看门狗”（Watchdog）的作用是：当微机保护的直流电源消失时，快速地将备用电源投入，以保证微机保护正常运行。(　　)
8. 微机保护闭锁出口回路设置为三取二方式，高频保护连接片退出时，线路故障微机保护不能出口。(　　)
9. 微机保护闭锁出口回路设置为三取二方式，在高频保护启动、重合闸启动后跳闸负电源接通。(　　)
10. 保证220kV及以上电网微机保护不因干扰引起不正确动作，主要是选用抗干扰能力强的微机保护装置，现场不必采取相应的抗干扰措施。(　　)

三、简答题

1. 什么是干扰？如何分类？对微机保护有什么危害？
2. 共模干扰和差模干扰哪一种对微机保护影响较大？应如何减少这些干扰？
3. 简述为提高微型机继电保护装置可靠性应采取的措施。
4. 简述Watchdog电路的作用和原理。
5. 简要说明微型机继电保护抗干扰的软件对策。
6. 如何检测随机存储器RAM是否发生了故障？
7. 简述微机继电保护在硬件和软件上采取的抗干扰对策。
8. 简述对微机继电保护的硬件系统有关部分的自动检测方法。
9. 干扰对继电保护的影响主要表现为哪些？
10. 什么是电磁兼容？
11. 简述电磁干扰的传播途径及其特点。
12. 电力系统中常见的干扰源有哪些？它们是如何产生干扰信号的？
13. 微机保护装置抑制电磁干扰的基本措施有哪些？

第 7 章　微机继电保护实例

7.1　超高压线路成套保护装置

7.1.1　装置概述

本节所述的超高压保护装置是由微机实现的数字式超高压线路成套保护装置，可用作 220kV 及以上的电压等级线路的主保护和后备保护。该保护包括以纵联变化量方向和零序方向元件为主体的快速主保护，由工频变化量距离元件构成的快速 I 段保护，由三段式相间和接地距离及多个时段或反时限零序方向过电流元件构成的全套后备保护。该保护有分相出口，配有自动重合闸功能，对单或双母线的开关实现单相、三相重合和综合重合闸，采用光纤接口，增加远跳、远传功能。

7.1.2　硬件原理

组成超高压线路成套保护装置的插件有：电源插件（DC）、交流插件（AC）、低通滤波插件（LPF）、CPU 插件（CPU）、通信插件（COM）、24V 光耦插件（OPT1）、高压光耦插件（OPT2）、信号插件（SIG）、跳闸出口插件（OUT1、OUT2）、显示面板（LCD）。硬件模块图如图 7-1 所示。

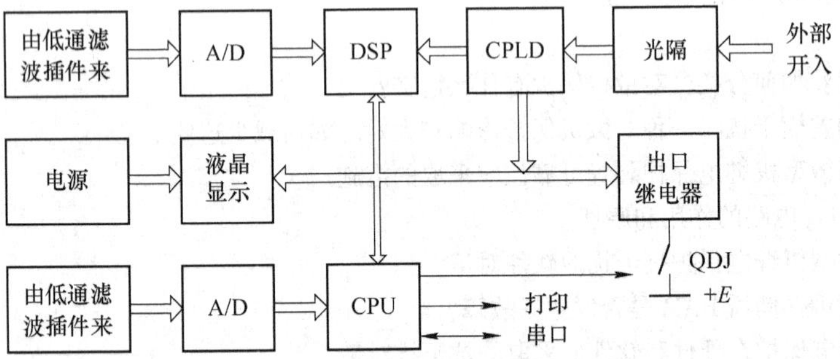

图 7-1　超高压线路成套保护硬件模块图

1. 交流输入变换插件（AC）

交流输入变换插件（AC）与系统接线如图 7-2 所示。I_A、I_B、I_C、I_0 分别为三相电流和零序电流输入，U_A、U_B、U_C 为三相电压输入，额定电压为 $100/\sqrt{3}$V；U_X 为重合闸中检无压、检同期元件用的电压输入，额定电压为 100V 或 $100/\sqrt{3}$V。当输入电压小于 30V 时，检无压条件满足；当输入电压大于 40V 时，检同期中有压条件满足；如重合闸不投或不检重合，则该输入电压可以不接。如果重合闸投入且使用检无压或检同期方式（由定值中重合闸方式整定），则装置在正常运行时检查该输入电压是否大于 40V，若小于 40V，经 10 秒延时，报线路 TV 断线告警，BJJ 继电器动作。正常运行时测量 U_X 与 U_A 之间的相位差，作为检同期的固有相位差，因此对 U_X 是哪一相或相间是没有要求的，保护能够自动适应。

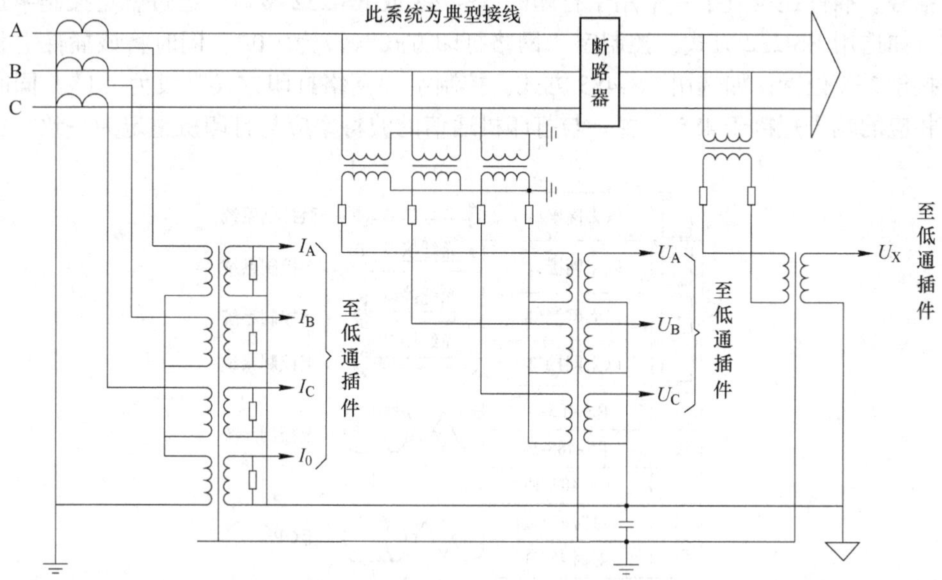

图 7-2　交流输入变换插件与系统接线图

2. 低通滤波插件（LPF）

低通滤波插件的主要作用有三个：一是滤除高频信号；二是电平调整；三是为利用试验仪测试创造条件。低通滤波原理如图 7-3 所示。由图可见，CPU 与 DSP 采样从有源元件开始就完全独立，因此保证了任一器件损坏不致引起保护误动。

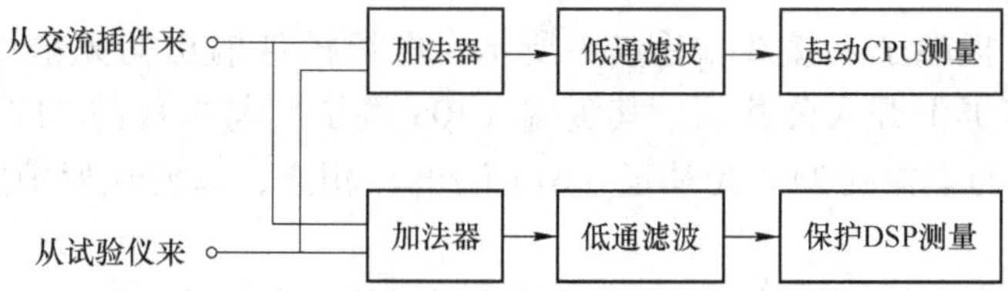

图 7-3　低通滤波原理图

3. CPU 插件（CPU）

CPU 插件是装置的核心部分，由单片机（CPU）和数字信号处理器（DSP）组成，CPU 完成装置的总起动元件和人机界面及后台通信功能，DSP 完成所有的保护算法和逻辑功能。装置采样率为每周波 24 点，在每个采样点对所有保护算法和逻辑进行并行实时计算，使得装置具有很高的固有可靠性及安全性。

起动 CPU 内设总起动元件，起动后开放出口继电器的正电源，同时完成事件记录及打印、保护部分的后台通信及面板通信；另外还具有完整的故障录波功能，录波格式与 COMTRADE 格式兼容，录波数据可单独从串口输出或打印输出。

4. 通信插件（COM）

通信插件的功能是完成与监控计算机或 RTU 的连接。插件的背板端子及外部接线图如

图 7-4 所示。所有接口均支持 IEC60870-5-103 规约，其中以太网插件还支持 IEC61850 规约。插件设置了一个用于对时的 RS-485 接口，该接口只接收 GPS 发送的秒脉冲信号，不向外发送任何信号。插件还设置了一个用于打印的 RS-485 或 RS-232 接口，通过整定控制字选择接口方式，如选用 RS-232 方式，控制字“网络打印方式”设为“0”，同时将该插件上相应的端子短接于 232 位置；如选用 RS-485 方式，控制字“网络打印方式”设为“1”，同时将该插件上相应的端子短接于 485 位置。与打印机通信的波特率应与打印机整定为一致。

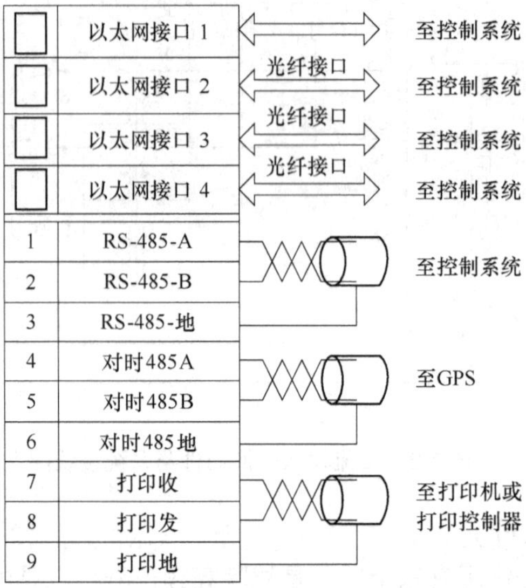

图 7-4 通信插件背板端子及外部接线图

5. 24V 光耦插件（OPT1）

光耦插件的背板端子及接线如图 7-5 所示。电源插件输出的光耦 24V 电源，其正端（104 端子）应接至屏上开入公共端，其负端（105 端子）与本板的 24V 光耦负直接相连；另外，光耦 24V 正与本板的 24V 光耦正（614 端子）相连，以便让保护监视光耦开入电源是否正常。

601 端子是对时输入，用于接收 GPS 或其他对时装置发来的秒脉冲接点或光耦信号，输入的信号必须是无源的，如图 7-6 所示，开入导通时的电流为 3～5mA，推荐使用 RS－485 总线对时方式，这两种对时方式实际使用时只能选用一种，若用总线对时方式，该输入不接。

602 端子是打印输入，用于手动起动打印最新一次动作报告，一般在屏上装设打印按钮。装置通过整定控制字选择自动打印或手动打印，当设定为自动打印时，保护一有动作报告即向打印机输出；当设定为手动打印时，则需按屏上的打印按钮进行打印。

603 端子是投检状态输入，它的设置是为了防止在保护装置进行试验时，有关报告经 IEC60870-5-103 规约接口向监控系统发送相关信息，而干扰调度系统的正常运行。一般在屏上设置一投检状态压板，在装置检修时，将该压板投上，在此期间进行试验的动作报告不会通过通信口上送，但本地的显示、打印不受影响；运行时应将该压板退出。

604 端子是信号复归输入，用于复归装置的磁保持信号继电器和液晶的报告显示，一般在屏上装设信号复归按钮。信号复归也可以通过通信进行远方复归。

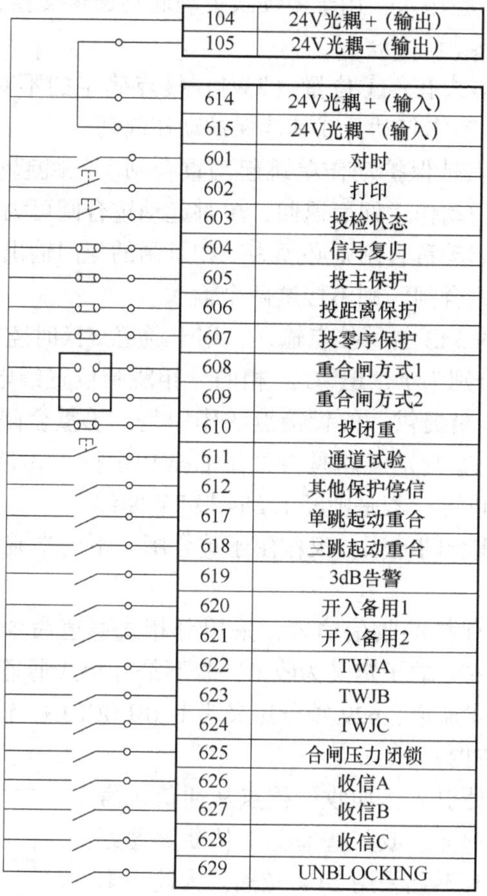

图 7-5　光耦插件背板端子及外部接线图

608、609 端子为重合闸方式选择开入，一般在屏上装设重合闸的方式选择切换开关，接点引入及方式见表 7-1。重合闸方式开关打在停用位置，仅表明本装置的重合闸停用，保护仍是选相跳闸。本装置的重合闸停用还可由整定控制字中“重合闸投入”置“0”实现。要实现线路重合闸停用，即任何故障三跳且不重，则应将“闭重三跳”（610 端子）压板投入。

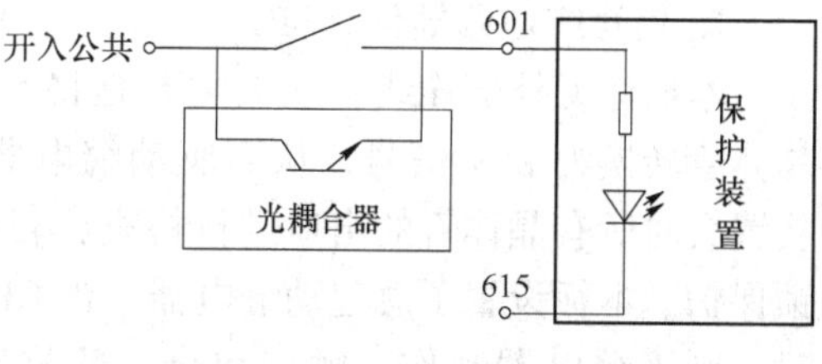

图 7-6　对时输入接点示意图

表 7-1　重合闸方式选择

端　子	定　义	单　重	三　重	综　重	停　用
608	重合闸方式 1	0	1	0	1
609	重合闸方式 2	0	0	1	1

610 端子是闭重三跳输入，其意义是：①沟通三跳，即单相故障保护也三跳；②闭锁重

合闸，如重合闸投入则放电。

611 端子是起动通道试验输入，用于闭锁式手动起动通道交换，一般在屏上设置通道试验按钮，允许时该输入不接。

本装置的重合闸起动方式有：①位置（TWJ）接点确定的不对应起动（由整定控制字确定是否投入）；②本保护动作起动；③其他保护动作起动。

617、618 端子分别为其他保护动作单跳起动重合闸、三跳起动重合闸输入。这两个接点要求是瞬动接点，即保护动作返回而返回，单跳起动重合闸可为三相跳闸的或门输出，任一相跳闸即动作；而三跳起动重合闸则必须为三相跳闸的与门输出。如果不用本装置的重合闸或采用位置不对应起动重合闸，则不接这两个输入。

619 端子为收发信机的 3dB 告警接点输入，用于通道交换时监视通道状态。

622、623、624 端子分别为 A、B、C 三相的分相跳闸位置继电器接点（TWJA、TWJB、TWJC）输入，一般由操作箱提供。位置接点的作用是：①重合闸用（不对应起动重合闸、单重方式是否三相跳开）；②判别线路是否处于非全相运行；③TV 三相失电压且线路无电流时，看开关是否在合闸位置，若是则经 1.25s 报 TV 断线。

625 端子是压力闭锁重合闸输入，仅作用于重合闸，不用本装置的重合闸时，该端子可不接。

626～629 端子是纵联保护的收信输入，采用分相式通道命令方式。626 端子定义为收 A，627 端子定义为收 B，628 端子定义为收 C，若不是分相式通道，则 627、628 不接，626 定义为收信输入。对允许式通道，629 端子定义为 UNBLOCKING 输入，闭锁式则不接。

6. 高压光耦插件（OPT2）

有些开入可能从较远处引入，如收信接点从通信机房的载波机接至控制室的保护屏，或某些情况下从断路器处引位置接点至保护屏，这时不宜采用 24V 光耦，为此，本装置设置了一个 220V/110V 的光耦插件，其背板定义及接线如图 7-7 所示。

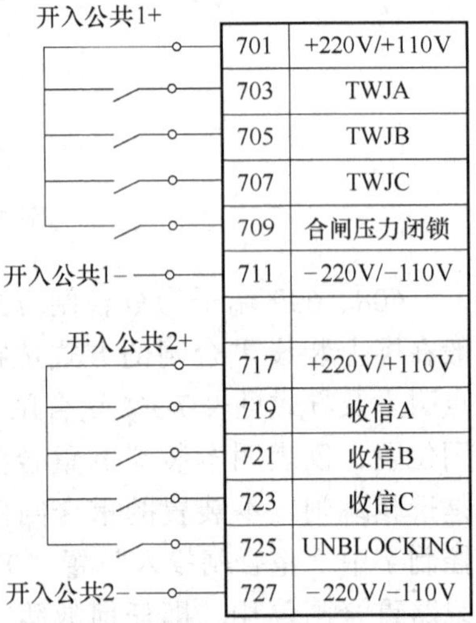

图 7-7 高压光耦插件背板定义

7. 信号继电器插件（SIG）

本插件无外部连线，该板主要是将 5V 的动作信号经晶体管转换为 24V 信号，从而驱动继电器。正常运行时，装置会对所有晶体管的出口进行检查，若有错则告警并闭锁保护。本板设置了总起动继电器，当 CPU 满足起动条件时，则该继电器动作，触点闭合，开放出口继电器的正电源。

8. 继电器出口插件（OUT1 和 OUT2）

继电器出口插件 OUT1 提供输出空接点，如图 7-8 所示。

BSJ 为装置故障告警继电器，其输出触点 BSJ-1、BSJ-2、BSJ-3 均为常闭触点，装置退出运行，如装置失电、内部故障时均闭合。

BJJ 为装置异常告警继电器，其输出触点 BJJ-1、BJJ-2 为常开触点，装置异常如 TV 断线、TWJ 异常、CT 断线等，仍有保护在运行时，发出告警信号，BJJ 继电器动作，触点闭合。

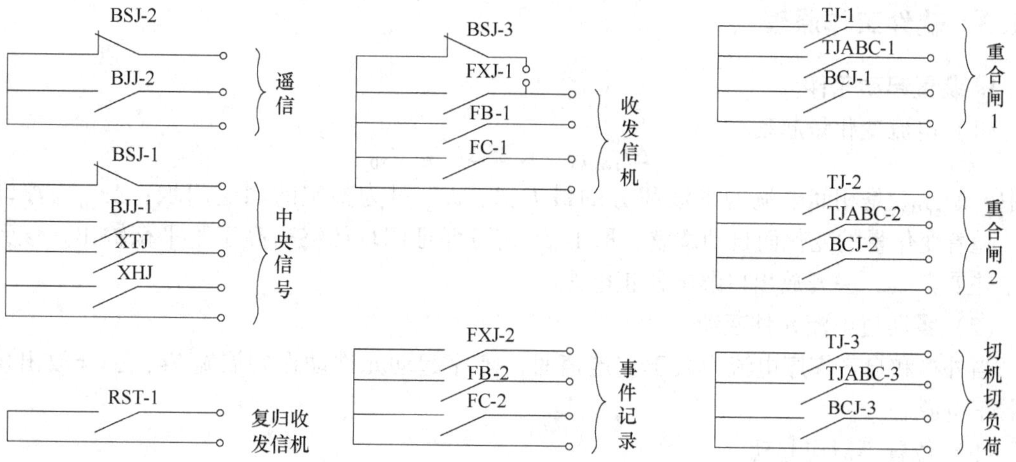

图 7-8　OUT1 插件触点输入图

XTJ、XHJ 分别为跳闸和重合闸信号磁保持继电器，保护跳闸时 XTJ 继电器动作并保持，重合闸时 XHJ 继电器动作并保持，需按信号复归按钮或由通信口发远方信号复归命令才返回。

FXJ 继电器为发信继电器。当用于闭锁式时，FXJ 动作则起动收发信机发信，FXJ 返回收发信机应停信；用于允许式时，FXJ 动作则发允许命令。闭锁式、允许式的选择由定值中的整定控制字确定。当用于分相通道时，FXJ 定义为 FA 继电器，即发 A 相允许信号；相应的有 FB、FC 继电器，分别为发 B 相、发 C 相允许信号。一般情况下不配置 FB、FC 继电器。装置给出两组触点，一组与通道设备连接，采用干簧继电器，在 FXJ-1 触点上通过跳线可并接 BSJ-3 触点，在用于闭锁式时，当失电或装置故障时，由 BSJ 常闭触点动作发信，闭锁对侧的高频保护；用于允许式时，该跳线应断开。另一组触点可用于记录。

TJ 继电器为保护跳闸时动作（单跳和三跳时该继电器均动作），保护动作返回时，该继电器也返回，其触点可接至另一套装置的单跳起动重合闸输入。

TJABC 继电器为保护发三跳命令时动作，保护动作返回该继电器也返回，其触点可接至另一套装置的三跳起动重合闸输入。

BCJ 继电器为闭锁重合闸继电器，当本保护动作跳闸同时满足了设定的闭重条件时，BCJ 继电器动作，例如设置相间距离Ⅱ段闭重，则当相间距离Ⅱ段动作跳闸时，BCJ 继电器动作。BCJ 继电器一旦动作，则直至整组复归返回。

TJ、TJABC、BCJ 继电器各有三组触点输出，供其他装置使用。

RST 为复归收发信机继电器，它用于复归收发信机的收信、发信、告警等磁保持继电器。

TDGJ、YC1、YC2 为通道告警及远传继电器。TDGJ 定义为通道告警（常开触点），YC1 定义为远传 1，YC2 定义为远传 2。装置给出两组触点，可分别接两套远方起动跳闸装置。

继电器出口 2 插件（OUT2）输出 5 组跳闸出口触点和 3 组重合闸出口触点，均为瞬动触点；用第一组跳闸和第一组合闸触点去接操作箱的跳合线圈，其他供作遥信、故障录波起动、失灵用。如果需跳两个开关，则用第二组跳闸触点去跳第二个开关。

7.1.3 软件工作原理

1. 装置起动元件

（1）电流变化量起动

$$\Delta I_{\phi\phi MAX} > 1.25\Delta I_T + \Delta I_{ZD}$$

式中，$\Delta I_{\phi\phi MAX}$是相间电流的半波积分的最大值；ΔI_T 可为整定的固定门坎；ΔI_{ZD}为浮动门坎，随着变化量的变化而自动调整，取1.25倍可保证门坎始终略高于不平衡输出。该元件动作并展宽7s，去开放出口继电器正电源。

（2）零序过电流元件起动

当外接和自产零序电流均大于整定值时，零序起动元件动作并展宽7s，去开放出口继电器正电源。

（3）位置不对应起动

这一部分的起动由用户选择投入，条件满足总起动元件动作并展宽15s，去开放出口继电器正电源。

（4）远跳起动

为实现远跳功能，特增设远跳起动元件，当本侧收到对侧的远跳信号且定值控制字中“远跳经本侧起动控制”置“0”时，去开放出口继电器正电源7s。

2. 工频变化量距离继电器

电力系统发生短路故障时，其短路电流、电压可分解为故障前负荷状态的电流、电压分量和故障分量，反映工频变化量的继电器只考虑故障分量，不受负荷状态的影响。

工频变化量距离继电器测量工作电压的工频变化量的幅值，其动作方程为

$$|\Delta\dot{U}_{OP}| > U_Z$$

其中，U_Z 为距离保护的门坎值，取故障前工作电压的记忆量；$\Delta\dot{U}_{OP}$为工频变化量。

对于相间故障 $\Delta\dot{U}_{OP} = \Delta\dot{U}_{OP\phi\phi} = \Delta\dot{U}_{\phi\phi} - \Delta\dot{I}_{\phi\phi}Z_{ZD}$（$\phi\phi$ = AB，BC，CA），$\Delta\dot{U}_{\phi\phi}$，$\Delta\dot{I}_{\phi\phi}$为保护安装处的各相间电压和电流变化量，Z_{ZD}为元件整定阻抗，一般为0.8～0.85倍线路阻抗。

对于接地故障，$\Delta\dot{U}_{OP} = \Delta\dot{U}_{OP\phi} = \Delta\dot{U}_{\phi} - (\Delta\dot{I}_{\phi} + K\times 3\dot{I}_0)\times Z_{ZD}$（$\phi$ = A，B，C），$\Delta\dot{U}_{\phi}$，$\Delta\dot{I}_{\phi}$为保护安装处的各相电压和电流变化量，$\dot{I}_0$为零序电流。

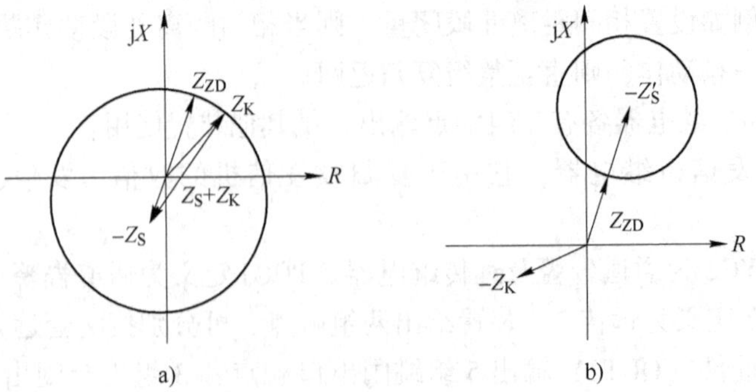

图7-9 继电器动作特性
a）正方向短路 b）反方向短路

正方向故障时，测量阻抗 $-Z_K$ 在阻抗复数平面上的动作特性是以矢量 $-Z_S$ 为圆心，以 $|Z_S+Z_{ZD}|$ 为半径的圆，如图 7-9a 所示。当 Z_K 矢量末端落于圆内时动作，可见这种阻抗继电器有大的允许过渡电阻的能力。当过渡电阻受对侧电源助增时，由于 ΔI_N 一般与 ΔI 同相位，过渡电阻上的压降始终与 ΔI 同相位，过渡电阻始终呈电阻性，与 R 轴平行，因此，不存在由于对侧电流助增所引起的超越问题。

对反方向短路，测量阻抗 $-Z_K$ 在阻抗复数平面上的动作特性是以矢量 Z'_S 为圆心，以 $|Z'_S-Z_{ZD}|$ 为半径的圆，如图 7-9b 所示，动作圆在第一象限，而因为 $-Z_K$ 总是在第三象限，因此，阻抗元件有明确的方向性。

3. 工频变化量方向继电器

工频变化量方向和零序功率方向继电器，经通道交换信号构成全线路快速跳闸的方向保护，即装置的纵联保护。

变化量方向继电器测量电压、电流故障分量的相位，当测量相角反相位时动作。

其正方向元件的测量相位为：$\Phi_+=\arg\left(\dfrac{\Delta\dot U_{12}-\Delta\dot I_{12}Z_{COM}}{\Delta\dot I_{12}Z_D}\right)$

其反方向元件的测量相位为：$\Phi_-=\arg\left(\dfrac{-\Delta\dot U_{12}}{\Delta\dot I Z_D}\right)$

式中，$\Delta\dot U_{12}$、$\Delta\dot I_{12}$为电压、电流变化量的正负序综合分量，无零序分量；Z_D 为模拟阻抗；Z_{COM}为补偿阻抗，当最大运行方式下系统阻抗比 $Z_S/Z_L>0.5$ 时，$Z_{COM}=0$，否则 Z_{COM}取为“工频变化量阻抗”的一半。

正方向故障时，Φ_+接近 180°，正方向元件可靠动作，而 Φ_-接近 0°，反方向元件不可能动作；而反方向故障时，Φ_+接近 0°，正方向元件不可能动作，而 Φ_-接近 180°，反方向元件可靠动作。

由上述可见，在正方向元件中引入补偿电压 $\Delta\dot I_{12}Z_{COM}$不可能引起方向元件误动，在大系统长线路 Z_S 较小的情况下，引入 $\Delta\dot I_{12}Z_{COM}$可以从根本上改善继电器的灵敏度，使该方向继电器不仅适用于短线路，而且适用于任何长距离输电线路。

以上分析未规定故障类型，所以对各种故障，方向继电器都有同样优越的方向性，且过渡电阻不影响方向元件的测量相位。同时，由于方向元件不受任何负荷电流影响，因而该方向元件有很高的灵敏度，可允许测量很大的故障过渡电阻。另外，方向元件不受串补电容的影响（因为 $Z_C<Z_S$，$Z_C<Z'_S$）。

工频变化量方向继电器受浮动门坎的限制，因此，当系统中出现不平衡分量或者系统振荡时，继电器不会误动作，只是自动降低灵敏度。

当保护投退控制字“弱电源侧” =1 时，装置自动引入超范围变化量阻抗继电器，当变化量正、反方向元件和零序正、反方向元件均不动作时，若超范围变化量阻抗继电器动作，则判为正方向故障；若超范围变化量阻抗继电器不动作，即判为反方向故障。

4. 零序方向继电器

零序正、反方向元件（F_{0+}、F_{0-}）由零序功率 P_0 决定，P_0 由 $3\dot U_0$和 $3\dot I_0Z_D$ 的乘积获得（$3\dot U_0$、$3\dot I_0$为自产零序电压、电流，Z_D 是幅值为 1、相角为 78°的相量），$P_0>0$ 时 F_{0-}

动作；$P_0<-1\text{V}\cdot\text{A}$（$I_N=5\text{A}$）或 $P_0<-0.2\text{V}\cdot\text{A}$（$I_N=1\text{A}$）时 F_{0+} 动作。纵联零序保护的正方向元件由零序方向比较过电流元件和 F_{0+} 的与门输出，而纵联零序保护的反方向元件由零序起动过电流元件和 F_{0-} 的与门输出。

5. 距离继电器

本装置设有三阶段式相间和接地距离继电器，继电器由正序电压极化，因而有较大的测量故障过渡电阻的能力；当用于短接线时，为了进一步扩大测量过渡电阻的能力，还可将Ⅰ、Ⅱ段阻抗特性向第一象限偏移；接地距离继电器设有零序电抗特性，可防止接地故障时继电器超越。

正序极化电压较高时，由正序电压极化的距离继电器有很好的方向性；当正序电压下降至15%以下时，进入三相低压程序，由正序电压记忆量极化，Ⅰ、Ⅱ段距离继电器在动作前设置正的门坎，保证母线三相故障时继电器不可能失去方向性；继电器动作后则改为反门坎，保证正方向三相故障继电器动作后一直保持到故障切除。Ⅲ段距离继电器始终采用反门坎，因而三相短路Ⅲ段稳态特性包含原点，不存在电压死区。

当用于长距离重负荷线路，常规距离继电器整定困难时，可引入负荷限制继电器，负荷限制继电器和距离继电器的交集为动作区，这有效地防止了重负荷时测量阻抗进入距离继电器而引起的误动。

（1）低压距离继电器

当正序电压小于15% U_n 时，进入低压距离程序，此时只可能有三相短路和系统振荡两种情况；系统振荡由振荡闭锁回路区分，这里只需要考虑三相短路。三相短路时，因三个相阻抗和三个相间阻抗性能一样，所以仅测量相阻抗。

一般情况下各相阻抗一样，但为了保护母线故障转换至线路构成三相故障时仍能快速切除故障，所以对三相阻抗均进行计算，任一相动作跳闸时选为三相故障。

低压距离继电器比较工作电压 $\dot{U}_{OPf}=\dot{U}_f-\dot{I}_f Z_{ZD}$；极化电压的相位 $\dot{U}_{P\phi}=-\dot{U}_{1\phi M}$；其中：$\varphi=A,B,C$；$\dot{U}_{OP\phi}$ 为工作电压；$\dot{U}_{P\phi}$ 为极化电压；Z_{ZD} 为整定阻抗；$\dot{U}_{1\phi M}$ 为记忆故障前正序电压。继电器的比相方程为：$-90°<\arg\dfrac{\dot{U}_{OP\phi}}{\dot{U}_{P\phi}}<90°$。

正方向故障暂态动作特性如图7-10所示，测量阻抗 Z_K 在复数平面上的动作特性是以 Z_{ZD} 至 $-Z_S$ 连线为直径的圆，动作特性包含原点，表明正向出口经或不经过渡电阻故障时都能正确动作，并不表示反方向故障时会误动作；反方向故障时的动作特性必须以反方向故障为前提导出。

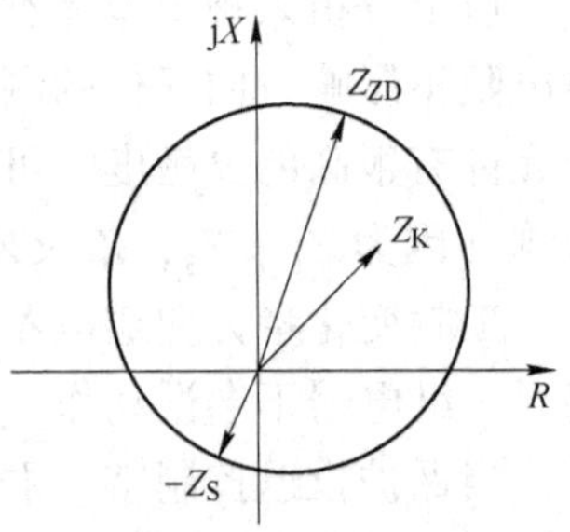

图7-10 正方向故障暂态动作特性

反方向故障暂态动作特性如图7-11所示，测量阻抗 $-Z_K$ 在阻抗复数平面上的动作特性是以 Z_{ZD} 与 $-Z_S$ 连线为直径的圆，当 $-Z_K$ 在圆内时动作，可见，继电器有明确的方向性，不可能误判方向。

以上的结论是在记忆电压消失以前，即继电器的暂态特性。当记忆电压消失后，测量阻抗 Z_K 在阻抗复数平面上的动作特性如图7-12所示，反方向故障时，$-Z_K$ 动作特性也如图7-12所示。由于动作特性经过原点，因此母线和出口故障时，继电器处于动作边界；为了保证母线故障，特别是经弧光电阻三相故障时不会误动作，因此，对Ⅰ、Ⅱ段距离继电器设置了门坎电压，起幅值取最大弧光压降。同时，当Ⅰ、Ⅱ距离继电器暂态动作后，将继电器的门坎倒置，相当于将特性圆包含原点，以保证继电器动作后能保持到故障切除。为了保证Ⅲ段距离继电器的后备性能，Ⅲ段距离元件的门坎电压总是倒置的，其特性包含原点。

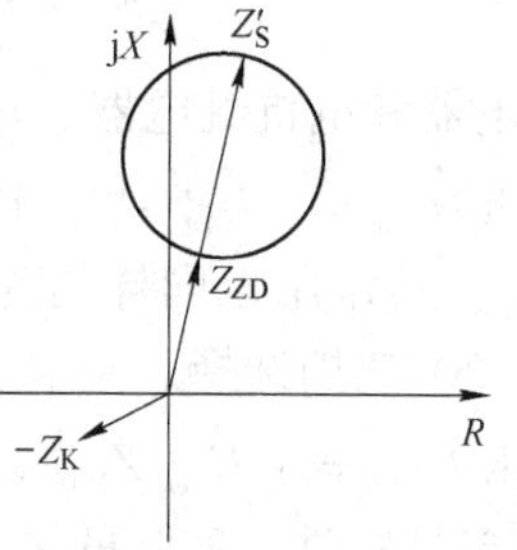

图 7-11　反方向故障暂态动作特性

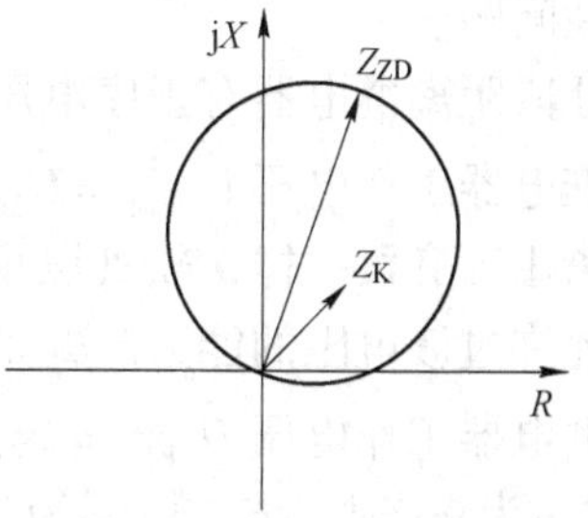

图 7-12　三相短路稳态特性

(2) 接地距离继电器

Ⅲ段接地距离继电器工作电压：$\dot{U}_{OP\phi} = \dot{U}_{\phi} - (\dot{I}_{\phi} + 3\dot{I}_0 K) Z_{ZD}$；极化电压：$U_{P\phi} = -U_{1\phi}$。$U_{P\phi}$采用当前正序电压，非记忆量，这是因为接地故障时，正序电压主要由非故障相形成，基本保留了故障前的正序电压相位，因此，Ⅲ段接地距离继电器的特性与低压时的暂态特性完全一致，继电器有很好的方向性。

Ⅰ、Ⅱ段接地距离继电器由正序电压极化的方向阻抗继电器和零序电抗继电器组成。

正序电压极化的方向阻抗继电器工作电压 $U_{OP\phi} = U_{\phi} - (I_{\phi} + K \times 3I_0) \times Z_{ZD}$；极化电压$\dot{U}_{P\phi} = -\dot{U}_{1\phi} \times e^{j\theta_1}$。Ⅰ、Ⅱ段极化电压引入移相角 θ_1，其作用是在短线路应用时，将方向阻抗特性向第一象限偏移，以扩大允许故障过渡电阻的能力。其正方向故障的特性如图 7-13 所示，θ_1 取值为0°、15°、30°。

由图 7-13 可见，该继电器可测量很大的故障过渡电阻，但在对侧电源助增下可能超越，因而引入了第二部分零序电抗继电器以防止超越。

零序电抗继电器工作电压 $\dot{U}_{OPf} = \dot{U}_f - (\dot{I}_f + 3\dot{I}_0 K) Z_{ZD}$；极化电压 $\dot{U}_{PF} = -\dot{U}_{1F} Z_D$，$Z_D$ 为模拟阻抗；动作特性如图 7-13 中直线 A 所示。

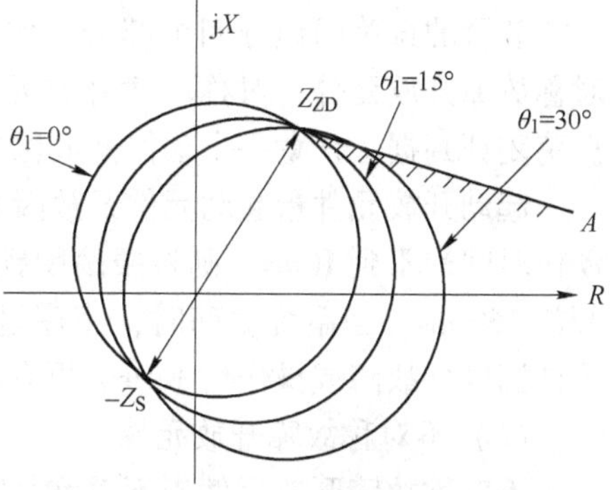

图 7-13　正方向故障时继电器特性

当 $\dot{I}_0$与 $\dot{I}_{\phi}$同相位时，直线 A 平行于 R 轴，不同相时，直线的倾角恰好等于 $\dot{I}_0$相对于 $\dot{I}_F + 3\dot{I}_0 K$ 的相位差。假定 I_0 与过渡电阻上压降同相位，则直线 A 与过渡电阻上压降所呈现的阻抗相平行，因此，零序电抗特性对过渡电阻有自适应的特性。

实际的零序电抗特性由于 Z_D 为 78°而要下倾 12°，所以当实际系统中由于两侧零序阻抗角不一致而使 $\dot{I}_0$与过渡电阻上压降有相位差时，继电器仍不会超越。由带偏移角 θ_1 的方向阻抗继电器和零序电抗继电器两部分结合，同时动作时，Ⅰ、Ⅱ段距离继电器动作，该距离继电器有很好的方向性，能测量很大的故障过渡电阻且不会超越。

(3) 相间距离继电器

Ⅲ段相间距离继电器工作电压 $\dot{U}_{OP\phi\phi} = \dot{U}_{\phi\phi} - \dot{I}_{\phi\phi} Z_{ZD}$；极化电压 $\dot{U}_{P\phi\phi} = -\dot{U}_{1\phi\phi}$，继电器的

极化电压采用正序电压，不带记忆。因相间故障其正序电压基本保留了故障前电压的相位；故障相的动作特性如图 7-10、图 7-11 所示，继电器有很好的方向性。

三相短路时，由于极化电压无记忆作用，其动作特性为一过原点的圆，如图 7-12 所示。由于正序电压较低时，由低压距离继电器测量，因此，这里既不存在死区也不存在母线故障失去方向性问题。

Ⅰ、Ⅱ段距离继电器有正序电压极化的方向阻抗继电器和电抗继电器。正序电压极化的方向阻抗继电器工作电压 $\dot{U}_{OP\phi\phi}=\dot{U}_{\phi\phi}-\dot{I}_{\phi\phi}Z_{ZD}$；极化电压 $\dot{U}_{P\phi\phi}=-\dot{U}_{1\phi\phi}e^{j\theta_2}$。这里，极化电压与接地距离Ⅰ、Ⅱ段一样，较Ⅲ段增加了一个偏移角 θ_2，其作用也同样是为了在短线路使用时增加允许过渡电阻的能力。θ_2 的整定可按 0°、15°、30°三挡选择。

电抗继电器工作电压 $\dot{U}_{OP\phi\phi}=\dot{U}_{\phi\phi}-\dot{I}_{\phi\phi}Z_{ZD}$；极化电压 $\dot{U}_{P\phi\phi}=-\dot{U}_{1\phi\phi}Z_D$。$Z_D$ 为模拟阻抗。当 Z_D 阻抗角为 90°时，该继电器为与 R 轴平行的电抗继电器特性，实际的 Z_D 阻抗角为 78°，因此，该电抗特性下倾 12°，使送电端的保护受对侧助增，在过渡电阻呈容性时不致超越。以上方向阻抗与电抗继电器两部分结合，增强了在短线上使用时允许过渡电阻的能力。

（4）负荷限制继电器

为保证距离继电器躲开负荷测量阻抗，本装置设置了接地、相间负荷限制继电器，其特性如图 7-14 所示。继电器两边的斜率与正序灵敏角 ϕ 一致，R_{ZD} 为负荷限制定值，直线 A 和直线 B 之间为动作区。当用于短线路不需要负荷限制继电器时，用户可将控制字“投负荷限制距离”置“0”。

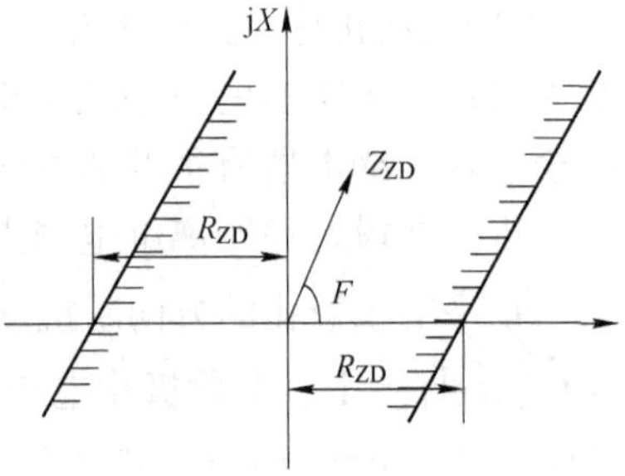

图 7-14　负荷限制继电器特性

（5）振荡闭锁

装置的振荡闭锁分四个部分，包括起动开放元件、不对称故障开放元件、对称故障开放元件、非全相运行时的振荡闭锁判据，任意一个动作开放保护。

起动开放元件指起动元件开放瞬间，若按躲过最大负荷整定的正序过电流元件不动作或动作时间尚不到 10ms，则将振荡闭锁开放 160ms。该元件在正常运行突然发生故障时立即开放 160 ms，当系统振荡时，正序过电流元件动作，其后再有故障时，该元件已被闭锁，另外当区外故障或操作后 160ms 再有故障时也被闭锁。

（6）不对称故障开放元件

不对称故障开放元件指不对称故障时，振荡闭锁回路还可由对称分量元件开放，该元件的动作判据为：$|I_0|+|I_2|>m\times|I_1|$。本装置中 m 的取值是根据最不利的系统条件下，振荡有区外故障时振荡闭锁不开放为条件验算，并留有相当裕度的。

对称故障开放元件指在起动元件开放 160 ms 以后或系统振荡过程中，如发生三相故障，则上述两项开放时均不能开放振荡闭锁，本装置中另设置了专门的振荡判别元件，即测量振荡中心电压：$U_{OS}=U_{COS\Phi}$，U 为正序电压，Φ 是正序电压和电流之间的夹角。$-0.03U_N<U_{OS}<0.08U_N$，延时 150ms 开放；$-0.1U_N<U_{OS}<0.25U_N$，延时 500ms 开放。

非全相运行时的振荡闭锁判据为：非全相振荡时，距离继电器可能动作，但选相区为跳开相。非全相在单相故障时，距离继电器动作的同时选相区进入故障相，因此，可以以选相区不在跳开相作为开放条件。

另外，非全相运行时，测量非故障两相电流之差的工频变化量，当该电流突然增大达一定幅值时开放非全相运行振荡闭锁。因而非全相运行发生故障时能快速开放。

以上两种情况均不能开放时，由对称开放元件部分作为后备。

6. 选相元件

选相元件分变化量选相元件和稳态量选相元件，所有反映变化量的保护（如变化量方向、工频变化量阻抗）用变化量选相元件，所有反映稳态量的保护（如阶段式距离保护）用稳态量选相元件。本装置采用相电流差变化量选相元件和 I_0 与 I_{2A} 比相的选相元件进行选相。

（1）相电流差变化量选相元件

相电流差变化量选相元件动作特性见表 7-2。选相元件测量两相电流之差的工频变化量 ΔI_{AB}、ΔI_{BC}、ΔI_{CA} 的幅值。表中，“+”为动作，“-”为不动作。

相电流差变化量继电器的测量判据是：

$$\Delta I_{\phi\phi} > 1.25 \times \Delta I_T + m \times \Delta I_{\phi\phi MAX} + 0.2 \times I_N$$

式中，$\Delta I_{\phi\phi}$ 是相间电流变化量的半波积分值；ΔI_T 为浮动门坎，随着变化量的变化而自动调整，取 1.25 倍可保证门坎始终略高于不平衡输出；$\Delta I_{\phi\phi MAX}$ 是取三个相间电流变化量的最大值，取其一部分作为制动量，有效地防止了单相故障时非故障相的误动，其制动系数 m 的取值考虑了系统正负序阻抗不等，而非故障相间可能产生的最大不平衡分量，同时还保证了两相经过渡电阻故障的最不利条件下不漏选相；$\Delta I_{\phi\phi MAX}$ 带记忆，可保证当本侧开关经选相跳开后，对侧后跳闸过程中本侧非故障选相元件不误动；$0.2 \times I_N$ 为固定门坎。

表 7-2　相电流差变化量选相元件

故障类型 \ 选相元件	ΔI_{AB}	ΔI_{BC}	ΔI_{CA}	选　相
A0	+	-	+	选 A 跳
B0	+	+	-	选 B 跳
C0	-	+	+	选 C 跳
AB0，BC0，CA0，AB，BC，CA，ABC	+	+	+	选三跳

（2）$\dot{I}_0$ 与 $\dot{I}_{2A}$ 比相的选相元件

选相程序首先根据 $\dot{I}_0$ 与 $\dot{I}_{2A}$ 之间的相位关系，确定三个选相之一，如图 7-15 所示。当 $-60° < \arg \frac{\dot{I}_0}{\dot{I}_{2A}} < 60°$ 时选 A 区，$60° < \arg \frac{\dot{I}_0}{\dot{I}_{2A}} < 180°$ 时选 B 区，$180° < \arg \frac{\dot{I}_0}{\dot{I}_{2A}} < 300°$ 时选 C 区。

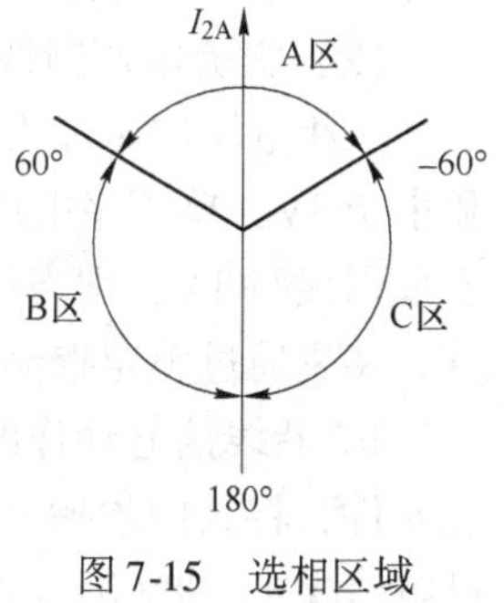

图 7-15　选相区域

单相接地时，故障相的 $\dot{I}_0$ 与 $\dot{I}_2$ 同相位；A 相接地时，$\dot{I}_0$ 与 $\dot{I}_{2A}$ 同相；B 相接地时，$\dot{I}_0$ 与 $\dot{I}_{2A}$ 相差120°；C 相接地时，$\dot{I}_0$ 与 $\dot{I}_{2A}$ 相差120°。

两相接地时，$\dot{I}_0$ 与 $\dot{I}_2$ 同相位；BC 相间接地故障时，$\dot{I}_0$ 与 $\dot{I}_{2A}$ 同相；CA 相间接地故障时，$\dot{I}_0$ 与 $\dot{I}_{2A}$ 相差120°；AB 相间接地故障时，$\dot{I}_0$ 与 $\dot{I}_{2A}$ 相差120°。

7. 非全相运行

非全相运行流程包括非全相状态和合闸与故障保护，跳闸固定动作或跳闸位置继电器 TWJ 动作且无电流，经 50ms 延时置非全相状态。单相跳开可能形成非全相状态；三相跳开也可能形成非全相状态。

（1）非全相运行状态下相关保护的投退

非全相运行状态下，将纵联零序退出，退出与断开相关的相、相间变化量方向、变化量距离继电器。

（2）合闸与故障线段保护

单相重合闸时，零序过电流加速经60ms跳闸，距离Ⅱ段受振荡闭锁控制经25ms延时三相跳闸；三相重合闸或手合时，零序电流大于加速定值时经100ms延时三相跳闸；三相重合闸时，经整定控制字选择加速不经振荡闭锁的距离Ⅱ、Ⅲ段，否则总是加速经振荡闭锁的距离Ⅱ段；手合时总是加速距离Ⅲ段。

（3）单相运行时切除运行相

当线路因任何原因切除两相时，由单相运行三跳元件零序压板控制切除三相，其判据为：有两相TWJ动作且对应相无电流（$<0.06I_n$），而零序电流大于$0.15I_n$，则延时150ms发单相运行三跳命令。

8. 重合闸

本装置重合闸为一次重合闸方式，可实现单相重合闸、三相重合闸或综合重合闸；可根据故障的严重程度引入闭锁重合闸的方式。重合闸的起动方式可以有保护动作起动或开关位置不对应起动方式；当与本公司其他产品一起使用两套重合闸时，两套装置的重合闸可以同时投入，不会出现二次重合，与其他装置的重合闸配合时，可考虑压板投入一套重合闸。

三相重合时，可采用检线路无压重合闸或检同期重合闸，也可采用快速直接重合闸方式，检无压时，检查线路电压或母线电压小于30V；检同期时，检查线路电压和母线电压大于40V，且线路和母线电压间相位差在整定范围内。

9. 正常运行程序

（1）检查开关位置状态

三相无电流，同时TWJ动作，则认为线路不再运行，开放准备手合于故障400ms；线路有电流单TWJ动作，或三相TWJ不一致，经10s延时报TWJ异常。

（2）交流电压断线

三相电压向量和大于8V，保护不起动，延时1.25s发TV断线异常信号；三相电压向量和小于8V，单正序电压小于33.3V时，若采用母线TV，则延时1.25s发TV断线异常信号；若采用线路TV，则当任一相有流元件动作或TWJ不动作时，延时1.25s发TV断线异常信号。装置通过整定控制字来确定是采用母线TV还是线路TV。

TV断线信号动作的同时，将纵联变化量补偿阻抗和纵联零序退出，保留工频变化量阻抗元件，将其门坎抬高至$1.5U_N$，退出距离保护，自动投入TV断线相过电流和TV断线零序过电流保护，TV断线相过电流保护由距离压板投退，TV断线零序过电流保护由零序压板投退。三相电压正常后，经10s延时TV断线信号复归。

（3）交流电流断线

自产零序电流小于0.75倍的外接零序电流，或外接零序电流小于0.75倍的自产零序电流，延时200ms发TA断线异常信号。有自产零序电流而无零序电压，则延时10s发TA断线异常信号。保护判断出交流电流断线的同时，在装置总起动元件中不进行零序过电流元件起动判别。

(4) 工频变化量距离继电器的门坎电压形成

工频变化距离继电器的门坎电压 U_Z，取正常运行时工作电压的半波积分值。

(5) 线路电压断线

当重合闸投入且处于三重或综重方式时，如果装置整定为重合闸检同期或检无压，则要用到线路电压，开关在合闸位置时检查输入的线路电压小于 40V，经 10s 延时报线路 TV 断线。如重合闸不投、不检定同期或无压时，线路电压可以不接入本装置，装置也不进行线路电压断线判别。当装置判定线路电压断线后，重合闸逻辑不进行检同期和检无压的逻辑判别，不满足同期和无压条件。

10. 通信时钟

保护通过数字通道交换两侧方向元件信息及远跳远传等开关信息，本装置中数据采用 64KB/s 或 2048KB/s 高速数据通道、同步通信方式。

装置可采用“专用光纤”或“复用通道”。在信道数量及功率衰耗允许范围内（64KB/s 允许衰耗 40dB；2048KB/s 允许衰耗 27dB）时，优先采用“专用光纤”作为传输通道。当功率衰耗不满足条件或信道资源有限时，可采用“复用通道”。

当采用复接 PCM 通信设备时，数据信号是从 PCM 的 64KB/s 同向接口实现复接。不论采用专用光纤，亦或复用 PCM 设备，本装置的通信出入口都是采用光纤传输方式。

通信接口的原理框图如图 7-16 所示，其功能是传送主保护方向元件及开关量信息的串行通信控制器（SCC）收发的 NRZI 码，变换成 64KB/s 同向接口的线路码型，经光电转换后，由光纤通道来传输。

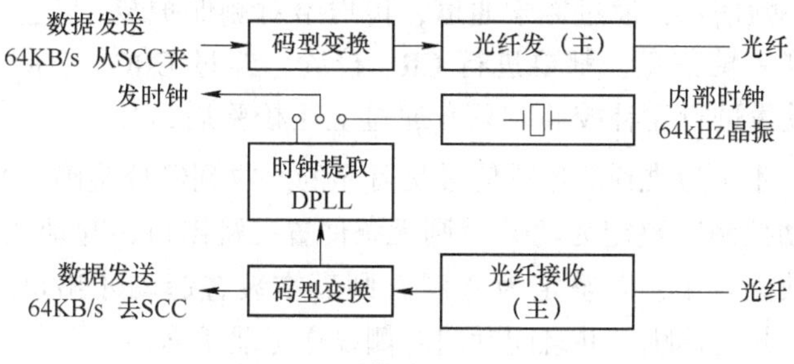

图 7-16 通信接口原理框图

由于装置是采用 64KB/s 同向数据通信方式，所以存在同步时钟提取问题。若通道是采用专用光纤通道，装置的时钟应采用内时钟方式，即两侧的装置发送时钟工作在“主-主”方式，如图 7-17 所示，数据发送采用本机的内部时钟，接收时钟从接收数据码流中提取。

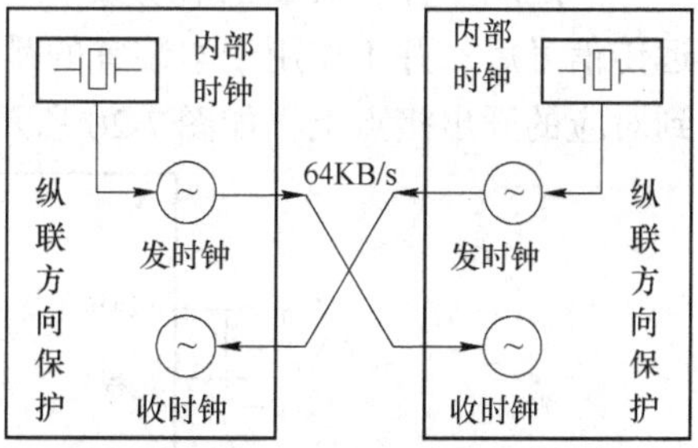

图 7-17 内时钟“主-主”方式

若通过 64KB/s 同向接口复接 PCM 通信设备，如图 7-18 所示，必须采用外部时钟方式，即两侧装置的发送时钟工作在“从-从”方式。数据发送时钟和接收时钟为同一时钟源，均是从接收数据码流中提取，否则会产生周期性的滑码现象。若两侧采用 SDH 通信网络设备时，两侧的通信设备不必进行通信时钟设定。若两侧采用 PDH 准同步通信设备时，还要对两侧的PDH通信设备进行时钟设定，即把一侧的通信时钟设为主时钟（内时钟），另一侧通信时钟设为从时钟，否则会因为PDH的速率失配，而产生周期性的数据丢失（或重复）问题。和通信设备的连接为两对双绞线。

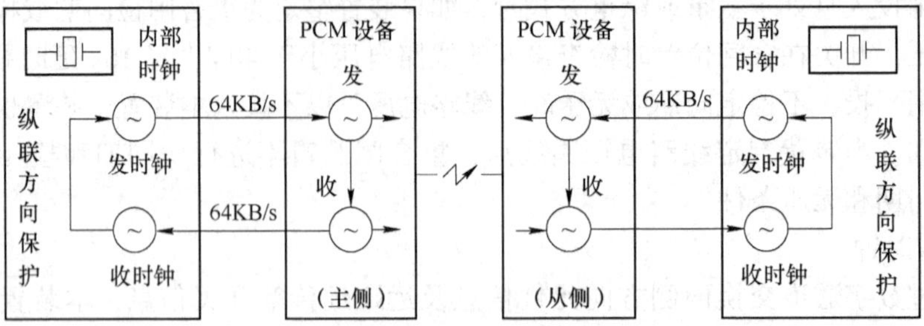

图7-18 外时钟“从-从”方式

采用专用光纤光缆时，线路两侧的装置通过光纤通道直接连接，如图7-19所示。

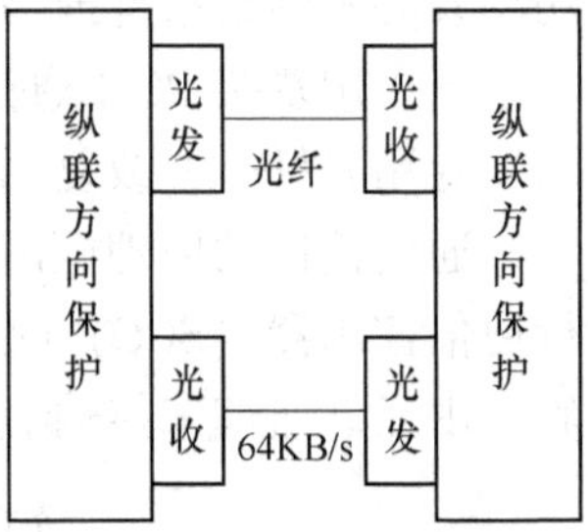

图7-19 专用光纤方式

11. 远跳、远传

保护装置利用数字通道传输开关量信息，实现一些辅助功能，其中包括远跳及远传。

（1）远跳

保护装置采样得到远跳开入为高电平时，经过专门的互补校验处理，作为开关量，连同方向元件的判别数据及CRC校验码等，打包为完整的一帧信息，通过数学通道，传送给对侧保护装置。对侧装置每收到一帧信息，都要进行CRC校验，经过CRC校验后再单独对开关量进行互补校验。只有通过上述校验后，并且经过防抖确认后，才认为收到的远跳信号是可靠的。收到经校验确认的远跳信号后，若将控制字“远跳受起动控制”整定为“0”，则无条件置三跳出口，起动A、B、C三相出口跳闸继电器，同时闭锁重合闸；若整定为“1”，则需本装置起动才出口。当“投远方跳闸”压板退出时，装置不起动远跳，并且闭锁向对侧发送远跳信号。

（2）远传

同远跳一样，装置也借助数字通道分别传送远传1、远传2。区别只是在于接收侧收到远传信号后，并不作用于本装置的跳闸出口，而只是如实地将对侧装置的开入接点状态反映到对应的开出接点上，如图7-20所示。

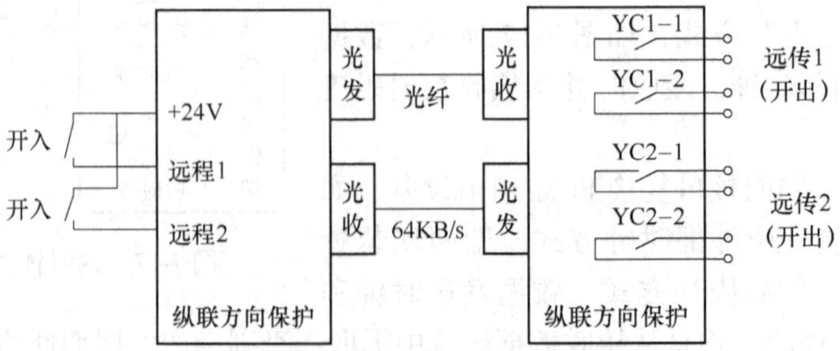

图7-20 远传功能示意图

7.2　微机母线保护装置

7.2.1　保护概述

本节提到的微机母线保护装置是 RCS-915AB 型，该微机母线保护装置适用于各种电压等级的单母线、单母线分段、双母线等各种主接线方式，母线上允许的线路与元件数最多为 21 个（包括母联），并可满足有母联兼旁路运行方式主接线系统的要求。保护装置设有母线差动保护、母联充电保护、母联死区保护、母联失灵保护、母联过电流保护、母联非全相保护及断路器失灵保护等功能。

7.2.2　装置硬件配置

装置核心部分采用 Mortorola 公司的 32 位单片微处理器 MC68332，主要完成保护的出口逻辑及后台功能，保护运算采用 AD 公司的高速数字信号处理（DSP）芯片，使保护装置的数据处理能力大大增强。装置采样率为每周波 24 点，在故障全过程对所有保护算法进行并行实时计算，使得装置具有很高的固有可靠性及安全性。具体硬件模块图如图 7-21 所示。

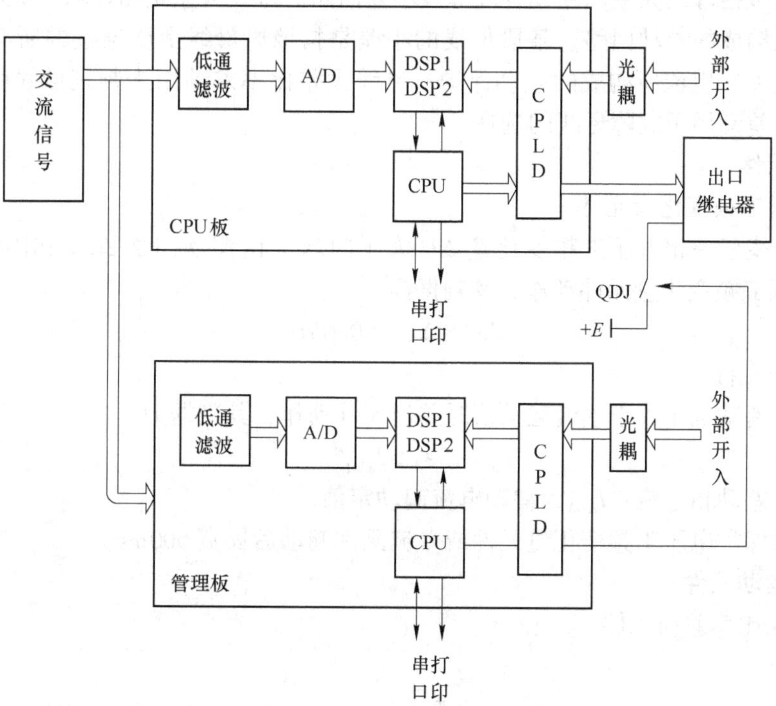

图 7-21　硬件模块图

输入电流、电压首先经隔离互感器传变至二次侧（注：电流变换器的线性工作范围为 $40I_N$），成为小电压信号分别进入 CPU 板和管理板。CPU 板主要完成保护的逻辑及跳闸出口功能，同时完成事件记录及打印、保护部分的后台通信及与面板 CPU 的通信；管理板内设总起动元件，起动后开放出口继电器的正电源，另外，管理板还具有完整的故障录波功能，录波格式与 COMTRADE 格式兼容，录波数据可单独串口输出或打印输出。

7.2.3 装置起动元件

装置保护板和管理板对每种保护功能都设有起动元件，管理板起动后开放出口正电源，各起动元件构成如下各种保护原理说明。

7.2.4 母线差动保护

母线差动保护由分相式比率差动元件构成。主接线示意如图 7-22 所示，TA 极性要求支路 TA 同名端在母线侧，母联 TA 同名端在母线 1（即Ⅰ母）侧。

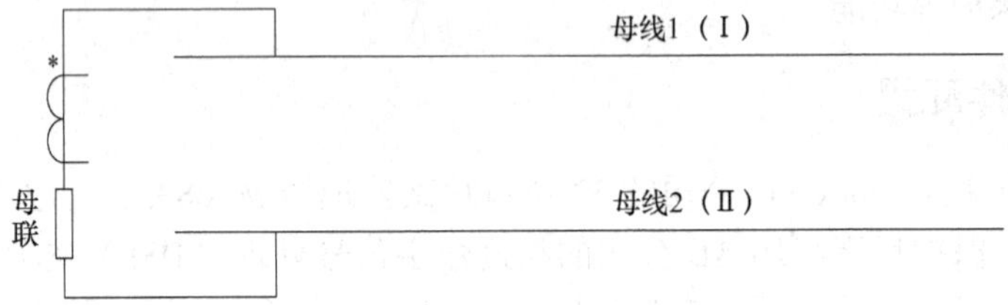

图 7-22　母线差动保护接线

差动回路包括母线大差回路和各段母线小差回路。母线大差是指母联开关和分段开关外所有支路电流构成的差动回路。某段母线的小差是指该段母线上所连接的所有支路（包括母联和分段开关）电流所构成的差动保护。母线大差比率差动用于判别母线区内和区外故障，小差比率差动用于故障母线的选择。

1. 起动元件

（1）电压工频变化量元件

当两端母线任一相电压工频变化量 ΔU 大于门坎（由浮动门坎 ΔU_{T} 和固定门坎 U_{N} 构成）时，电压工频变化量元件动作，其判据为

$$\Delta U > \Delta U_{\mathrm{T}} + 0.05U_{\mathrm{N}}$$

（2）差流元件

当任一相差动电流大于差流起动值时差流元件动作，其判据为

$$I_{\mathrm{d}} > I_{\mathrm{cdzd}}$$

式中，I_{d} 为大差动相电流；I_{cdzd}为差动电流起动定值。

母线差动保护电压工频变化量元件或差流元件起动后展宽 500ms。

2. 比率差动元件

（1）常规比率差动元件

动作判据为

$$\left|\sum_{j=1}^{m} I_j\right| > I_{\mathrm{cdzd}}$$

$$\left|\sum_{j=1}^{m} \dot{I}_j\right| > K\sum_{j=1}^{m} |\dot{I}_j|$$

式中，K 为比率制动系数；$\dot{I}_j$为第 j 个连接元件的电流；I_{cdzd}为差动电流起动定值。其动作特性如图 7-23 所示。

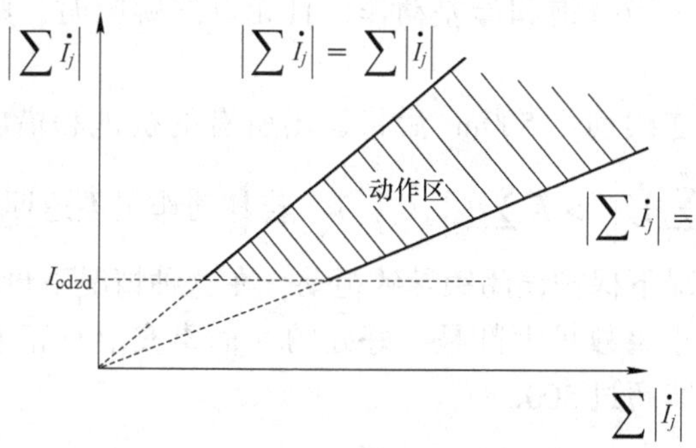

图 7-23　比例差动元件动作特性

为防止在母联开关断开的情况下，弱电源侧母线发生故障时大差比率差动元件的灵敏度不够，大差比率差动元件的比率制动系数有高、低两个定值。母联开关处于合闸位置以及投单母或刀闸双跨时，大差比率差动元件采用比率制动系数高值；而当母线分列运行时，自动转用比率制动系数低值。小差动比率差动元件则固定取比率制动系数高值。

（2）工频变化量比率差动元件

为提高保护抗过渡电阻能力，减少保护性能受故障前系统功角关系的影响，本保护除采用由差流构成的常规比率差动元件外，还采用工频变化量电流构成的工频变化量比率差动元件，与制动系数固定值为 0.2 的常规比率差动元件配合构成快速差动保护。其动作判据为

$$\left|\sum_{j=1}^{m}\Delta\dot{I}_j\right| > \Delta DI_{\mathrm{T}} + DI_{\mathrm{cdzd}}$$

$$\left|\sum_{j=1}^{m}\Delta\dot{I}_j\right| > K'\sum_{j=1}^{m}\left|\Delta\dot{I}_j\right|$$

式中，K'为工频变化量比率制动系数，母联开关处于合闸位置以及投单母或刀闸双跨时，K'取 0.75；而当母线分列运行时则自动转用比率制动系数低值，小差则固定取 0.75；$\Delta\dot{I}_j$为第 j 个连接元件的工频变化量电流；ΔDI_{T} 为差动电流起动浮动门坎；DI_{cdzd}为差流起动的固定门坎，由 I_{cdzd}得出。

3. 故障母线选择元件

差动保护根据母线上所有连接元件的电流采样值计算出大差电流，构成大差比率差动元件，作为差动保护的区内故障判别元件。对于分段母线或双母线连接方式，根据各连接元件的刀闸位置开入计算出两条母线的小差电流，构成小差比率差动元件，作为故障母线选择元件。

当大差抗饱和母差动作（下述 TA 饱和检测元件二检测为母线区内故障），且任一小差比率差动元件动作时，母差动作跳母联；当小差比率差动元件和小差谐波制动元件同时开放时，母差动作跳开相应母线。

当双母线按单母运行方式，不需进行故障母线的选择时，可投入单母方式压板。当元件在倒闸过程中两条母线经刀闸双跨时，则装置自动识别为单母运行方式。这两种情况都不进行故障母线的选择，当母线发生故障时将所有母线同时切除。

母差保护另设一后备段，当抗饱和母差动作，且无母线跳闸时，则经过 250ms 切除母线上所有的元件。

另外，装置在比率差动连续动作 500ms 后将退出所有的抗饱和措施，仅保留比率差动元件（$\left|\sum_{j=1}^{m}\dot{I}_j\right| > I_{cdzd}$，$\left|\sum_{j=1}^{m}\dot{I}_j\right| > K\sum_{j=1}^{m}\left|\dot{I}_j\right|$），若其动作仍不返回则跳相应母线。这是为了防止在某些复杂故障情况下保护误闭锁导致拒动，在这种情况下母线保护动作跳开相应母线对于保护系统稳定和防止事故扩大都是有好处的（而事实上真正发生区外故障时，TA 的暂态饱和过程也不可能持续超过 500ms）。

4. TA 饱和检测元件

为防止母线保护在母线近段发生区外故障时 TA 在严重饱和的情况下发生误动，本装置根据 TA 饱和波形特点设置了两个 TA 饱和检测元件，用以判别差动电流是否由区外故障 TA 饱和引起，如果是则闭锁差动保护出口，否则开放保护出口。

（1）TA 饱和检测元件一

此元件采用新型的自适应阻抗加权抗饱和方法，即利用电压工频变化量起动元件自适应开放加权算法。当发生母线区内故障时，工频变化量差动元件 $\Delta BLCD$ 和工频变化量阻抗元件 ΔZ 与工频变化量电压元件 ΔU 基本同时动作；而发生母线区外故障时，由于故障起始 TA 尚未进入饱和，$\Delta BLCD$ 元件和 ΔZ 元件的动作滞后于工频变化量电压元件。利用 $\Delta BLCD$ 元件、ΔZ 元件与工频变化量电压元件动作的相对时序关系特点，得到了抗 TA 饱和的自适应阻抗加权判据。由于此判据充分利用了区外故障发生 TA 饱和时差流不同于区内故障时差流的特点，具有极强的抗 TA 饱和能力，而且区内故障和一般转换性故障（故障由母线区外转至区内）时的动作速度很快。在发生交流电压回路断线时，自动将电压开放元件改为电流开放元件，并适当调整加权值，抗饱和能力不受影响。

（2）TA 饱和检测元件二

此元件是由谐波制动原理构成的 TA 饱和检测元件。这种原理利用了 TA 饱和时差流波形畸变和每周波存在线性传变区等特点，根据差流中谐波分量的波形特征检测 TA 是否发生饱和。以此原理实现的 TA 饱和检测元件同样具有很强的抗 TA 饱和能力，而且在区外故障 TA 饱和发生同名相转换性故障的极端情况下仍能快速切除母线故障。

5. 电压闭锁元件

其判据为

$$U_\phi \leqslant U_{bs}$$
$$3U_0 \geqslant U_{0BS}$$
$$U_2 \geqslant U_{2bs}$$

式中，U_ϕ 为相电压；$3U_0$ 为三倍零序电压；U_2 为负序相电压；U_{bs}为相电压闭锁值；U_{0BS}和 U_{2bs}分别为零序、负序电压闭锁值。以上三个判据任一个动作时，电压闭锁元件开放。在动作与故障母线跳闸时必须经相应的母线电压闭锁元件闭锁。

当用于中性点不接地系统时，将“投中性点不接地系统”控制字投入，此时电压闭锁元件为 $U_1 \leqslant U_{bs}$；$U_2 \geqslant U_{2bs}$（其中 U_1 为线电压，U_2 为负序相电压，U_{bs}为线电压闭锁值，U_{2bs}为负序电压闭锁定值）。

母联差动保护的工作框图（以 I 母为例）如图 7-24 所示。

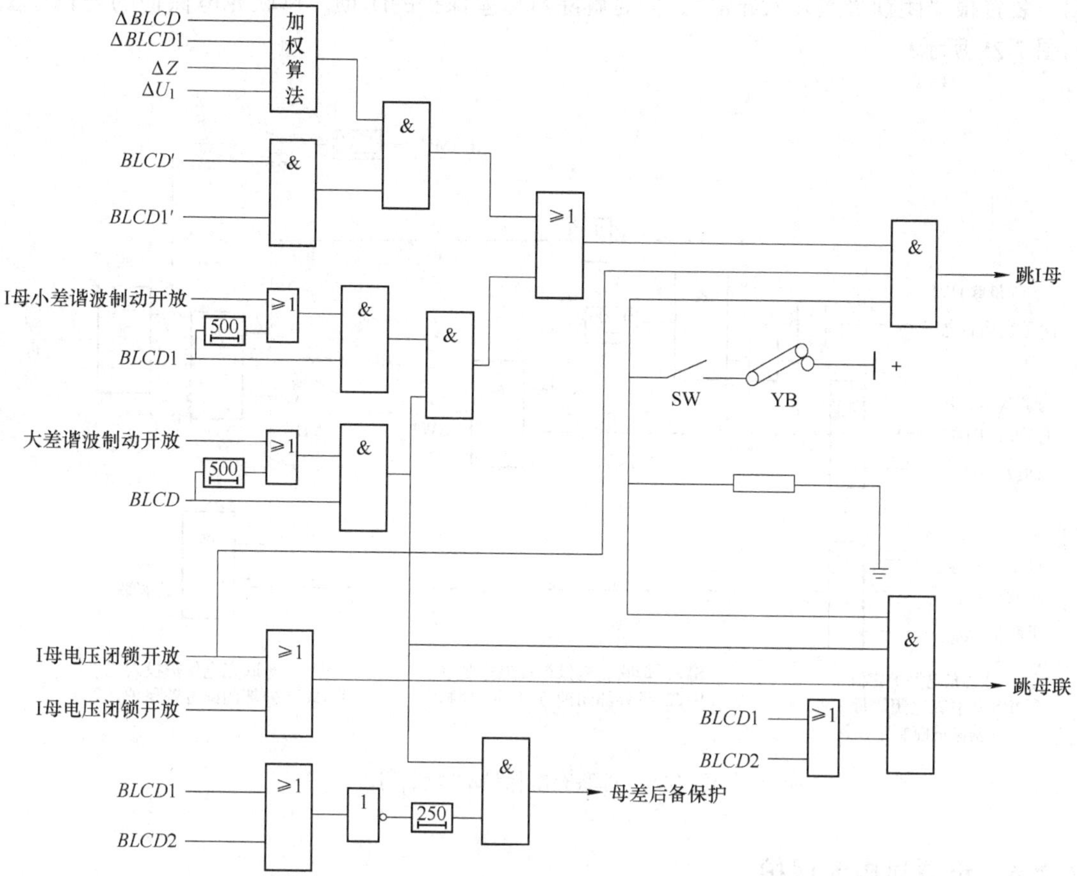

ΔU_1　：母电压工频变化量元件
ΔZ　：工频变化量阻抗元件
$\Delta BLCD1$：I母工频变化量比率差动元件
$\Delta BLCD$　：大差工频变化量比率差动元件
$BLCD'$　：大差比率差动元件(K=0.2)
$BLCD1'$：I母比率差动元件(K=0.2)
$BLCD$　：大差比率差动元件
$BLCD1$：I母比率差动元件
SW　：母差保护投退控制字
YB　：母差保护投入压板

图 7-24　母联差动保护的工作框图（以 I 母为例）

7.2.5　母联充电保护

当任一组母线检修后再投入之前，利用母联断路器对该母线进行充电试验时可投入母联充电保护，当被试验母线存在故障时，利用充电保护切除故障。母联充电保护有专门的起动元件。在母联充电保护投入时，当母联电流任一相大于母联充电保护整定值时，母联充电保护起动元件动作去控制母联充电保护部分。

当母联断路器跳位继电器由“1”变为“0”或母联 TWJ = 1，且由无电流变为有电流（大于 $0.04I_n$），或两母线均变为有电压状态时，则开放充电保护 300ms，同时根据控制字决定在此期间是否闭锁母差保护。在充电保护开放期间，若母联电流大于充电保护整定电流，则将母联开关切除。母联充电保护不经复合电压闭锁。

另外，如果希望通过外部接点闭锁本装置母差保护，将“投外部闭锁母差保护”控制字置“1”，装置检测到“闭锁母差保护”开入后，闭锁母差保护。该开入若保持 1s 不返回，装置报“闭锁母差开入异常”，同时解除对母差保护的闭锁。母联充电保护的逻辑框图如图 7-25 所示。

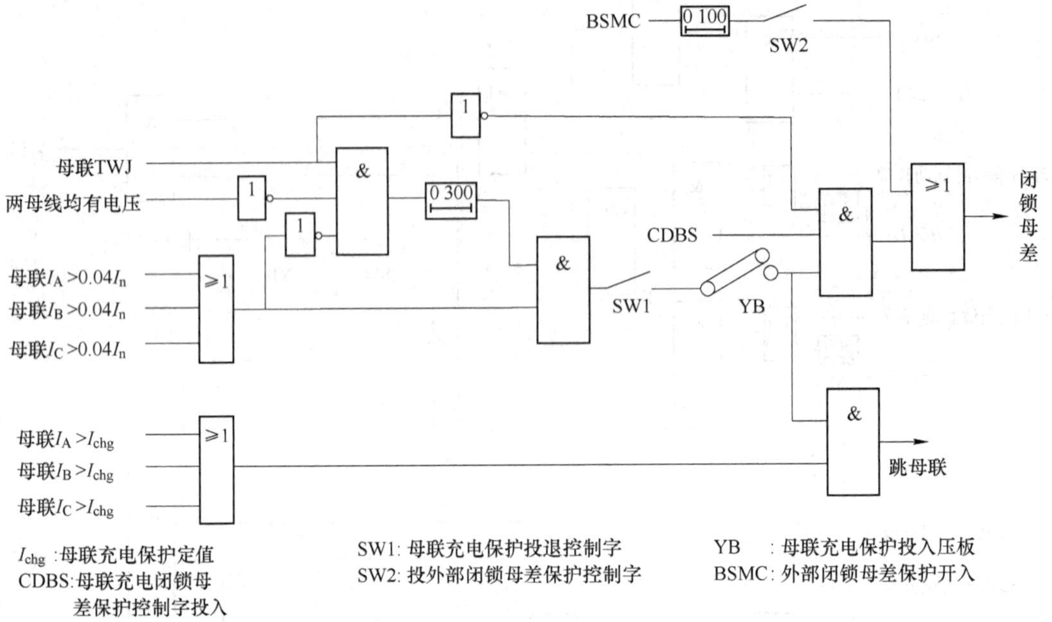

图 7-25 母联充电保护的逻辑框图

7.2.6 母联过电流保护

当利用母联断路器作为线路的临时保护时可投入母联过电流保护。母联过电流保护有专门的起动元件。在母联过电流保护投入时，当母联电流任一相大于母联过电流整定值，或母联零序电流大于零序过电流整定值时，母联过电流起动元件动作去控制母联过电流保护部分。母联过电流保护在任一相母联电流大于过电流整定值，或母联零序电流大于零序过电流整定值时，经整定延时跳母联开关，母联过电流保护不经复合电压元件闭锁。

7.2.7 母联失灵与母联死区保护

当保护向母联发跳闸指令后，经整定延时母联电流仍然大于母联失灵电流整定值时，母联失灵保护经两母线电压闭锁后切除两母线上所有连接元件。通常情况下，只有母差保护和母联充电保护才起动母联失灵保护。当投入“投母联过电流起动母联失灵”控制字时，母联过电流保护也可以起动母联失灵保护。

通过外部保护起动本装置的母联失灵保护时，将系统参数中的“投外部起动母联失灵”控制字置“1”。装置检测到“外部起动母联失灵”开入后，经整定延时母联电流仍然大于母联失灵电流定值时，母联失灵保护经两母线电压闭锁后切除两母线上所有连接元件。该开入若保持 10s 不返回，装置报“外部起动母联失灵长期起动”，同时退出该起动功能。母联失灵保护逻辑框图如图 7-26 所示。

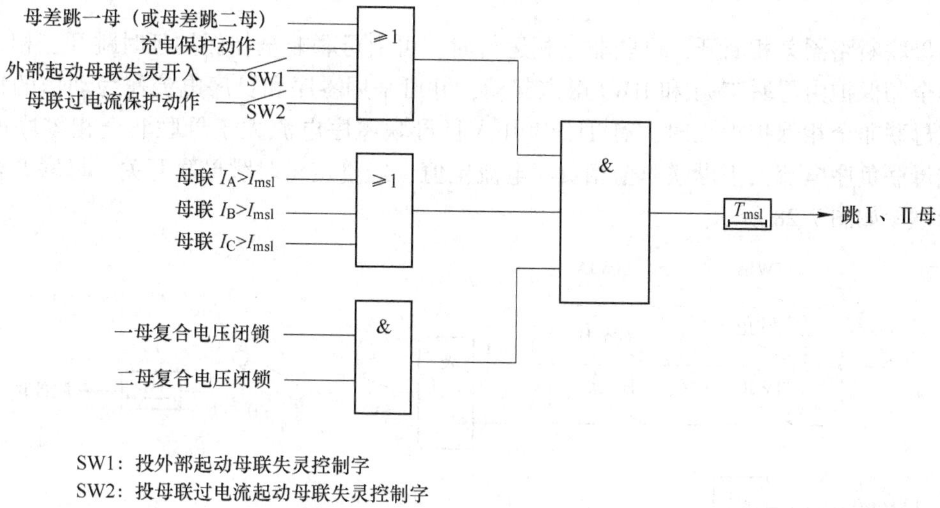

图 7-26　母联失灵保护逻辑框图

若母联开关和母联 TA 之间发生故障，断路器侧母线跳开后故障仍然存在，正好处于 TA 侧母线小差的死区，为提高保护动作速度，专设了母联死区保护，装置的母联死区保护在差动保护发母线跳令后，母联开关已跳开而母联 TA 仍有电流，且大差比率差动元件及断路器侧小差比率差动元件不返回的情况下，经死区动作延时 T_{sq} 跳开另一条母线。为防止母联在跳位时发生死区故障将母线全切除，当两母线都有电压且母联在跳位时母联电流不计入小差。母联 TWJ 为三相常开触点（母联开关处跳闸位置时触点闭合）串联。母联死区保护逻辑框图如图 7-27 所示。

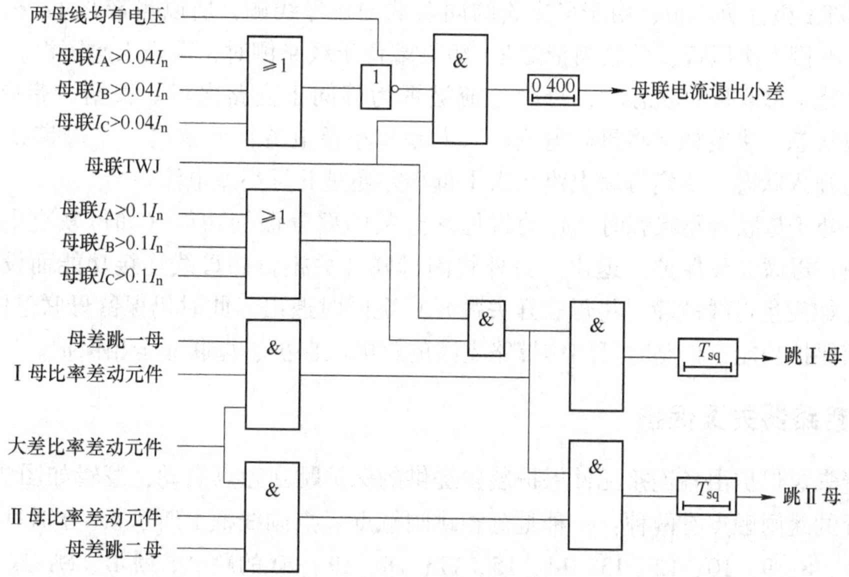

图 7-27　母联死区保护逻辑框图

7.2.8 母联非全相保护

当母联断路器某相断开，母联非全相运行时，可由母联非全相保护延时跳开三相。

非全相保护由母联 TWJ 和 HWJ 触点起动，并可采用零序和负序电流作为动作的辅助判据。在母联非全相保护投入时，有 THWJ 开入且母联零序电流大于母联非全相零序电流定值，或母联负序电流大于母联非全相负序电流定值，经整定延时跳母联开关。母联非全相保护逻辑框图如图 7-28 所示。

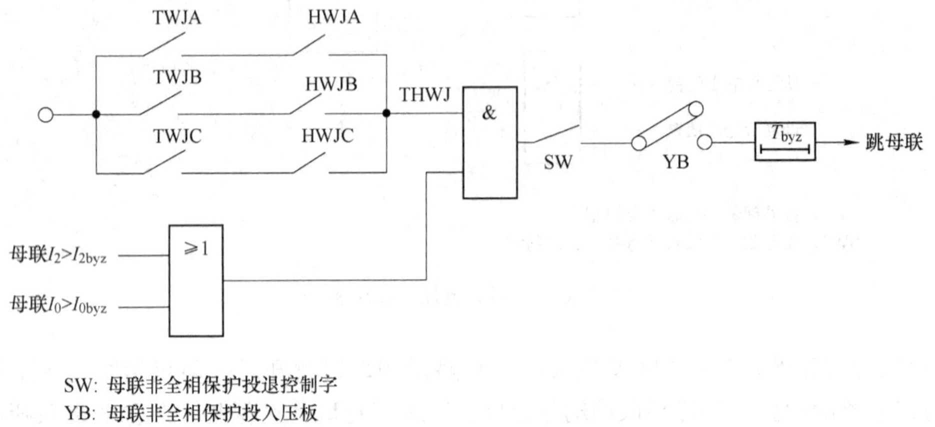

图 7-28 母联非全相保护逻辑框图

7.2.9 母联带路运行方式

当主接线方式为母联兼旁路主接线方式时，应投入“投母联兼旁路主接线”控制字。

当系统处于母联旁路运行方式时，应投入母联带路压板，并根据系统主接线情况决定是否投入带路 TA 极性负压板；由于各支路的同名端均在母线侧，所以当带路 TA 极性端位于母线侧时，不投入次压板；反之当带路 TA 极性端位于线路侧时，需投入次压板。

当保护处于母联带路状态时，母联电流被视为等同于支路电流。根据“带路 TA 极性负”的压板状态，决定如何将母联电流计入大差和小差电流；而根据“Ⅰ母带路”和“Ⅱ母带路”的开入状态，决定母联电流计入Ⅰ母小差还是Ⅱ母小差电流。

当保护处于母联带路状态时，自动将母联开关的部分保护功能（如母联充电保护、母联死区保护、母联失灵保护）退出。另外将因母联开关担负两母线连接功能而设置的一些保护功能（如发生母线故障时将母联开关跳开）也同时退出。此时仍保留母联过电流保护、母联非全相保护功能，带路时可用作带路支路的过电流保护、母联非全相保护。

7.2.10 断路器失灵保护

断路器失灵保护由各连接元件保护装置提供的保护跳闸触点启动，逻辑如图 7-29 所示。输入本装置的跳闸触点有两种：一种是分相跳闸触点（点画线框 1 所示），分别对应元件 2、3、4、5、7、8、9、10、12、13、14、15、17、18、19、20 的跳 A、跳 B、跳 C，当失灵保护检测到此触点动作时，若该元件的对应相电流大于失灵相电流定值（或零序电流大于零序电流定值、或负序电流大于负序电流定值，零序、负序判据可整定投退)，则经过失灵保护电压闭锁起动失灵保护；另一种是每个元件都有的三跳触点 T_S（点画线框 2 所示)，当失灵保护检测到此触点动作时，若该元件的任一相电流大于失灵相电流定值（或零序电流大于零序电流定值、或负序电流大于负序电流定值，零序、负序判据可整定投退)，则经过失灵保护电压闭锁起动失灵保护。失灵保护起动后经跟跳延时再次动作于该线路断路器，经跳闸母联延时动作于母联，经失灵延时切除该元件所在的母线的各个连接元件。

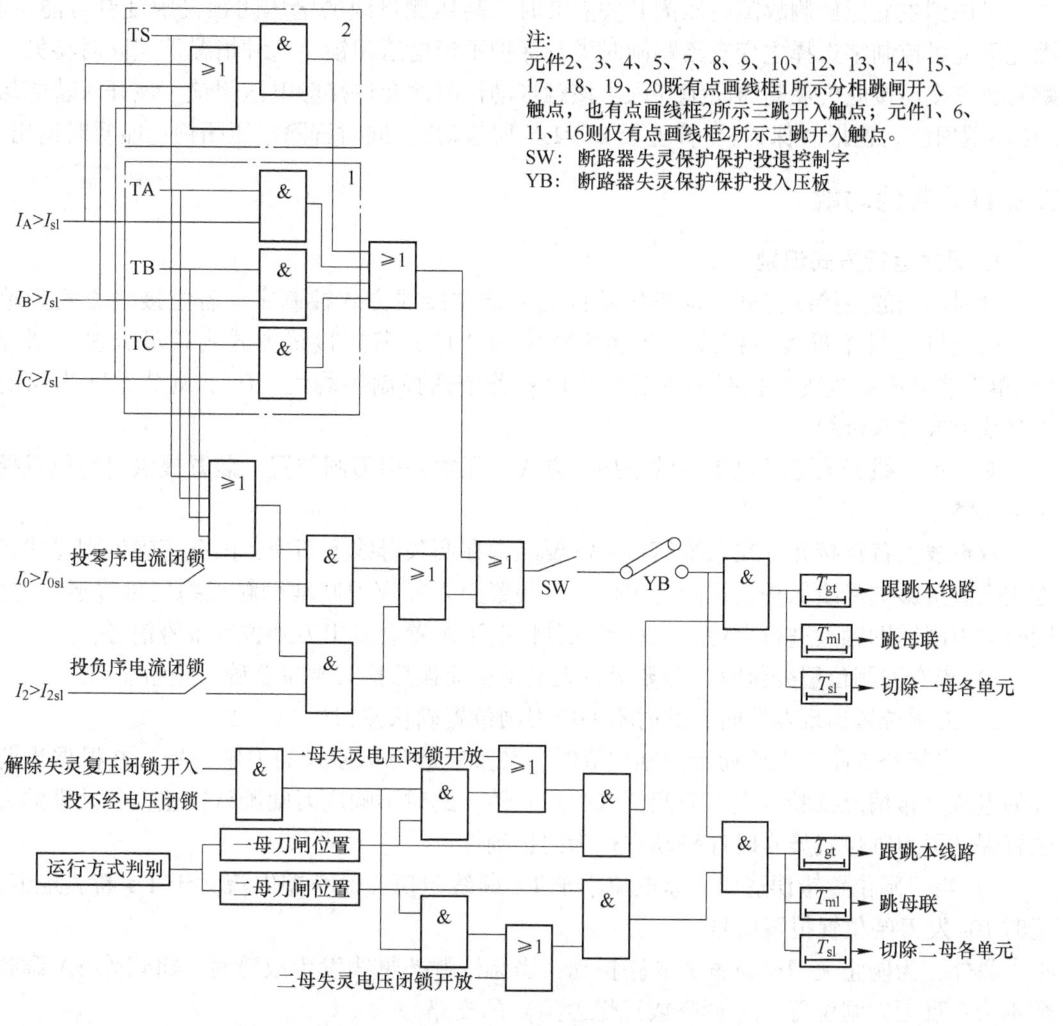

图 7-29 断路器失灵保护逻辑框图

当直接和保护动作触点配合完成失灵保护的功能时，由于线路保护有跳 A、跳 B、跳 C 和三跳开出，而装置在支路 1、6、11、16 只有三跳的开入，所以线路不能接在支路 1、6、11、16；由于主变支路只有三跳，主变可以接在任意支路，但建议主变接在 1、6、11、16 这几个支路上，这样可以留出更多的间隔接线路。

任一失灵开入保持 10s 不返回，装置报“保护板/管理板 DSP2 长期起动”，同时将失灵保护闭锁。

失灵保护电压闭锁的判据为

$$U_{\phi} \leqslant U_{s1} 或 3U_0 \geqslant U_{0s1} 或 U_2 \geqslant U_{2s1}$$

式中，U_{ϕ} 为相电压；$3U_0$ 为三倍零序电压；U_2 为负序相电压；U_{s1} 为相电压闭锁值；U_{0s1} 和 U_{2s1} 分别为零序、负序电压闭锁值。以上三个判据任一动作时，电压闭锁元件开放。

当用于中性点不接地系统时，将“投中性点不接地系统”控制字投入，此时电压闭锁元件的判据为 $U_1 \leqslant U_{s1}$；$U_2 \geqslant U_{2s1}$（其中 U_1 为相电压，U_{s1} 为线电压闭锁值）。

考虑到主变低压侧故障高压侧开关失灵时，高压侧母线的电压闭锁灵敏度有可能不够，因此可通过控制字选择主变支路跳闸时失灵保护不经电压闭锁，这种情况下应同时将另一副跳闸触点接至接触失灵复压闭锁开入，该触点动作时才允许接触电压闭锁。该开入若能保持 10s 不返回，装置报“保护板/管理板 DSP2 长期起动”，同时解除电压闭锁功能暂时退出。

7.2.11 其他功能

1. 母线运行方式识别

针对不同的主接线方式，应整定不同的系统主接线方式控制字。若主接线方式为单母线，则应将“投单母线主接线”控制字整定为“1”；若主接线方式为单母分段，则应将“投单母线分段主接线”控制字整定为“1”；若该两控制字均为“0”，则装置认为当前的主接线方式为双母线。

对于单母线分段等固定接线的主接线方式，无须外引刀闸位置，装置提供刀闸位置控制字可供整定。

双母线上各连接元件在系统运行中需要经常在两条母线上切换，因此正确识别母线运行方式会直接影响母线保护动作的正确性。本装置引入隔离刀闸辅助触点判别母线运行方式，同时对刀闸辅助触点进行自检。在以下几种情况下装置会发出刀闸位置报警信号：

1）当有刀闸位置变位时，需要运行人员检查无误后按刀闸位置确认按钮复归。

2）刀闸位置出现双跨时，此时不响应刀闸位置确认按钮。

3）当某条支路有电流而无刀闸位置时，装置能够记忆原来的刀闸位置，并根据当前系统的电流分布情况校验该支路刀闸位置的正确性，此时不响应刀闸确认按钮，经处理的刀闸位置保证了刀闸位置异常时保护动作行为的正确性。

4）当刀闸位置错误造成大差电流小于 TA 断线定值，而小差电流大于 TA 断线定值时，延时 10s 发刀闸位置报警信号。

另外，为防止无刀闸位置的支路拒动，当无论哪条母线发生故障时，将切除 TA 调整系数不为 0 且无刀闸位置（无调整或记忆刀闸）的支路。

2. 交流电压断线检查

1）母线负序电压 $3U_2$ 大于 12V，延时 1.25s 报该母线 TV 断线。

2）母线三相电压幅值之和 $|U_a|+|U_b|+|U_c|<U_n$，且母联或任一出线的任一相有电流（$>0.04I_n$），或母线任一相电压大于 $0.3U_n$，延时 1.25s 报该母线 TV 断线。

3）当用于中性点不接地系统时，将“投中性点不接地系统”控制字整定为“1”，此时 TV 断线判据改为 $3U_2>12V$ 或任一线电压低于 70V。

4）三相电压恢复正常后，经 10s 延时后全部恢复正常运行。

5）当检测到系统有扰动或任一支路的零序电流大于 $0.1I_n$ 时不进行 TV 断线的检测，以防止区外故障时误判。

6）若任一母线电压闭锁条件开放，延时 3s 报该母线电压闭锁开放。

3. 交流电流断线检查

1）大差电流大于 TA 断线整定值 I_{DX}，延时 5s 发 TA 断线报警信号。

2）大差电流小于 TA 断线整定值 I_{DX}，两个小差电流均大于 I_{DX} 时，延时 5s 报母线 TA 断线，当母联短路时不进行该判据的判别。

3）如果仅母联 TA 断线不闭锁母差保护，但此时自动切到单母方式，发生区内故障时不再进行故障母线的选择。由大差电流判出的 TA 断线闭锁母差保护（其他保护功能不闭锁）。

4）当母线电压异常（母差电压闭锁开放）时，不进行 TA 断线的检测。

5）任一支路 $3I_0 > 0.25I_{\phi max} + 0.04I_n$ 时延时 5s 发该支路 TA 异常报警信号，对于母联支路发母联不平衡异常报警信号，该判据可由控制字选择退出。

6）大差电流大于 TA 异常报警整定值 I_{DXBJ} 时，延时 5s 报 TA 异常报警。

7）大差电流小于 TA 异常报警整定值 I_{DXBJ}，两个小差电流均大于 I_{DXBJ} 时，延时 5s 报母联 TA 异常报警。

8）TA 异常报警不闭锁母差保护，根据母差保护中“投 TA 异常自动恢复”控制字可以选择电流回路恢复正常后 TA 异常报警信号是否自动复归。

4. 母线电压切换

当有一组 PT 检修或故障时，可利用屏上的电压切换开关进行切换。开关位置有双母、Ⅰ母、Ⅱ母三个位置，当置在双母位置时，引入装置的电压分别为Ⅰ母、Ⅱ母的 TV 来的电压；当置在Ⅰ母位置时，引入装置的电压都为Ⅰ母电压，即 $U_{A2} = U_{A1}$、$U_{B2} = U_{B1}$、$U_{C2} = U_{C1}$；当置在Ⅱ母位置时，引入装置的电压都是Ⅱ母电压，即 $U_{A1} = U_{A2}$、$U_{B1} = U_{B2}$、$U_{C1} = U_{C2}$。

7.3　ARM 处理器 + DSP 构架的微机馈线保护

微机继电保护是变电站自动化系统的组成部分，继电保护装置需要与变电站自动化系统间通信，进行信息交换。现有的微机保护装置与变电站级的通信大多采用 RS-485 和 CAN 总线方式。这些总线的优点是设计简单、控制方便、性价比高，但 RS-485 网拓扑一般采用终端匹配的总线型结构，而不支持环形或星形网络，通信速率不高。在基于 IEC 61850 通信协议新体系的变电站自动化系统设计中，过程层与间隔层、间隔层与变电站层间的通信方式将全部采用标准的以太网方式（采用 TCP/IP 协议），取代当前变电站自动化系统中的各种现场总线。本节介绍的基于 ARM + DSP 构架的微机馈线保护装置方案，充分运用了嵌入式 ARM 处理器强大的网络通信功能和 DSP 的高效快速的数字信号处理能力，很好地实现了微机馈线保护的功能，符合变电站自动化技术的发展趋势。

7.3.1　硬件结构

1. 总体结构

装置采用 ARM + DSP 的双 CPU 结构，ARM 处理器作为主 CPU，主要用于与变电站级的通信（通过以太网接口）。这符合 IEC61850 体系关于变电站自动化系统的设计思想。而嵌入式操作系统所使用的网络协议族（例如 TCP/IP 协议）是内嵌在高效多任务调度和中断管理的操作系统之中的，因此，ARM 构架的以太网通信模式打破了在工业控制领域应用的很多限制。DSP 则是利用自身运算速度快、擅长数字信号处理的优点进行数据采集、计算、逻辑判断，有效地保证了微机保护的选择性、速动性、可靠性，并在发生故障时进行录波，记录故障下的数据以供分析。保护装置的总体结构除了 ARM 和 DSP 芯片外，还有一些外围模块，如图 7-30 所示。

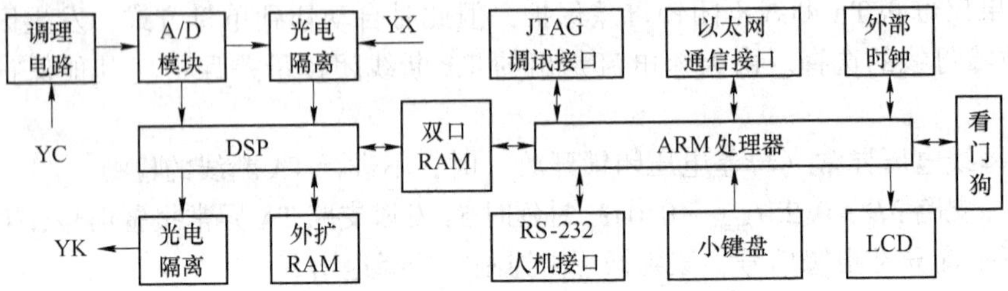

图 7-30　基于 ARM + DSP 的微机保护硬件结构

2. ARM 处理器部分

ARM 处理器部分主要完成与变电站级的通信、系统时钟基准、液晶显示、键盘按键处理以及部分数值的初始化整定等功能。

（1）S3C4510B

S3C4510B（简称 4510B）是三星公司推出的针对嵌入式应用的 16/32 位嵌入式处理器。该微处理器专为以太网通信系统设计，具有低成本、高性能的特点，其内置了 ARM（Advanced RISC Machines）公司设计的 16/32 位 ARM7TDMI 处理器，可以执行 32 位的 ARM 指令，也可以执行 16 位的 THUMB 指令。4510B 的操作频率可高达 50MHz，拥有 8kB 的内部高速缓存（Cache），也可用作内部 SRAM，这样可以减少系统开销；1 个 10/100Mbit/s 以太网控制器（提供 MII 接口）；2 个 HDLC 通道，每个通道可支持 10 Mbit/s，HDLC 通道的发送和接收都支持 DMA 方式；2 个 UART 通道，既可用于在程序开发时与 PC 通信，又可充当设置初始整定的人机接口；2 个 DMA 通道；2 个 32 位定时/计数器；18 个可编程 I/O 口。其中断控制器支持 21 个中断源，包括 4 个外部中断，支持 SDRAM、EDODRAM、SRAM、FLASH 存储器等，具有扩展外部总线，支持软/硬件开发和系统扩展。4510B 也带有 JTAG 调试功能，是一款真正体现片上系统（SoC）特点而区别于传统单片机的 ARM 处理器。

（2）看门狗电路

由于 4510B 没有片内看门狗电路（而 2407 有片内看门狗定时器模块），装置采用 MAX6374 芯片，其定时器时间可以通过外部引脚 SET2、SET1、SET0 的逻辑电平进行精确调节，将时间调节在 3ms，也就是将选择端全部接地。看门狗电路输入端 WDI 接 4510B 的 P0 脚。P0 脚可以在软件中设定为输出或输入，当设为输入时，引脚为高阻态，相当于悬空。在整个内核启动过程中，看门狗将暂时失效。在应用程序运行后，应将 P0 设为输出模式，并在程序的主循环或有较长时间的操作中加入清狗的操作。由于 MAX6374 监控芯片没有上电复位和电压监控功能，所以需要另外设计上电复位电路。另外，“看门狗刷新（Watchdog Updates）”最优选位置一般是结束程序时的最后进程。考虑到微处理器有很长的程序和很多的芯片功能，看门狗刷新程序最好不放在中断或子程序中，而直接放入主程序中，同时，刷新速率不要太大，否则将使失控状态恢复的概率下降。

（3）通信单元

装置的通信可分为装置内部通信和外部通信。外部通信是指与变电站级的以太网通信，接收来自变电站级或调度的指令，然后把设备的实时信息组织成报文反馈给变电站级或调度，这样有利于上级了解变电站的运行情况。内部通信是指 ARM 和 DSP 双处理器之间的数据交换过程。装置采用目前广泛应用的 CMOS 双口 RAM-IDT7132，其存储容量为 2kB。IDT7132 有 2 套 I/O 口，有 1 套竞争裁决电路。装置正是利用该竞争裁决电路实现对 RAM 的访问，可以通过左右两边的任一组 I/O 口进行全异步的存储器读写操作，方便地实现双 CPU 之间的高速数据传输。

（4）其他模块电路

作为装置系统时间的基准，装置采用 DS12887 芯片构成外部时钟电路。液晶显示模块选用信利公司的 MG-12232-5，该液晶显示器带背光及温度补偿功能，左右有主、从两个控制器 SED1520。小键盘电路主要由 ARM 的 I/O 口、八相反相缓冲器 74LS240、锁存器 74LS273 以及一些上拉电阻组成。另外，RS-232 接口主要用作初始化整定数值的设定和系统维护的人机接口 JTAG 接口，用于系统程序调试时，进行在线实时仿真。

3. DSP 部分

DSP 部分主要完成变电站内馈线数据的采集、调理、A/D 转换、分析计算以及各种保护算法的实现、逻辑判断输出和故障录波等功能。

（1）LF2407

TMS320LF2407（简称 2407）芯片作为 DSP 控制器 24x 系列的成员，是 TMS320C2000TM 平台下的一种低价格、高性能定点处理器芯片，它为 C2xx CPU 功能强大的 DSP 结构设计提供了低成本、低功耗、高性能的处理能力，具有处理性能好（30×106 个指令每秒）、外设集成度高、程序存储器大、A/D 转换速度快等特点，是各种数字化控制产品开发的首选。2407 片内有高达 32KB 的 FLASH 程序存储器，1. 5KB 的数据/程序存储器，544B 双口 RAM 和 2KB 单口 RAM，为多种用途的产品提供了经济的可编程解决方案。其中，FLASH 存储器由 2 个分开的 16KB×16 位的闪存组成，可以方便地擦写、编程，有利于系统扩展和升级。544B 双口 RAM 可配置，其 BO 块（256B）可配置成数据或程序存储器。高性能 10 位 A/D 转换器的转换时间为 500ns，提供多达 16 路模拟输入，具有自动排序功能，使最大为 16 路的转换在同一转换期间进行而不会增加 CPU 的开销。另外，2407 还提供在线仿真功能，通过 JTAG 口可实现对其外部 FLASH 可擦写存储器的在线编程，并将用户数据文件烧写到 FLASH 存储器中进行调试。

（2）信号调理电路

调理电路将电流互感器、电压互感器二次侧的大电流、电压变换成 0～5V 的电压送入 A/D 转换模块。过零触发电路产生 NMI 中断，捕获器捕获时间间隔用于测频，实现交流采样跟踪频率变化。

（3）A/D 转换模块

为了提高计算精度，装置采用 14 位 A/D 转换模块 MAX125，其启动转换端 CONVST 接 2407 的定时器比较输出端 T3CMP，每隔 T/N（T 为测得模拟信号周期，N 为周期采样点数）

时间，T3CMP 输出下降沿启动 A/D 转换。MAX125 转换结束会产生中断，2407 则在中断程序中读取转换结果。当采满 1 个周期时便进行 $N=128$ 点的快速傅里叶变换计算。

（4）其他模块

为了减少外界电气干扰，装置在开关量输入时加入光电隔离电路，在遥控输出时也是如此，把控制电路与驱动电路之间的控制和驱动信号进行信号隔离，实现不同电压之间的信号传输。同时，为了使 DSP 应用程序运行时有更多的空间，装置外扩了一块 RAM 来保存一些暂时数据。

7.3.2 软件结构

整个装置的软件可分为 ARM 部分软件和 DSP 部分软件两大部分。

1. ARM 部分软件结构

ARM 部分软件结构如图 7-31 所示，由嵌入式操作系统、网络驱动协议和应用程序组成。装置采用的嵌入式操作系统是当前广为应用的 μClinux，它沿袭了主流 Linux 的绝大部分特性，适用于没有虚拟内存或内存管理单元（MMU）的处理器。μClinux 具有稳定和良好的移植性、完备的对各种文件系统的支持，以及标准、丰富的 API 等；更重要的是，μClinux 带有一个完整的 TCP/IP 协议，还支持许多其他网络协议。应用程序直接在操作系统上编写，主要包括以太网通信程序、双口 RAM 读写程序和按键处理程序三个部分。硬件初始化就在操作系统启动中完成，而读系统时钟则作为操作系统的一个线程运行。

ARM 通信协议体系模型如图 7-32 所示，应用层采用 IEC 60870-5-104 协议。

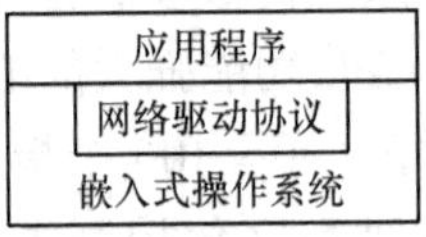

图 7-31 ARM 部分软件结构

图 7-32 ARM 通信协议体系模型

2. DSP 部分软件结构

DSP 部分软件结构如图 7-33 所示。主要包括硬件初始化、软件 YC 采样、测频、谐波 FFT 分析、保护算法以及 YK 输出等，需要完成数据采集、保护逻辑判断以及故障数据记录等功能。

保护装置充分利用 DSP 强大的中断功能实现数据的实时处理。程序启动时先写入定时采样时间，以工频 50Hz 为例，应为 0.02s，然后通过软件进行测频，以实现跟踪频率变化的采样技术。通过同步采样消除了频域的栅栏效应，加 Harming 窗来减少能量泄漏，周期采样 128 点进行离散傅里叶变换足以算出电力系统中的高次谐波。保护起动元件采用相电流差突变量方式。保护原理包括零序电流保护和距离保护，零序电流保护采用常规的四段式，而阻抗元件需要有较好的躲过系统振荡的能力和提高允许过渡电阻的能力。装置采用带偏移特性的多边形方向阻抗特性，充分考虑了过渡电阻以及由其引起的附加测量阻抗。当保护判断有故障时，延时返回后将故障前后各 10 个周期的数据有效值记录下来。装置采用零序电流、距离双保护出口机制，对电力系统馈线而言足以保护其全长。

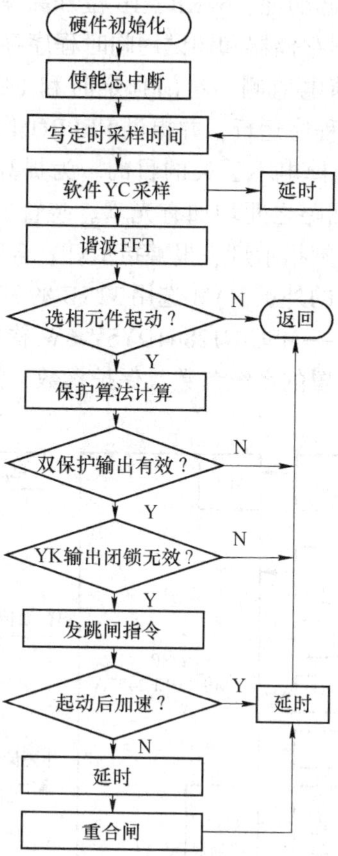

图 7-33　DSP 部分软件设计框图

7.4　基于 DSP 和单片机双 CPU 结构的电动机保护

基于超大规模集成电路技术和计算机技术发展起来的基于哈佛总线结构的数字信号处理器（DSP）具有体积小、功能强、功耗低、性价比高、单片机控制能力强等优点。充分利用 DSP 强大的运算能力和丰富的外围接口电路以及单片机较强的控制能力，并应用 DeviceNet 总线与现场数据通信，可以使电动机装置集保护、测量、控制、通信和故障记忆等功能于一体，提高保护装置的整体性能和网络化、智能化水平。

7.4.1　硬件结构

电动机综合保护的原理框图如图 7-34 所示。核心处理器采用 TI 公司的 16 位定点 DSP-TMS320LF2407A，其集成外围模块多的特点使装置硬件结构大为简化，大大提高了装置的稳定性和可靠性。单片机采用 Winbond 公司的 8 位微控制器 W78E516B，它内嵌 64KB 的 FLASH 程序存储器，引脚与指令和 8052 完全兼容。

装置选用测量精度为 0.1 级的高精度电流、电压互感器，结合 DSP 内部集成的 16 路 10 位 A/D 转换器构成模拟量测量回路分别采样电动机的三相电流、三相电压和零序电流、零序电压。选用低电压（3.3V）、低功耗、64KB、16 位、高速静态 RAMIS61LV6416（读写周期为10ns）作为 DSP 的外围数据存储器和调试用临时程序存储器。时钟芯片 DS1302 为系统提供实时时钟。集上电复位、掉电监测、看门狗定时和 EEPROM 四种功能于一体的芯片 X5043 作为系统硬件看门狗监视程序运行，并提供 EEPROM 存储系统重要数据（系统参数、保护参数和故障记忆值）以达到掉电不丢失的目的。为提高系统的抗干扰能力，遥信输入通道和 DSP 之间及 DSP 和操作回路之间均加有光耦。装置的 6 个发光二极管（LED）分别为运行指示灯、通信指示灯、跳闸指示灯、报警指示灯、合闸指示灯和系统上电指示灯，用来指示装置的不同状态。单片机的外扩 RAM 选用 32KB 的 HY62256。人机界面部分选用 128 ×64 像素、点阵式液晶显示器——MSC-G12864DYSY-6W 构成菜单式界面，并结合 8 个触摸式按键，方便用户设置或查看装置的系统参数、保护参数、测量数据和故障信息，以及实现信号的复归和系统的硬件复位。

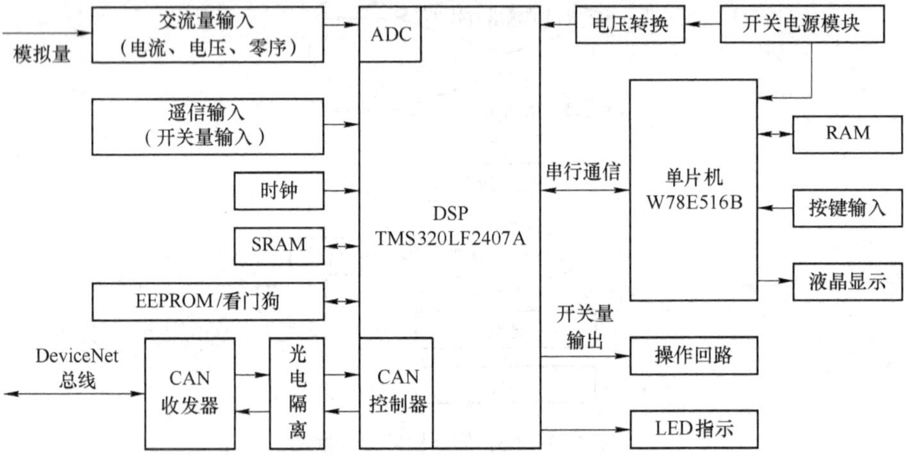

图 7-34 电动机综合保护原理框图

装置设有 DeviceNet 通信接口。利用 DSP 内部集成的 CAN 控制器，提供了 DeviceNet 通信接口。为提高通信通道的抗干扰能力和可靠性，CAN 收发器和 CAN 控制器之间加有双通道的高速光耦 6N137，以实现装置和 DeviceNet 总线之间的电气隔离。CAN 收发器选用具有多种保护的差动驱动器 PCA82C250，并使其工作于高速工作方式。利用 DeviceNet 通信接口可与上位机组成网络监控系统，实现装置的遥控、遥信、遥测和遥调等功能。

电动机综合保护装置所用 DSP（TMS320LF2407A）内置的模/数转换器（ADC）为单极性 ADC，其输入电压范围为 0～3.3V。对于输入的双极性电流、电压信号，必须转换为单极性输入信号，即对信号进行直流偏置。本装置中模拟量的测量是先将电动机一次额定电流和电压通过电流互感器（CT）、电压互感器（PT）分别转换为 0～5A 的电流信号和 0～100V 的电压信号，该信号再经一级互感器转换为数百毫伏到几伏的电压信号，再采用运放升压方式进行直流偏置，具体电路如图 7-35 所示。装置中电流测量的范围较大，为0.1～20 倍额定电流。为有效测量大范围的电流信号，装置采用

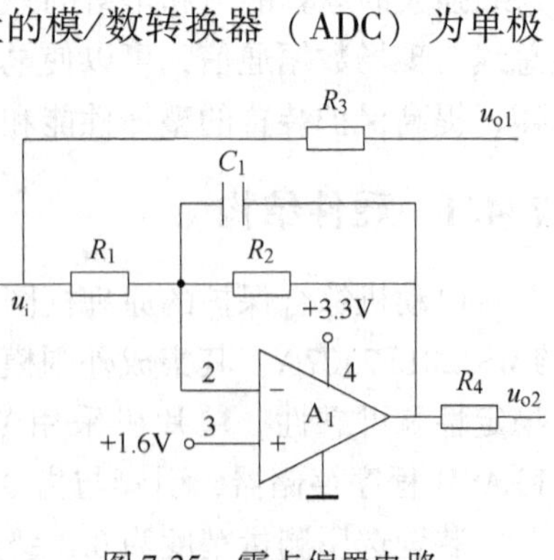

图 7-35 零点偏置电路

对电流信号的两段范围同时采样的方法，即将电流信号一分为二，使用两路 ADC 同时进行采样。电流信号较大时采用经直流偏置且未经放大的信号 u_{o1}；电流信号较小时采用经直流偏置且经放大的信号 u_{o2}。图 7-35 中输出信号 u_{o1}、u_{o2} 和输入信号 u_i 的关系为：$u_{o1}=u_i+1.6$；$u_{o2}=1.6-\frac{R_2}{R_1}u_i$。

7.4.2　软件设计

整个装置需要完成保护、报警、测量、通信、故障记忆、自诊断和人机交互等众多功能，这就需要合理设计软件，科学安排程序流程。系统所有软件均采用 C 语言编写，采用模块化编程技术，整个程序具有结构清晰、可移植性强和升级容易等特点。

DSP 主程序流程如图 7-36a 所示，主要完成初始化、保护器自检、扫描断路器状态、电力参数计算、各种故障的判断、处理以及与单片机串行通信进行数据交换等操作。其中，初始化部分主要完成装置内各个模块的初始化（包括 DSP 本身初始化、ADC 模块初始化、捕获单元初始化、SCI 模块初始化以及保护器系统参数、保护参数和故障记忆值的初始化）和将保护器的初始化数据（系统参数、保护参数及故障记忆值）经串行通信发送给单片机等操作。三相电流、电压值和零序电流、电压值的采样在 DSP 的定时中断子程序中完成。DeviceNet 通信数据的接收、发送都在 DSP 的 CAN 通信接收、发送中断子程序中完成。

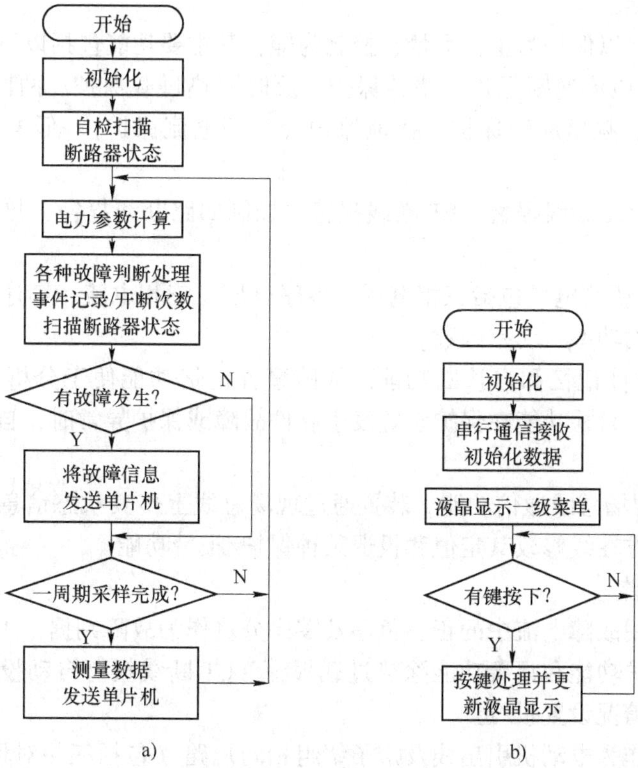

图 7-36　软件流程图

a）DSP 主程序　b）单片机主程序

单片机主程序流程如图 7-36b 所示，主要完成液晶显示和按键的识别与处理。采用全汉化液晶显示，通过按键可以随时查询或设置保护器的系统参数、保护参数和时钟参数等信息。

DSP 经串行通信发送给单片机的数据有：①初始化数据；②测量数据；③故障信息（包括故障类型、故障发生时间以及故障发生时电动机的电流、电压值等）。其中初始化数据单片机以查询方式接收，而测量数据和故障信息单片机以中断方式接收，在串行通信接收中断子程序中完成。

7.4.3 系统功能特点

电动机综合保护器以 TMS320LF2407A 和 W78E516B 为主体配置，其中 DSP 主要负责数据采集、计算、故障判断、通信及故障记忆等；单片机主要负责人机接口，即键盘和液晶显示。两个 CPU 之间通过串行通信进行数据交换，从而使两个处理器独立工作，互不影响，提高了装置的硬件可靠性。实现了全汉化液晶显示和菜单式操作，其系统参数、保护参数和时钟参数等各信息的查询和设置清晰直观、简单明了，用户界面友好。采用模块化软件编程技术，提高了系统软件的可靠性和可移植性。可为中压电动机提供有效的保护及基本的测量与控制。满足了继电保护装置保护、测量、控制和通信功能一体化的发展需要。本装置集多种功能于一体，具有较高的稳定性、重复性和实时性，对提高继电保护装置的网络化、智能化、自动化水平具有重要意义。

1. 系统主要功能

装置实现的功能以保护为主，测量、控制为辅，其主要功能包括以下几个：

1）保护功能。电流速断保护、堵转保护、反时限热过载保护、两段式负序电流保护、起动时间过长保护、频繁起动保护、接地保护（零序电流保护）、低电压保护、过电压保护、欠载保护。

2）报警功能。CT 断线报警、PT 断线报警、控制回路断线报警、热过载报警、接地报警、欠载报警。

3）测量功能。所测电量包括三相电压、零序电压、三相电流、零序电流、线电压、频率、有功功率、无功功率、功率因数。

4）10 次故障事件记忆和自诊断功能。故障事件记忆功能便于分析保护装置的动作行为，了解动作原因。自检功能在保护装置发生硬件故障或保护异常时，自动报告并根据情况闭锁保护。

5）DeviceNet 现场总线通信功能。装置通过现场总线上传其状态信息、运行数据及故障信息，上位机可远方在线修改其定值和投退某种保护/报警功能。

2. 主要保护功能

电动机保护采用故障电流中的正、负序及零序分量作为故障判据，为电动机提供有效的保护方案。所有保护功能和报警功能除热过载报警、CT 断线报警自动投入外，其他均可由用户根据现场实际情况设置投/退。

电流速断保护作为电动机引出线及定子绕组相间短路（包括三相对称短路）的主保护，在起动和运行过程中采用不同整定电流值，可有效躲过电动机巨大的起动电流，保证在电动机满载起动过程中可靠地不动作及保护装置在正常运行时具有较高的灵敏度。

堵转保护又称转子卡死（住）保护或转子停滞保护，是一种反映定子电流升高的保护，它在电动机起动时间内自动闭锁，起动完成后自动解锁。

反时限热过载保护通过获得正、负序电流的等效电流来模拟电动机的热过程，当电动机过负荷、定子正序电流增大和出现负序电流时，利用此保护可有效保护电动机。

负序电流保护作为电动机断相、逆相（反相）、定子绕组或引出线不对称相间短路、定子绕组匝间短路、电源电压严重不平衡（不对称）等的主保护。负序电流保护第 1 段为高定值、短延时，第 2 段为低定值、长延时。起动时间过长保护由起动时间和堵转保护整定值配合来实现。当正序电流值 >0.1I_n（I_n为电动机机端电流互感器二次侧的额定电流值）时，认为电动机开始起动。经过起动时间后，电动机的电流若仍大于堵转电流整定值，起动时间过长保护动作，发跳闸命令；若小于该值，则认为电动机已进入正常运行状态。

7.5　数字式变压器保护原理

变压器是电力系统的重要设备，本节主要简述数字式变压器微机继电保护。本节所述的数字式变压器保护装置是以差动保护、后备保护和瓦斯保护为基本配置的成套变压器保护装置，适用于 500kV、330kV 等大型电力变压器。

7.5.1　数字式变压器保护概述

本装置由以下模件构成：交流变换模件（AC）、微处理器模件（CPU）、通信接口模件（COM）、电源模件（POWER）、信号模件（SIGNAL）、跳合闸模件（TRIP）、人机对话模件（MMI，位于整面板后部）。

微处理器模件（CPU）的核心为 32 位微处理器，配以大容量的 RAM 和 FLASH RAM，使得本装置具有极强的数据处理能力和存储能力，可记录的录波报告为 8～50 个，可记录的事件不少于 1000 条。数据存入 FLASH RAM 中，装置掉电后可保存。A/D 模件采用 14 位的 A/D 转换和无源低通滤波，使本装置具有极高的测量精度。采用 CAN 网作为内部通信网络，数据信息进出流畅，事件可随时上传。

本数字式变压器保护装置可完成差动保护功能、高压侧后备保护功能、中压侧后备保护功能、低压侧后备保护功能，各种保护功能均由软件实现。差动保护和后备保护共用 TA 回路、出口回路、信号回路、直流电源回路等。

7.5.2　二次谐波闭锁原理的差动保护

二次谐波闭锁原理的差动保护为变压器主保护，它的保护原理如图 7-37 所示。该保护原理由起动元件、差动电流速断保护元件、二次谐波制动元件、五次谐波制动元件、比率制动元件、TA 回路异常判别元件、变压器各侧电流相位补偿元件、过负荷监测元件、过负荷起动冷却器元件、过负荷闭锁调压元件等组成。

1. 起动元件

保护起动元件用于开放保护跳闸出口继电器的电源及起动该保护故障处理程序。起动元件包括差流突变量起动元件、差流越限起动元件。任一起动元件动作则保护起动。

1）差电流突变量起动元件的判据为

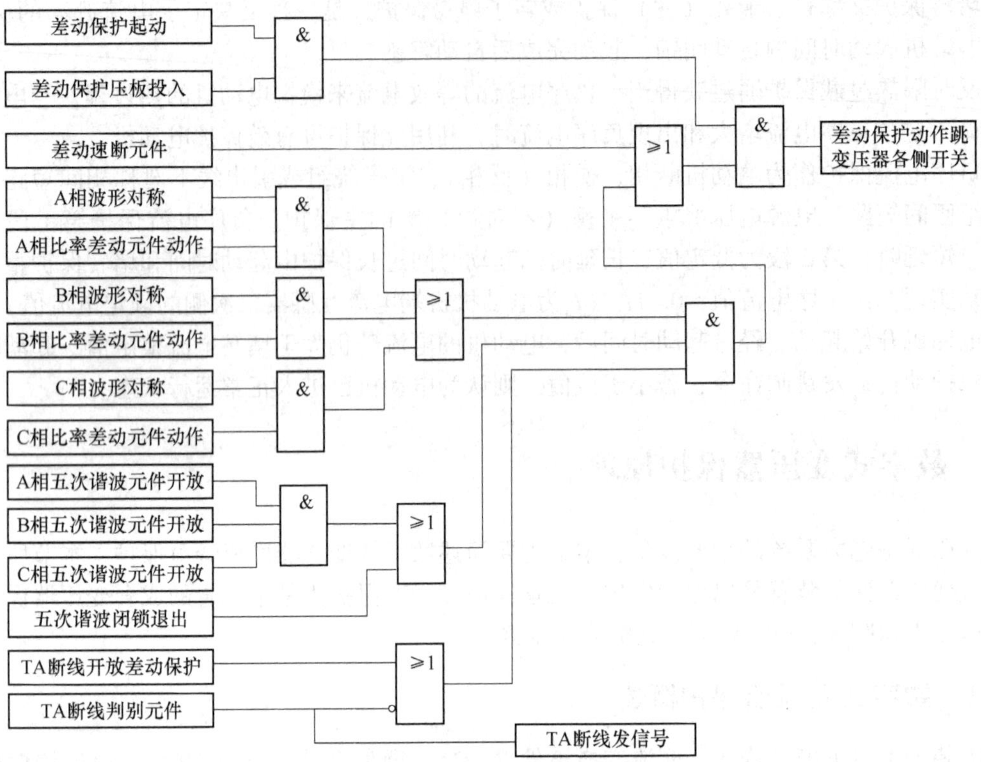

图 7-37 二次谐波闭锁原理的差动保护

$$|i_{\phi}(t)-2i_{\phi}(t-T)+i_{\phi}(t-2T)|>0.5I_{cd}$$

式中，ϕ 为 a、b、c 三种相别；I_{cd}为差动保护动作定值。当任一差电流突变量连续三次大于启动门坎时，保护起动。

2）差流越限起动元件是为了防止经大电阻故障时相电流突变量起动元件灵敏度不够而设置的辅助起动元件。该元件在差动电流大于差流越限起动门坎并持续 5ms 后起动。差流越限起动门坎为差动动作定值的 80%。

2. 差动电流速断保护元件

该元件是为了在变压器发生区内严重性故障时快速跳开变压器各侧开关，其动作判据为

$$I_d>I_{sd}$$

式中，I_d 为变压器差动电流；I_{sd}为差动电流速断保护定值。

3. 二次谐波制动元件

该元件是为了在变压器空投时防止励磁涌流引起差动保护误动，其动作判据为

$$I_{(2)}>I_d\times XB_2$$

式中，$I_{(2)}$为差动电流中的二次谐波含量；I_d 为变压器差动电流；XB_2为差动保护二次谐波制动系数。

4. 五次谐波制动元件

该元件是为了在变压器过励磁时防止差动保护误动，其动作判据为

$$I_{(5)}>I_d\times XB_5$$

式中，$I_{(5)}$ 为差动电流中的五次谐波含量；I_d 为变压器差动电流；XB_5 为差动保护五次谐波制动系数，软件设定为 0.38。

5. 比率制动元件（见图 7-38）

该元件是为了在变压器发生区外故障时差动保护有可靠的制动作用，同时在内部故障时有较高的灵敏度，其动作判据为

$$I_{cdd} \geqslant I_{cd} \text{并且} I_{zdd} \leqslant I_{zd}$$

或者为

$$3I_{zd} > I_{zdd} > I_{zd},\ I_{cdd} - I_{cd} \geqslant K_1 \times (I_{zdd} - I_{zd})$$

或者为

$$I_{zdd} > 3I_{zd},\ I_{cdd} - I_{cd} - K_1 \times 2I_{zd} \geqslant K_2 \times (I_{zdd} - 3I_{zd})$$

一般 I_{cdd} 及 I_{zdd} 如下：

两侧差动：$I_{cdd} = |I_1 + I_2|$；$I_{zdd} = \max(|I_1|, |I_2|)$；

三侧差动：$I_{cdd} = |I_1 + I_2 + I_3|$；$I_{zdd} = \max(|I_1|, |I_2|, |I_3|)$；

四侧差动：$I_{cdd} = |I_1 + I_2 + I_3 + I_4|$；$I_{zdd} = \max(|I_1|, |I_2|, |I_3|, |I_4|)$；

五侧差动：$I_{cdd} = |I_1 + I_2 + I_3 + I_4 + I_5|$；$I_{zdd} = (|I_1| + |I_2| + |I_3| + |I_4| + |I_5|)/2$。

式中，I_1 为Ⅰ侧电流；I_2 为Ⅱ侧电流；I_3 为Ⅲ侧电流；I_4 为Ⅳ侧电流；I_5 为Ⅴ侧电流；I_{cd} 为差动保护电流定值；I_{cdd} 为变压器差动电流；I_{zdd} 为变压器差动保护制动电流，I_{zd} 为差动保护比率制动拐点电流定值，软件设定为高压侧额定电流值；K_1、K_2 为比率制动的制动系数，软件设定为 $K_1 = 0.5$，$K_2 = 0.7$。

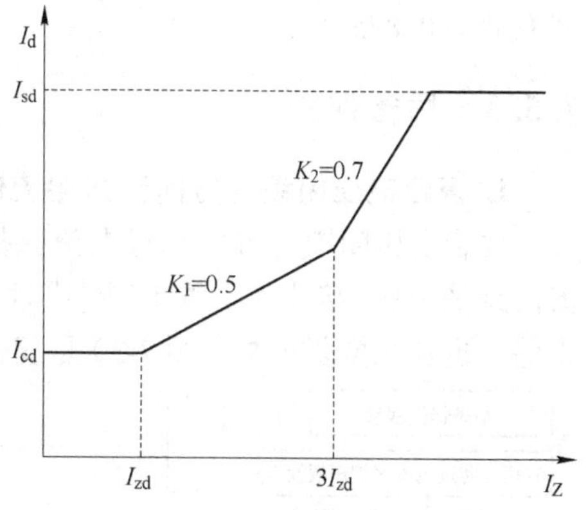

图 7-38　比率制动元件

6. TA 回路异常判别元件

该元件是为了变压器在正常运行时判别 TA 回路状况，发现异常情况发告警信号，并可由控制字投退来决定是否闭锁差动保护。其动作判据为

（1）$|\Delta i_{\phi}| \geqslant 0.1 I_n$ 且 $|I_H| < |I_Q|$

（2）相电流 $\leqslant I_{WI}$ 且 $|I_D| \geqslant |I_{WI}|$

（3）本侧 $|I_a + I_b + I_c| \geqslant I_{WI}$（仅对 TA 为 Y 形接线方式）

（4）$\max(I_{da}, I_{db}, I_{dc}) > I_{WI}$

（5）$\max(I_{da}, I_{db}, I_{dc}) > 0.577 I_{cd}$

式中，Δi_{ϕ} 为相电流突变量；I_{da}、I_{db}、I_{dc} 为 A、B、C 三相差流值；I_{cd} 为差动保护电流定值；I_n 为额定电流；I_Q 为前一次测量电流；I_H 为当前测量电流；I_D 为无流相的差动电流；I_{WI} 为无电流门槛值，取 0.04 倍的 TA 额定电流。

以上条件（1）、（2）、（3）、（4）同时满足，判 TV 断线；仅条件（5）满足，判为差流越限。

7. 变压器各侧电流相位补偿元件

变压器各侧电流互感器采用星形接线，二次电流直接接入本装置。电流互感器各侧的极性以母线侧为极性端。

变压器各侧 TV 二次电流相位由软件调整，装置采用 Y→Δ 变化调整差流平衡。对于

Y0/Δ-11 的接线，其校正方法如下：

$$I'_a=(I_A-I_B)/\sqrt{3}\ ;I'_b=(I_B-I_C)/\sqrt{3}\ ;I'_c=(I_C-I_A)/\sqrt{3}$$

8. 过负荷监测元件

该保护元件反应变压器的负荷情况，仅监测变压器各侧的三相电流。动作判据为

$$\max(I_a,I_b,I_c)>I_{fgh}$$

式中，I_a、I_b、I_c 为变压器各侧三相电流；I_{fgh}为变压器过负荷电流定值，返回系数为 0.875。

9. 过负荷起动冷却器元件

该保护元件反映变压器的负荷情况，监测变压器高压侧三相电流。动作判据为

$$\max(I_{ah},I_{bh},I_{ch})>I_{TFH}$$

式中，I_{ah}、I_{bh}、I_{ch}为变压器高压侧三相电流；I_{TFH}为变压器过负荷起动冷却器元件电流定值，返回系数为 0.875。

10. 过负荷闭锁调压元件

该保护元件反映变压器的负荷情况，仅监测变压器高压侧三相电流。动作判据为

$$\max(I_a,I_b,I_c)>I_{TY}$$

式中，I_a、I_b、I_c 为变压器高压侧三相电流；I_{TY}为变压器过负荷闭锁调压元件电流定值，返回系数为 0.875。

7.5.3 后备保护

1. 复合电压闭锁（方向）过电流保护

复合电压闭锁（方向）过电流保护反映相间短路故障，可作为变压器的后备保护。交流回路采用 90°接线，本侧 TV 断线时，保护的方向元件退出。TV 断线后若电压恢复正常，本保护也随之恢复正常。图 7-39 是复合电压闭锁（方向）过电流保护原理图。

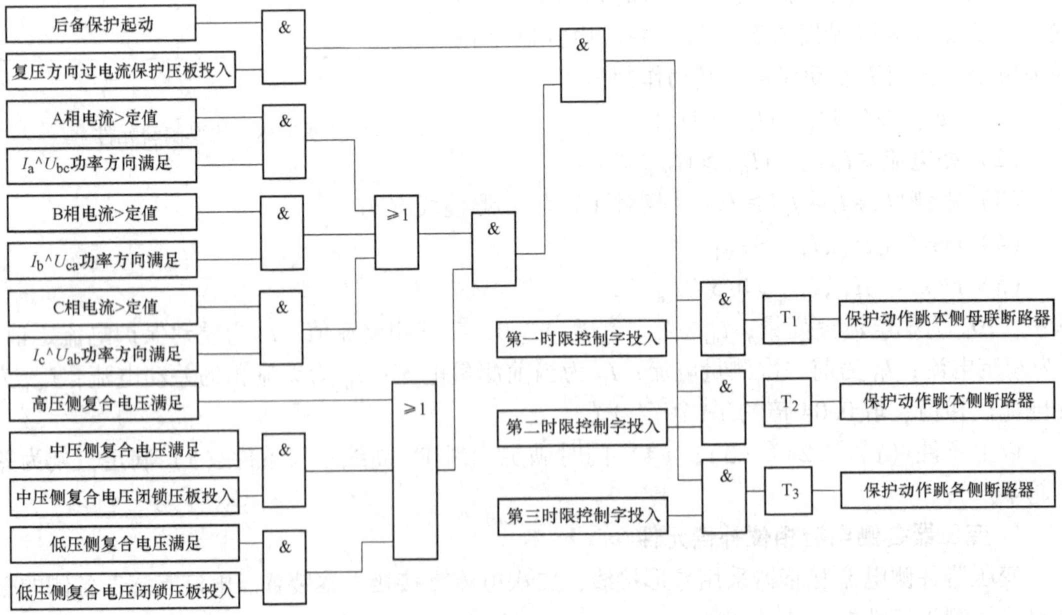

图 7-39 复合电压闭锁（方向）过电流保护原理图

复合电压闭锁（方向）过电流保护包括以下元件：

（1）复合电压元件

电压取自本侧的TV或变压器各侧TV。动作判据为

$$\min(U_{ab},U_{bc},U_{ca})<U_{ddy};U_2>U_{fx}$$

以上两个条件为“或”的关系。其中：U_{ab}、U_{bc}、U_{ca}为线电压；U_{ddy}为低电压定值；U_2为负序电压；U_{fx}为负序电压定值。

（2）功率方向元件

电压、电流取自本侧的TV和TA。动作判据如下：

1）若方向由控制字选择为正向，$U_{ab}\hat{}I_c$、$U_{bc}\hat{}I_a$、$U_{ca}\hat{}I_b$三个夹角（电流落后电压时角度为正），其中任一个满足式$45°>\delta>-135°$时最大灵敏角为$-45°$，动作特性如图7-40所示。

2）若方向由控制字选择为反向，则动作区与正向相反。

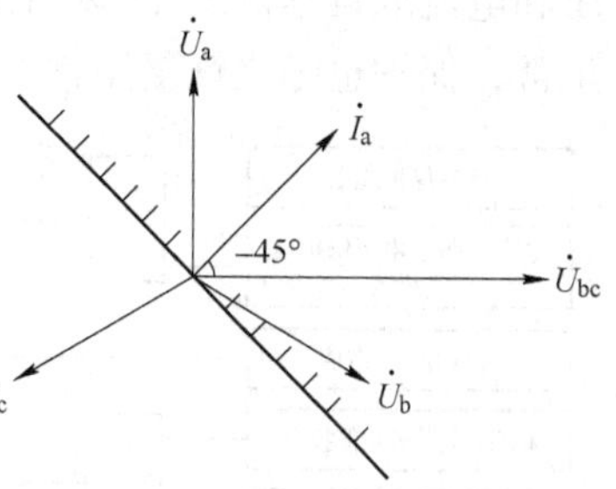

图7-40　功率方向元件

（3）过电流元件

电流取自本侧的TA。动作判据为

$$I_a>I_{fg1};I_b>I_{fg1};I_c>I_{fg1}$$

式中，I_a、I_b、I_c为三相电流；I_{fg1}为过电流定值。

2. 复合电压闭锁过电流保护

复合电压闭锁过电流保护反映相间短路故障，可作为变压器的后备保护。图7-41是复合电压闭锁（方向）过电流保护原理图。

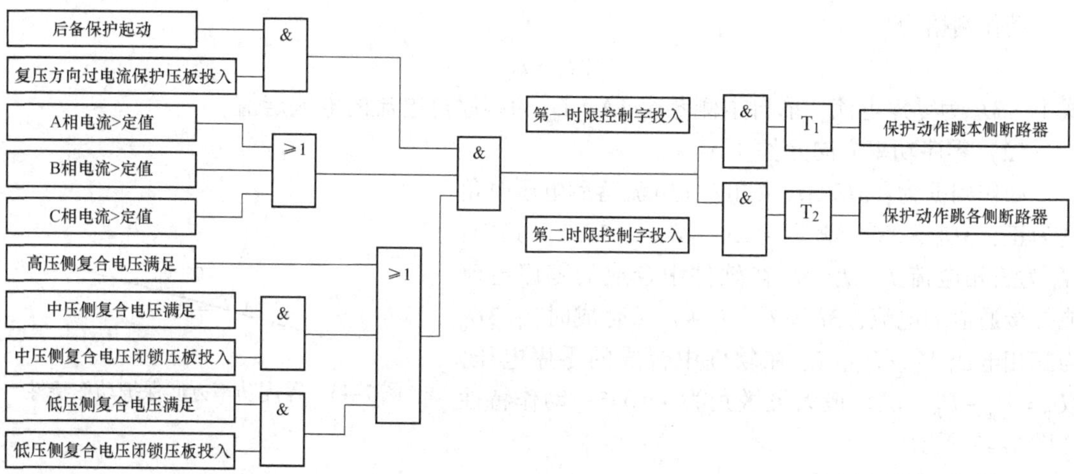

图7-41　复合电压闭锁（方向）过电流保护原理图

复合电压闭锁过电流保护包括以下元件：

（1）复合电压元件

电压取自本侧的TV或变压器各侧TV。动作判据为

$$\min(U_{ab},U_{bc},U_{ca})<U_{ddy};U_2>U_{fx}$$

以上两个条件为“或”的关系；其中：U_{ab}、U_{bc}、U_{ca}为线电压；U_{ddy}为低电压定值；U_2为负序电压；U_{fx}为负序电压定值。

（2）过电流元件

电流取自本侧的TA。动作判据为

$$I_a > I_{fg1};\ I_b > I_{fg1};\ I_c > I_{fg1}$$

以上三个条件为“或”的关系，其中：I_a、I_b、I_c为三相电流；I_{fg1}为过电流定值。

3. 零序（方向）过电流保护

本保护元件反映单相接地故障，可作为变压器的后备保护。交流回路采用0°接线，电压和电流取自本侧的TV和TA。TV断线时，保护的方向元件退出。TV断线后若电压恢复正常，保护也随之恢复正常。图7-42是零序（方向）过电流保护原理图。

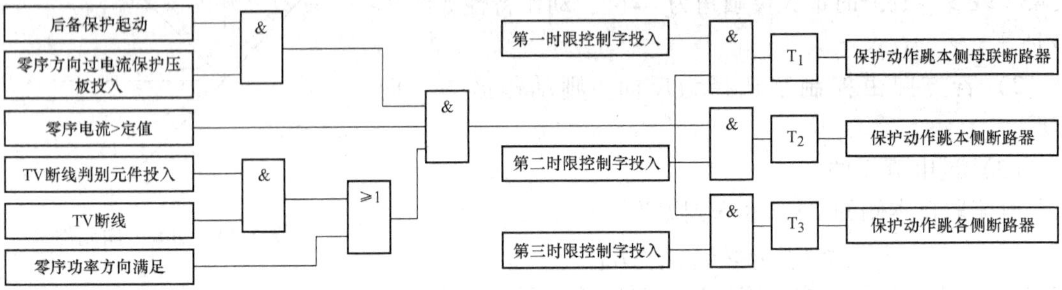

图7-42　零序（方向）过电流保护原理图

零序（方向）过电流保护包括以下元件：

（1）零序过电流元件

动作判据为

$$3I_0 > I_{0g1}$$

式中，$3I_0$为零序电流，取自本侧零序TA；I_{0g1}为零序过电流的电流定值。

（2）零序功率方向元件

动作判据为：$3U_0$^$3I_0$夹角δ（电流落后电压时角度为正，$3U_0>5\text{V}$）满足$-15°>\delta>-195°$。其中：$3I_0$为三相电流I_a、I_b、I_c在软件中合成的零序电流或外接通道的电流，$3I_0=I_a+I_b+I_c$（合成时）；$3U_0$为三相电压U_a、U_b、U_c在软件中合成的零序电压，$3U_0=U_a+U_b+U_c$。最大灵敏角为$-105°$，动作特性如图7-43所示。

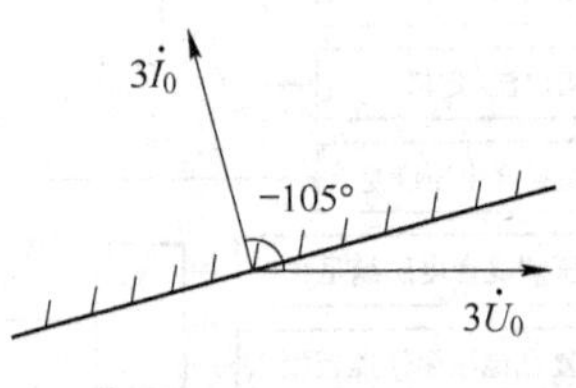

图7-43　零序功率方向保护动作特性

4. 零序过电流保护

该保护反映单相接地故障，可作为变压器的后备保护。本保护包括零序过电流元件，动作判据为

$$3I_0 > I_{0g1}$$

式中，$3I_0$为零序电流，取自本侧零序TA；I_{0g1}为零序过电流的电流定值。

零序过电流保护配置一段两时限，每一时限的跳闸逻辑可整定；零序过电流保护的动作逻辑如图7-44所示。

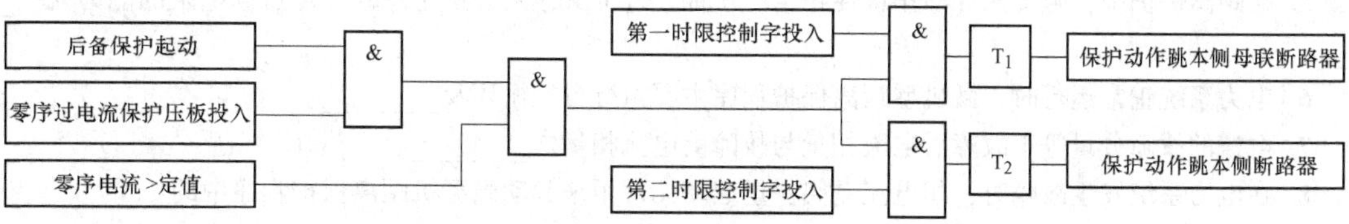

图 7-44　零序过电流保护动作逻辑

5. 间隙零序保护

保护反映变压器间隙电压和间隙击穿的零序电流，可作为变压器的后备保护。保护包括以下元件：

（1）间隙零序过电压元件

动作判据为

$$3U_0 > U_{0L}$$

其中，$3U_0$ 为零序电压，取自本侧零序 TA；U_{0L}为间隙零序过电压的电压定值。

（2）间隙零序过电流元件

动作判据为

$$3I_0 > I_{gg1}$$

其中，$3I_0$ 为间隙零序电流，取自本侧中性点间隙 TA；I_{gg1}为间隙零序过电流的电流定值。

间隙零序保护配置一段两时限，每一时限的跳闸逻辑可通过调试 PC 整定。图 7-45 是间隙零序保护的原理图。

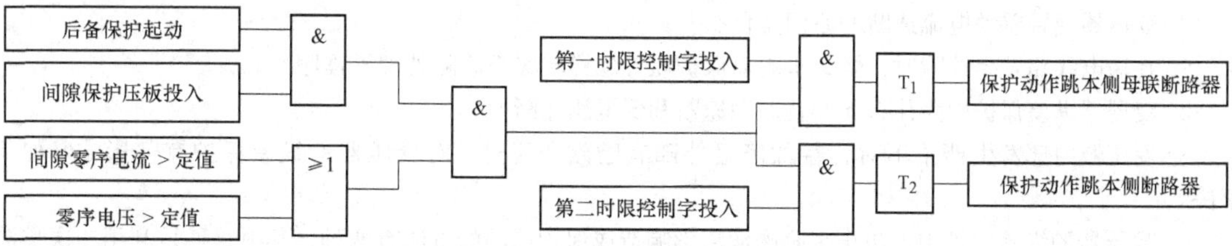

图 7-45　间隙零序保护原理图

6. TV 回路异常判别元件

本元件仅在保护正常运行时投入；当保护起动后，退出本元件。动作判据为：满足 $U_2 > 8V$ 且 min（U_{ab}，U_{bc}，U_{ca}）$< 70V$ 时，判为 TV 断线；满足 $U_1 < 4V$ 时，判为 TV 三相失电压。其中 U_1、U_2 分别为本侧的正序电压和负序电压。

习　题

一、填空题

1. 变压器差动电流速断保护的整定值应躲过其可能出现的________。

2. 变压器纵差保护要求其两侧电流互感器二次侧接线都是________。

3. 微型机距离保护阻抗元件是判断输电线路是否发生故障的________。

4. 在电力系统正常运行时，微型机距离保护的软件程序工作在________并每隔一个采样周期中断一次，进行数据采集。

5. 在距离保护中，阻抗元件动作特性在 $+R$ 方向上的面积越大，其允许故障点过滤电阻的能力就________。

6. 电力系统正常运行时，微机型距离保护程序主要执行自检循环及________。

7. 电流的故障分量等于故障后电流相量与故障前电流相量之________。

8. 在电力系统发生故障时，相电流差突变量起动元件用来起动微型机距离保护程序中的________。

9. 发电机正常运行时，其中性点与机端同相电流之差等于________。

10. 与比率制动式动作特性相比，折线式比率制动特性在电气元件内部故障时，纵差保护动作的灵敏性________。

11. 电力系统短路电流中含有基波、谐波和________。

12. 在电力系统故障时，三相电压采样值之和________。

13. 在电力系统正常运行时，三相电流采样值之和________。

14. 变压器励磁涌流产生的原因在于其一侧电压发生突变时，导致其铁心________。

15. 变压器内部发生不对称故障时，往往需要加速保护的动作，通常有________和低电压速断。

16. 微机线路保护人机对话插件的两个主要功能是________和________。

17. 阶段式保护主要解决的问题是配合问题，即________的配合和________的配合。

18. 阶段式电流保护的1段保护的保护范围在________以内，一般要求去1段保护的保护范围应大于线路全长的________。

19. 第2段保护必须保护线路________，但不能超过下级线路的________。

20. 反时限电流保护的起动电流整定值按________整定。

21. 若 $|\Delta I_a| > |\Delta I_c|$ 且 $|\Delta I_b| > |\Delta I_c|$，则可判为________两相短路。

二、简答题

1. 单相接地相别判据是什么？

2. 变压器配置差动电流速断的原因是什么？

3. 在输电线路发生故障时，微型机距离保护软件怎样转移至故障处理子程序？

4. 变压器纵差保护中为什么要配置差动速断和低电压速断？

5. 变压器内部发生严重不对称性故障且伴随有励磁涌流时，对变压器的纵差保护有何影响？如何解决？

6. 变压器的纵差保护中，防止因励磁涌流影响造成保护误动的方法有两种，其中一种是利用二次谐波电流鉴别励磁涌流，试简述其原理。

7. 相电流差突变量起动元件的起动条件是什么？时间窗是多少？

8. 双侧都有电源的输电线路，发生单相接地故障时，附加阻抗 Z_a 有何特点？对距离保护动作性能有何影响？

9. 如果微机保护调试时选B相为基准相量，试画出A、B、C相方向元件的动作范围。

10. 重合闸有哪两种起动方式？

第 8 章　MATLAB 在微机保护仿真实验中的应用

8.1　仿真概述

在微机继电保护的研究与设计过程中，不可避免地要进行保护原理、保护算法、跳闸逻辑等的验证，通过验证来评价保护的有效性。微机保护验证的方法目前有两种，即仿真验证和实验验证。实验验证有实验室模拟试验和挂网试验。在实际中，由于受系统的规模及故障复杂性的限制，许多继电保护的实验很难进行；另外，从电力系统安全性的角度来讲，不允许进行实验。因此，微机继电保护的仿真实验就显得尤为重要。微机保护的仿真一般用最接近电力系统实际运行状况的数字仿真工具实现。

微机继电保护的仿真包括电力系统故障的模拟仿真、微机保护算法的仿真及跳闸逻辑的仿真等几个方面。电力系统的故障模拟仿真属于电力系统故障暂态电磁仿真的内容；通过电磁暂态仿真，可以获得故障信号。微机保护算法仿真主要是对故障信号进行处理，计算故障特征量，给出故障状态的判断，发出跳闸命令。跳闸逻辑的仿真主要是模拟跳闸策略。

目前，比较常用的电力系统仿真工具有 EMTP（Electro-Magnetic Transient Program）软件、PSCAD/EMTDC（Power Systems Computer Aided Design/Electro-Magnetic Transients including DC）软件、PSASP（Power System Analysis Software Package）软件及 MATLAB/simulink 等。EMTP 由美国邦纳维尔电力局开发；PSCAD/EMTDC 为加拿大 Dennis Woodford 博士在曼尼托巴水电局开发，PSASP 由中国电力科学研究院开发。

EMTP、PSCAD/EMTDC、PSASP 可以完成电力系统各元件、线路故障的暂态仿真；但在对暂态故障电流、电压信号进一步分析研究时，往往要借助其他分析软件来实现，这就需要进行故障信号数据的导入，甚至要进行数据格式的转换。MATLAB 软件自带电力系统电磁暂态仿真软件包，即电力系统工具箱 SimPowerSystem，可以方便地建立图形文件形式的电力仿真系统文件，即 . mdl 文件，实现电力系统的故障模拟，获得故障电压、电流等信号。在 MATLAB 软件环境下，还可以实现保护算法及跳闸逻辑的语言编程，建立保护算法文件，即 . M 文件。. M 文件可以直接调用 . mdl 文件的仿真故障信号。所以，在 MATLAB 软件的环境中，可以全部实现电力系统故障的仿真、微机保护算法及跳闸逻辑的仿真，使用简单方便。

本章主要论述 MATLAB 在微机保护研究中的仿真实验应用，主要以应用较为广泛的三段式过电流保护为例，通过仿真的形式来展现微机继电保护装置的工作原理及过程。本章对变电站主系统建立 MATLAB 仿真模型，并模拟各个不同故障点，再通过设计保护算法，模拟整个三段式电流保护的动作原理和动作逻辑；最后，通过算例对模型和保护算法进行验证。

8.2　三段式过电流保护原理简介

过电流保护有多种配置方法，在配电网中一般以三段式来配置：第 I 段——瞬时电流速断保护、第Ⅱ段——限时电流速断保护和第Ⅲ段——定时限过电流保护。瞬时电流速断、限时电流速断和过电流保护都是反应于电流升高而动作的保护，它们的最大区别主要在于按照不同的原则来选择起动电流。

8.2.1 整定原则

图 8-1 是三段式电流保护的原理图，假设对 35kV 的线路 WL1 首端配置有三段式过电流保护（保护 1）。

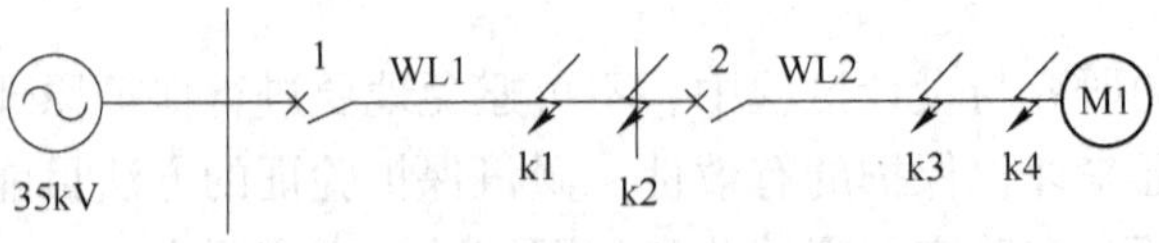

图 8-1 三段式电流保护原理图

（1）瞬时电流速断保护

瞬时电流速断保护按躲开下一条线路出口处的最大短路电流（最大运行方式）来整定。有选择性的瞬时电流速断保护不能保护线路全长，其对被保护线路的内部故障的反应能力，只能用保护范围的大小来衡量，一般情况下，其保护范围通常为本段线路全长的 60% ~80%。

在保护 1 处安装三段式过电流保护，对于保护 1 处的瞬时电流速断保护的整定值，应该整定得大于 k2 点短路时可能出现的最大短路电流，亦即

$$I'_{act.1} > I_{k2.max} \tag{8-1}$$

引入可靠系数 $K'_{rel}=1.2\sim1.3$，则式（8-1）可以写为

$$I'_{act.1} = K'_{rel} I_{k2.max} \tag{8-2}$$

（2）限时电流速断保护

限时电流速断保护按躲开下一段线路瞬时速断保护范围末端的最大短路电流（最大运行方式）来整定。由于瞬时电流速断保护不能保护线路全长，不能作为主保护，限时电流速断保护可以用来切除线路瞬时电流速断保护范围以外的故障，同时也可以作为下一段线路瞬时电流速断的后备保护。一般情况下，限时电流速断保护必须保护线路全长，所以其保护范围必然要延伸到下一条线路中去，为了保证动作选择性，就必须有一定的延时，其延时的大小与其保护的范围有关，为了使时限尽量缩短，需考虑使它的保护范围不超过下一条线路瞬时速断保护的范围，而动作时限则比下一段线路的瞬时速断保护高出一个时间阶段，此时间阶段以 Δt 表示，一般取 0.2 ~0.35s。

对于保护 1 处的限时电流速断保护的整定值，理论上只要整定得等于保护 2 的瞬时电流速断保护的整定值，并且只要比它动作晚一个 Δt 就可以了，可是装置可能存在误差，就有可能引起保护 2 的瞬时电流速断保护的整定值增大，而保护 1 的限时电流速断保护的整定值减小，就会出现保护 2 的保护已不能动作，而保护 1 的限时电流速断保护仍然会起动。故障在 WL2 线路时，当保护 2 瞬时电流速断保护不动作时，本应由保护 2 的限时电流速断保护动作，而保护 1 的限时电流速断保护也动作了，其结果就是两个保护的限时电流速断同时动作于跳闸，因而保护 1 失去了选择性。所以，保护 1 的限时电流速断保护的整定值 $I''_{act.1}$ 躲过，保护 2 的瞬时速断保护的整定值 $I'_{act.2}$，即

$$I''_{\text{act. 1}} > I'_{\text{act. 2}} \tag{8-3}$$

引入可靠系数 $K''_{\text{rel}} = 1.1 \sim 1.2$，则式（8-3）可以写为

$$I''_{\text{act. 1}} = K''_{\text{rel}} I'_{\text{act. 2}} \tag{8-4}$$

（3）定时限过电流保护

为保证在正常运行情况下过电流保护绝对不动作，保护 1 的定时限过电流保护装置的起动电流必须整定得大于该线路上可能出现的最大负荷电流；同时，外部故障切除后，定时限过电流保护还应该能可靠返回，过电流保护的返回电流必须大于外部故障切除后流过线路的自起动电流。

设正常运行时的最大负荷电流为 $I_{\text{L. max}}$，自起动系数为 K_{Ms}（数值应该大于 1），则自起动电流 $I_{\text{Ms. max}}$ 为

$$I_{\text{Ms. max}} = K_{\text{Ms}} I_{\text{L. max}} \tag{8-5}$$

为使定时限过电流保护返回电流 I_{re} 大于自起动电流 $I_{\text{Ms. max}}$，引入可靠系数 $K'''_{\text{rel}} = 1.25 \sim 1.5$，则

$$I_{\text{re}} = K'''_{\text{rel}} I_{\text{Ms. max}} = K'''_{\text{rel}} K_{\text{Ms}} I_{\text{L. max}} \tag{8-6}$$

若继电器的返回系数为 K_{re}（一般取 0.85 ~ 0.95），根据保护动作电流 $I'''_{\text{act. 1}}$ 与返回电流 I_{re} 的关系，可以得到定时限过电流保护的动作值为

$$I'''_{\text{act. 1}} = \frac{1}{K_{\text{re}}} I_{\text{re}} = \frac{K'''_{\text{rel}} K_{\text{Ms}}}{K_{\text{re}}} I_{\text{L. max}} \tag{8-7}$$

定时限过电流保护在正常运行时不应该起动，而在系统发生故障时能反应于电流的增大而动作，在一般情况下它不仅能够保护本线路的全长，而且也能保护相邻线路的全长，以起到后备保护的作用。为了保证保护的选择性，相邻两级保护的动作时限应该具有级差，以 Δt 表示，一般取 0.5s。

8.2.2　三段式过电流保护的特点

1）瞬时电流速断保护仅靠动作电流值来保证其选择性；能无延时地保护本线路的一部分。

2）限时电流速断保护的保护范围大于本段线路全长，依靠动作电流值和动作时间共同保证其选择性；与第Ⅰ段共同构成被保护线路的主保护，兼作第Ⅰ段的后备保护。

3）对定时限过电流保护，第Ⅲ段的电流值比第Ⅰ、Ⅱ段的电流值小得多，其灵敏度比第Ⅰ、Ⅱ段更高；在后备保护之间，只有灵敏系数和动作时限都互相配合时，才能保证选择性；保护范围是本线路和相邻下一线路全长。

8.3　短路故障电磁暂态仿真模型的建立

8.3.1　仿真主系统的结构

（1）系统结构

图 8-2 是某 35kV 配电网络接线图，仿真系统的网络结构和参数依据实际的系统设定。图 8-2 所示的系统母线上有 4 条馈出线路，其中馈出支路 1 有 WL1 和 WL2 两段。在 WL1 的

首端装有三段式过电流保护，本节就对该三段保护仿真验证。

图 8-2 所示系统的电源最小等效阻抗 $X_{s.max}=6\Omega$；4 条线路为架空线路；线路 L1 的两段长度为：WL1 线路 24km，WL2 线路 58km；线路 L2 ~ L4 的长度均为 82km。线路正序电阻为 0.17Ω/km，零序电阻为 0.23Ω/km，正序电感为 1.2mH/km，零序电感为 5.48mH/km，正序电容为 9.697nF/km，零序电容为 6nF/km。4 条馈出线路所带负荷大小相同，负荷电压为 35kV，频率为 50Hz，负荷容量为 9177kV · A，功率因数为 0.8，负荷电流为 150A。仿真时，以 150A 作为线路的最大负荷电流。k1、k2、k3、k4 是仿真时设定的短路点，分别在距线路 L1 首端 14.4km、24km、53km 和 82km 处。

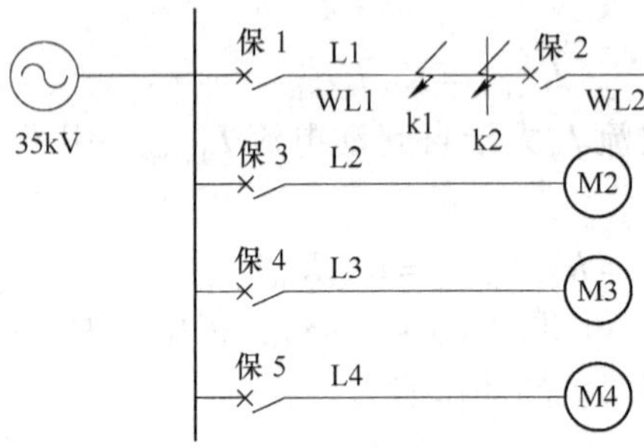

图 8-2　某 35kV 配电网络系统

（2）保护 1 的三段式过电流保护动作值的整定计算

电源阻抗 $jX_{s.max}$、线路 WL1 的阻抗 Z_1 及线路 WL2 的阻抗 Z_2 分别为

$$jX_{s.max}=j6\Omega$$

$$Z_1=(0.17\times24+j314\times0.0012\times24)\Omega=(4.08+j9.04)\Omega$$

$$Z_2=(0.17\times58+j314\times0.0012\times58)\Omega=(9.86+j21.85)\Omega$$

k2 点及 k4 点的短路电流为

$$I_{k2.max}==\frac{37/\sqrt{3}}{\sqrt{4.08^2+(9.04+6)^2}}\text{kA}=1.37\text{kA} \tag{8-8}$$

$$I_{k4.max}==\frac{37/\sqrt{3}}{\sqrt{(4.08+9.86)^2+(6+9.04+21.85)^2}}\text{kA}=541.69\text{A} \tag{8-9}$$

保护 1 处瞬时电流速断保护的整定值为（取可靠系数 $K'_{rel}=1.2$）

$$I'_{act.1}=K'_{rel}I_{k2.max}=1.2\times1.37\text{kA}=1.644\text{kA} \tag{8-10}$$

保护 2 处瞬时电流速断保护的整定值为（取可靠系数 $K'_{rel}=1.2$）

$$I'_{act.2}=K'_{rel}I_{k4.max}=1.2\times541.69\text{A}=605.03\text{A} \tag{8-11}$$

保护 1 处限时电流速断保护的整定值为（取可靠系数 $K''_{rel}=1.1$）

$$I''_{act.1}=K''_{rel}I'_{act.2}=1.1\times605.03\text{A}=715.03\text{A} \tag{8-12}$$

保护 1 限时电流速断保护的动作时限 t''_1 与保护 2 瞬时电流速断保护的时限 t'_2 配合，即

$$t''_1=t'_2+\Delta t=(0+0.5)\text{s}=0.5\text{s} \tag{8-13}$$

WL1 的最大负荷电流 $I_{L.max}$ 是 150A，则取 $K_{Ms}=1.1$，$K'''_{rel}=1.3$，$K_{re}=0.9$，则保护 1 的定时限过电流保护的整定值为

$$I'''_{act.1} = \frac{K_{Ms}K'''_{rel}}{K_{re}} = 238.2\text{A} \tag{8-14}$$

保护 1 定时限过电流保护的动作时限 t'''_1 应与保护 2 定时限过电流保护的动作时限 t'''_2 配合，且已知保护 2 定时限过电流保护的动作时限 $t'''_2 = 2.2\text{s}$，故

$$t'''_1 = t'''_2 + \Delta t = (2.2 + 0.5)\text{s} = 2.7\text{s} \tag{8-15}$$

8.3.2　仿真模型的建立

（1）仿真模型

MATLAB 软件中的电力系统工具箱有功能模块库；其中包含了电力系统典型的仿真功能模块，如电源模块、电力变压器模块、输电线路模块、发电机模块、负荷模块、电流测量模块、电压测量模块等。功能模块运行于 MATLAB 的 Simulink 工具环境，通过鼠标单击、拖拽或复制粘贴，可方便地把功能模块放入 . mdl 文件中，并通过连接，可组成一个电力系统的仿真模拟系统。依据图 8-2（35kV 配电网络系统）建立的仿真系统如图 8-3 所示。

第一条出线作为模拟三段式电流保护的故障支路，第一条出线含 WL1 和 WL2 两段。将 WL1 和 WL2 均用两个 π 形等效电路来等效；通过修改 π 形等效电路的长度，可以实现 WL1 的 60%、WL1 末端、WL2 的 50% 等不同位置的三相短路故障，验证三段式保护的动作特性。仿真时 WL1 的两个 π 形等效电路 line1 和 line2 的长度分别设置为 14. 4km、9. 6km，WL2 的两个 π 形等效电路 line3 和 line4 的长度分别设置为 29km、29km。

在 WL1 和 WL2 的首端设置三相电压、电流测量模块，分别测取不同故障点的电压和电流信号，然后通过 . mat 文件将数据载入到程序中，以便于实现全面的三段式电流保护。

（2）模块功能及参数设置

Three-Phase Source1 模块：相当于电力系统的电源，作用是给电力系统提供所需要的电能。具体参数设置：线电压为 35kV，初相角为 0°，频率为 50Hz，内电阻设为 0Ω（最大运行方式），内电感为 0. 019H（最大运行方式）。Block Parameters 如图 8-4 所示。

π 形模型 Line1、Line2、Line3、Line4 参数：频率 50Hz，正序电阻和负序电阻分别是 0. 17Ω/km 和 0. 23Ω/km，正序电感和零序电感分别是 1. 2mH/km 和 5. 48mH/km，正序电容和零序电容分别是 12. 74nF/km 和 12. 74nF/km。Line1 长度是 14. 4km，Line2 长度是 9. 6km，Line3 长度是 29km，Line4 长度是 29km。Block Parameters 如图 8-5 ~ 图 8-8 所示。

Three-Phase V-I Measurement 模块：三相电压、电流测量模块，相当于电力系统的电压互感器和电流互感器，作用是测量线路的电压和电流的数值大小。Three-Phase V-I Measurement 模块参数设定为相电压及相电流测量。

Scope 模块：相当于电力系统测量中用到的示波器和录波器，可以把想要观测的电气量参数以图表的形式表示出来。其中 Scope1 和 Scope2 分别是 WL1 线路首端的电压和电流显示模块，Scope3 和 Scope4 分别是 WL2 线路首端的电压和电流显示模块。

mat 模块：相当于电力系统中的数据采集单元，作用是把电力系统的数据导入到控制单元。具体参数设置：文件名 i1. mat，变量名是 i1，采样时间 0. 02/128s，第二个 mat 模块文件名和变量名是 i2，采样时间与 i1. mat 一样。Sink block Parameters 如图 8-9 所示。

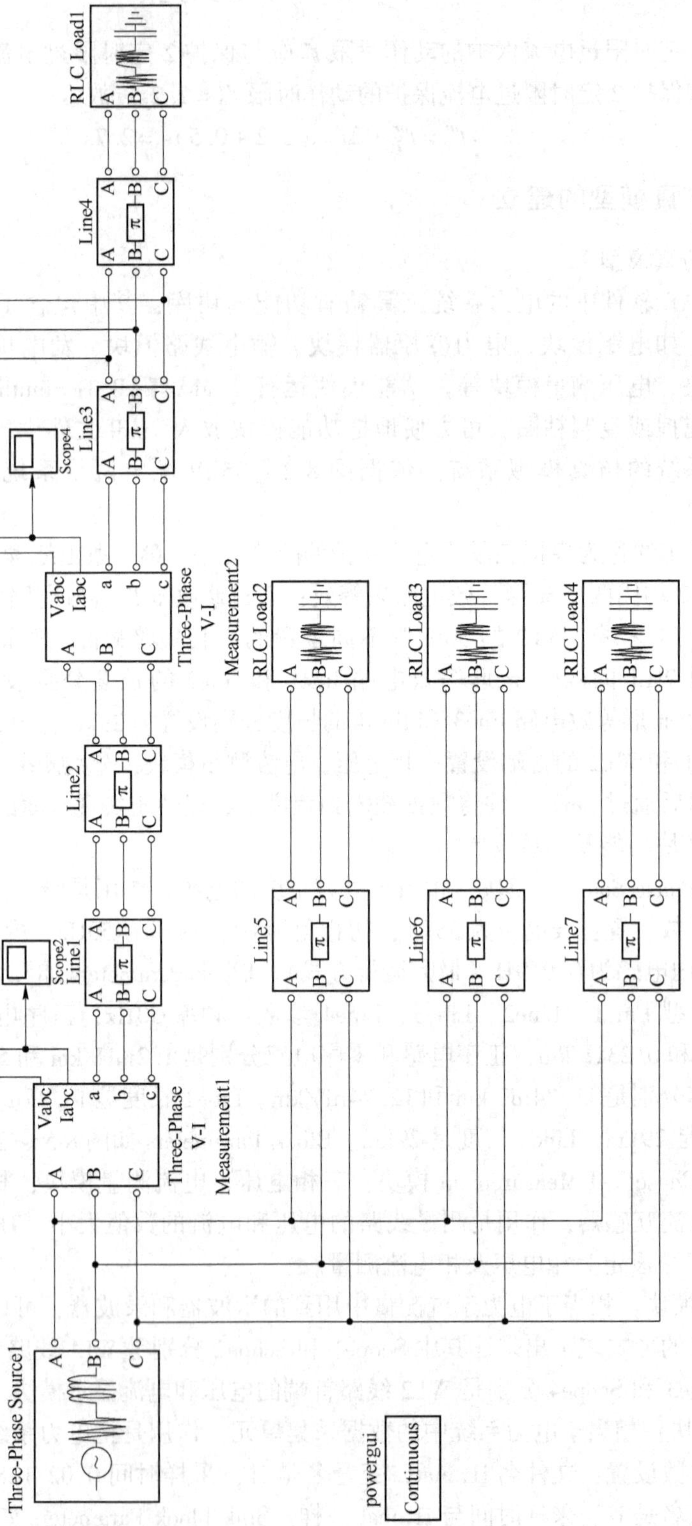

图 8-3 35kV 故障模型仿真系统

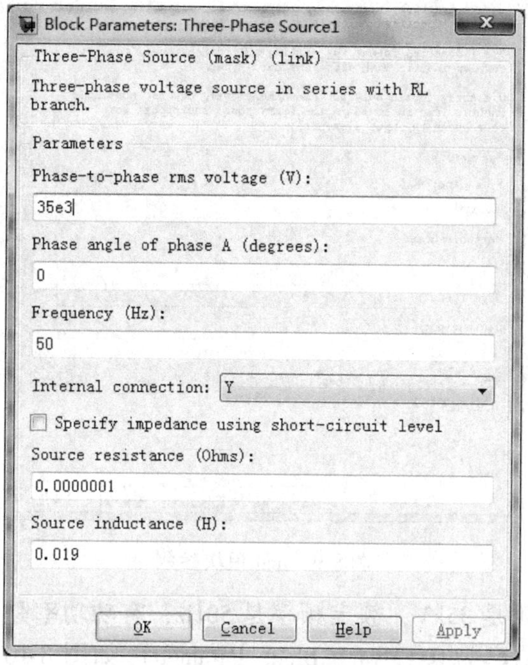

图 8-4　Three-Phase Source1 参数

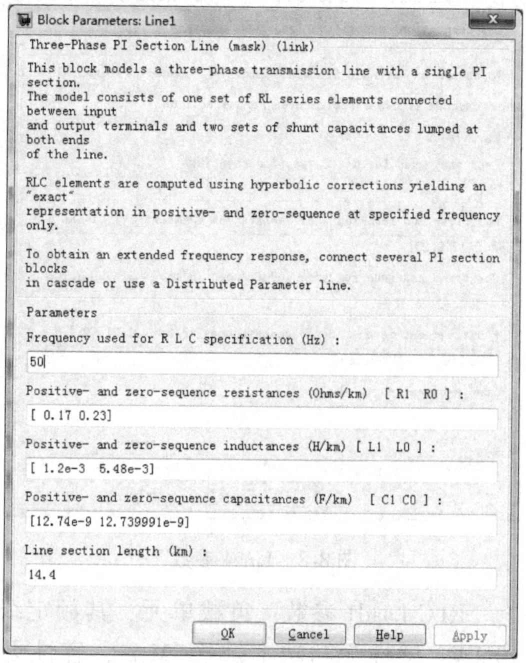

图 8-5　Line1 参数

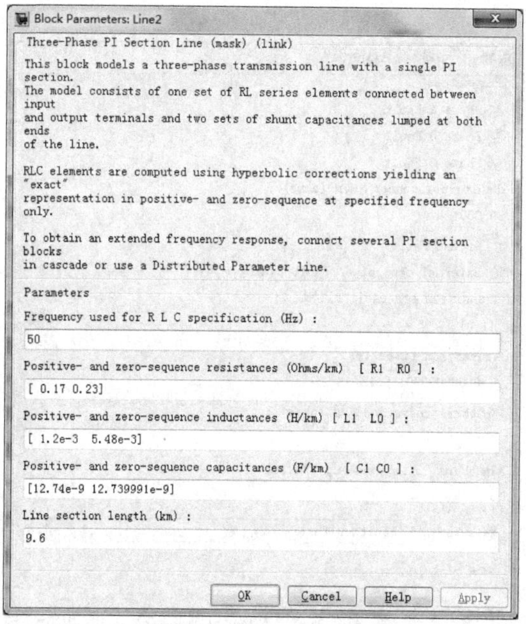

图 8-6　Line2 参数

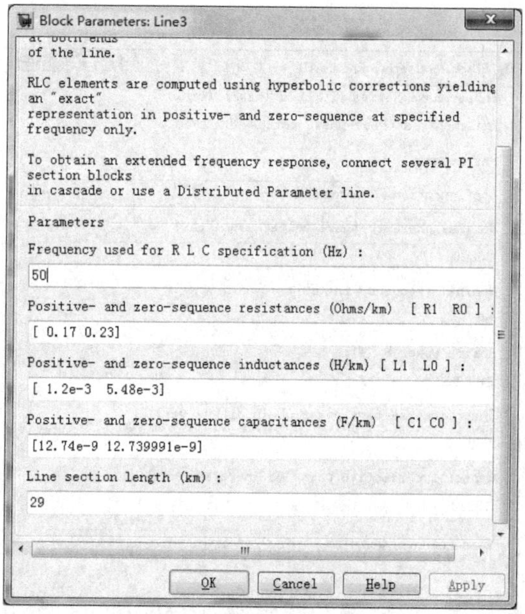

图 8-7　Line3 参数

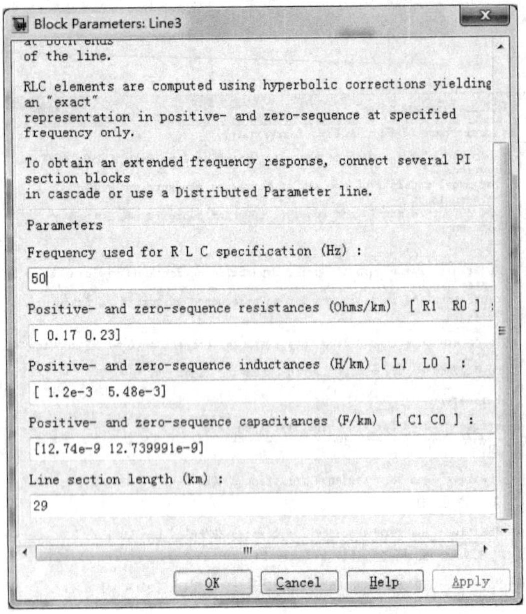

图 8-8 Line4 参数

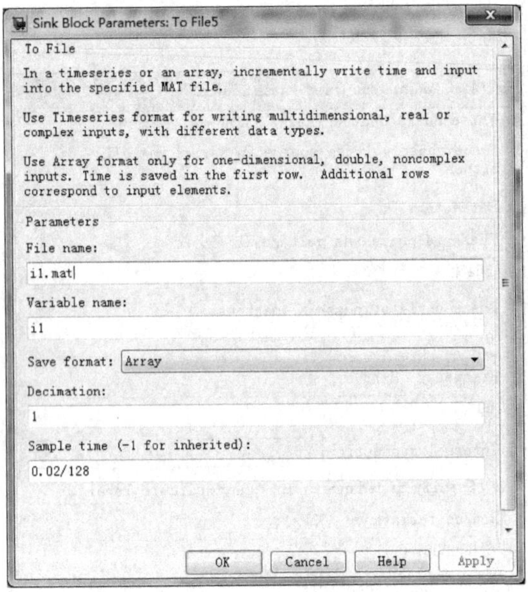

图 8-9 mat 模块参数

RLC Load1 参数：负载单元，其额定线电压是 35kV，额定频率是 50Hz，有功功率是 10MW，感性无功功率是 6.5Mvar，容性无功功率为 0.1Mvar。Block Parameters 如图 8-10 所示。

Fault1 参数：故障发生器，设置为 A、B、C 三相故障，故障电阻设为 0Ω，故障转换状态为 1 和 0，故障转换时间为 0s 和 0.12s。Block Parameters 如图 8-11 所示。

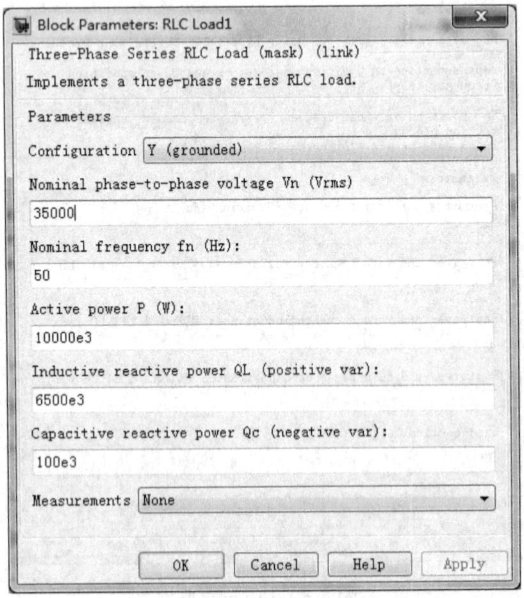

图 8-10 RLC Load1 参数

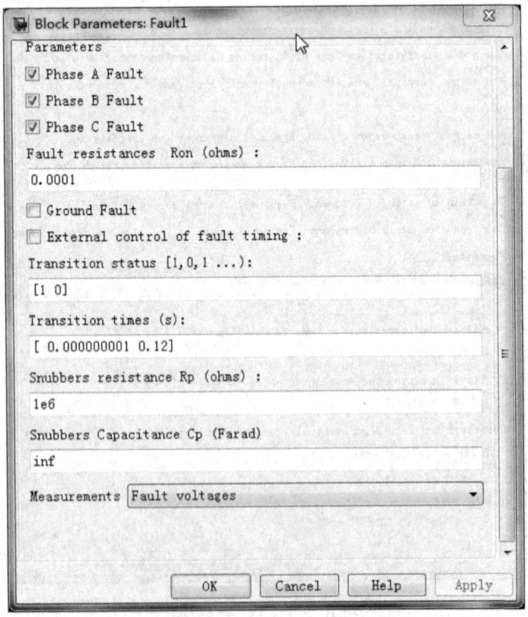

图 8-11 Fault1 参数

8.4　三段式过电流保护软件设计

8.4.1　M 语言

MATLAB 语言（M 语言）是一种“数学形式的语言”，它的操作和功能函数指令就是用平时计算机和数学上的英文单词和符号来表达的，比 BASIC、FORTRAN 和 C 等语言更接近于人们书写的数学计算公式、更接近于人们进行科学计算的思维方式，用 MATLAB 语言编写程序犹如在演算纸上排列公式与求解问题，故有人称 MATLAB 编程语言为“演算纸”式科学算法语言。因此，MATLAB 语言简单自然，学习和使用更容易。

MATLAB 程序文件是一个纯文本文件，扩展名为 . m，用任何字处理软件都可以对它进行编辑。MATLAB 本身就像一个解释系统，对其中的函数程序的执行以一种解释执行的方式进行，程序不必经过编译就可以直接运行，而且能够及时报告出现的错误，进行出错原因分析。因此，程序调试容易、编程效率高。

MATLAB 的用户界面精致，接近 Windows 的标准界面，人机交互性强，操作简单。新版本的 MATLAB 提供了完整的联机查询、帮助系统，极大地方便了用户的使用。

8.4.2　主程序

仿真算法采用 M 语言编程实现，首先将模型的故障数据通过 load 语句载入后，再将数据存于数组中，以便于后续程序对其进行处理。由于仿真是针对三相对称故障，对 A、B、C 三相中任意一相的数据进行有效值计算，均可实现三段式电流保护中的逻辑判断，所以算法中采用短路后 A 相的电流数据作为故障信号；计算短路电流有效值，用于保护动作与否的判断。

通过短路电流与整定值的比较，启动相应的保护段动作。程序还能模拟保护失灵拒动。如果某保护没有失灵，则相应的后备保护动作。主程序的流程图如图 8-12 所示。

以 WL1 线路的保护 1 为例，图 8-12 中，三段式保护的工作过程如下：

1）将 . mat 模块中获取的三相故障电流数据载入到 M 语言中。

2）调用全波傅里叶算法计算 A 相电流的有效值。

3）得到有效值后，再与保护 1 的瞬时速断保护的整定值进行比较。

4）当 A 相电流的有效值大于瞬时速断保护的整定值时，再检查瞬时速断保护是否失灵。如果瞬时速断保护没有失灵，则由瞬时速断保护无延时切除故障；如果瞬时速断保护失灵，则由限时速断保护延时 0. 5s 切除故障。

5）当 A 相电流的有效值小于瞬时速断保护的整定值而大于限时速断保护的整定值时，则检查限时速断保护是否失灵。如果限时速断保护没有失灵，则由保护 1 的限时速断保护延时 0. 5s 切除故障；如果限时速断保护失灵，则由保护 1 的定时限过电流保护延时 1s 切除故障。

6）当 A 相电流的有效值小于限时速断保护的整定值而大于定时限过电流保护的整定值时，则检查定时限过电流保护是否失灵。如果定时限过电流保护没有失灵，则由定时限过电流保护延时 0. 5s 切除故障；如果定时限过电流保护失灵，则由上级定时限过电流保护作为远后备切除故障。

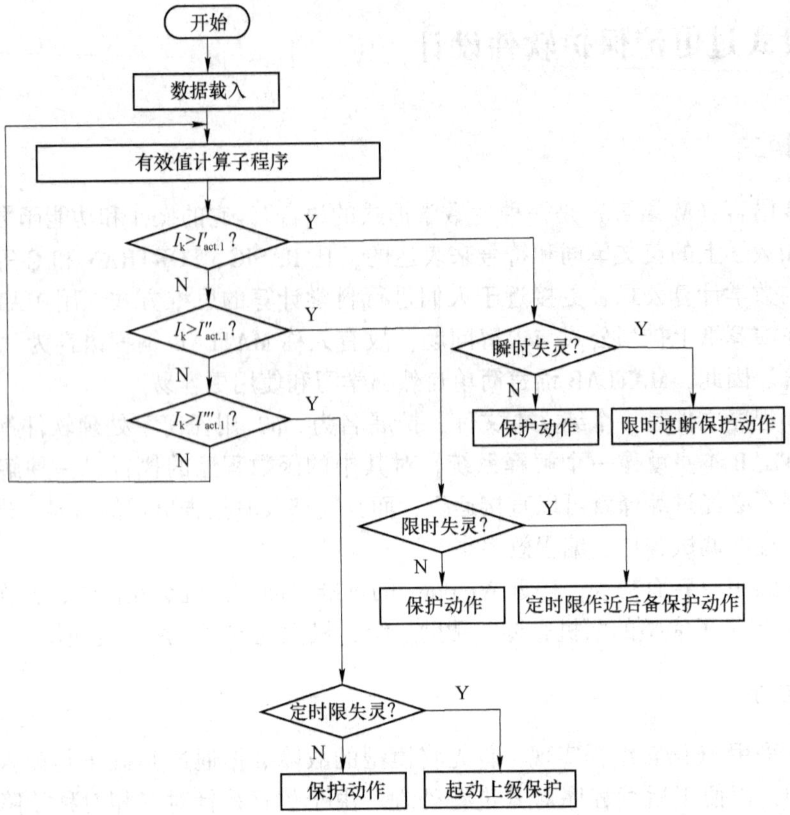

图 8-12　主程序流程图

7）当 A 相电流的有效值小于定时限过电流保护的整定值时，说明没有故障，则继续调用全波傅里叶算法进行有效值计算。

MATLAB 主程序：

```
clear;
load i1.mat;
load i2.mat;
t = i1(1,:);
s = 0;
x = 0;
d = 1;
d2 = 0;
i01(1,:) = i1(2,:);
i01(2,:) = i2(2,:);
t1 = 0:0.001:3;
[Imc1] = qbfly(1);
i001 = Imc1;
[ Imc1 ] = qbfly(2);
i002 = Imc1;
```

```
if i001 >1644&&s = =1;
figure(1)
plot(t,i1,'k');
xlabel('t/s');
ylabel('i1/A');
ylabel('i1/A');
figure(2)
subplot(311);
width=3;
t0 =1.5;
ft=rectpuls(t1 - t0,width);
plot(t1,ft,'k');
xlim([0 3]);
ylim([0 1.5]);
title('线路 WL1 瞬时电流速断保护动作');
subplot(312)
plot(t1,0.05,'k');
xlim([0 3]);
ylim([0 1.5]);
title('线路 WL1 限时电流速断保护不动作');
subplot(313)
plot(t1,0.05,'k');
xlim([0 3]);
ylim([0 1.5]);
xlabel('t/s');
ylabel('i1/A');
title('线路 WL1 定时限过电流保护不动作');
elseif i001 >1644&&s = =0&&x = =1;
   figure(1)
   plot(t,i1,'k');
  xlabel('t/s');
  ylabel('i1/A');
   figure(2)
   subplot(311)
plot(t1,0.05,'k');
xlim([0 3]);
ylim([0 1.5]);
title('线路 WL1 瞬时电流速断保护失灵');
subplot(312);
width=2.5;
t0 =1.75;
ft=rectpuls(t1 - t0,width);
plot(t1,ft,'k');
```

```
xlim([0 3]);
ylim([0 1.5]);
title('线路 WL1 限时电流速断保护延时 0.5s 动作');
subplot(313)
plot(t1,0.05,'k');
xlim([0 3]);
ylim([0 1.5]);
xlabel('t/s');
title('线路 WL1 定时限过电流保护不动作');
elseif i001 >1644&&s = =0&&x = =0;
   figure(1)
   plot(t,i1,'k');
  xlabel('t/s');
  ylabel('i1/A');
   figure(2)
   subplot(311)
plot(t1,0.05,'k');
xlim([0 3]);
ylim([0 1.5]);
title('线路 WL1 瞬时电流速断保护失灵');
subplot(312);
plot(t1,0.05,'k');
xlim([0 3]);
ylim([0 1.5]);
title('线路 WL1 限时电流速断保护失灵');
subplot(313)
width =2;
t0 =2;
ft = rectpuls(t1 - t0,width);
plot(t1,ft,'k');
xlim([0 3]);
ylim([0 1.5]);
xlabel('t/s');
title('线路 WL1 定时限过电流作为近后备保护动作');
   end
if i001 <1644&&i001 >715.03&&x = =1;
figure(1)
plot(t,i1,'k');
xlabel('t/s');
ylabel('i1/A');
figure(2)
subplot(311);
plot(t,0.05,'k');
```

```
xlim([0 3]);
ylim([0 1.5]);
title('线路 WL1 瞬时电流速断保护不动作');
subplot(312)
width =2.5;
t0 =1.75;
ft = rectpuls(t1 - t0,width);
plot(t1,ft,'k');
xlim([0 3]);
ylim([0 1.5]);
title('线路 WL1 限时电流速断保护延时 0.5s 动作');
subplot(313)
plot(t,0.05,'k');
xlim([0 5]);
ylim([0 1.5]);
xlabel('t/s');
title('线路 WL1 定时限过电流保护不动作');
elseif i001 <1644&&i001 >715.03&&x = =0&&d = =1;
  figure(1)
   plot(t,i1,'k');
xlabel('t/s');
ylabel('i1/A');
figure(2)
   subplot(311)
plot(t1,0.05,'k');
ylim([0 1.5]);
title('线路 WL1 瞬时电流速断保护不动作');
subplot(312);
plot(t1,0.05,'k');
ylim([0 1.5]);
title('线路 WL1 限时电流速断保护失灵');
subplot(313)
width =2;
t0 =2;
ft = rectpuls(t1 - t0,width);
plot(t1,ft,'k');
xlim([0 3]);
ylim([0 1.5]);
xlabel('t/s');
title('线路 WL1 定时限过电流作为近后备保护动作');
end
if i002 >715.03&&d2 = =1;
figure(1)
```

```
plot(t,i2,'k');
xlabel('t/s');
ylabel('i1/A');
figure(2)
subplot(311)
width=3;
t0=1.5;
ft=rectpuls(t1-t0,width);
plot(t1,ft);
xlim([0 3]);
ylim([0 1.5]);
title('线路WL1瞬时电流速断保护动作');
subplot(312)
plot(t1,0.05,'k');
xlim([03]);
ylim([0 1.5]);
title('线路WL1限时电流速断保护不动作');
subplot(313)
plot(t1,0.05,'k');
xlim([03]);
ylim([0 1.5]);
xlabel('t/s');
title('线路WL1定时限过电流保护不动作');
elseif i002>715.03&&d2==0;
figure(1)
plot(t,i2,'k');
grid on;
xlabel('t/s');
ylabel('i1/A');
figure(2)
subplot(211)
plot(t1,0.05,'k');
xlim([0 3]);
ylim([0 1.5]);
title('线路WL2定时限过电流保护不动作');
subplot(212)
width=0.3;
t0=2.85;
ft=rectpuls(t1-t0,width);
plot(t1,ft,'k');
xlim([0 3]);
ylim([0 1.5]);
xlabel('t/s');
```

```
title('线路 WL1 定时限过电流保护延时 2.7s 作为远后备保护动作');
end
```

8.4.3 有效值计算

三段式过电流保护的信号是三相短路电流周期分量的有效值，故保护判断之前必须计算此有效值。计算正弦周期分量有效值的方法很多，其中全波傅里叶算法计算准确，是微机继电保护中常用的有效值算法。本系统利用全波傅里叶算法来计算 A 相短路电流的有效值，流程图如图 8-13 所示（算法具体原理参考本书第 4 章）。有效值算法程序为子程序，在不同位置计算有效值时可以反复调用。

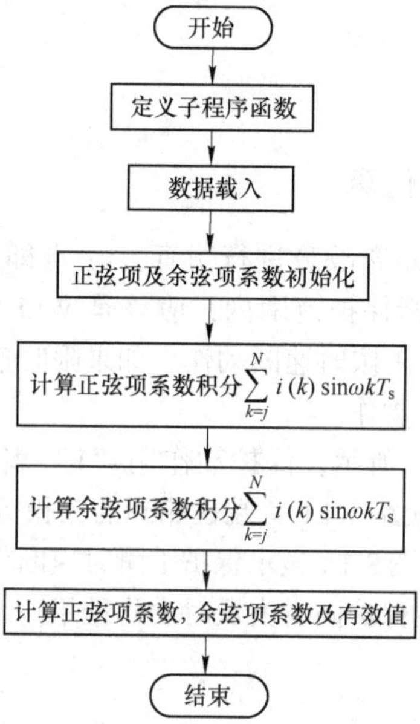

图 8-13 有效值计算流程图

有效值计算子程序：

```
function [ Imc1 ] = qbfly(d)
N=128;
load i1.mat;
load i2.mat;
t=i1(1,:);
i01(1,:)=i1(2,:);
i01(2,:)=i2(2,:);
    X1s=0;
    X1c=0;
for l=1:1:128
```

```
    a1 = i01(d,l);
    c1 = a1* sin(2* l* pi/N);
    X1s = c1 + X1s;
    b1 = i01(d,l);
    d1 = b1* cos(2* l* pi/N);
    X1c = d1 + X1c;
end
    X1s = (2/N)* X1s;
    X1c = (2/N)* X1c;
    Imc1 = sqrt(0.5* (X1s^2 + X1c^2));
end
```

8.5 仿真实验

8.5.1 WL1 的 60%处故障仿真

本算例在 k1 点处设置三相短路故障进行仿真，k1 点即 WL1 的 60% 处。当 k1 点故障时，故障点处于 WL1 的瞬时速断保护范围内，应该是 WL1 线路保护 1 的瞬时速断保护动作；如果瞬时保护失灵，则保护 1 限时速断动作；如果限时速断保护同样失灵，则将起动定时限过电流保护作为近后备保护动作。

仿真结果如图 8-14 ~ 图 8-17 所示，保护动作用“1”表示，保护不动作用“0”表示；故障发生在 0 时刻。图 8-14 是线路 WL1 首端检测到的三相短路故障电流；图 8-15 显示保护 1 瞬时速断保护正确动作结果；图 8-16 显示保护 1 瞬时速断保护失灵时的动作结果；图 8-17 显示保护 1 瞬时速断和限时速断保护同时失灵时动作结果。

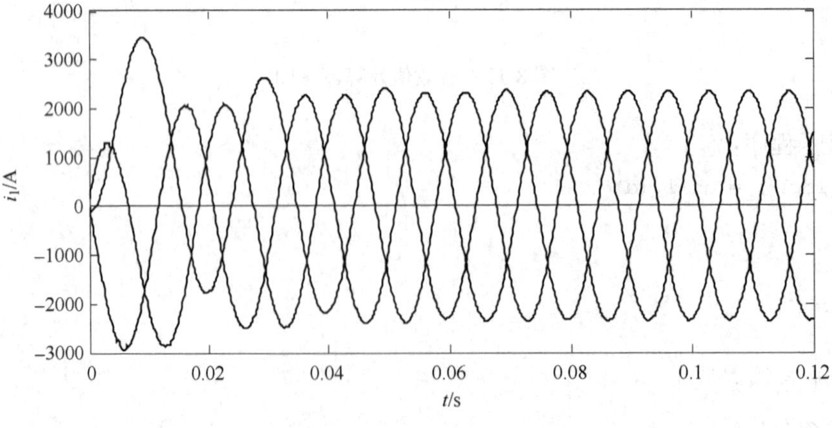

图 8-14 k1 点故障时系统的三相短路故障电流

图 8-14 是当故障点设置在 k1 点时，系统的三相故障电流。可以看出故障后，线路 WL1

首端保护 1 处检测到的短路电流幅值是 2354A，所以有效值是 1665A，大于保护 1 的瞬时速断保护整定值 1644A，所以保护 1 的瞬时速断保护动作、限时速断保护和定时限过电流保护不动作，如图 8-15 所示。

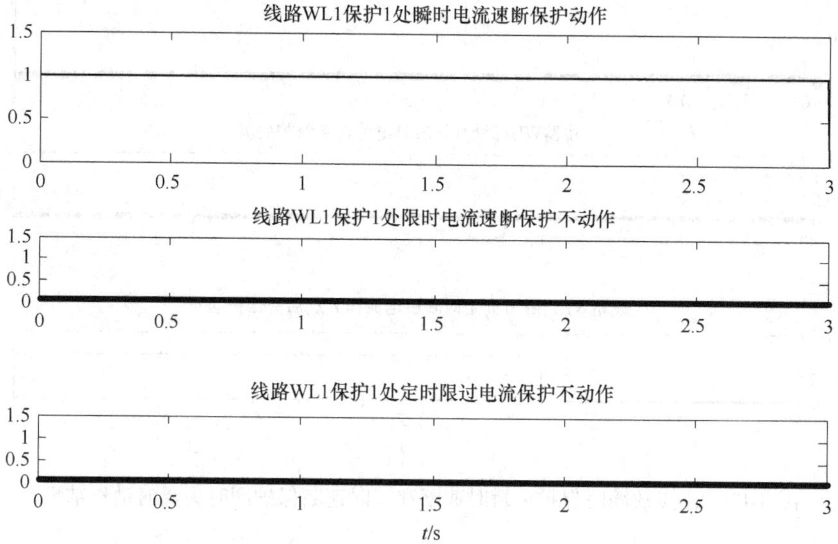

图 8-15　k1 点故障时保护 1 瞬时速断保护正确动作结果

当保护 1 的瞬时速断保护失灵时，此时电流的有效值仍然大于保护 1 的限时速断保护的整定值 715. 03A，所以保护 1 的限时速断保护延时 0. 5s 动作，定时限过电流保护不动作，如图 8-16 所示。

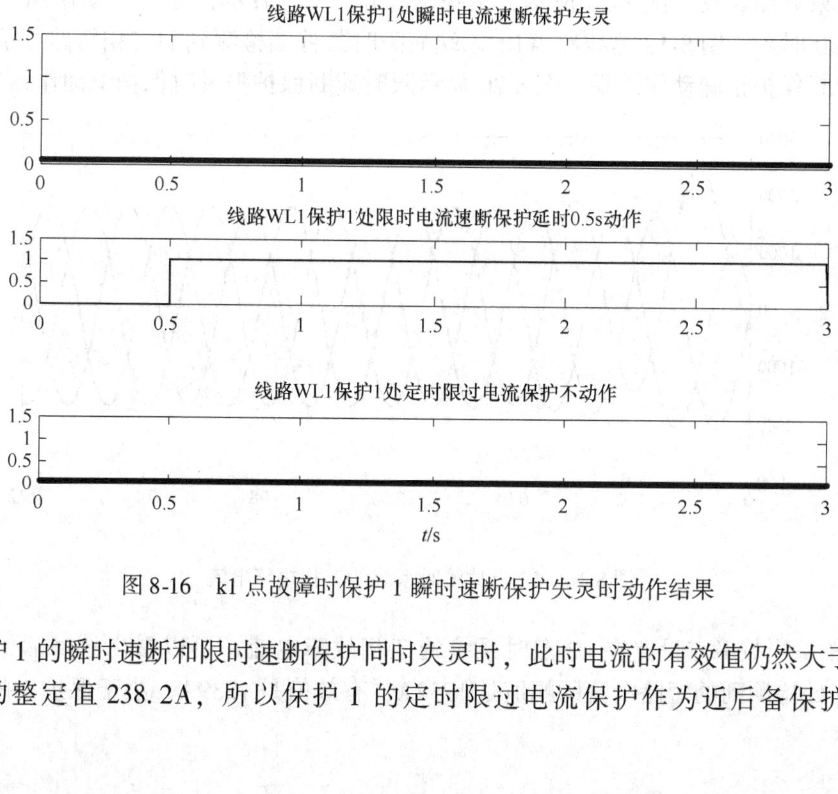

图 8-16　k1 点故障时保护 1 瞬时速断保护失灵时动作结果

当保护 1 的瞬时速断和限时速断保护同时失灵时，此时电流的有效值仍然大于定时限过电流保护的整定值 238. 2A，所以保护 1 的定时限过电流保护作为近后备保护动作，如

图 8-17 所示。

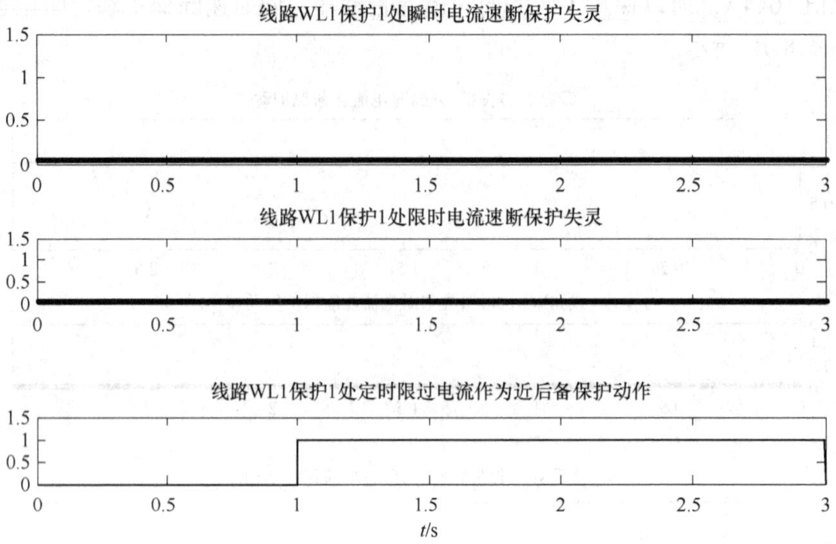

图 8-17　k1 点故障时保护 1 瞬时速断和限时速断保护同时失灵时动作结果

8.5.2　WL1 的末端故障仿真

本算例在 k2 点处设置三相短路故障进行仿真，k2 点即 WL1 的末端。当故障点设置在 k2 点时，故障点处于 WL1 的限时速断保护范围内，应该是 WL1 线路保护 1 的限时速断保护动作，如果限时保护失灵，则保护 1 定时限过电流保护动作。

仿真结果如图 8-18 ~ 图 8-20 所示，保护动作用“1”表示，保护不动作用“0”表示；故障发生在 0 时刻。图 8-18 是线路 WL1 末端故障时其首端检测到的三相短路电流；图 8-19 显示限时速断保护正确动作结果；图 8-20 显示限时速断保护失灵时保护 1 动作结果。

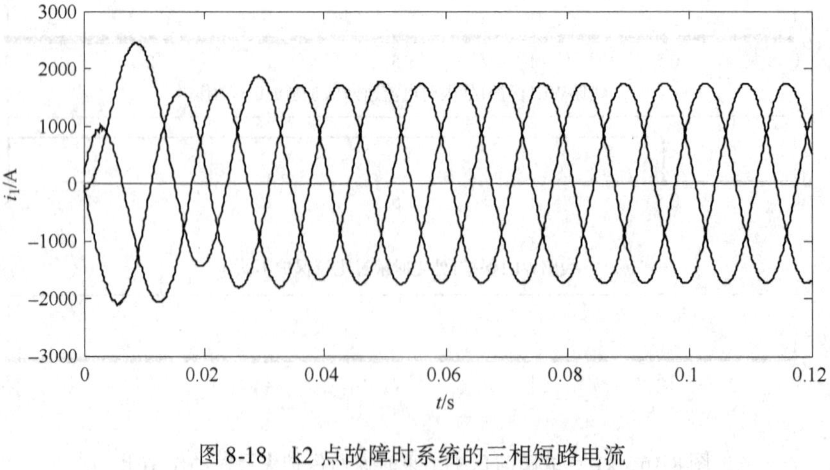

图 8-18　k2 点故障时系统的三相短路电流

图 8-18 是当故障点设置在 k2 点时系统的三相故障电流。可以看出故障后，线路 WL1 首端保护 1 处检测到的短路电流的幅值是 1752A，有效值是 1239A，小于保护 1 的瞬时速断

保护整定值为 1644A，大于保护 1 的限时速断保护整定值 715.03A，所以保护 1 的瞬时速断保护不动作，保护 1 的限时速断保护延时 0.5s 动作，定时限过电流保护不动作，如图 8-19 所示。

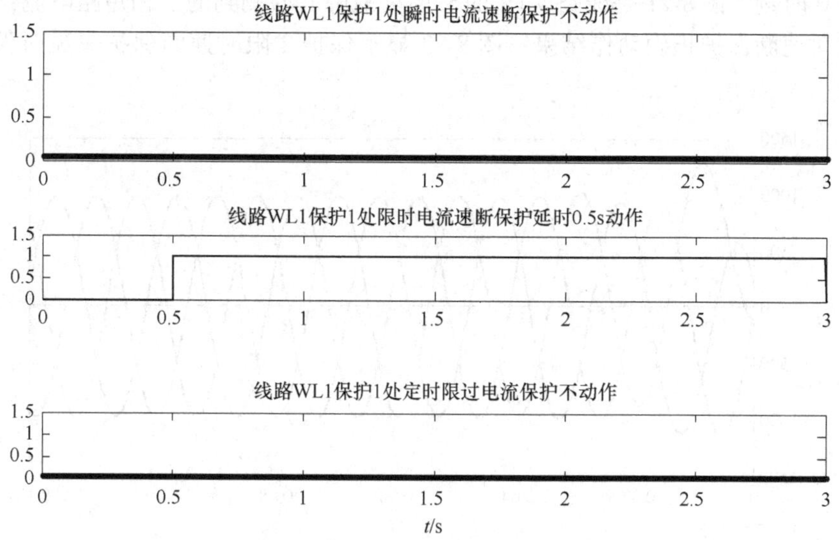

图 8-19 k2 点故障时保护 1 限时速断保护正确动作结果

当保护 1 的限时速断保护失灵时，此时电流的有效值仍然大于定时限过电流保护的整定值 238.2A，所以保护 1 的定时限过电流保护作为近后备保护延时 1s 动作，如图 8-20 所示。

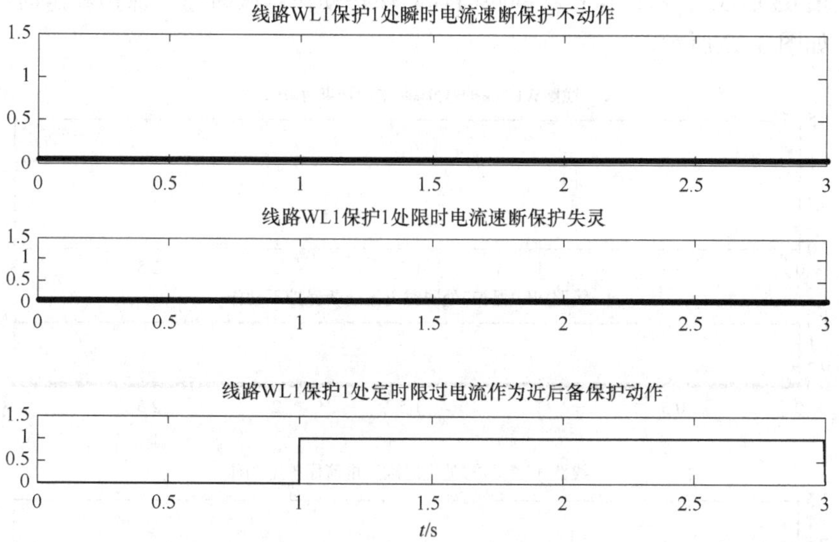

图 8-20 k2 点故障时保护 1 限时速断保护失灵动作结果

8.5.3 WL2 的 50%故障仿真

本算例在 k3 点处设置三相短路故障进行仿真，k3 点即 WL2 的 50%处。当故障点设置在 k3 点时，故障点处于 WL2 的瞬时速断保护范围内，应该是 WL2 线路保护 2 的瞬时速断保护动作，如果瞬时保护失灵，则保护 1 定时限过电流保护作为远后备保护动作。

仿真结果如图 8-21～图 8-23 所示，保护动作用“1”表示，保护不动作用“0”表示；故障发生在 0 时刻。图 8-21 是线路 WL2 的 50% 处故障时检测到的三相短路电流；图 8-22 显示保护 2 限时速断保护正确动作结果；图 8-23 显示保护 2 限时速断保护失灵时保护 1 动作结果。

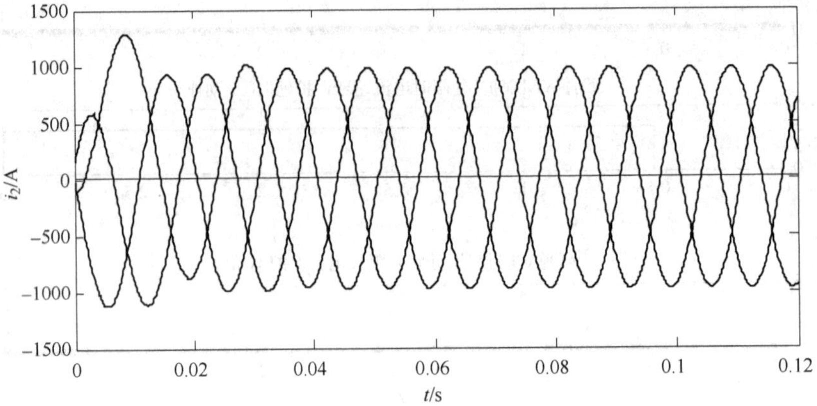

图 8-21　k3 点故障时系统的三相短路电流

图 8-21 是当故障点设置在 k3 点时系统的三相故障电流。可以看出故障后，线路 WL2 首端保护 2 处检测到的短路电流的幅值是 983A，所以有效值是 695A，大于保护 2 的瞬时速断保护整定值 650.03A，所以保护 2 的瞬时速断保护动作、限时速断保护和定时限过电流保护不动作，如图 8-22 所示。

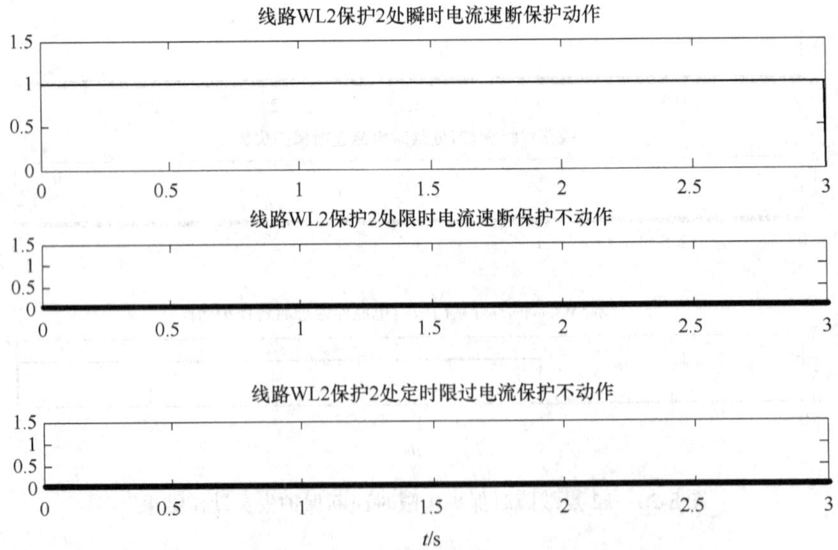

图 8-22　k3 点故障时保护 2 瞬时速断保护正确动作结果

当保护 2 的瞬时速断保护失灵时，此时电流的有效值仍然大于保护 1 的定时限过电流保护的整定值 238.2A，所以保护 1 的定时限过电流保护作为远后备保护延时 2.7s 动作，如图 8-23 所示。

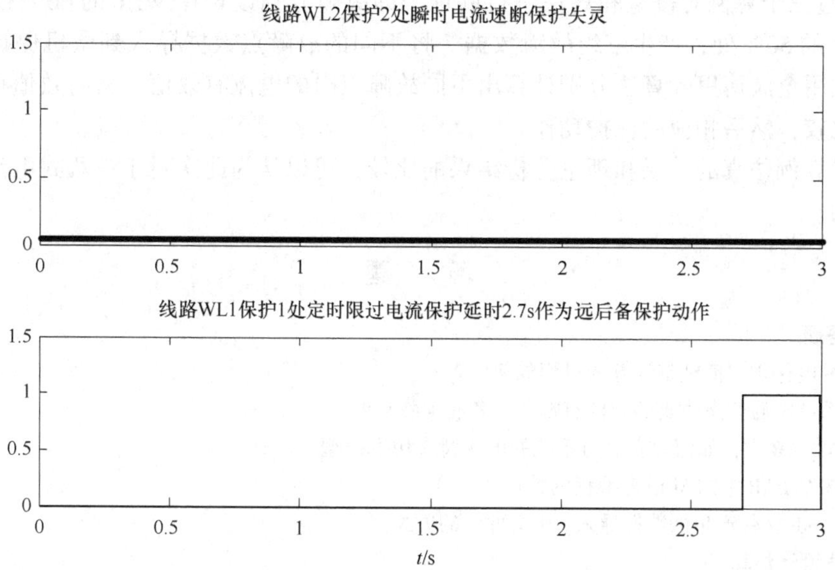

图 8-23　k3 点故障时保护 2 瞬时速断保护失灵，保护 1 定时限过电流保护动作结果

8.5.4　算例分析

本次三段式电流保护的仿真结果统计见表 8-1，可以得出，无论故障点设置在 k1（WL1 的 60%）、k2（WL1 的末端）还是 k3 点（WL2 的 50% 处），仿真的结果都与理论分析结果一致，说明此次三段式电流保护的模型建立、算法设计都是正确的。

表 8-1　三段式电流保护仿真结果

故障点	WL1 动作段			WL2 动作段		
	Ⅰ	Ⅱ	Ⅲ	Ⅰ	Ⅱ	Ⅲ
k1	1	0	0	0	0	0
k1	0（拒）	1（+0.5s）	0	0	0	0
k1	0（拒）	0（拒）	1	0	0	0
k2	0	1（+0.5s）	0	0	0	0
k2	0	0（拒）	1（近）	0	0	0
k3	0	0	0	1	0	0
k3	0	0	1（远）	0（拒）	0	0

注：1 表示动作，0 表示不动作，1（+0.5s）表示延时 0.5s 动作，0（拒）表示拒动。

8.5.5　仿真过程小结

通过仿真可帮助初学者理解微机继电保护的原理。三段式过电流保护的仿真过程如下：

1）对三段式电流保护的原理理解及其整定计算。

2）利用 MATLAB 建立电力系统模型，并根据电力系统的参数对模型参数进行详细的设置。

3）利用 MATLAB 语言编写全波傅里叶算法和三段式电流保护的算法。

4）通过三个算例对模型和算法进行验证，即故障分别设置在 WL1 的 60% 处、WL1 的末端、WL2 的 50% 处，产生三组故障数据。将不同的故障点数据导入到微机保护的算法程序中，先利用全波傅里叶算法分别计算出不同故障点时的电流有效值，将有效值再与各段整定值进行比较，然后相应的保护动作。

通过对算例仿真的结果和理论分析结果的比较，可以认为此次对于三段式电流保护的仿真是正确的。

习　题

一、简答题

1. 微机继电保护定值整定计算的过程如何？
2. 电力系统电磁暂态仿真的软件有哪些？各有何特点？
3. 在 MATLAB 中，如何建立电力系统的电磁暂态仿真模型？
4. 说明 MATLAB 中的 M 语言编程的特点。
5. 说明 . mdl 文件产生的数据导入 . M 文件中的方式。

二、综述设计仿真

请将本章的三段式过电流保护的仿真在计算机上试验。

参 考 文 献

[1] 贺家李．电力系统继电保护技术的现状与发展［J］．中国电力，1999，32（10）：38-40.

[2] G D Rockefeller. Fault Protection with a Digital Computer. IEEE Trans［C］. PAS V01 88 No 4. 1969 .

[3] B J Mann. Real Time Computer Calculation of The Impedance of Faulted single Phase Line［C］. Elec. Eng. Trans.（I, E. Aust）VEE4 1969.

[4] 田国政，谭伟．微机保护装置的发展［J］．电网技术，2006（30）：358-361.

[5] 杨奇逊，刘建飞，张涛，等．现代微机保护技术的发展与分析［J］．电力设备，2003（7）.

[6] 罗士萍．微机保护实现原理及装置［M］．北京：中国电力出版社，2001.

[7] 李晓明，王葵．微机继电保护实用培训教材［M］．北京：中国电力出版社，2004.

[8] 许建安．电力系统微机继电保护［M］．北京：中国水利水电出版社，2001.

[9] 张举．微型机继电保护原理［M］．北京：中国水利水电出版社，2004.

[10] 于群，曹娜．MATLAB/Simulink 电力系统建模与仿真［M］．北京：机械工业出版社，2001.

[11] 扈宏杰．DSP 控制系统的设计与实现［M］．北京：机械工业出版社，2004.

[12] 何红军，郭伟，常莹．基于 DSP 的微机继电保护装置数据采集系统设计［J］．江苏电机工程，2006，25（4）：40-42.

[13] 俞卞章．数字信号处理［M］．2 版．西安：西北工业大学出版社，2002.

[14] 刘顺兰，吴杰．数字信号处理［M］．西安：西安电子科技大学出版社，2003.

[15] 刘令普．数字信号处理［M］．哈尔滨：哈尔滨工业大学出版社，2002.

[16] 杨奇逊，黄少锋．微型机继电保护基础［M］．2 版．北京：中国电力出版社，2004.

[17] 所旭，张萍．微机继电保护软件可靠性探讨［J］．继电器，2004，32（12）：43-46.

[18] 樊江涛，陈剑云，韦宝泉．ARM 处理器 + DSP 构架的微机馈线保护装置的研制［J］．电力系统自动化，2005，29（2）：77-80.

[19] 佟为明，李中伟，赵志衡．基于 DSP 和单片机双 CPU 结构的电动机综合保护器［J］．低压电器，2005（8）.

[20] 陈皓．微机保护原理及算法仿真［M］．北京：中国电力出版社，2007.

参考文献

[illegible]